Beck-Wirtschaftsberater im dtv

Professionelle Gesprächsführung

Beck-Wirtschaftsberater

Professionelle

Gesprächsführung

Ein praxisnahes Lese- und Übungsbuch

Von Prof. Dr. habil. Christian-Rainer Weisbach
und Dr. Petra Sonne-Neubacher

10., überarbeitete und aktualisierte Auflage

www.dtv.de
www.beck.de

Originalausgabe

dtv Verlagsgesellschaft mbH & Co. KG,
Tumblingerstraße 21, 80337 München

Druck und Bindung: Druckerei C.H. BECK, Nördlingen
(Adresse der Druckerei: Wilhelmstraße 9, 80801 München)
Satz: ottomedien GmbH, Darmstadt
Umschlaggestaltung: Agentur 42, Bodenheim

chbeck.de/nachhaltig

ISBN 978-3-423-50974-9 (dtv)
ISBN 978-3-406-78212-1 (C. H. Beck)
ISBN 978-3-406-80119-8 (eBook)

Vorwort zur 10. Auflage

Weder Verlag noch Autor haben sich vor 30 Jahren – beim Erscheinen der ersten Auflage – vorstellen können, dass sich dieses Buch einer so großen und so kontinuierlichen Nachfrage erfreuen wird. Manche Leser, die schon länger mit diesem Buch arbeiten, sind ganz erstaunt, dass aus den 210 Seiten der ersten Auflage mittlerweile knapp 500 Seiten geworden sind. Im Laufe der letzten neun Auflagen wurde die „Professionelle Gesprächsführung“ immer wieder überarbeitet und erweitert, um neue Erkenntnisse und aktuelle Entwicklungen zu integrieren. Globalisierung und Homeoffice haben dazu beigetragen, dass ein großer Teil unserer täglichen Kommunikation online stattfindet und E-Mail sowie soziale Medien mittlerweile mehr Zeit beanspruchen als das direkte Gespräch unter vier Augen. In einem neuen Kapitel behandeln wir die Besonderheiten und möglichen Hürden im online-Kontakt.

Zunehmend nehmen Leser direkt mit uns Kontakt auf, weswegen wir unsere E-Mail-Anschrift hier direkt einfügen:

Tübingen und Preetz,
im Herbst 2022

Christian-Rainer Weisbach &
Petra Sonne-Neubacher

mail@christian-weisbach.de
psn@psn-wirtschaftsberatung.de

Inhaltsübersicht

Inhaltsverzeichnis

1. Kapitel

Von der Effizienz zur Effektivität

Sie haben dieses Buch zur Hand genommen und bereits angefangen zu lesen. Ehe Sie ganz konkrete Tipps und Anregungen zur professionellen Gesprächsführung erhalten, möchte ich Sie bitten, zunächst folgende Frage zu beantworten:

- Was erwarten Sie von dieser Lektüre? Oder noch konkreter:
- Was muss dieses Buch enthalten, damit Sie nach dem Lesen sagen: „Das hat sich wirklich gelohnt. Gut dass ich mir dafür die Zeit genommen habe?"

Vielleicht wollen Sie sich nicht nur zwei Minuten besinnen, sondern gleich zum Stift greifen. Die folgenden Leerzeilen ersparen Ihnen die Suche nach Papier.

Frage ich ähnlich in meinen Seminaren, lauten die Antworten wie folgt:

- Effizientere Gespräche zu führen.
- Schneller zu überzeugen.
- Argumente in Diskussionen nicht so ausufern zu lassen.
- Andere so zu überzeugen, dass diese sich nicht überredet fühlen.
- Andere zu beeinflussen, ohne dass es auffällt.

- Keine unergiebigen Gespräche zu führen.
- Besser zuhören zu lernen.
- Erfolgreicher zu werden.
- Mein Kommunikationsverhalten zu verbessern.
- Eigene Fehler zu entdecken.

Die hier genannten Ziele sind nur äußerst schwer zu erreichen. Um dies zu verstehen, bedarf es eines kleinen Exkurses.

Bitte malen Sie in den folgenden Freiraum mit einigen Strichen eine Zeichnung, deren zentrale Aussage lautet:

- Auf dieser Seite befindet sich kein Baum.

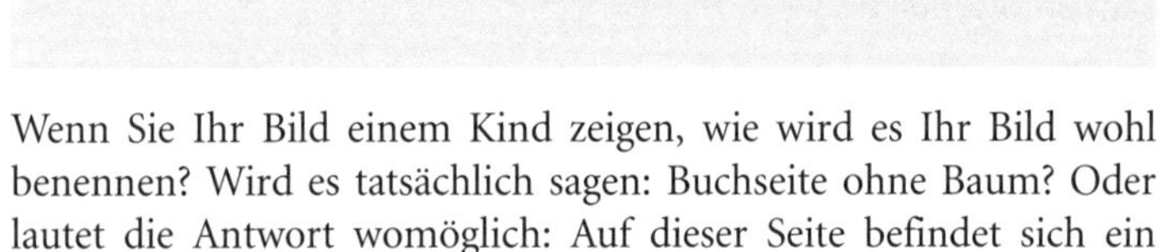

Wenn Sie Ihr Bild einem Kind zeigen, wie wird es Ihr Bild wohl benennen? Wird es tatsächlich sagen: Buchseite ohne Baum? Oder lautet die Antwort womöglich: Auf dieser Seite befindet sich ein durchgestrichener Baum.

Die Schwierigkeit dieser Aufgabe liegt in dem Umstand begründet, dass unser Gehirn aus zwei Hälften besteht, die sich im Laufe der Entwicklung unterschiedlich spezialisiert haben. Während die linke Gehirnhälfte über das **Sprachzentrum** verfügt, wo also auch Logik und Vernunft verankert sind, ist die rechte Gehirnhälfte zuständig für das **bildliche Erfassen**, die Orientierung im Raum, aber auch für Intuition und Empfinden. Zwar sind die beiden Gehirnhälften über einen Balken, das *Corpus callosum* miteinander verbunden, doch geht jede Hälfte bei der Lösung von Problemen eigene Wege, die der jeweiligen Spezialisierung entsprechen. Nun handelt es sich bei der Verneinung um eine logische Funktion, die nur in der Sprache, also in der linken Gehirnhälfte bearbeitet werden kann, während die rechte Gehirnhälfte mit der Negation und allen daraus abgeleiteten Wörtern wie „nie", „kein", „nicht", „nirgends" nichts anzufangen weiß. Im Falle der kleinen Zeichenaufgabe hat sich Ihre rechte Gehirnhälfte sofort einen Baum vorgestellt, von dem es zwar hieß, dass er nicht auf der Seite zu sehen sein solle, doch in Ihrer Vorstellung war er nicht mehr zu löschen.

In der Komödie „Der Liebestrank" von Frank Wedekind macht sich der Hauslehrer Schwigerling dieses Phänomen zunutze, um seine Freiheit wiederzuerlangen. Fürst Rogoschin hält ihn für einen Zigeuner, von dem er also erwarten darf, dass er sich auf die Kunst wirksamer Liebestränke verstände. Denn zu diesem letzten Mittel will der Fürst seine Zuflucht nehmen, nachdem alle seine Annäherungsversuche bei seinem Mündel Gräfin Trotzky fehlgeschlagen sind. Als Schwigerling eingesteht, dass er des Zauberns unkundig sei, lässt ihn der Fürst gewaltsam einsperren und droht ihm das Schlimmste an, falls er sich nicht zur Herstellung des begehrten Zaubertranks bereit fände. Nach geheimnisvollen Vorbereitungen bietet Schwigerling dem Fürsten den gewünschten Trank an. Die für die Wirksamkeit des Tranks unerlässliche Bedingung sei jedoch, dass der Fürst, während er ihn trinke, auf keinen Fall „an einen Bären denken" dürfe. Vor Erregung vermag der Liebestrankbedürftige jedoch seine Gedanken von dem ominösen Bären nicht abzuwenden, er stammelt wörtlich: „Bei mir wimmelt es nur so von Bären", wodurch er selbst die Wirkung aufgehoben hat.

Ein ganz ähnliches Problem wird Ihnen wahrscheinlich auch bei der folgenden Aufgabe begegnen, wo die Lösung davon abhängt, was Sie sich für ein Bild machen.

Die Rheinüberquerung

Zwei Männer wollten nahe Koblenz den Rhein überqueren. Das Boot, das am Ufer lag, bot nur für einen Platz, denn es war so klein, dass es nur einen Menschen tragen konnte. Beide überquerten den Rhein in diesem Boot und setzten anschließend ihre Reise fort.
Wie konnten sie das tun?

Wer eine Weile nachgedacht hat, ohne die Lösung gefunden zu haben, neigt dazu, die Aufgabe für unlösbar zu halten. Sollten auch Sie noch auf der Suche nach einer Lösung sein, kann es Ihnen vielleicht helfen, sich zu verdeutlichen, welches Bild Sie sich gerade gemacht haben, um sich danach zu fragen, ob ein anderes Bild ebenfalls einen Sinn ergäbe.

Einmal fragte ich in einem meiner Seminare nach den Teilnehmervorstellungen; es war beeindruckend, wie viele Bilddetails zusammenkamen: Auf meine Frage nach dem Wetter kamen Antworten wie: „Es ist Sommer", „so wie jetzt", „Herbstnebel", „Winter mit Schnee und Eis". – Das Rheinufer wurde mir beschrieben als „steinig", „grüne Wiese mit kleinem Buschwerk", „ein schmaler, langer Holzsteg mit Geländer". – Die Männer erschienen als „gekleidet wie zwei Wanderburschen mit Rucksack und Stock", „lange, hagere Gestalten in schwarzen Mänteln und tief in die Stirn gezogenen Hüten", „die sahen aus wie zwei Schäfer" usw.

Zugegeben, der erste Satz dieser kleinen Geschichte legt ein Bild nahe, in dem zwei Männer nebeneinander am Rheinufer vor einem kleinen Boot stehen. Doch mit diesem Bild im Kopf ist die Aufgabe nicht zu lösen. Bei wem jedoch ein Bild entstand, worin die beiden Männer jeweils am gegenüberliegenden Ufer des Rheins stehen, der lässt den einen von Westen nach Osten und anschließend den anderen umgekehrt den Fluss überqueren und fragt eher erstaunt: Wo ist eigentlich das Problem?

Kurz nach Erscheinen der ersten Auflage dieses Buches äußerte eine Leserin mir gegenüber recht ungehalten: „Diese Lösung ist spitzfindig, ja geradezu unlogisch. In der Geschichte steht schließlich, dass die beiden Männer gemeinsam den Rhein überqueren wollten, und gemeinsam heißt nun mal miteinander." Überrascht fragte ich, wo denn „gemeinsam" stünde, worauf sie das Buch zur Hand nahm und mir vorlas: „Zwei Männer wollten nahe Koblenz gemeinsam den Rhein überqueren." Verunsichert, ob womöglich beim Druck von mir unbemerkt das Wort gemeinsam in den Text geraten sein sollte, fragte ich sie: „Wo steht gemeinsam?", und sie schlug erneut das Buch auf und las mir entrüstet Wort für Wort vor: „Zwei- Männer-wollten-nahe-Koblenz-gemeinsam-den-Rhein-überqueren. Also bitte!" Nun hatte ich ihr zwischenzeitlich mitgelesen und wiederholte meine Frage. Sie nahm den Zeigefinger, suchte im Text: „Na da! Komisch, jetzt ist es weg." Entgeistert schaute sie mich an und verstand die Welt nicht mehr.

Diese kleine Begebenheit belegt, wie stark unser Vorstellungsvermögen, eben unsere Bilder, das logische Denken beeinflussen kann.

Der Philosoph *Georg Friedrich Wilhelm Hegel* fasste vor 150 Jahren diese Erkenntnis so zusammen:

> „Wenn die Vorstellung stark genug ist, hält die Realität nicht stand."

Ganz ähnlich kann es Ihnen bei folgender Denksportaufgabe ergehen: Verbinden Sie die 9 Punkte mit 4 geraden Linien, ohne dass Sie den Stift dabei absetzen.

Unabhängig davon, ob wir uns dessen bewusst sind oder nicht, macht sich unser Gehirn fortlaufend Bilder, ganz gleich ob diese passen oder nicht. (Im 16. Kapitel „Vom Überreden zum Überzeugen" gehe ich ausführlich auf diesen Aspekt ein.)

Es scheint so zu sein, dass die rechte Gehirnhälfte mit ihren Bildern in Stresssituationen die Führung übernimmt. Und aller Vernunft und Logik zum Trotz wird zwischen den Bildern im Kopf und der im Moment entstehenden Wirklichkeit Deckung erzeugt.

Folgende Anekdote mag dies illustrieren:

Vor einem Referat vor großem Publikum beugt sich ein Kollege zu mir und flüstert: „Hoffentlich stolper' ich nicht über die vielen Kabel." Kurz darauf war er an der Reihe. Bereits auf der dritten Stufe rutschte er aus und lag zur allgemeinen Erheiterung der Länge nach auf dem Podium.

Was war geschehen? Seine rechte Gehirnhälfte hatte sich parallel zum geflüsterten Satz ein Bild gemacht. Mein Kollege sah sich bereits stolpern. In der dann folgenden Aufregung sorgte die rechte Gehirnhälfte, die auch wesentlich für die Steuerung unserer Körperbewegungen zuständig ist, dafür, dass Bild und Wirklichkeit zur Deckung kamen.

So paradox es klingen mag, wenn wir Erfolg als die Übereinstimmung von Bild und Wirklichkeit definieren, dann war der stolpernde Kollege erfolgreich. So betrachtet erweist sich die zuvor prophezeite und somit ausgemalte Niederlage, sobald sie einmal eingetreten ist, als Erfolg. Ich will einräumen, dass ich mit diesem Gedanken einen heiklen Punkt anschneide, kommt doch der Eigenverantwortung hinsichtlich der ausgemalten Zukunft eine nicht zu unterschätzende Bedeutung zu. Wer glaubt, dass er etwas erreichen kann, hat genauso Recht, wie der, der glaubt, dass er etwas nicht erreichen kann. Wir benutzen das Wort Pessimist für Menschen, die stets die schlechten Seiten des Lebens sehen und alles schwarz malen. Doch die so genannten Pessimisten sind in der Lage, uns immer wieder zu belehren, dass ihre Einschätzung zutreffend war, denn genau so ist es ja schließlich gekommen. Ob Pessimist oder Optimist, beide sind insoweit erfolgreich, als sie sich ihre Wirklichkeit so gestalten, dass sie am Ende Recht behalten. Im 10. Kapitel will ich auf dieses Phänomen näher eingehen.

Vielleicht kennen Sie ganz ähnliche Begebenheiten aus dem Sport. Wenn Sie einen Ball werfen, sich aber nicht sicher sind, ob Sie auch treffen, geht der Wurf meistens daneben. Denn während Sie noch zielen, sind Sie nur mit geteilter Aufmerksamkeit bei der Sache. Ein Teil Ihrer Konzentration richtet sich bereits auf das Danebenwerfen und die möglichen Konsequenzen. Für den Sportler gibt es kaum etwas Schlimmeres als sich vorzunehmen,

- **nicht** das Staffelholz zu verlieren,
- **nicht** die Hochsprunglatte zu reißen,
- **nicht** beim Weitsprung mit dem falschen Fuß abzuspringen usw.

Selbst beim Eierlaufen führt die Vorstellung vom Fallen meist unweigerlich zum vorzeitigen Ende des Laufs. Auch das bewusste Vermeiden, Kaffee auf die Untertasse schwappen zu lassen, stellt eine Visualisierung des Unerwünschten dar. (Abb. 1–1)

Aus einem anderen Bereich mag Ihnen die Ausführung des zu Vermeidenden vertraut sein. Bei Wegbeschreibungen wird häufig der Vollständigkeit wegen hinzugefügt, in welche Straße man nicht abbiegen soll. Im Eifer des Gefechts merken Sie womöglich erst nach dem Abbiegen, dass dies ja die falsche Straße war.

Abb. 1-1

Zu Beginn dieses Kapitels waren Sie gefordert, Ziele zu formulieren. Prüfen Sie jetzt, wieweit Sie dabei Bilder entwickelt haben, die der Zielerreichung förderlich bzw. hinderlich sind.

Von den aufgeführten Äußerungen sind folgende aufgrund ihrer **Negation ungeeignet:**

- Argumente in Diskussionen nicht so ausufern zu lassen.
- Andere so zu überzeugen, dass diese sich nicht überredet fühlen.
- Andere zu beeinflussen, ohne dass es auffällt.
- Keine unergiebigen Gespräche zu führen.

So klar das Ziel zu sein scheint, so sehr verführt das jeweilige Bild zum Verharren. Wer nicht ausufern lassen will, stellt sich zunächst einmal ganz konkret **ausufernde Diskussionen** vor. Wer nicht überreden will, orientiert sich an der Vorstellung des **Überredens.** Und der Wunsch zu beeinflussen, ohne dass es auffällt, hat das Bild einer **auffälligen Beeinflussung** vor Augen. Und auch im letzten Satz entwirft unsere rechte Gehirnhälfte **unergiebige Gespräche.** (Abb. 1–2)

Es soll jetzt nicht der Eindruck entstehen, dass Sie in Zukunft auf jegliche Form von Negation verzichten müssen, doch kann es Ihnen helfen, sich bewusst zu machen, ob Sie ungewollt Bilder entwickeln, die als Leit-Bilder womöglich Ihren wirklichen Absichten zuwiderlaufen.

Abb. 1-2

Wie sehr wir gewohnt sind, unsere Ziele negativ zu formulieren, können Sie jederzeit überprüfen, indem Sie irgendeinen Gesprächspartner fragen, was er beispielsweise in seinem Leben ändern würde, wenn er drei Wünsche frei hätte oder eine Million im Lotto gewinnen würde.

Vielleicht wollen Sie gerade selbst über diese Frage nachdenken und sich Ihre Antwort notieren, ehe Sie weiterlesen.

Bei einer Geburtstagsfeier trug diese Frage als Gesellschaftsspiel zur Unterhaltung bei. Folgende Antworten sind mir noch gut in Erinnerung:

„Erst einmal würde ich sofort aufhören zu arbeiten."
„Das wäre ja traumhaft. Dann müsste ich nicht mehr länger in meiner kleinen Wohnung hausen."
„Ich wüsste sofort, was ich mir wünschen müsste: Aufhören zu rauchen, mich nicht mehr über meine Kinder zu ärgern und mir von meinem Chef nicht länger alles bieten zu lassen."

Bei den Zielformulierungen zu Beginn dieses Kapitels waren auch folgende Sätze enthalten:

- Besser zuhören zu lernen.
- Effizientere Gespräche zu führen.
- Schneller zu überzeugen.
- Erfolgreicher zu werden
- Mein Kommunikationsverhalten zu verbessern.

Wer will diesen Sätzen die hehre Absicht absprechen? „Besser", „schneller", „erfolgreicher" sind typische Vokabeln für wohlklingende Zielvorgaben. Für unsere rechte Gehirnhälfte sind sie jedoch ungeeignet: Wie stellen Sie sich jemanden vor, der sein Ziel, besser zuhören zu lernen, erreicht hat?

Der Komparativ dient dem Vergleich. Der Satz „besser zuhören zu lernen" enthält unausgesprochen den Zusatz: „Ich möchte besser zuhören, als ich es z. B. heute kann oder als es mein Chef kann o.Ä." So betrachtet enthalten auch diese Sätze alle eine unausgesprochene Negation. Wer beispielsweise „schneller überzeugen will", orientiert sich bereits an einem Tempo, das ihm nicht schnell genug geht, woraus der Wunsch resultiert, schneller werden zu wollen. In dem Bildungsslogan „mehr wissen, mehr wollen, mehr können" wird zwar die linke Gehirnhälfte aufgefordert, sich der Erweiterung des eigenen Wissens, Wollens und Könnens zu öffnen, doch gleichzeitig malt sich die rechte Gehirnhälfte den Ist-Zustand aus, der als **Leit-Bild** wohl kaum beabsichtigt ist. Ebenso fixieren uns die negativen Steigerungswörter „weniger", „seltener", „geringer", „schwächer" u. a. ungewollt auf den zu vermeidenden Zustand.

„Ich möchte weniger rauchen."
„Es käme meiner Gesundheit zugute, seltener zu trinken."
„Eine geringere Arbeitsbelastung wäre traumhaft."

Wenn Sie Ihre Ziele effektiv formulieren, benennen Sie Fakten, an denen Sie überprüfen können, wann Sie Ihr Ziel erreicht haben.

Der Wunsch, das eigene Zuhörverhalten zu trainieren, kann beispielsweise so formuliert werden:

„Ich möchte gern lernen, so zuzuhören, dass ich spontan in der Lage bin, das Wesentliche einer Äußerung mit eigenen Worten wiederzugeben."

Der Wunsch nach den „effizienteren Gesprächen" lässt sich so fassen:

„Ich möchte lernen, in Gesprächen mein Anliegen an den Gesprächspartner während der ersten zwei, drei Sätze vorzutragen, um mit ihm zu einer Vereinbarung zu kommen, ob außer dem von mir vorgebrachten Anliegen seinerseits noch Wünsche bestehen und wie lange das Gespräch insgesamt dauern soll. Wenn ich das kann, möchte ich lernen, das Gespräch sowohl auf die vereinbarten Punkte als auch auf die ausgemachte Zeit zu beschränken."

Derartige Zielformulierungen hören sich nicht mehr ganz so gefällig an und wirken in manchen Passagen geradezu barock. Doch **dieses detaillierte Umschreiben kommt unserer rechten Gehirnhälfte zugute.** Je konkreter und vorstellbarer wir unsere Ziele angeben, umso eher kann unsere rechte Gehirnhälfte darauf verzichten, sich selbst etwas auszumalen. Hingegen wirkt ein erstrebenswertes, konkretes Bild wie ein Magnet. Alle unsere Kräfte richten sich auf das Ziel aus.

Vielleicht haben Sie auch schon beobachtet, dass bei schwierigen Gesprächen die tatsächliche Zeit von der eigenen Vorstellung mit beeinflusst wird. Lautet die Vorgabe: „Für dieses Gespräch nehme ich mir 30 Minuten", oder:

„Ich will mich anstrengen, diese Verhandlung in höchstens 30 Minuten zu einer akzeptablen Vereinbarung zu führen", werden Sie aller Wahrscheinlichkeit nach Ihr Ziel erreichen (vorausgesetzt, Sie halten die Zeitvorgabe für realistisch).

Ganz anders bei folgenden Formulierungen: „Ich werde dieses Gespräch so schnell wie möglich erledigen" oder: „Ich will mich anstrengen, diese Verhandlung superschnell zu einem akzeptablen Ergebnis zu führen." – „Superschnell" oder „so schnell wie möglich" räumt der Phantasie, eben unserer rechten Gehirnhälfte, einen breiten Interpretationsspielraum ein, der bereits bei der ersten Hürde ausgeweitet wird. Wenn dann die Erledigung der anstehenden Punkte tatsächlich 40 oder gar 50 Minuten gedauert hat, war das immer noch „superschnell" bzw. „so schnell wie eben möglich", hat aber keine zeitliche Straffung ergeben. Bei Untersuchungen zum Zeit- und Selbstmanagement lässt sich immer wieder beobachten, dass sich **eine Arbeit so lange hinzieht, wie Zeit zur Verfügung steht**.

Im Folgenden möchte ich Ihnen die Möglichkeit geben, typische „Ziele" in angemessene Ziele umzuformulieren. Sie können Ihre ausformulierten Sätze auf der nächsten Seite mit meinen Vorschlägen vergleichen.

Typische Ziele	Ihr Vorschlag für eine angemessene Zielformulierung
(1) „Ich will weniger arbeiten."	
(2) „Ich möchte gern entspannter werden und nicht so verkrampft an meine Arbeit gehen."	
(3) „Ich wünsche mir, bei Diskussionen in der Arbeitsgruppe mehr Einfluss geltend zu machen und die Kollegen stärker zu überzeugen."	
(4) „Ich darf nicht so unkonzentriert sein. Ich muss unbedingt lernen, mich irgendwie mehr auf das Wesentliche zu beschränken."	
(5) „Ich möchte meine Scheu vor heiklen Personalgesprächen ablegen, insbesondere bei Kritikgesprächen beherzter zur Sache kommen."	

Typische Ziele	Ihr Vorschlag für eine angemessene Zielformulierung
(6) „Ich möchte mich durch die laufenden Störungen während meiner Arbeit nicht aus dem Konzept bringen lassen und insgesamt meine Arbeitszufriedenheit erhöhen."	

Auf den nächsten beiden Seiten finden Sie meine Vorschläge für Umformulierungen:

(1) „Ich will weniger arbeiten."

Die Konzentration auf den unerwünschten Zustand der zu vielen Arbeit muss ersetzt werden durch ein Bild, das nicht nur vorstellbar ist, sondern auch sogleich Zustimmung auslöst, z. B.:

„Ich möchte gern an allen Arbeitstagen um 17 Uhr mein Büro verlassen und mich für den Rest des Tages wohlig entspannen, was mal durch Sport, mal durch Spazierengehen mit meiner Frau oder auch durch einen ausgedehnten Kneipenbummel geschehen kann."

(2) „Ich möchte gern entspannter werden und nicht so verkrampft an meine Arbeit gehen."

Auch bei dieser Formulierung orientiert sich die rechte Gehirnhälfte am verkrampften Ist-Zustand. Folgender Satz wird eher zum gewünschten Ziel führen:

„Unabhängig von der Zahl meiner Aufgaben möchte ich gern an meinem Schreibtisch genauso entspannt sein, wie ich es morgens im Bett bin, kurz nachdem ich aufwache."

(3) „Ich wünsche mir, bei Diskussionen in der Arbeitsgruppe mehr Einfluss geltend zu machen und die Kollegen stärker zu überzeugen."

Die Formulierungen „mehr Einfluss" und „stärker überzeugen" legen ein Bild des geringen Einflusses und schwacher Überzeugungskraft nahe. Ein ganz anderes Bild entsteht durch folgende Formulierung:

„Wenn ich Ideen habe und diese in meiner Arbeitsgruppe vorstelle, dann möchte ich erreichen, dass mir meine Kollegen sowohl bis zum Ende meiner

Äußerung konzentriert zuhören als auch durch Nachfragen zu erkennen geben, dass sie sich mit meinen Gedanken auseinander setzen. Dazu möchte ich meine Äußerung stets so gestalten, dass den Kollegen der jeweilige Nutzen auf Anhieb einleuchtet."

(4) „Ich darf nicht so unkonzentriert sein. Ich muss unbedingt lernen, mich irgendwie mehr auf das Wesentliche zu beschränken."

Das Bild vom fahrigen, unkonzentrierten möglicherweise sogar zerstreuten Menschen kann durch eine positive Vision ersetzt werden. Bei folgendem Wunsch wird dies eher der Fall sein:

„Die täglich anfallenden Arbeiten werde ich ab morgen früh in eine Rangfolge bringen. Dabei werde ich mit der Arbeit beginnen, die für mich die höchste Priorität hat. Ich werde an dieser Arbeit so lange bleiben, bis diese erledigt ist, ganz gleich wie häufig ich zwischendrin von anderen unterbrochen werde. Bevor ich mich einer anderen Aufgabe zuwende, überprüfe ich, ob meine Rangfolge, die sowohl die Wichtigkeit als auch die Dringlichkeit von anstehenden Arbeiten berücksichtigt, unverändert beibehalten werden kann, um dann mit der Aufgabe 2 fortzufahren. Auch wenn ich auf diese Weise im Laufe meines Arbeitstages nur die Hälfte aller anstehenden Arbeiten erledigt haben sollte, werde ich doch stets mit dem guten Gefühl meinen Schreibtisch verlassen, dass die wichtigsten und dringlichsten Arbeiten ausgeführt worden sind."

(5) „Ich möchte meine Scheu vor heiklen Personalgesprächen ablegen, insbesondere bei Kritikgesprächen beherzter zur Sache kommen."

Die Vorstellung von „heiklen Kritikgesprächen" legt das daraus folgende Bild von mangelnder Beherztheit nahe. Folglich benötigt die rechte Gehirnhälfte eine positive Instruktion, wie sie durch nachstehende Formulierung nahe gelegt wird:

„Im Umgang mit meinen Mitarbeitern werde ich ab morgen früh das direkte Gespräch als beste Möglichkeit der Beeinflussung nutzen. Dazu werde ich sowohl meine Zufriedenheit mit der vollbrachten Arbeitsleistung zeigen als auch bei Mängeln mit dem jeweiligen Mitarbeiter sofort ein Gespräch herbeiführen. Gerade bei diesen Kritikgesprächen werde ich dem Mitarbeiter bereits zur Gesprächseröffnung mitteilen, wie ich mir künftig seine Arbeit vorstelle, damit er gleich erkennen kann, dass er sich vor mir nicht für den Fehler rechtfertigen, sondern alles daran setzen soll, aus diesem Fehler zu lernen, denn dann braucht er ihn kein zweites Mal zu wiederholen."

(6) „Ich möchte mich durch die laufenden Störungen während meiner Arbeit nicht aus dem Konzept bringen lassen und insgesamt meine Arbeitszufriedenheit erhöhen."

Ob etwas als „Störung" oder als „Unterbrechung" bezeichnet wird, hängt von der persönlichen Bewertung ab. Doch in jedem Fall macht sich unsere rechte Hirnhälfte ein entsprechendes Bild. Wie jemand aussieht, der unzufrieden ist und fortwährend aus dem Konzept gerät, können Sie sich gut vorstellen. Doch wie soll die positive Vision aussehen? Folgende Formulierung ist genauso umständlich wie die vorangegangenen Vorschläge, doch bietet sie der rechten Hemisphäre positive Anregungen:

„Zu meinem momentanen Arbeitsalltag gehört es, für Zwischenfragen ansprechbar zu sein. Ich will komplizierte Dinge an einem Stück erledigen. In Zukunft werde ich jeden Tag zwischen 10 und 11 Uhr in Klausur gehen. Dazu werde ich mein Telefon umschalten und mein Arbeitszimmer abschließen. Mein Ziel habe ich erreicht, wenn ich kleine und anspruchslose Tätigkeiten grundsätzlich zu den Zeiten erledige, da ich oft für andere da sein muss, und die großen und schweren Aufgaben so platziere, dass ich an meinem Arbeitsplatz allein bin. Mein Telefon wird zu diesen Zeiten auf meinen Kollegen Kurt umgeschaltet, so wie ich auch umgekehrt bereit bin, seine Anrufe für zwei Stunden am Tag zu übernehmen. Um dieses Ziel noch in diesem Jahr zu erreichen, werde ich bei der nächsten Abteilungsbesprechung eine entsprechende schriftliche Vorlage einbringen und mich dafür einsetzen, dass derartige ‚stille Stunden' generell eingeführt werden."

Wenn Sie Ziele formulieren, gehört das Ergebnis stets dazu:

WER macht WAS,
mit WEM,
bis WANN,
für welches ERGEBNIS?

Vielleicht sind Sie am Ende dieses ersten Kapitels erstaunt, dass bislang über Tipps zur „professionellen Gesprächs**führung**" so wenig ausgeführt wurde. Doch ehe in den nächsten Kapiteln konkrete Details erörtert werden, möchte ich noch auf den Titel dieses Kapitels eingehen: Von der Effizienz zur Effektivität.

Diese beiden arg in Mode gekommenen Begriffe werden leider zunehmend sinngleich verwendet, obschon sie mitnichten dasselbe bedeuten. Während unter **Effizienz die Wirkkraft** verstanden wird, meint **Effektivität die tatsächlich erzielte Wirkung**. Mit anderen Worten: **Effizienz** ist ein **tätigkeitsorientierter** Begriff, während sich die **Effektivität** auf das **Ziel hin orientiert**. An einem mechanischen Beispiel lässt sich dieser Unterschied verdeutlichen: Die Effizienz einer Maschine ist eine Angabe über deren Wirkungsgrad, beispielsweise das Drehmoment beim Motor. Damit ist jedoch noch keine Angabe darüber gemacht, wozu diese Maschine eingesetzt wird, welches Ziel damit erreicht werden soll. Übertragen auf die menschliche Arbeit meint Effizienz, die **Dinge richtig** zu machen. Es leuchtet jedoch ein, dass es nicht reicht, die Dinge lediglich richtig zu machen, ab und zu muss man auch mal die **richtigen Dinge** machen. Letzteres ist eine Frage der Effektivität.

Die verbreitete Orientierung an der Effizienz klingt bei *Mark Twain* so:

> „Nachdem wir unser Ziel endgültig aus den Augen verloren hatten, verdoppelten wir unsere Anstrengungen."

Es reicht also nicht, effizient Gespräche zu führen, denn das meint nur, dass die Wirkkraft im Gespräch groß war. Gespräche werden ja in der Regel geführt, um Ziele zu erreichen (selbst Partygeplauder stellt mehr dar als unterhaltsamen Zeitvertreib).

Dieses Kapitel sollte verdeutlichen, dass auch die beste Gesprächs**führung** Stückwerk bleibt, wenn sie nicht ein konkretes, vorstellbares Ziel beinhaltet. Nichts anderes meint ein aufs erste Lesen lapidar klingender Satz *Martin Luthers*:

> „Ans Ziel kommt nur, wer eines hat."

Abb. 1-3

2. Kapitel

Erkennen der eigenen Gesprächshaltung

Mit Gesprächshaltung wird ein Verhalten bezeichnet, das aufgrund von Einstellungen und inneren Überzeugungen zustande kommt; es ist **Ausdruck der eigenen Persönlichkeit** und unterliegt kaum situativen Faktoren. Bei vielen Menschen ist das Gesprächsverhalten spontan. Wenn Sie genau hinhören, werden Sie feststellen, dass die einzelnen Gesprächsreaktionen einander ähneln, unabhängig vom jeweiligen Gesprächspartner oder Thema.

Vielleicht sind Sie nun neugierig geworden und möchten Ihre spontane Gesprächshaltung erfahren. Dafür habe ich in Anlehnung an *Roger Mucchielli* (Roger Mucchielli: Das nicht-direktive Beratungsgespräch. Otto Müller Verlag, Salzburg 1972.) einen kleinen Test zusammengestellt, mit dem Sie entdecken können, wie flexibel Sie auf unterschiedliche Gesprächsanfänge reagieren.

Im Folgenden finden Sie zehn Gesprächsausschnitte, wie sie so oder ähnlich im Alltag vorkommen. Zu jeder Einstiegsäußerung des Gesprächspartners finden Sie sechs unterschiedliche Gesprächsreaktionen formuliert, die jede für sich genommen das Gespräch in eine bestimmte Richtung führen können. Wenn Sie sich die sechs Äußerungen durchgelesen haben, kreuzen Sie bitte die Antwort an, die Ihrer eigenen Reaktion am ehesten entspricht. Sollte Ihnen gar keine Äußerung gefallen – was bei der Vielzahl der individuellen Möglichkeiten durchaus der Fall sein kann –, so kreuzen Sie einfach die Erwiderung an, die der, die Sie gegeben hätten, zumindest inhaltlich nahe kommt. Wenn Sie die Antworten spontan ankreuzen, werden Sie etwa 15 Minuten benötigen. Im Anschluss daran finden Sie eine Anleitung, wie Sie diesen Test selbst auswerten können.

Gesprächsausschnitt Fall 1

Sie arbeiten gerade im Vorgarten. Ein Nachbar kommt vorbei und bleibt für ein kurzes Gespräch stehen. Er deutet mit dem Kopf auf den Korb mit den zusammengefegten Blättern und sagt mit Nachdruck:

„Egal, was die anderen sagen, ich habe mir jedenfalls so einen Laubsauger geholt. Sonst wächst mir das einfach über den Kopf, und das Laub muss weg von der Einfahrt, damit man sich das nicht jedes Mal alles ins Haus trägt. Natürlich ist das laut, aber eben auch viel schneller."

Ihre Antwort (1) Wieviele Dezibel erzeugt denn so ein Laubsauger?
(2) Das finde ich jetzt aber nicht so toll! Ich hoffe, Sie halten dann wenigstens die Ruhezeiten ein.
(3) Ach, das kann ich doch für Sie mitmachen, wenn ich bei mir fege. Am besten, Sie bringen das Gerät zurück. Dann hat auch niemand unter dem Lärm zu leiden.
(4) Ich weiß ja, wie gern Sie neue technische Geräte mögen. Da konnten Sie wahrscheinlich trotz des Geräuschpegels nicht widerstehen.
(5) Sie finden so ein Gerät praktisch, aber wegen des Lärms machen Sie sich Gedanken.
(6) Na, so schlimm wird das mit dem Lärm ja nicht sein. Hier mäht doch jeder mal Rasen oder schreddert was oder so.

Gesprächsausschnitt Fall 2

Eine Freundin ist durch eine wichtige Prüfung gefallen und völlig frustriert. Sie erzählt Ihnen von dem Prüfungsgespräch:

„... und er hat ewig und ewig auf dieser Zeichnung herumgeritten. Ich hab sonst alles erklären können, und er sagt einfach nur, ich hätte ja nicht mal den Versuchsaufbau verstanden."

Ihre Antwort (1) Das ist doch total unfair. Allein an der Skizze kann es doch nicht gelegen haben. Der hat Dir wahrscheinlich gar nicht richtig zugehört.
(2) Ich könnte mir vorstellen, dass vielleicht auch Deine Erklärungen nicht alle richtig waren. Du hattest ja auch nur so kurze Zeit zum Lernen.
(3) Du hast das Gefühl, der Prüfer war ganz schön ungerecht und hat die Skizze völlig überbewertet.
(4) Was hat ihm denn an der Zeichnung genau nicht gefallen? Hat er was dazu gesagt?
(5) Ach Mensch, jetzt lass mal den Kopf nicht hängen. Du hast ja noch eine Chance in der Nachprüfung, und beim zweiten Mal hat es noch jeder von uns geschafft.
(6) Vielleicht suchst Du Dir jemand, mit dem Du Deine Unterlagen bis zur Nachprüfung nochmal durchgehst, damit Dir sowas nicht wieder passiert.

Gesprächsausschnitt Fall 3

Sie telefonieren mit Ihrer Mutter, deren Geburtstag bald ansteht. Sie stöhnt:

„Ich weiß noch gar nicht, was ich machen soll. Am liebsten würde ich ganz viele Freunde und Bekannte zum Brunch einladen. Dann müsste ich allerdings Freitag einkaufen, damit ich Samstag Zeit habe, das alles vorzubereiten. Und wenn ich daran nur denke, ist mir das gleich wieder zu viel."

Ihre Antwort (1) Wahrscheinlich möchtest Du jetzt, dass ich Dir meine Hilfe anbiete.
(2) Du würdest am liebsten alle einladen, aber Du machst Dir Sorgen, dass Du dich damit übernimmst.
(3) Wen willst Du denn einladen? Und was soll es zum Essen geben?
(4) Dann geh doch lieber in den „Grünen Baum", wie Tante Ursel das gemacht hat. Dann hast Du gar nichts zu tun, und die Welt kostet das auch nicht. Wenn Du willst, ruf ich da gleich mal an, ob die noch etwas frei haben an dem Wochenende.
(5) Also, ich finde das super, dass Du immer noch so viele Leute kennst.
(6) Ach, jetzt entspann dich mal. Das wird schon. Du stehst ja damit nicht allein da.

Gesprächsausschnitt Fall 4

Einer Ihrer Mitarbeiter, Anfang Dreißig, kommt gleich nach dem Betriebsbeginn zu Ihnen und fragt in etwas aufgeregtem Ton:

„Chef, kann ich 'ne Woche Urlaub nehmen. Am liebsten wäre mir ab sofort, zur Not ab morgen. Nächste Woche bin ich dann wieder voll da."

Ihre Antwort

(1) Na, bei Ihnen scheint's ja wohl zu brennen, wenn Sie's so eilig haben. Nun machen Sie sich mal keine Sorgen. Sie haben meines Wissens noch einigen Resturlaub, also eine Woche, aber erst ab morgen, klar?!

(2) Da wollen wir mal schauen, wie viel Urlaub Ihnen noch zusteht. (Schaut nach.) Sie haben noch 16 Tage, wenn Sie wollen, können Sie eine Woche oder mehr nehmen, nur heute und morgen geht's auf keinen Fall, wohin mit der Arbeit? Ich denke, Sie nehmen sich ab Mittwoch Urlaub, sagen Sie mir nur rechtzeitig, bis wann Sie wieder da sind.

(3) Was ist denn bei Ihnen los? Geht's Ihrer Frau nicht gut? Ärger mit den Kindern? Menschenskind, darüber können wir doch sprechen, wir sind doch keine Unmenschen.

(4) Sie scheinen im Moment in einer Notlage zu sein und hoffen mit einer Woche Urlaub da wieder rauszukommen. Am liebsten wäre es Ihnen, wenn Sie gleich wieder gehen könnten.

(5) Na, wenn Sie so aufgeregt sind, dann scheint ja irgendetwas nicht zu stimmen. Ehe ich Sie gehen lasse, möchte ich doch vorher mal hören, was Ihre Kollegen dazu meinen.

(6) Sagen Sie, wie stellen Sie sich das eigentlich vor? Malen Sie sich mal aus, da wollte jeder so mir nichts, Dir nichts hier hereinplatzen und Urlaub ab sofort haben. Ich habe nichts gegen Ihren Urlaub, aber es gibt schließlich gewisse Regeln im Betrieb, an die wir uns alle halten müssen.

Gesprächsausschnitt Fall 5

Sie besitzen eine Fahrschule. Eines Vormittags erscheint in Ihren Geschäftsräumen eine ältere Dame, die verlegen in der Tür stehenbleibt.

„Guten Tag. Ich weiß nicht, ob Sie vielleicht ein paar Minuten für mich Zeit haben. Ich überlege, ob ich noch den Führerschein machen soll oder ob das in meinem Alter nicht schon zu spät ist."

Ihre Antwort

(1) Wie alt sind Sie denn, wenn ich fragen darf?

(2) Ich glaube, dass es Ihnen hauptsächlich unangenehm wäre, sich noch einmal auf die Schulbank zu setzen.

(3) Sie möchten gern einmal ungestört mit mir darüber reden und das Für und Wider abwägen.

(4) Ach, das ist doch kein Thema. Am besten, Sie probieren es einfach mal aus. In einer Stunde ist einer meiner Fahrlehrer frei, dann können Sie direkt loslegen.

(5) Nun machen Sie sich mal keine Sorgen. Das werden wir schon schaukeln.

(6) Wir haben ab und zu ältere Kunden. Ich finde das immer wahnsinnig mutig. Und ein Fahrzeug braucht man heutzutage einfach, das macht viel unabhängiger.

Gesprächsausschnitt Fall 6

Eine Ihrer Führungskräfte, Mitte Vierzig, erledigt alle Aufgaben in ihrem Bereich zu Ihrer vollsten Zufriedenheit. Sie können sich allerdings nicht erinnern, dass sie irgendwann in den vergangenen Jahren einmal eine Fortbildung besucht hat. Nachdem Sie ihr vorgeschlagen haben, auf ein mehrtägiges Führungskräftetraining zu gehen, antwortet sie knapp:

„Das ist doch nun wirklich nichts für mich. Ne, ne, lassen Sie da mal die Jüngeren hin, die können da noch was lernen, aber mich lassen Sie mal hier im Betrieb. Wer soll denn den Laden in meiner Abwesenheit führen?"

Ihre Antwort

(1) Ich denke, dass mir das nicht schlecht bekäme, wenn ich mal wieder in Ihrem Bereich arbeite, Sie gehen auf das Training und ich vertrete Sie, einverstanden?

(2) Das scheint mir mehr eine Ausrede zu sein, was Sie da sagen. Ich denke, dass es Ihnen gut anstünde, sich auch einmal fortzubilden. Ich

finde es nicht gut, wenn Sie den Betrieb vorschieben und auf Ihre Fortbildung verzichten. Heutzutage muss man immer am Ball bleiben.
(3) Das hört sich ja gerade so an, als ob Ihnen so eine Fortbildung unangenehm wäre, weil Sie schon Mitte Vierzig sind.
(4) Da lassen Sie sich mal keine grauen Haare wachsen. Die paar Tage wird der Laden auch ohne Sie klarkommen.
(5) Wann waren Sie denn zum letzten Mal auf einer Fortbildung? Welches Thema? Mich interessiert, was Sie da für schlechte Erfahrungen gemacht haben, dass Sie schon seit Jahren auf keine Weiterbildung mehr zu kriegen sind.
(6) Sie denken, wenn Sie mal ein paar Tage fort sind, dann sehen wir, dass es auch ohne Sie ganz gut läuft.

Gesprächsausschnitt Fall 7

Sie trainieren eine Jugendmannschaft. Im Juni findet in Ihrem Verein immer ein Schnuppertag statt mit dem Ziel, neue Mitglieder zu gewinnen und Kinder und Jugendliche für eine Sportart zu begeistern. Auf dem Gang vor den Umkleideräumen spricht Sie ein Jugendlicher, etwa 14 oder 15 Jahre alt, leicht zögernd an:

„Wie ist das eigentlich, ähm, wenn ich hier in der Mannschaft mitspielen möchte, ähm, also kommt man da einfach zum Training, oder entscheiden Sie das, oder wie ist das so?"

Ihre Antwort (1) Ah, ich sehe, Dir hat das Training bei uns gefallen, und jetzt möchtest Du gleich bei uns mitmachen.
(2) Jetzt hast Du ja erstmal Sommerferien. Wenn Du danach vorbeikommst, machen wir ein Probetraining, damit wir sehen, was Du kannst. Dann sehen wir weiter.
(3) Ach, da würde ich mir keine großen Gedanken machen. Das ergibt sich meist irgendwie.
(4) Du überlegst, ob Du bei uns mitmachen möchtest, und bist nicht ganz sicher, wie das abläuft.
(5) Ah, das finde ich immer super, wenn sich jemand in Deinem Alter für Sport interessiert. Heute sitzen ja alle viel zu viel vor der Glotze. Aber sieh Dir besser noch andere Sportarten an, bevor Du dich entscheidest.

(6) Aha, Du willst also vielleicht bei uns mitmachen? Hast Du denn schon mal in einer Mannschaft gespielt? Oder an einem Wettkampf teilgenommen? Und wenn ja, auf welchem Level?

Gesprächsausschnitt Fall 8

Zwei Ihrer Mitarbeiter haben sich fürchterlich zerstritten, und Sie sind gebeten worden zu schlichten.

Mitarbeiter Arndt (aufgeregt): „Ich lasse mich nicht in Gegenwart von Kunden derartig zur Sau machen, von dem schon lange nicht!"
Mitarbeiter Bögert (kühl): „Man wird doch wohl noch ganz sachlich sagen dürfen, dass Sie keine Ahnung haben und noch 'ne ganze Menge lernen müssen."

Ihre Antwort (1) Also der Reihe nach, Herr Arndt, was genau wurde denn nun gesagt, schildern Sie mir bitte den Vorfall einmal aus Ihrer Sicht.
(2) Herr Arndt, wenn ich das gerade richtig mitbekommen habe, fühlen Sie sich bloßgestellt, weil sich das vor Kunden abgespielt hat.
(3) Kritik in Ehren, meine Herren, aber so etwas gehört beim besten Willen nicht vor die Ohren unserer Kundschaft, wenn Sie mich da bitte richtig verstanden haben.
(4) Mir scheint, dass hier eine Rivalität vorliegt, die wohl tiefere Ursachen hat. Herr Bögert, mir ist aufgefallen, dass Sie sich mit Herrn Arndt häufiger reiben, seit er in Ihrem Bereich arbeitet.
(5) Nun, wenn die beiden Herren nicht miteinander arbeiten können, dann sollten wir uns überlegen, ob eine Trennung nicht am besten wäre. Ich denke, Herr Arndt, dass wir für Sie auch einen anderen Aufgabenbereich haben.
(6) Nun machen Sie mal halblang meine Herren. Wir wollen uns doch alle miteinander vertragen. Kommen Sie, wir trinken jetzt einen Kognak und Sie vertragen sich wieder, und dann reden wir in aller Ruhe darüber.

Gesprächsausschnitt Fall 9

In der Mittagspause setzt sich eine Ihrer Kolleginnen zu Ihnen und beginnt voller Bitterkeit über ihre neue Vorgesetzte zu klagen:

„Da hat man uns vielleicht eine Null vorgesetzt! Wenn ich wollte, könnte ich die schon lange in die Tasche stecken, aber auf mich hört ja keiner. Die werden schon sehen, was sie sich mit der eingehandelt haben."

Ihre Antwort (1) Haben Sie Geduld, manchmal braucht man einfach Zeit, um sich aneinander zu gewöhnen. Vielleicht werden Sie sich mit der Zeit besser verstehen. Dann bessert sich auch Ihre Situation.
(2) Sie wollten selbst auf diesen Posten befördert werden und sind entsprechend sauer, weil man Sie dabei übergangen hat.
(3) Ihre neue Vorgesetzte scheint Ihnen dermaßen unqualifiziert, dass Sie am liebsten mal zeigen würden, wie man diesen Job richtig ausführt. Aber im Moment haben Sie überhaupt keine Hoffnungen, dass das etwas bringt.
(4) Sie spielen da aber kein faires Spiel. Das bringt doch nichts, wenn Sie Ihre ganze Kraft da hineinlegen, Ihre Chefin auszustechen.
(5) Wo kommt Ihre Chefin eigentlich her? Was hat sie vorher gemacht und wissen Sie zufällig, warum sie dort aufgehört hat?
(6) In so einer Situation ist es natürlich am besten, wenn Sie mit einem Protokoll von Einzelbeobachtungen zu Ihrem Hauptabteilungsleiter gehen und ihm das einmal vortragen. Wenn Ihnen der Weg zu riskant ist, dann können Sie in der Redaktion unserer Hauspostille einen gezielten Hinweis lancieren. Die kümmern sich dann darum. Womöglich ist die Beförderung Ihrer Chefin sogar ein gefundenes Fressen für den Betriebsrat.

Gesprächsausschnitt Fall 10

Sie unterrichten an einer weiterführenden Schule. In der nächsten Woche werden Sie mit Ihrer Klasse auf Klassenfahrt gehen. Jetzt hat sich überraschend eine Schülerin abgemeldet. Sie bitten sie in der Pause zu sich, um ihre Gründe zu erfahren. Das Mädchen sagt:

„Darüber möchte ich eigentlich nicht sprechen. Schon gar nicht mit Ihnen."

Ihre Antwort

(1) Du möchtest lieber nicht, dass ich Deine Gründe kenne.

(2) Ich schlage vor, Deine Gründe ganz offen mit mir zu besprechen und erst dann eine Entscheidung zu fällen.

(3) Gut finde ich das natürlich nicht. Ich denke, wir sollten schon Vertrauen zueinander haben.

(4) Wenn ich das richtig verstehe, hat es ausschließlich mit mir zu tun, dass Du nicht mitfahren willst.

(5) Mach Dir keine Sorgen. Was immer Du mir zu sagen hast, ich erzähle es bestimmt niemand weiter.

(6) Ich möchte das nur wirklich gern wissen. Was ist denn nun der Grund, dass Du so plötzlich absagst?

Einzelauswertung der Übung

Beginnen Sie, die Nummer Ihrer Antwort zu jedem Gesprächsausschnitt in der unten stehenden Tabelle einzutragen, indem Sie das Kästchen schraffieren, das – je nach Fall – die Nummer Ihrer spontanen Antwort aufweist, ohne dass Sie sich schon um die Buchstaben in der ersten, linken Spalte kümmern.

	Fall 1	Fall 2	Fall 3	Fall 4	Fall 5	Fall 6	Fall 7	Fall 8	Fall 9	Fall 10	Summe
A	2	1	5	6	6	2	5	3	4	3	
B	4	2	1	5	2	6	1	4	2	4	
C	6	5	6	1	5	4	3	6	1	5	
D	1	4	3	3	1	5	6	1	5	6	
E	3	6	4	2	4	1	2	5	6	2	
F	5	3	2	4	3	3	4	2	3	1	

Sie haben nun den Test ausgewertet. In der Summenspalte rechts tragen Sie ein, wie viele Kästchen Sie pro Zeile schraffiert haben. Der Wert der jeweils markierten Zahl spielt keine Rolle. Unabhängig von der Anhäufung in den einzelnen Zeilen, können Sie jetzt schon Aussagen darüber machen, ob sich Ihre Antworten gleichmäßig auf alle Zeilen verteilen, also etwa zwei pro Zeile, oder ob es typische Häufungen gibt, in einer Zeile also mehr als fünf Antworten liegen.

Wer also beispielsweise in Zeile A sechs Kästchen schraffiert hat und in Zeile E vier, von dem lässt sich sagen, dass 60% seiner spontanen Antworten einem A-Verhalten entsprechen und 40% seiner Antworten dem E-Verhalten zuzuordnen sind.

Möglicherweise werden Sie langsam ungeduldig, wollen endlich erfahren, was sich hinter diesen Buchstaben A bis F verbirgt, wollen die Auflösung Ihres Tests wissen. Wenn Sie fünf Seiten weiterblättern, finden Sie die entsprechenden Erläuterungen. Auf den folgenden Seiten soll zuvor herausgearbeitet werden, was die verschiedenen Erwiderungen im Gesprächspartner auslösen können.

Im Gesprächsausschnitt 9 setzte sich beispielsweise eine Kollegin in der Mittagspause zu Ihnen und begann voller Bitterkeit über ihre neue Vorgesetzte zu klagen:

„Da hat man uns vielleicht eine Null vorgesetzt! Wenn ich wollte, könnte ich die schon lange in die Tasche stecken, aber auf mich hört ja keiner. Die werden schon sehen, was sie sich mit der eingehandelt haben."

Schauen wir uns hierzu die erste Gesprächsreaktion einmal genauer an:

„Haben Sie Geduld, manchmal braucht man einfach Zeit, um sich aneinander zu gewöhnen. Vielleicht werden Sie sich mit der Zeit besser verstehen. Dann bessert sich auch Ihre Situation."

Auf den ersten Blick wirkt diese Äußerung ermutigend. Stimmt! (Abb. 2–1)

Doch wer sagt uns, dass die Kollegin **Trost und Ermutigung** benötigt? Wer so in Fahrt ist, wird diesen sicherlich gut gemeinten Zuspruch eher als Herunterspielen wahrnehmen. Es ist sogar zu vermuten, dass der Kollegin im Moment gar nicht der Sinn danach steht, sich im Laufe der Zeit mit ihrer neuen Vorgesetzten besser zu verstehen. Wir können kaum annehmen, dass die Kollegin auf diese Äußerung erwidern wird:

Abb. 2-1

„Ja, da haben Sie eigentlich Recht. Wahrscheinlich wird es das Klügste sein, ich warte einfach eine Weile ab und sehe zu, dass ich mit ihr gut auskomme."

Ermutigende, **tröstende** Äußerungen vermitteln leicht die Botschaft von „Kopf hoch!" bzw. „Nur Mut, es wird schon werden". Wer jedoch den Kopf nicht hängen lässt oder nicht mutlos ist, kann derartige Reaktionen leicht als betuliches Gehabe aufnehmen und sich entsprechend unwillig abwenden.

Nehmen Sie Wut und Ärger ernst. Ermutigung wirkt häufig bagatellisierend.
Wie steht's mit der zweiten Gesprächsreaktion?

„Sie wollten selbst auf diesen Posten befördert werden und sind entsprechend sauer, weil man Sie dabei übergangen hat."

Wie mag diese Äußerung auf die Kollegin wirken? Selbst wenn wir annehmen, dass es sich so verhält, besteht ein erhebliches Risiko, folgende Antwort zu erhalten:

„Darum geht's mir gar nicht. Ich finde es nur schlimm, wie so eine Niete auf so einen Posten gesetzt werden kann. Man muss doch auch mal die Folgen bedenken und überhaupt …"

Die Reaktion 2 enthält die **Unterstellung**, dass die Kollegin nur deswegen sauer ist, weil sie bei der Beförderung nicht berücksichtigt wurde und in Wirklichkeit auf ihre neue Chefin eifersüchtig ist, denn die sitzt nun auf dem Stuhl, den sie sich selbst gewünscht hatte. Die Kollegin müsste schon sehr selbstkritisch sein und über ihren eigenen Schatten springen, wenn sie das freimütig zugeben könnte. Nicht weil die Unterstellung daneben liegt, wehrt man sich, sondern weil Menschen für gewöhnlich keinen Gefallen daran finden, von anderen – schon gar nicht von Geschäftskollegen – durchschaut zu werden. Wie viel schlimmer, wenn die Unterstellung eine völlige Fehlinterpretation ist und die Kollegin überhaupt keine Ambitionen auf diesen Posten hatte. Wir dürfen wohl zu Recht annehmen, dass das Gespräch schnellstmöglich beendet wird.

Wenn Sie Interpretationen vermeiden wollen, fragen Sie nach.

Analysieren wir die dritte Gesprächsreaktion:

„Ihre neue Vorgesetzte scheint Ihnen dermaßen unqualifiziert, dass Sie am liebsten mal zeigen würden, wie man diesen Job richtig ausführt. Aber im Moment haben Sie überhaupt keine Hoffnung, dass das etwas bringt."

So wenig diese Reaktion inhaltlich etwas vermittelt, so viel verdeutlicht sie der Kollegin, dass ganz genau zugehört wurde. Dieses **Zuhören** (im folgenden Kapitel wird zwischen umschreibendem und aktivem Zuhören unterschieden) dient der Klärung: Wird doch überprüft, ob die Gesprächspartnerin völlig hoffnungslos ist, diese missliche Lage zu beeinflussen.

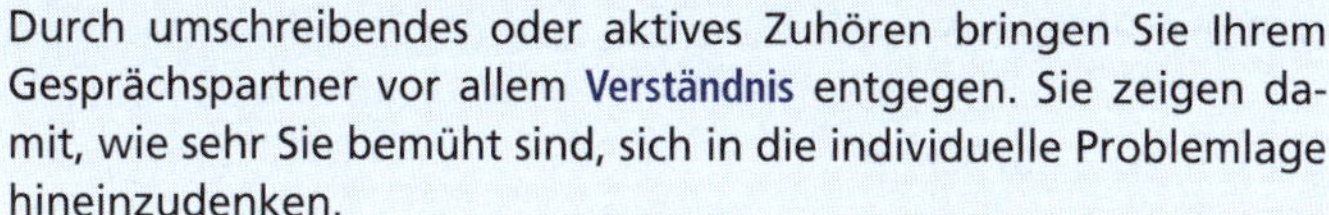

Durch umschreibendes oder aktives Zuhören bringen Sie Ihrem Gesprächspartner vor allem Verständnis entgegen. Sie zeigen damit, wie sehr Sie bemüht sind, sich in die individuelle Problemlage hineinzudenken.

Wie lautete die vierte Äußerung?

„Sie spielen da aber kein faires Spiel. Das bringt doch nichts, wenn Sie Ihre ganze Kraft da hineinlegen, Ihre Chefin auszustechen."

Hier sieht sich die Kollegin in ihrem Verhalten plötzlich bewertet. Sobald jedoch in einem Gespräch einer der Partner seine **Bewertung** eines Sachverhalts mitteilt, wird der andere automatisch dazu veranlasst, Stellung zu beziehen. Das kann Zustimmung sein. Sie können jedoch beobachten, dass viele Menschen einen ausgeprägten Hang zur Individualität besitzen und einer ungebetenen Bewertung relativierend, wenn nicht ablehnend begegnen.

So kann ich mir in unserem Beispiel gut vorstellen, dass die als „unfair" bezeichnete Kollegin sich rechtfertigt oder anderweitig zeigt, dass sie natürlich fair ist, beispielsweise so:

„Es geht mir doch nicht darum, hier irgendjemanden auszustechen und sei er noch so unqualifiziert. Wissen Sie, es ist einfach nur traurig, mit ansehen zu müssen, wie eine ganze Abteilung vor die Hunde geht ..."

Mit **wertenden** Äußerungen, ob Lob oder Tadel, bringen Sie eine moralische Komponente ins Gespräch, die leicht vom Wesentlichen ablenken kann und den Gesprächspartner nötigt, sich mit Ihrer Meinung auseinander zu setzen, ohne dass er bereits Gelegenheit gehabt hätte, seinen Standpunkt ausführlich darzulegen.

Aber es gab ja noch mehr Erwiderungsmöglichkeiten:

„Wo kommt Ihre Chefin eigentlich her? Was hat sie vorher gemacht und wissen Sie zufällig, warum sie dort aufgehört hat?"

Jetzt wird Interesse gezeigt. Jetzt geht's zur Sache. Klare Fragen bringen das Gespräch auf den Punkt. Aber was ist denn hier das Wesentliche? Löst sich die Verbitterung der Kollegin, wenn geklärt wird, wo die Chefin herkommt? Hilft es ihr weiter, wenn sie der Frage nachgeht, was die Vorgesetzte zuvor gemacht hat? Zudem übernimmt der Frager die Initiative im Gespräch, und es entsteht der Eindruck, dass die Klärung der Fragen auch automatisch zu einer Problemlösung führen wird. Schön wär's!

Wenn Ihrem Gesprächspartner die Fragen nicht nachvollziehbar sind, kann dieser die Situation nur zu leicht als **Ausfragen** erleben, was zu entsprechendem Unmut führt; damit einher geht die Gefahr, dass die Fragen nur zögernd oder gar geschönt beantwortet werden, weil Ihr Gesprächspartner die Bedeutung seiner möglichen Antwort noch nicht versteht.

Und wie ist es um die letzte Äußerung bestellt: (Abb. 2–2)

Abb. 2-2

„In so einer Situation ist es natürlich am besten, wenn Sie mit einem Protokoll von Einzelbeobachtungen zu Ihrem Hauptabteilungsleiter gehen und ihm das einmal vortragen. Wenn Ihnen dieser Weg zu riskant ist, dann besteht immer noch die Möglichkeit, in der Redaktion unserer Hauspostille einen gezielten Hinweis zu lancieren. Die kümmern sich dann darum. Womöglich ist die Beförderung Ihrer Chefin sogar ein gefundenes Fressen für den Betriebsrat."

Oberflächlich betrachtet könnte man meinen, jetzt bekommt die Kollegin genau das, worum es ihr doch wohl geht. Es bedarf jedoch keiner großen Phantasie, sich vorzustellen, dass die gut gemeinten Ratschläge „leider" nicht umsetzbar sind, etwa so:

„Na, da kennen Sie aber unseren Hauptabteilungsleiter schlecht. Wenn ich da so ankäme, könnte ich mich gleich beerdigen lassen. Und was unsere Hauspostille betrifft, die haben sich doch Anfang des Jahres so ins Fettnäpfchen gesetzt, da läuft nichts mehr ..."

Eine Redewendung sagt: „Ratschläge sind auch Schläge." Dies gilt ganz besonders für **ungebetene Ratschläge**.

Das rasche, meist voreilige Anbieten einer **Lösung**, eines Ratschlags kann Ihren Gesprächspartner einengen. Dieser spürt, dass er zu einem bestimmten Verhalten gebracht werden soll. Er verschließt sich deswegen häufig und neigt dazu, sich gegen die Lösung abzuschotten, selbst wenn diese objektiv betrachtet für ihn nützlich wäre.

Bei diesem kleinen Test zum Entdecken spontaner Gesprächshaltungen ging es nur um Gesprächsanfänge. Vielleicht entsteht der Eindruck, ich favorisiere als Gesprächsreaktion ausschließlich „Verständnis". Dies trifft lediglich für den Gesprächsanfang zu. **Jede dieser Reaktionsmöglichkeiten hat ihren Stellenwert zu ihrer Zeit.** Mit anderen Worten, in der professionellen Gesprächsführung können Sie sehr wohl Ratschläge erteilen, aber erst, wenn Ihr Gesprächspartner zu verstehen gibt, dafür offen zu sein, bzw. Sie sogar direkt darum bittet. Auch Fragen können das Mittel der Wahl sein, ganz besonders bei der Analyse von Sachverhalten. Soweit Fragen Ihrem Gesprächspartner nachvollziehbar sind, wird ihm die darin enthaltene Gesprächslenkung sogar hilfreich erscheinen. Kommt ein Gesprächspartner verzweifelt oder niedergeschlagen zu Ihnen, sind ermutigende und aufbauende Reaktionen nicht nur angebracht, sondern erforderlich. Manchmal drücken sich Gesprächspartner so verwirrend aus, dass nur mit viel Interpretationsgeschick der Sinn zu erfassen ist. In manchen Gesprächen erwarten die Partner auch eine Wertung in Form von Zustimmung bzw. Ablehnung. Wichtig ist auch hier der angemessene Zeitpunkt. Lädt der Gesprächspartner zur Wertung ein oder wird dem anderen die persönliche Meinung aufgedrängt?

Nach dieser ausführlichen Erarbeitung der Gesprächsreaktionen ist es Zeit, Ihnen die Testauflösung in die Hand zu geben. Im Folgenden finden Sie eine Zusammenstellung der Antworttendenzen, die sich hinter den Buchstaben A bis F verbergen. Da diese sechs Reaktionen in Gesprächen sehr häufig als erste Antwort erfolgen, kann von „Antworttendenz“ gesprochen werden, denn durch die erste Erwiderung wird bereits eine allgemeine Grundstimmung deutlich, die den weiteren Verlauf des Gesprächs maßgeblich mitbestimmen wird.

Antworttendenzen in einem Gespräch

(A) Ihre Antworten sind **wertend**, d. h., sie implizieren einen moralischen Standpunkt und beinhalten ein ablehnendes oder zustimmendes Urteil über den Gesprächspartner.

(B) Ihre Antworten sind **Interpretationen**. Sie verstehen nur, was Sie verstehen wollen, Sie betonen, was Ihnen wichtig erscheint, und Ihr Verstand sucht nach einer Erklärung. Es kommt vor, dass Sie dabei die Aussage des Gesprächspartners verzerren bzw. seinen Gedankengang verfremden.

(C) Ihre Antworten haben **stützenden/tröstenden** Charakter und zielen auf eine Ermutigung, Beruhigung oder einen Ausgleich ab. Sie empfinden eher Mitleid und glauben, dass man das Problem/die Sache nicht noch stärker dramatisieren sollte.

(D) Ihre Antworten sind **forschend**. Sie bemühen sich, mehr zu erfahren und lenken das Gespräch in die Richtung, die Ihnen wichtig erscheint, verdächtigen u. U. den Gesprächspartner, das Wichtigste zu verschweigen oder die Zeit zu verschwenden. Sie sind offensichtlich in Eile und bedrängen den Gesprächspartner mit Ihren allzu direkten Fragen.

(E) Sie neigen dazu, in Ihren Antworten eine **sofortige Lösung des Problems** zu geben. Sie reagieren durch Handeln und drängen zur Tat. Sie finden sofort die Lösung, die Sie geben würden; Sie warten nicht ab, bis Sie mehr erfahren haben. Sicherlich werden Sie bei dieser Vorgehensweise den Gesprächspartner und sein Anliegen los.

(**F**) Ihre Antworten zeigen **Verständnis** und spiegeln Ihre Bemühungen wider, sich wirklich in die Problemlage des Gesprächspartners zu versetzen. Sie wollen vor allem sichergehen, das Gesagte richtig verstanden zu haben. Diese Haltung ermutigt den Gesprächspartner und regt ihn zu weiteren Ausführungen an.

Wer sich nicht auf seine Vermutung verlassen möchte, wird selbstkritisch prüfen, wieweit der Gesprächspartner wirklich offen und interessiert ist für das, was man so schrecklich gern äußern will.

Eine derartige „Prüfung" könnte beispielsweise lauten: (Abb. 2–3)

Abb. 2-3

- „Ich frage mich gerade, ob Sie meine Einschätzung (Meinung, Ansicht, Bewertung) der Situation interessiert."
- „Ich bin mir nicht sicher, ob ich das richtig verstanden habe (richtig vermute)."
- „Ich überlege mir gerade, wieweit Sie von mir einen Rat erwarten."

- „Mir gehen gerade einige Fragen durch den Kopf, ich bin mir jedoch nicht schlüssig, ob sie weiterhelfen."
- „Ich möchte Sie gern ermutigen, befürchte jedoch, dass das als Herunterspielen missverstanden werden kann."

Sie können sicher sein, dass Ihr Gesprächspartner direkt darauf eingeht, Sie auffordernd anschaut, wenn er wirklich Interesse hat. Ich will Ihnen jedoch nicht verhehlen, dass Sie bei derartiger selbstkritischer Prüfung oftmals die schmerzliche Erfahrung machen werden, dass Sie keine Gelegenheit erhalten, Ihren Redebeitrag loszuwerden. Ihr Gesprächspartner äußert beispielsweise: „Doch, das interessiert mich brennend, wissen Sie, es ist nämlich so, dass ich ..." und dann redet er und redet und redet.

Eine Möglichkeit, sich die verschiedenen Gesprächstendenzen bewusst zu machen, besteht darin, die eigene Wahrnehmung zu schärfen. Der Gesprächsausschnitt neun wurde bereits ausführlich besprochen. Ich schlage Ihnen vor, dass Sie sich die anderen neun Fälle noch einmal vornehmen und die sechs jeweiligen Gesprächsreaktionen so klassifizieren, dass Sie die Benennung jeweils neben jede Erwiderung notieren, ehe Sie diese mit der Auflösung vergleichen. Vielleicht entdecken Sie auf diesem Wege, dass Sie nun, am Kapitelende, beim zweiten Durcharbeiten ganz anders ankreuzen. Sie können zunächst noch einmal an diesen Textbeispielen üben. In einem weiteren Schritt anhand tatsächlicher Gesprächsreaktionen (Ihrer eigenen sowie die Ihrer Mitmenschen) werden Sie erkennen, um welche Art der Erwiderung es sich jeweils handelt. Schon nach kurzem Üben werden Sie entdecken, wie Ihre geschärfte Wahrnehmung für Gesprächsreaktionen auch ihr eigenes Gesprächsverhalten beeinflusst.

3. Kapitel

Die vier Arten des Zuhörens

Mancher Leser wird womöglich erstaunt sein, weil er in einem Buch über „Professionelle Gesprächs**führung**" nicht gerade ein Kapitel über das Zuhören sucht. Doch gekonntes Zuhören erweist sich, im Vergleich zu anderen Methoden der Beeinflussung im Gespräch (wie z. B. Fragen, Ratschläge, Kommentare etc.), als eine der besten Möglichkeiten, die **Führung im Gespräch** zu behalten. Es ist bezeichnend, dass in Untersuchungen über die Erfolgsmechanismen herausragender Führungspersönlichkeiten immer wieder das **professionelle Zuhörverhalten** betont wird.

Im Folgenden unterscheide ich vier Formen des Zuhörens und ihre Wirkung auf den Gesprächspartner:

(1) „Ich-verstehe"-Zuhören

Hierbei handelt es sich im Grunde genommen gar nicht um Zuhören, sondern um den **Auftakt zum eigenen Sprechen**. Weil es jedoch als unhöflich gilt, dem anderen direkt ins Wort zu fallen, hat es sich eingebürgert, ihn mit einer „netten Floskel" zum Schweigen zu bringen, wie das „Ich verstehe, ..." oder auch das „Ja, da haben Sie Recht, aber ..." oder das beliebte „Ja, da bin ich ganz Deiner Meinung, weißt du, ich ..." und ähnliche Formulierungen.

Vielleicht fallen Ihnen weitere Beispiele ein wie folgende Szene, die sich in einem Elektrofachgeschäft zutrug:

Kunde: „Ich hab' bei Ihnen vor einiger Zeit, ich glaub', es ist jetzt sechs Wochen her, so eine Niedervolt-Installation gekauft, und zwar eine große, gleich mit 200 Watt, also das sind gut sechs Meter quer durch den Raum, nicht wahr ..."

Verkäufer: „Ich verstehe, und nun wollen Sie noch weitere Einzelspots installieren. Kommen Sie doch gerade mal mit, da kann ich Sie auf ein besonders günstiges Angebot hinweisen, das haben wir ganz neu reinbekommen."

Kunde: „Ja, aber ich wollte eigentlich nur wissen, wie das mit dem Stromverbrauch ist, wenn ich ganz wenige Strahler dran hängen habe." Und so weiter.

Erinnert Sie folgende Szene, am Nachbartisch in der Kantine belauscht, an ähnliche Begebenheiten?

Kollege A: „Mensch das ist vielleicht eine Sauerei, jetzt haben die uns doch den Zeitplan zum dritten Mal geändert. Also ich weiß bald nicht mehr, wo mir der Kopf steht. Erst hieß es, wir haben für die Abwicklung sechs Wochen Zeit, dann wurden plötzlich fünf Wochen draus, und gestern haben sie uns gesagt, bis zum Monatsende muss alles fertig sein. Und weißt du, was das Schlimmste ist, Krämer hat sich doch an der Bandscheibe operieren lassen und fällt mindestens noch weitere vier Wochen aus."

Kollege B: „Oh, das kann ich gut verstehen, Mensch, bin ich froh, dass ich damals noch die Kurve gekriegt hab', euch zu verlassen, um ins Labor zu gehen. So was gibt es bei uns nicht, weißt du, wir haben ..."

Sie können übrigens beim „Ich-verstehe"-Zuhören sehr schön beobachten, dass vor dem Sprechen, als nichtverbaler Auftakt, in der Regel ein Kopfnicken, ein leichtes Vorbeugen oder Aufrichten und ein Luftholen vorangeht – alles Zeichen, nun selbst zum Zuge kommen zu wollen.

Nichts gegen echtes Verstehen, aber hinter der Formulierung „Das kann ich verstehen" oder „Ich verstehe das" kommt dann nichts Weiteres, sozusagen ein sprachlicher Punkt. Eine Pause oder ein aufmunternder Blick regt den Gesprächspartner zum weiteren Sprechen an.

Bei diesem **Pseudo-Zuhören** verwundert, wie unbekümmert die Beteiligten aneinander vorbeireden und sich mit konventionellen Redewendungen abspeisen bzw. ein Zuhören vorgaukeln lassen.

Aber vielleicht stößt sich auch deswegen keiner daran, weil diese Floskeln allgemein verbreitet sind, so wie auch kaum einer über die Redewendung „mein Beileid" nachdenkt, es sei denn, der Sprecher merkt im letzten Moment, wie wenig er ja tatsächlich leidet. Dann fällt ihm prompt „Mein tief empfundenes, aufrichtiges Beileid" ein.

(2) Aufnehmendes Zuhören

Im *Duden* heißt es: „Seine Aufmerksamkeit auf Worte oder Töne richten." Diese **Aufmerksamkeit** gilt es, **hör- und sichtbar** zu **zeigen**, damit der Gesprächspartner wahrnimmt, dass ihm aufnehmend zugehört wird. Dazu gehört zunächst einmal das Schweigen. Dabei muss zwischen „Schweigen" und „echtem Schweigen" unterschieden werden, denn auch ohne zu sprechen sind wir in der Lage,

- einen Kommentar zum Gehörten abzugeben, z. B. durch hörbar lautes Ausatmen oder leichtes Kopfwiegen oder gar -schütteln,
- unsere Ungeduld zum Ausdruck zu bringen, z. B. durch rasches Luftholen und Nach-vorn-Beugen,
- unser Desinteresse kundzutun, indem wir uns mit etwas anderem beschäftigen oder interessiert woanders hinschauen.

Nein, dieses Schweigen ist beim aufnehmenden Zuhören nicht gemeint, sondern das „echte Schweigen", bei dem wir unsere ganze Aufmerksamkeit auf den Gesprächspartner richten. Wie stark diese Aufmerksamkeit tatsächlich gerichtet ist, wird an unserem Blickkontakt sichtbar. Dem Sprechenden in die Augen zu schauen, ohne ihn jedoch anzustarren, gekoppelt mit einem leichten Kopfnicken drückt unmissverständlich aus, dass wir aufnehmend zuhören. Das Kopfnicken hat dabei keinerlei zustimmenden Charakter, sondern drückt lediglich aus, dass wir gedanklich mitgehen.

Fehlt dieser Blickkontakt, wie dies beispielsweise am Telefon der Fall ist, bedarf es eines hörbaren Ausgleichs durch kleine Zuhörfloskeln wie „Mhm", „Aja", „So", „Ach", „Ja" bzw. „Nein" usw. Und jeder kennt die Situation vom Telefon: Wenn eine Weile das „Mhm" ausbleibt, kommt garantiert ein „Sind Sie noch dran?" vom anderen Ende der Leitung.

Sie können selbst einmal beobachten, wie oft Menschen die Zuhörfloskeln einsetzen, aber kaum Blickkontakt halten. Häufig treffen Sie derartiges Pseudo-Zuhören an, wenn Vorgesetzte einem Mitarbeiter zuhören (sollen). Da wird schon die Post gesichtet, unterschrieben oder abgezeichnet und gleichzeitig der Mitarbeiter durch „Mhm", „Nein, wie interessant", „So so" am Sprechen gehalten.

Machen wir uns nichts vor: **Ob wir tatsächlich aufnehmen,** d. h. gedanklich mitgehen, **drückt unser Körper sichtbar aus.** Nicht nur unsere Gestik, auch unsere Mimik verrät, wie aufmerksam wir bei der Sache sind. Sei es die Stirn, die wir runzeln, weil uns eine Äußerung gegen den Strich geht, seien es unsere Lippen, die wir zusammenpressen, weil wir genug haben, die hochgezogenen Augenbrauen, wenn wir erstaunt sind, oder die gerümpfte Nase, wenn uns etwas missfällt. Ob wir uns langweilen oder schon innerlich auf Kontra gehen und an einer Erwiderung basteln, immer drücken wir unserem Gesprächspartner gegenüber – meist unbewusst – aus, ob wir aufnehmend zuhören.

Folgendes Gespräch konnte ich am Nachbartisch meiner Stammkneipe mithören. Dabei fiel mir das aufnehmende Zuhören auf. Zur Verdeutlichung habe ich einmal mögliche Gesprächsreaktionen hinzugeschrieben, wie sie häufig formuliert werden.

A und B (bei diesem Gespräch spielt es keine Rolle, ob es sich um zwei Frauen oder zwei Männer oder um je einen von ihnen gehandelt hat) betreten gemeinsam das Lokal, setzen sich an einen Tisch über Eck und bestellen sogleich ein Bier. Nachdem die Bestellung aufgenommen worden war, begann

A: „Also, unser Urlaub war schon ganz gut."
B: „Mhm."

B hätte hier geschickt auf den eigenen Urlaub und den vielen Regen, die Sonne oder sonst etwas hinweisen können, beispielsweise: „Wir hatten mit dem Hotel unglaubliches Pech!"

A: „Also nicht nur so vom Wetter, auch sonst. Wir haben uns eigentlich verstanden, so im Großen und Ganzen."
B schaut A aufmerksam an und nickt.

B hätte mit einer Frage im Stil des: „Wo wart ihr denn?“, oder: „Wie lange wart ihr eigentlich weg?“ sein Interesse zeigen können, und es wäre so ein Gespräch über Urlaub im Allgemeinen entstanden.

Das Bier wird gebracht, und beide prosten sich kurz zu.

A: „Nun ja, Spannungen gibt's ja immer wieder. Krach kommt in den besten Familien vor. Oder?"

B verpasst diese eindeutige Aufforderung zum Sprechen. Wie leicht wäre es gewesen, jetzt das Gespräch auf die eigenen Schwierigkeiten zu lenken, etwa: „Wem sagst Du das, was glaubst du, was bei uns letzte Woche los war …“

Stattdessen blickt B ernsthaft zu A, nickt und murmelt „mhm“.

A: „Ich weiß gar nicht so Recht, ob's nun eigentlich schon im Urlaub angefangen hat oder erst wieder hier zu Hause." A dreht sein Glas hin und her und scheint nachzudenken.

B schweigt, bleibt jedoch A zugewandt.

Denkbar wäre hier eine Frage, z. B.: „Was denn?“ oder „Nun red nicht um den heißen Brei rum, was ist passiert?“ (Abb. 3–1)

Abb. 3-1

A: „Ja, wahrscheinlich erst hier. Denn da oben waren wir noch ein Herz und eine Seele." A beginnt mit dem Bierdeckel zu spielen und schaut auf den Tisch.
B schweigt weiterhin.

Bei etwas Ungeduld wäre B wahrscheinlich ein: „Ich versteh' nur Bahnhof" rausgerutscht o.Ä.

A: „Weißt du, wir haben da ganz aufregende Situationen miteinander erlebt, das hat uns ganz schön aneinander gebunden."

Zu meinem großen Erstaunen befriedigte B am Nebentisch nicht seine Neugier, z. B.: „Erzähl mal, was waren denn das für aufregende Situationen?", sondern B blickte A aufmerksam an und nickte.

A: „Und jetzt weiß ich eigentlich gar nicht, was ausschlaggebend war. Irgendwie ist das alles noch so unfassbar."

Ich gestehe, dass ich selbst langsam neugierig wurde und mich ertappte, wie ich innerlich ein „Wieso?" formulierte, doch ganz anders die Reaktion von

B: „Mhm" und ruhiger Blickkontakt zu A.
A: „Weißt du, wir haben uns nämlich getrennt. Vorgestern. Ganz plötzlich. Für mich kam das echt aus heiterem Himmel."
B: „Oje!"

Wenn B Spaß gehabt hätte, seine Menschenkenntnis zu zeigen, hätte er vielleicht erwidert: „So etwas deutet sich aber vorher an, da gibt es unzählige Anzeichen, die man beobachten kann, wenn man nicht plötzlich mit leeren Händen dastehen will."

A: „Du kannst Dir wahrscheinlich gar nicht vorstellen, wie mir zumute ist. Ich hab schon seit zwei Tagen nichts mehr gegessen, mir ist speiübel, und an Schlaf ist schon gar nicht zu denken. Da werfe ich mich nur von einer Seite auf die andere."

Mich erstaunte am Nebentisch, dass B keinerlei Anstalten machte, sich ob seines mangelnden Vorstellungsvermögens zu verteidigen, in Form von: „Und ob ich mir das vorstellen kann, weißt Du nicht, dass ich letzten Herbst …"

Tatsächlich schaute B seinen Gesprächspartner nur an, nickte langsam und sagte: „Ja."

A: „Am liebsten möchte ich gar nicht mehr leben."

Üblicherweise wird nun dem Gesprächspartner dieser Gedanke ganz schnell ausgeredet, entweder „Komm, komm, Du wirst dich doch nicht wegen Liebeskummer gleich umbringen wollen, denk doch mal an …" oder „Oh, das kenn ich, das ging mir damals auch so, als …".

Doch B sagte gar nichts, sondern schaute A nur ernst an
A: „Verdammt noch mal, mir ist zum Heulen."

Statt des gut gemeinten „Na, na, wird schon werden, das passiert uns allen einmal!"

sagte **B** tatsächlich: „O ja."
A: „Weißt du, eigentlich komisch, wir kennen uns gar nicht so gut, aber Du bist tatsächlich der Erste, dem ich das jetzt erzählt habe."
B nickt und verzichtet auf die nahe liegende Frage: „Und warum hast Du mir das nun doch erzählt?"
A: „Aber, weißt du, worüber ich mir am meisten Sorgen mache, das ist der Besuch meiner Eltern nächste Woche. Wie soll ich denen nun erklären, dass es keine Hochzeit im Oktober geben wird? Ich weiß überhaupt noch nicht, wie ich mich da verhalten soll."
B: „Mhm."

Auch hier erfolgte nicht der zu erwartender Ratschlag in der Art von: „Lade Deine Eltern unter irgendeinem Vorwand doch einfach wieder aus."

Nach Erscheinen der ersten Auflage überraschten mich immer wieder Kommentare von Seminarteilnehmern, in denen das Verhalten von **B** für abwegig gehalten wurde, nach dem Motto: „So verhält sich doch kein normaler Mensch!" Oder ihm wurde unterstellt: „Den interessiert das doch überhaupt nicht." – „Der hat wahrscheinlich selbst was mit der Freundin angefangen." – „Auf jeden Fall hört er die Story schon zum x-ten Mal." – „Der denkt mit Sicherheit an seine eigenen Probleme und ist ganz woanders."

Sie mögen gerade selbst vergleichen, wieweit Sie ähnliche Gedanken während des Lesens hatten. Doch ehe Sie weiterlesen, beantworten Sie kurz folgende Frage:

Was genau macht A zu schaffen? Was ist sein Problem?

Auf diese Frage wurde mir überproportional häufig zur Antwort gegeben:

- A hat Liebeskummer.
- A leidet unter der unerwarteten Trennung.
- A kommt mit der für ihn neuen Situation nicht zurecht.
- A ist verzweifelt, weil der Freund bzw. die Freundin weggelaufen ist.

Naheliegenderweise wird der Selbstmordgedanke als Folge der zuvor geäußerten Trennung verstanden. Doch dann sollte uns stutzig machen, dass A erklärt, worüber er sich am **meisten** Sorgen macht. Und genau um diesen Punkt, die nicht stattfindende Hochzeit, verlief dann auch das weitere Gespräch: A war mit seinen Gedanken fast ausschließlich bei seiner Mutter, der er nun irgendwie erklären musste, dass er die von ihr so favorisierte zukünftige Schwiegertochter nicht heiraten könne, weil sie auf und davon sei. Bis zu dieser Stelle dauerte das Gespräch noch keine fünf Minuten. Tatsächlich hat sich B im weiteren Verlauf des Gesprächs keineswegs als einsilbiger „Mhm"-Sager erwiesen, sondern sehr anteilnehmend das „Eltern-Problem" vertieft. Nur dank seiner Geduld konnte über das gesprochen werden, was A wohl zutiefst beschäftigte, ohne dass er sich übrigens dessen hätte bewusst sein müssen. Vermieden wurde durch ein derartiges aufnehmendes Zuhören, dass sich ein Gespräch über Urlaub und spannende Situationen, über Partnersorgen und Liebeskummer oder über Körperbeschwerden und Selbstmordabsichten entwickeln konnte.

(3) Umschreibendes Zuhören

Im Gegensatz zum wörtlichen Wiederholen wird beim Umschreiben das soeben Gehörte **mit eigenen Worten wiedergegeben**. Das klingt sehr viel einfacher, als es tatsächlich ist. Vielleicht haben Sie selbst schon festgestellt, dass wir in der Lage sind, ohne weitere Übung ganze Sätze wörtlich zu wiederholen. Dabei müssen wir den Inhalt nicht einmal verstanden haben. Wichtig ist lediglich, dass wir unsere wörtliche Wiederholung im direkten Anschluss formulieren dürfen. Sollen wir jedoch mit eigenen Worten sagen, was wir verstanden haben, was bei uns angekommen ist, kommen wir ohne Übung in der Regel nicht sehr weit.

Umschreibendes Zuhören ist die einfachste und sicherste Möglichkeit, **Missverständnisse** bereits von Anfang an zu **vermeiden**. Manch einer mag einwenden, dass eine derartige Erwiderung ja nichts Neues ins Gespräch bringt und darum weitgehend überflüssig sei. Wer jedoch einmal als Betroffener erlebt hat, wie wohltuend umschreibendes Zuhören sein kann, lässt diesen Einwand nicht mehr gelten. Wenn Sie das Gehörte mit eigenen Worten wiederholen, fördern Sie das Gespräch aktiv. Durch Ihr Umschreiben geben Sie zu verstehen, dass Sie nicht nur zugehört, sondern auch das Wesentliche der Aussage erfasst haben und bereit sind, weiterhin über das begonnene Thema zu sprechen.

Folgende Einstiegsformulierungen eignen sich für das umschreibende Zuhören:

„Ihnen ist wichtig, dass ..."

„Verstehe ich dich richtig, dass ..."

„Du meinst, wenn ..."

„Ich habe jetzt verstanden, dass Sie ..."

„Was Du sagst, fasse ich so auf ..."

„Wenn ich das richtig erfasst habe, dann geht es Ihnen um ..."

Diese umschreibenden Formulierungen sind Äußerungen, die sich ganz und gar auf das beziehen, was Ihr Gesprächspartner bislang gesagt hat.

Die größte Schwierigkeit beim umschreibenden Zuhören liegt wohl darin, für einen Moment die eigene Meinung, Ansicht, Bewertung oder Fragen und Ratschläge zurückzuhalten. Diese große Schwierigkeit mag erklärbar sein mit der Tatsache, dass wir fähig sind, ca. 400 Wörter in der Minute geistig zu verarbeiten. Dies entspricht der Lesegeschwindigkeit eines untrainierten Erwachsenen. Nun sprechen

Menschen aber üblicherweise wesentlich langsamer. Eine mittlere Sprechgeschwindigkeit von 200 Wörtern in der Minute (das ist schon flott gesprochen!) lastet unsere Aufnahmekapazität aber bei weitem nicht aus. Rein rechnerisch sind wir gewissermaßen nur zu 50% gefordert. Die verbleibende Hälfte liegt jedoch nicht brach, sondern erfährt eine Eigendynamik in Form der persönlichen Stellungnahme, des Vorformulierens der eigenen Antwort oder des Nachdenkens über etwas gänzlich anderes. Würden wir nun konsequent mit der einen Hälfte unseres Aufnahmevermögens zuhören und mit der anderen Hälfte unseren eigenen Gedanken anhängen, dann wäre dies wohl kein Verlust. In der Regel werden jedoch unsere eigenen Gedanken schon nach wenigen Sekunden so viel interessanter als das, was wir gerade hören, so dass wir mehr als die verbleibenden 50% unserer Kapazität benötigen und mit entsprechend nachlassender Aufmerksamkeit dem anderen zuhören. Im Extremfall bekommen wir gerade noch mit, dass der andere (endlich) aufgehört hat zu sprechen und wir mit unserer Erwiderung loslegen können.

Von dem griechischen Philosophen *Sokrates* ist uns überliefert, dass er ein Meister des genauen Zuhörens war. Sein Schüler *Platon* lässt ihn in einem Streitgespräch (über die Unsterblichkeit: „*Phaidon*") zum Beispiel Folgendes sagen:

> „Dies ist, glaube ich, ungefähr Deine Meinung, Kebes. Mit Absicht wiederhole ich sie öfters, damit uns ja nichts davon entgeht und damit Du das, was Du etwa willst, noch hinzusetzen oder abstreichen kannst."

Hier wird deutlich, dass nicht so sehr die „wunden Punkte" einer Gegenmeinung gesucht werden, als vielmehr zunächst ein **genaues Verstehen der Ansichten des Gesprächspartners** angestrebt wird. Diese Form des Miteinandersprechens, des Streitens im Sinne des Meinungsaustausches, erreichte ihren Höhepunkt im 13. Jahrhundert, in den so genannten scholastischen Disputationen. Für diese Streitgespräche gab es damals eine Spielregel, die das Zuhören erzwungen hat. So war niemandem gestattet, auf einen Einwurf des Gesprächspartners unmittelbar zu antworten; zuvor musste er die gegnerische Position mit seinen eigenen Worten wiederholen und sich bei seinem Gesprächspartner ausdrücklich vergewissern, dass dieser auch genau das Gleiche gemeint hatte.

Diese „mittelalterliche Gepflogenheit“ lässt sich auch heute zu Übungszwecken nutzen:

Vereinbaren Sie mit einem Gesprächspartner ein Thema, zu dem Sie kontroverse Standpunkte haben, und diskutieren Sie miteinander nach folgender Regel: Es darf erst entgegnet werden, nachdem mit eigenen Worten wiedergegeben wurde, was der Partner mit seiner letzten Äußerung gesagt hat und wenn dieser durch ein klares „Ja" zu verstehen gibt, dass er sich inhaltlich verstanden fühlt. Wer mit dieser Spielregel noch unvertraut ist, wird dankbar sein, wenn ein Dritter sich als „Schiedsrichter" zur Verfügung stellt. Zum einen kann ein neutraler Außenstehender leichter als die Beteiligten auf die Einhaltung der Spielregel achten, die in der Hitze einer echten Auseinandersetzung immer wieder missachtet wird. Zum anderen kann er helfen zu klären, ob die Wiedergabe korrekt war oder nicht.

Bei folgendem Dialog aus einem meiner Seminare übernahm ich die Rolle des Schiedsrichters:

A: „Ich würde es begrüßen, wenn wir auf allen deutschen Autobahnen Tempo 100, höchstens jedoch Tempo 120 einführen würden. Hier könnten wir uns aus der ehemaligen DDR wirklich eine Scheibe abschneiden, denn deren Unfallzahlen konnten sich sehen lassen. Aber ganz abgesehen von den geringeren Unfallzahlen würde ein derartiges Tempolimit zu geringerem Schadstoffausstoß führen, die Autos müssten nicht mehr so hochgezüchtet werden und wir könnten eine Menge Geld sparen, das jetzt im Straßenbau verpulvert wird."

B: „Also wenn ich Sie richtig verstehe, dann wollen Sie DDR-Verhältnisse einführen und dem Autofahrer auch noch den letzten Spaß am Fahren nehmen ..."

C: „Ich unterbreche gerade mal, zuerst sollen Sie sinngemäß wiederholen, ehe Sie ihren Kommentar abgeben."

B: „Wieso, das war doch eigentlich wiederholt. – Na schön, also Sie behaupten, dass man mit Geschwindigkeitsbegrenzung – verflixt, jetzt ist es weg, können Sie bitte noch mal wiederholen."

A wiederholt seinen Standpunkt fast wörtlich.

B: „Also noch einmal: Sie wollen also Tempo 100 auf den Autobahnen einführen, weil es in der DDR auch so war und weil die damals deswegen, so glauben Sie, weniger Unfälle hatten. Aber da will ich Ihnen gleich mal sagen, dass das so nicht stimmt, denn die hatten ja viel weniger Verkehr ..."

C: „Das war noch kein umschreibendes Zuhören."

A: „Ja, also da hat noch einiges gefehlt."

B: „Was, noch mehr? Also bitte noch einmal."

A wiederholt ein weiteres Mal seine Position.

B: „Also, Sie sind für Tempo 100 oder auch 120, weil man damit die Unfallquote senken könnte und außerdem würde der Schadstoffausstoß dann geringer sein. Des Weiteren glauben Sie, dass unsere Fahrzeuge dann weniger aufwendig konstruiert sein müssten und – den Rest hab ich vergessen."

A: „Wir könnten Geld sparen, was unnötig im Straßenbau versickert."

B: „Ach ja, also ich sehe das ganz anders. Erstens ist unsere Wirtschaft auf die Automobilindustrie ausgerichtet, und im Falle eines Tempolimits würden wir nicht nur Tausende von Arbeitsplätzen verlieren, sondern auch international nicht mehr konkurrenzfähig sein. Außerdem stimmt das mit der Unfallstatistik überhaupt nicht, denn die meisten Unfälle passieren im Stadtverkehr, wo nur 50 gefahren wird und die Leute eben unaufmerksam sind und entsprechend häufig Unfälle verursachen."

A: „Sie sind gegen Tempolimit, weil Sie befürchten, dass unsere Wirtschaft darunter leiden könnte, sowohl arbeitsplatz- als auch wettbewerbsmäßig. Darüber hinaus bezweifeln Sie, dass langsameres Fahren zu weniger Unfällen führt, weil dabei die Konzentration nachlässt und die Unfälle dann eher zunehmen."

In dieser Art dauerte das Gespräch noch weitere 15 Minuten.

„Umschreibendes Zuhören" verdeutlicht, dass Sie den Inhalt verstanden haben.

(4) Aktives Zuhören

Die hohe Kunst des Zuhörens bildet das aktive Zuhören. Hierbei wird nicht nur auf das geachtet, **was** der andere sagt, sondern **wie** der andere spricht und sich verhält. Gefühle, Hoffnungen und Wünsche werden meist nicht direkt formuliert, doch schwingen sie in fast jeder Äußerung mit.

Beim aktiven Zuhören fragen Sie sich im Stillen:

„Was empfindet mein Gesprächspartner?"
„Was ist ihm an dem, was er gerade äußert, so wichtig?"
„Was beschäftigt ihn daran so sehr?"
„Welches Interesse will er damit verfolgen?"
„Wie ist ihm zumute?"

Um Antwort auf diese Fragen zu erhalten, werden Sie sich bemühen, sich in den anderen hineinzudenken, ja hineinzufühlen.

Anders als beim umschreibenden Zuhören geben Sie beim aktiven Zuhören nicht die ganze Aussage wieder, sondern versuchen knapp, das **in Worte zu fassen, was gefühlsmäßig mitschwingt**. Durch ihr aktives Zuhören signalisieren Sie, dass Sie die Empfindungen Ihres Gesprächspartners mitbekommen haben. Mit derartigen Formulierungen zeigen Sie, dass Sie sich ganz und gar auf den anderen Menschen einzustellen bemüht sind. Sie machen deutlich, dass Sie versuchen, ihn, seinen Standpunkt und seine Situation zu verstehen.

„Aktives Zuhören" ist der Schlüssel zum Gesprächspartner. Es schafft ein Klima der Verbundenheit und des Vertrauens.

Ein Ziel professioneller Gesprächsführung ist die Schaffung einer Atmosphäre, in der sich der andere **verstanden fühlt**. Wie schwer es fällt, diesen Gefühlszustand rational zu erfassen, wird Ihnen deutlich, wenn Sie einmal versuchen, jene Gründe aufzulisten, die für Sie ausschlaggebend sind, um sich verstanden zu fühlen. Menschen können ausgesprochen hartnäckig sein, wenn sie sich gefühlsmäßig nicht verstanden glauben. Am leichtesten können Sie dies bei kleinen Kindern beobachten.

Stellen Sie sich folgende Situation vor: Da läuft ein zwei- bis dreijähriges Kind die Straße entlang, stolpert plötzlich und liegt unvermittelt auf der Straße. Das Kind beginnt zu schreien. Die herbeieilende Mutter oder der Vater helfen dem Kind aufzustehen und versuchen, das Kind zu beruhigen und zu trösten. Typische Sätze in derartigen Szenen lauten: „Heile, heile Segen …", „Das tut ja gar nicht weh, es blutet ja nicht einmal …", „Komm, schrei jetzt nicht, das hört gleich wieder auf …", „Ein Indianer kennt keinen Schmerz

…“ oder „Wenn Du aufhörst zu weinen, dann bekommst Du ’ne Brezel …“ Nur zeigt die Erfahrung, dass Kinder in solchen Situationen eher lauter schreien und sich ganz und gar nicht beruhigen. Wie kommt das? Wenn wir uns überlegen, welche Empfindung sich bei dem Kind, nachdem es unversehens auf die Nase gefallen ist, als Erstes eingestellt hat, dann entdecken wir, dass es kaum der Schmerz sein wird. Nein, zunächst einmal empfindet ein stolperndes Kind (ein Erwachsener übrigens ebenso) einen gewaltigen Schreck. Eben lief es noch und nun liegt es da. Und dieser Schreck, der förmlich in die Glieder gefahren ist, wird vom Erwachsenen mit keinem Wort erwähnt. Stattdessen wird ein Schmerz geleugnet, den das Kind womöglich noch gar nicht registriert hat. Wer in dieser Situation auf den Schreck des Kindes eingeht, zeigt, dass er sich wirklich in seine Lage eingefühlt hat. Folgende Begebenheit soll verdeutlichen, dass derartiges Eingehen auf Empfindungen keineswegs die Situation dramatisiert, im Gegenteil:

In diesem Fall handelte es sich um einen dreijährigen Jungen, der nach einem Sturz durch kein Zureden seiner Mutter zu trösten war. Er saß auf ihrem Schoß und weinte bitterlich. Auf meinen Satz: „Na Raffael, Du hast dich arg erschrocken, als Du plötzlich an der Treppe ausgerutscht bist" kam mit völlig veränderter Stimme ein deutliches: „Ja, blöde Stufe!", und gleichzeitig hörte der Junge auf zu weinen. Doch prompt fügte seine Großmutter hinzu: „Siehst du, Raffael, es tut gar nicht mehr weh", und schon ging die Heulerei von neuem los – noch um einiges lauter.

Nicht nur Kinder reagieren so. Wir Erwachsenen legen genauso großen Wert darauf, ernst genommen zu werden, und in manchen Situationen können wir ausgesprochen unangenehm werden, wenn auf unsere Gefühle nicht angemessen eingegangen wird.

Nun höre ich oft: „Nur nicht Öl ins Feuer gießen.“ Daraus klingt die Sorge, dass die ohnehin schon negativen Gefühle womöglich durch einfühlsames Eingehen verstärkt werden. Doch können Sie immer wieder beobachten, dass Menschen dazu neigen, so lange auf ihre „emotionale Tube zu drücken“, bis sie gehört werden, d. h. bis sie sich verstanden fühlen. Wer sich nicht traut, das bei Erwachsenen auszuprobieren, mag bei Kindern entdecken, wie schnell **aktives Zuhören** zu einem **Perspektivenwechsel** beitragen kann.

Da fällt ein vierjähriges Mädchen von der Schaukel und zieht nicht schnell genug den Kopf ein. Zum Schreck kommt unvermittelt der schmerzhafte Schlag der Schaukel an den Hinterkopf, wovon das kräftige Brüllen Zeugnis ablegt. Der herbeieilende Vater nimmt seine Tochter auf den Schoß und versucht sich in die Lage des Kindes einzufühlen: „Ich kann mir gut vorstellen, wie erschrocken Du warst, als Du da abgerutscht bist. Und dann auch noch die Schaukel an den Kopf kriegen, das tut bestimmt schrecklich weh." Zum Staunen des Beobachters wendet sich das Kind mit verheultem Gesicht dem Vater zu und fragt: „Gibt das jetzt eine Beule?" – „Bestimmt gibt das eine Beule, so, wie die Schaukel an Deinen Kopf geknallt ist." Kurzes Nachdenken bei dem kleinen Mädchen, das plötzlich seine Perspektive wechselt: „Ich will aber keine Beule haben. Du musst mir gleich Arnika drauf machen. Komm mit."

Es kommt allerdings auf die Reihenfolge an:

Erst zeigen Sie Einfühlung durch aktives Zuhören, danach zeigt Ihr Gesprächspartner meistens von selbst einen Perspektivenwechsel.

Den Unterschied soll folgendes Beispiel verdeutlichen:

Dirk und Doris Weiß haben Hochzeitstag. Beim Frühstück vereinbaren sie, abends ins Theater zu gehen. Doris freut sich, geht extra zum Friseur und macht sich für den Abend fein. Doch erst kurz nach acht kommt ihr Mann nach Hause. Sie ist stocksauer. Als er wie immer fröhlich pfeifend ins Wohnzimmer kommt, platzt ihr der Kragen:

„Du bist ein ganz gemeiner Egoist. Du denkst nur an dich und Deine blöde Karriere."

Sachliche und pragmatische Äußerungen wirken in einer angespannten Situation anheizend. So gießt Dirk Weiß Öl ins Feuer, wenn er erwidert (Abb. 3–2)

Abb. 3-2

„Tut mir echt Leid, wir hatten noch eine wichtige Besprechung, und Du weißt ja, was Dr. Vogel sich in den Kopf gesetzt hat, das müssen wir ausbaden." Oder:
„Nun beruhige dich doch, wir können ja stattdessen ins Kino gehen." Oder:
„Ich mache Dir einen Vorschlag: Ich führe dich jetzt ganz chic zum Essen aus, und Du wirst sehen, dass es ein toller Abend wird."

Wir können davon ausgehen, dass nach derartigen Äußerungen die erwähnte „emotionale Tube" erst recht ausgedrückt wird.

Wer jedoch spürt, dass der emotionale Ausfall zeigt, wie wichtig für Doris Weiß der geplante Abend war, kann darauf einfühlend eingehen:

„Du bist stocksauer, dass ich dich hier stundenlang warten lasse. Mir wird gerade klar, wie sehr dich das kränken muss, wenn ich meinen Beruf so wichtig nehme. Ich vermittele Dir womöglich das Gefühl, Du läufst bei mir unter ferner liefen."
„Ja, ich komme mir vor, wie bestellt und nicht abgeholt. Das ist für mich kein Zustand. – Aber ich habe jetzt keine Lust, mit Dir zu streiten. Lass uns darüber bitte bei einem Glas Wein reden."

Aber **aktives Zuhören** lässt sich auch in weit weniger dramatischen Situationen anwenden.

Wie ist es Ihnen bislang in Situationen ergangen, in denen Sie in einem Geschäft berechtigterweise reklamiert haben? Was fällt Ihnen zu der Reaktion des Verkäufers, der Bedienung o. Ä. sofort ein?

Mit großer Wahrscheinlichkeit wird ihr weiteres Kundenverhalten nicht nur davon abhängig gewesen sein, ob Sie zu Ihrem Recht kamen, sondern ob Sie den Eindruck gewinnen konnten, mit Ihrem Anliegen ernst genommen zu werden. Ausführlich will ich diesen Gedanken im 16. Kapitel beleuchten.

Denken Sie sich in folgendes Beispiel hinein: Da kauft sich ein Kunde eine Stehlampe. Da das Gerät originalverpackt ist, nimmt er die Lampe mit nach Hause und montiert sie dort zusammen. Beim ersten Ausprobieren muss er leider feststellen, dass die Lampe deutlich hörbar brummt. Sofort stellen sich Gefühle ein, deren sich unser Beispiel-Mensch gar nicht bewusst zu sein braucht, dennoch wird er vermutlich enttäuscht sein. Vielleicht stellt sich ein Gefühl der Hilflosigkeit ein, von der Art des „Oje, was habe ich jetzt bloß falsch gemacht", oder es kommt Ärger auf, weil das Tauschen der Lampe erneut Umstände macht. In diesem Fall greift der Kunde zum Telefon, um den Schaden sogleich zu melden.

„Guten Tag, ich habe doch heute Vormittag bei Ihnen diese italienische Stehlampe gekauft, nun habe ich nach dem Zusammensetzen festgestellt, dass die brummt."

„Sie, das kann aber eigentlich nicht sein."

Auch wenn der Verkäufer Recht haben mag, dass ein derartiges Brummen **eigentlich** nicht sein kann, so geht er doch nicht im Geringsten auf den Kunden ein. Verständlich, dass dieser hörbar seinem Anliegen Nachdruck verleiht:

„Nun halten Sie aber mal die Luft an, ich werd' ja wohl noch hören können, ob das Ding brummt oder nicht, ja?!"

„Ja wenn Sie meinen, dann müssen Sie noch mal herkommen und die Lampe vorbeibringen, dann sehen wir weiter."

Natürlich hat der Verkäufer Recht: Am Telefon wird er kaum dieses Brummen abstellen können, und darum ist es zweckmäßig, wenn der Kunde mit der Lampe in das Geschäft kommt. Dennoch reicht der Satz nicht aus, um dem Kunden zu zeigen, dass er verstanden wird. Was folgt, ist ein verärgerter Kunde, der in seiner Empörung die Lampe sogleich in das Geschäft zurückträgt und kurz nach Betreten des Ladens laut ruft:

„Da haben Sie das Brummding! Und jetzt will ich für mein Geld 'ne anständige Lampe haben, ist das klar?!"
„Sachte, sachte, Mann, was ist überhaupt los?"

Für den Verkäufer ist es in der Tat wichtig, möglichst schnell zu erfahren, um was für einen Vorgang es sich genau handelt. Doch dadurch fühlt sich der Kunde erst recht unverstanden und geht auch prompt an die Decke: (Abb. 3–3)

„Das will ich gern erklären, aber dafür holen Sie mir mal jemand Kompetentes."

Wie einfach wäre die Situation durch aktives Zuhören zu gestalten gewesen. Hätte der Verkäufer geübt, auf Beschwerden, Beanstandungen und Reklamationen grundsätzlich durch aktives Zuhören einzugehen, dann wäre ihm mühelos folgende Formulierung eingefallen:

„Oh, wie ärgerlich. Jetzt haben Sie sich die Mühe gemacht und sind enttäuscht, dass die Lampe so gar nicht funktioniert." Mit großer Wahrscheinlichkeit wäre der Kunde sachlich geblieben. Vielleicht hätte er erwidert:
„Na ja, so schlimm ist es nun auch nicht, aber ich wollte es gleich mitteilen, weil ich erst nächste Woche wieder in die Nähe komme."

Aktives Zuhören erfasst die Empfindungen des Gesprächspartners.

Abb. 3-3

Stellen Sie sich vor, ein Kollege äußert beim Mittagessen:

„Ich weiß nicht, wieso die Arbeit nicht vorangeht. Vielleicht sollte ich aufgeben."

Wer zunächst zuhörend reagieren will, wird auf Äußerungen verzichten, die in etwa so lauten könnten:

„Nur Mut, das gibt sich wieder, das wird schon noch klappen."
„Wieso, wo liegt denn das Problem?"
„Also ich würde folgendes machen ..."
„Ich könnte mir vorstellen, das liegt daran ..."

Beim **aufnehmenden Zuhören** werden Sie Ihren Kollegen wohl nur fragend anschauen, um zu zeigen, dass Sie aufmerksam und gespannt sind, noch mehr zu erfahren.

Beim **umschreibenden Zuhören** könnte sich die Erwiderung so anhören:

„Weil Du keine Fortschritte siehst, möchtest Du am liebsten abbrechen."

Und das **aktive Zuhören** geht auf die mitschwingende Emotion ein, beispielsweise:

„Du klingst entmutigt." Oder:

„Sie hören sich ratlos an."

Als weiteres Übungsbeispiel stellen Sie sich vor, wie Ihr Kollege freudestrahlend sagt:

„Ich kann's noch gar nicht glauben, mein Urlaubsantrag ist doch bewilligt worden."

Auch hier bieten sich viele Erwiderungen an, die jedoch keineswegs zuhörenden Charakter haben, wie:

„Na, freu dich mal nicht zu früh, noch ist nicht aller Tage Abend."
„Also wir wollen diesen Sommer ja gar nicht wegfahren, sondern ..."
„Wohin soll's denn gehen?"
„Ich würde das nicht so laut ausplaudern, das gibt nur böses Blut ..."

Nein, wer hier **aktiv zuhören** will, hört neben der Freude auch heraus, dass der Gesprächspartner wegen seines unbewilligten Urlaubsantrages in Sorge war, die sich nun erübrigt hat. Folgende Formulierung bietet sich an:

„Ich kann mir vorstellen, wie Sie das erleichtert."

Weil ja bekanntlich Übung den Meister macht, sind im Folgenden sechs Äußerungen aufgeführt, wie sie als Gesprächseröffnung von Kollegen an Sie gerichtet sein könnten. Sie können aktives Zuhören üben, indem Sie in den nächsten 15 Minuten zu jedem Beispielsatz selbst eine Erwiderung formulieren, ehe Sie Ihre Antworten mit meinen Vorschlägen vergleichen.

Beispielsatz	Ihre Antwort
(1) „Die Organisation für unser neues Projekt nimmt unglaublich viel freie Zeit in Anspruch, und bislang sind die Fortschritte eher mager; hoffentlich schaffe ich das noch alles."	
(2) „In dem Team, in das ich versetzt worden bin, haben die Kollegen zum Glück ganz ähnliche Vorstellung von Zusammenarbeit wie ich."	
(3) „Ausgerechnet vor der neuen Aushilfskraft muss mir der Chef Vorhaltungen machen, wegen dieser Termingeschichte von neulich."	

Beispielsatz	Ihre Antwort
(4) „Wenn mich Herr Adam noch einmal so abkanzelt, dann kann er aber was erleben!"	
(5) „Ich kann mir nicht vorstellen, wie wir die Termine einhalten sollen."	
(6) „Jetzt hat er alle Sachen pünktlich gekriegt, ich habe Überstunden gemacht, ohne zu murren, und was hat er gesagt? Einfach nichts! Überhaupt nichts!"	

(1) „Die Organisation für unser neues Projekt nimmt unglaublich viel freie Zeit in Anspruch, und bislang sind die Fortschritte eher mager; hoffentlich schaffe ich das noch alles."

In dem Wort „hoffentlich" steckt Sorge, Zweifel bzw. Unsicherheit, Beunruhigung. Eine mögliche Erwiderung:

„Sie sind beunruhigt, ob Sie den Termin halten können." Oder:
„Du machst Dir Sorgen, ob Du trotz Deines Einsatzes alles hinkriegst."

(2) „In dem Team, in das ich versetzt worden bin, haben die Kollegen zum Glück ganz ähnliche Vorstellungen von Zusammenarbeit wie ich."

Hier verrät das unscheinbare „zum Glück" Erleichterung bzw. Befürchtungen, dass es mit der Zusammenarbeit hapern könnte. Aktives Zuhören könnte darum in etwa so klingen:

„Sie klingen wirklich erleichtert." Oder:
„Sie hatten schon Befürchtungen."

(3) „Ausgerechnet vor der neuen Aushilfskraft muss mir der Chef Vorhaltungen machen, wegen dieser Termingeschichte von neulich."

Bei dieser Äußerung schwingt Scham mit, vor jemand anderem so blamiert zu werden. Dieses unangenehme Gefühl kann direkt angesprochen werden, beispielsweise so:

„So bloßgestellt zu werden, ist geradezu kompromittierend." Oder:
„Sie haben das als sehr demütigend empfunden."

(4) „Wenn mich Herr Adam noch einmal so abkanzelt, dann kann er aber was erleben!“

Neben dem Wunsch nach Rache klingt hier Empörung und Verbitterung über ungerechtfertigtes Verhalten durch. Mögliche Reaktionen lauten:

„Ich kann mir vorstellen, wie Sie das kränkt, wie ein kleines Kind behandelt zu werden." Oder:
„Du bist jetzt stinksauer auf den Adam."

Hinter dieser Empörung und dem Ärger dürfen wir jedoch noch ein weiteres Gefühl vermuten. Der so abgekanzelte Kollege war in der fraglichen Situation nämlich nicht in der Lage, etwas Passendes zu erwidern bzw. sich zur Wehr zu setzen, sonst müsste er ja nicht auf Rache sinnen. Eine weitere Möglichkeit des aktiven Zuhörens wäre darum:

„Du fühltest dich in dieser Situation regelrecht ausgeliefert."

Gerade diese letzte Äußerung macht deutlich, dass ein weiteres Gespräch viel weniger den Rachegedanken verfolgen wird, als vielmehr prüft, welche Möglichkeiten der „sprachlose“ Kollege in zukünftigen Situationen hat, sich angemessen zu behaupten.

(5) „Ich kann mir nicht vorstellen, wie wir die Termine einhalten sollen.“

In dieser Äußerung verrät das Wörtchen „wie“, dass der Kollege noch nicht resigniert hat, sondern noch geringe Hoffnung hat, seine Zweifel aber immer gewichtiger werden.

Hier gibt es verschiedene Möglichkeiten, auf den Termindruck einzugehen, beispielsweise:

„Sie fühlen sich ganz schön unter Druck." Oder:
„Sie haben Zweifel, wie das zu schaffen sein soll." Oder:
„Du hast da nicht mehr viel Hoffnung."

Wer das „Wie“ überlesen hat, wird mehr in Richtung Resignation formuliert haben, etwa:

„Sie sehen keinen Weg, wie das zu schaffen sein soll." Oder:
„Sie haben schon innerlich aufgegeben."

(6) „Jetzt hat er alle Sachen pünktlich gekriegt, ich habe Überstunden gemacht, ohne zu murren, und was hat er gesagt? Einfach nichts! Überhaupt nichts!"

Zum einen schwingt in diesem Satz Enttäuschung über den ausgebliebenen Dank mit, zum anderen ist aber auch Verbitterung herauszuhören, dass „Überstunden, ohne zu murren" wie eine selbstverständliche Leistung betrachtet werden. So gibt es hier zwei Möglichkeiten der Erwiderung, z. B. so:

„Sie sind enttäuscht, dass da gar keine Reaktion kam." Oder:
„Ich kann mir vorstellen, wie dich das verletzt, wenn Deine Extraarbeit als Selbstverständlichkeit betrachtet wird." Oder:
„Sie sind über soviel Gleichgültigkeit geradezu verbittert."

Diese Übung zum aktiven Zuhören wird erheblich erschwert, wenn statt der 15 Minuten für das schriftliche Formulieren sofort verbal reagiert werden soll, so wie es im echten Gespräch der Fall ist. Um einem möglichen Missverständnis vorzubeugen, will ich betonen, dass **aktives Zuhören** weder ein Trick noch eine Technik zur Manipulation seiner Mitmenschen ist, um deren Verhalten oder Denken in die eigenen Bahnen zu lotsen.

Aktives Zuhören ist auf den Partner gerichtet.
Eigene Ziele, Wünsche und Meinungen stehen im Hintergrund.

Voraussetzung für aktives Zuhören ist allerdings eine Mitteilung, die „emotionalen Tiefgang" besitzt. Andernfalls wird es grotesk:

Ein Ortsfremder fragt einen Einheimischen: „Entschuldigung, wie komme ich denn zum Bahnhof?" Worauf dieser, psychologisch auf dem „neuesten Stand" erwidert: „Sie sind im Moment unsicher, wie Sie den Bahnhof finden sollen." Leicht irritiert fragt der Fremde: „Ja, können Sie mir nun sagen, wie ich zum Bahnhof komme oder nicht?" So schnell gibt unser „Psychologe" nicht auf: „Sie klingen ein wenig ungeduldig und fragen sich verunsichert, ob ich Ihnen wohl helfen kann." Entnervt wendet sich der Fremde ab und murmelt dabei: „So etwas Blödes ist mir in meinem Leben noch nicht vorgekommen." Doch auch darauf kommt ein pseudo-aktives Zuhören: „Sie klingen jetzt ausgesprochen ärgerlich."

Die Grundeinstellung des aktiven Zuhörens lautet, sich dem anderen uneingeschränkt zuzuwenden. Darum ist aktives Zuhören auch keine Technik, um seinen Gesprächspartner erst einmal auszuhorchen, sondern eine Haltung, die Respekt und Achtung vor dem anderen zum Ausdruck bringt. Die meisten Menschen erleben es als ungewohnte Wohltat, wenn sie wahrnehmen, dass ihnen ernsthaft und geduldig zugehört wird. Mögen sie anfangs noch zurückhaltend sein, so zeigt sich regelmäßig, dass dieses anfängliche „Eis“ in der Wärme konzentrierter Zuwendung schnell schmilzt. Wenngleich ich einräumen will, dass sich mit aktivem Zuhören sehr wohl ein Gesprächspartner aushorchen lässt. Ich erlaube mir aber die Warnung, dass der Preis für diesen „Verrat“ sehr hoch ist: Wer nur ein einziges Mal erlebt, dass die in vertrauensvoller Atmosphäre offen geäußerten Ansichten und Empfindungen später gegen ihn verwendet werden, wird sich hüten, mit diesem Gesprächspartner noch einmal eine vergleichbare Erfahrung zu machen.

Sinnvoller Umgang mit Störungen

Dank der globalen Vernetzung besteht mittlerweile die Möglichkeit, an jedem zivilisierten Ort unserer Erde ununterbrochen erreichbar zu sein. Das verführt dazu, auch dann online zu sein, wenn wir uns im direkten Gespräch befinden. Sie haben es vermutlich schon oft erlebt, wie ein Gesprächsfaden durch das Klingeln eines Telefons plötzlich riss. Und umgekehrt werden Sie es als Ausdruck von Respekt registrieren, wenn Ihr Gegenüber zu Beginn einer Unterredung sein Handy abschaltet und durch diese Geste zu verstehen gibt, dass seine Priorität Ihnen bzw. dem anstehenden Gespräch gilt.

Wir sind uns bewusst, dass bei etlichen Arbeitsprozessen eine ständige Erreichbarkeit hilfreich ist. Ob sie auch erwartet wird, bedürfte einer prüfenden Nachfrage und, wenn ja, einer Regelung, wie eine mögliche Missachtung des realen Gegenübers minimiert werden kann. Die betriebliche Vorgabe, keinen Anrufer unnötig warten zu lassen und spätestens beim zweiten oder dritten Klingeln das Gespräch anzunehmen, mag zwar als Ausdruck von Wertschätzung dem Anrufer gegenüber betrachtet werden und von diesem sicherlich auch als angenehm empfunden werden, gleichzeitig wird dabei nur zu oft der leibhaftige Gesprächspartner demonstrativ zurück gesetzt. Würde der Anrufer jedoch wissen, dass der Angerufene im Gespräch ist, würde er genauso höflich warten, wie er dies in jedem Laden tut, wenn er sieht, dass der Verkäufer noch mit einem anderen Kunden zu tun hat. Die für alle Seiten angenehmste Lösung wäre die grundsätzliche Rufumleitung, d. h. vor Beginn eines Gesprächs wird das Telefon auf einen Kollegen oder die informierte Zentrale umgeleitet oder wenigstens dorthin „weggedrückt", wenn dies im Eifer der beruflichen Hektik vergessen wurde. Wo dies nicht möglich ist, besteht immer die Gelegenheit, dem Anrufer knapp mitzuteilen:

„Ich bin gerade im Gespräch und rufe Sie direkt danach zurück."

Dieses „direkt danach" sollte – wenn möglich – präzisiert werden, denn wenn Sie wissen, dass Ihre Unterredung noch eine Stunde dauert, hilft es sowohl dem Anrufer, eine Vorstellung von der Zeitspanne bis zum Rückruf zu bekommen, als auch dem realen Gesprächspartner, wenn er merkt, dass Sie den Zeitplan im Blick haben und sich nicht durch äußere Störungen aus dem Konzept bringen lassen. Zugegeben, dieses Vorgehen kann uns mehrere Rückrufversprechen hintereinander bescheren. Dank der heutigen Technik müssen wir uns keine Telefonnummern mehr notieren, weil uns der Speicher schon sagt, wer uns wann angerufen hat.

Bei vielen Menschen hat sich die Erwartungsvermutung, nämlich ständig erreichbar zu sein, so automatisiert, dass sie geradezu reflexhaft regelmäßig einen Blick aufs Display Ihres jeweiligen Gerätes werfen, um zu sehen, ob nicht irgendwer irgendetwas von ihnen möchte. Bei manchen hat sich diese Angewohnheit schon so verselbständigt, dass sie bereits im Fahrstuhl, nur wenige Meter von ihrem Schreibtisch entfernt, auf ihr Blackberry schauen und umgekehrt ganz irritiert sind, wenn sie auf einen Kollegen stoßen, der für längere Zeit anscheinend nicht online ist und anteilnehmend fragen, ob er sein Blackberry vergessen habe oder dies etwa defekt sei. Gefragt zu sein, unterstreicht in jedem Fall die eigene Bedeutung und mag schmeicheln. Dabei wird womöglich zweierlei übersehen: Zum einen sinkt die Konzentration bzw. kann sich gar nicht erst entfalten, wenn wir unsere Aufmerksamkeit hin und her switchen lassen. Aus Untersuchungen weiß man, dass es bei Unterbrechungen durch Anrufe oder E-Mails zwanzig Minuten dauern kann, bis die vorherige Konzentrationsebene wieder erreicht ist. Zum anderen enthält die Priorisierung der Aufmerksamkeit auch eine Beziehungsbotschaft, nämlich für wie wichtig bzw. unwichtig das momentane Gegenüber gehalten wird. Wertschätzung zeigt sich nicht durch irgendwelche wohlwollenden Äußerungen oder Sympathiebekundungen, sondern durch ständige Achtsamkeit gegenüber dem Menschen, mit dem wir es gerade zu tun haben. Dazu gehört auch, unser Gegenüber zu informieren, wenn wir unsere Prioritäten verlagern, beispielsweise:

„Ich erwarte im Laufe des Nachmittags noch einen Anruf und muss kurz dran gehen, um etwas zu regeln."

„Ich rechne in der nächsten Stunde mit einer Frage per mail. Ich habe versprochen, die umgehend zu beantworten. Ist es für Sie okay, wenn wir dann für zehn Minuten eine Pause machen?"

„Meine Aufmerksamkeit ist gerade geteilt. Einerseits sitzen Sie mir gerade gegenüber, andererseits gehe ich davon aus, dass mein Handy klingelt oder eine Frage aufpoppt, auf die ich reagieren sollte. Darum schaue ich immer mal wieder auf den Bildschirm."

Und wenn Sie sich entscheiden, auf das Klingeln des Telefons nicht zu reagieren, ist es für Ihr Gegenüber hilfreich, wenn Sie genau dies kundtun, ansonsten rechnet der andere damit, dass Sie irgendwann doch noch dran gehen.

„Ich kann mein Telefon heute leider nicht umschalten. Das Klingeln ist zwar störend, aber ich werde nicht dran gehen, zumal der Anrufbeantworter nach dem fünften Mal anspringt."

„Vielleicht stört Sie das Geräusch meines Mobilfons, ich werde nicht dran gehen, meine mailbox springt automatisch an."

„Wenn das Telefon klingeln sollte, werde ich nur kurz aufs Display schauen, ob es mein Chef ist, dem hatte ich versprochen, erreichbar zu sein. Ansonsten lasse ich es klingeln."

Und wie gehen wir mit fehlender Beachtung um? Wertschätzung lässt sich ja nicht einfordern, genauso wenig wie Liebe. Wir müssen uns immer wieder klar machen, dass es das gute Recht unseres Gegenübers ist, seine Prioritäten so zu setzen, wie er das nun mal gerade macht, auch wenn dies unseren Interessen zuwiderläuft und manchmal auch schmerzlich ist. Ja, es ist geradezu Ausdruck unserer Wertschätzung, wenn wir respektieren, im Moment nicht oberste Priorität bei unserem Gegenüber zu haben. Das heißt keineswegs, sich klaglos mit der Situation abzufinden. Wir können nämlich den anderen sehr wirkungsvoll ernst nehmen und ihm vor Augen führen, dass seinem Verhalten eine Entscheidung zugrunde liegt, beispielsweise:

„Ich sehe gerade, dass Sie anderweitig gefordert sind, wir können das Gespräch zu einem anderen Zeitpunkt fortsetzen."
„Damit Sie ungestört telefonieren können, gehe ich solange raus."
„Wenn Sie noch Ihre E-Mails kontrollieren müssen, will ich gern solange warten."

Natürlich ist dies keine Garantie, nun die ungeteilte Aufmerksamkeit zu bekommen. Doch wie wir in den vorangegangenen Kapiteln ausgeführt hatten, lässt sich spontanes Verhalten am einfachsten beeinflussen, indem wir es zu Bewusstsein bringen. Es gibt ja keine bewusste Spontaneität. Was wir mit unserer Äußerung durchbrechen, ist der unreflektierte Automatismus. Der andere muss jetzt eine Entscheidung treffen, nämlich sein Verhalten fortzusetzen oder zu ändern. Und hier zeigt die Erfahrung, dass wir in den allermeisten Fällen damit erfolgreich sind, d. h. der andere entscheidet sich für das ungestörte Gespräch mit uns. Wenn nicht, liegt es in unserer Verantwortung, uns selbst ernst zu nehmen und das Gespräch zu beenden. Andernfalls signalisieren wir, dass wir bereit sind, uns geringschätzig behandeln zu lassen. Das entspricht einer Einladung, uns auch weiterhin zu missachten.

4. Kapitel

Die fünf gängigen Gesprächspausen

Im Gespräch entstehen auf ganz natürliche Weise verschiedene Arten von Pausen, die unterschiedliche Reaktionen erfordern. Im Folgenden sollen fünf typische Pausenarten näher betrachtet werden.

(1) „Sie sind dran"

Diese Pause entsteht, wenn Ihr Gesprächspartner mit seinem Redebeitrag fertig ist und wünscht, dass Sie fortfahren. Neben den sprachlichen Wendungen wie z. B. „Was meinen Sie dazu?" oder „Mich interessiert Dein Standpunkt" oder das nach Zustimmung heischende „Finden Sie nicht auch?" und ähnlichen Formulierungen ist hier in erster Linie der Blick ausschlaggebend. **Die „Sie-sind-dran"-Pause ist mit Blickkontakt gekoppelt**, dem noch ein leichtes Kopfnicken hinzugefügt wird (es handelt sich dabei jedoch in der Regel nur um eine Andeutung eines Kopfnickens).

Ganz anders verhält es sich aber bei folgender Gesprächspause:

(2) „Ich denke nach"

Diese Pause entsteht, wenn Ihr Gesprächspartner zwar aufgehört hat zu sprechen, aber nur, um nachzudenken, ob er bereits alle Punkte, die ihm wichtig waren, erwähnt hat, oder weil er überlegt, wie er den nächsten Gedanken treffend formuliert, oder weil er vielleicht im Geiste schon Ihre Antwort vorwegnimmt. Auch bei dieser Pausenart ist der Blick entscheidend. Ihr Gesprächspartner wird Sie keinesfalls anschauen, im Gegenteil: Sein Blick scheint an der Decke zu haften. Nun schaut er gar nicht direkt an die Decke oder zum Himmel, sondern **mit entspanntem Blick nach schräg oben**, ohne übrigens wahrzunehmen, was sich dort oben tatsächlich befindet. Sie können dazu ein kleines Experiment durchführen: Bitten Sie einen Bekannten darum, im Kopf folgende Aufgabe zu rechnen und Ihnen gleichzeitig in die Augen zu blicken.

3 plus 2 mal 2 plus 3 mal 17.

Während Sie bis zum Rechenergebnis 13 noch unverwandt angeschaut werden, geht der Blick bei 13 mal 17 in der Regel nach schräg oben, wenn Ihr Partner nicht ohnehin unvermittelt lacht, weil er merkt, dass er rechnen und anschauen nicht gleichzeitig zuwege bringt. Sollten Sie auf ein mathematisches Ass gestoßen sein, können sie dem Ergebnis von 221 noch die Aufforderung hinterherschicken, das Ganze mit 17 zu multiplizieren.

Gönnen Sie Ihrem Gesprächspartner sein Nachdenken. Er wird schon selbst die Pause beenden und mit Sprechen fortfahren. Oder die „Ich-denke-nach“-Pause mündet in eine „Sie-sind-dran“-Pause, was immer dann der Fall sein wird, wenn Ihr Gesprächspartner durch sein Nachdenken feststellt, dass er alles, was er sagen wollte, bereits gesagt hat.

Ganz ähnlich verhält es sich bei folgender Pause:

(3) „Ich sinne nach"

Im Unterschied zum Nachdenken, bei dem die Augen für gewöhnlich nach schräg oben wandern, gibt es einen Vorgang, der mit „Nachsinnen“ am besten umschrieben ist und bei dem der **Blick** in der Regel **nach schräg unten** geht. Beim Nachsinnen handelt es sich um ein Nach-innen-Hören, veranlasst durch Fragen wie: Was empfinde ich dabei? Was ist mir daran so wichtig? Wie werde ich mich fühlen? Während wir uns durch den Blick nach schräg oben Bilder ins Gedächtnis rufen, im wahrsten Sinne des Wortes visuell erinnern oder auch Bilder konstruieren, indem wir uns ausmalen oder vorstellen, wie etwas sein könnte, spüren wir beim Blick nach schräg unten einer Stimmung nach, ohne dass uns diese bildhaft gegenwärtig sein muss. (Abb. 4–1)

Abb. 4-1

Vielleicht können Sie Ihre „Versuchsperson" noch einmal gewinnen, Ihnen im Geiste folgende Fragen zu beantworten:

„Was könnte dich bereits am frühen Morgen verärgern?"
„Was hast Du vorgestern zu Mittag gegessen?"
„Was bedeutet Dir Ehrlichkeit?"
„Welche Augenfarbe hat Deine Nachbarin?"
„Was empfindest Du bei einer schroffen Zurechtweisung?"
„Wohin möchtest Du gerne reisen?"

Sie werden womöglich erstaunt feststellen, wie regelmäßig der Blick einmal nach unten und einmal nach oben geht.

Sie können auf die Signale Ihres Gesprächspartners eingehen. Ein Blick nach schräg oben oder unten fordert eine Denk-Pause.

Zugegeben, solche Gesprächspausen können manchmal „schrecklich lange" dauern. Je nach innerer Anspannung werden Pausen von mehr als fünf Sekunden bereits als Druck empfunden, selbst etwas sagen zu müssen. Doch nur die „Sie sind dran"-Pause stellt ja eine echte Aufforderung dar, das Gespräch fortzuführen, und nur hier ist der entstehende Druck angebracht, weil es in der Tat leicht peinlich wirkt, wenn Ihr Gesprächspartner mit seinem Beitrag fertig ist, und Sie zu keiner Reaktion in der Lage sind. Doch wer um die Nachdenk- und Nachsinn-Pause weiß, der wird keinerlei Stress verspüren. Im Gegenteil, er kann entspannt warten, bis das Zeichen zum Sprechen an ihn geht.

Was Sie vielleicht im vorangegangenen Kapitel bei dem Gespräch in der Kneipe verwundert haben mag, wird mit dem Wissen über die verschiedenen Gesprächspausen einleuchtend. Der Gesprächspartner **B** hatte lediglich gewartet, bis ihm von **A** das Signal gegeben wurde, auch etwas zum Gespräch beizusteuern. Da **B** sich so ungewöhnlich disziplinieren konnte, entstand für **A** die Möglichkeit, das Gespräch an einen Punkt zu bringen, der ihm selbst bei Gesprächsbeginn vielleicht nicht klar war, nämlich die Sorge „Wie sag ich's meinen Eltern". Genau an dieser Stelle schaute **A** seinen Gesprächspartner auch auffordernd an und dort begann dann ein Wechselgespräch, das **B** seinerseits aktiv mitgestaltete.

(4) „Das ist mir peinlich"

Diese Pause entsteht immer dann, wenn Ihr Gesprächspartner plötzlich zu sprechen aufhört, weil ihm bewusst wird, dass er sich gerade „um Kopf und Kragen" geredet hat oder etwas ausgeplaudert hat, was er Ihnen unter gar keinen Umständen erzählen durfte, oder weil er sich schämt. Doch im Gegensatz zum entspannten **Blick** nach schräg unten, der für das Nachsinnen so typisch ist, geht hier der Blick **direkt nach unten**, zumeist mit einem gesenkten Kopf verbunden, oder schweift betont zu irgendeinem Punkt im Raum, an dem sich der Blick gewissermaßen festklammert. In dieser Situation der inneren Not wird Sie Ihr Gesprächspartner kaum auffordernd anschauen, obgleich er nichts sehnlicher wünscht, als dass Sie

Ihrerseits etwas sagen. Nun, je nach Situation wird es der eine genießen, den anderen im eigenen Saft schmoren zu sehen, während der andere die peinliche Gesprächspause hilfreich beendet. (Abb. 4–2)

Abb. 4-2

Der Vollständigkeit halber sei noch eine weitere Pause erwähnt, die jedoch selten vorkommt.

(5) „Lass uns schweigen"

Hier hat Ihr Gesprächspartner seinen Beitrag beendet, es entsteht eine Pause, und die entstehende Stille soll nicht durch weiteres Sprechen gestört werden. Im Klischee ist es die Situation auf der Bank beim Blick in die Landschaft oder die untergehende Sonne am Meer. Und genau dieser **Blick in die unbestimmte Ferne** ist auch dann zu beobachten, wenn Sie nichtsprachlich aufgefordert werden, die Stille auszuhalten und gemeinsam zu schweigen.

Ein Teilnehmer schickte mir kurz nach einem Seminar einen Brief mit einem Gedächtnisprotokoll, das er mir hier abzudrucken erlaubte:

Folgendes Gespräch hat sich beim Frühstück am vergangenen Sonntagmorgen nach einer langen Partynacht zwischen meiner Frau und mir entsponnen:
Sie: „Also, ich muss unbedingt mal mit Dir reden. So wie Du mich gestern Abend bei Kellers fertig gemacht hast, das ertrage ich keinen Tag länger."

In die entstehende Pause hätte ich am liebsten erwidert: „Das ist doch Blödsinn, ich und dich fertig machen." Doch meine Frau hatte mich zwar angeschaut, blickte aber nun vor sich auf den Tisch. Wenig später fuhr sie fort: „Weißt du, ich hatte einfach das Gefühl, dass Du dich auf meine Kosten mit Deinen Kollegen lustig machst."
Fast wäre mir folgende Äußerung rausgerutscht: „Nun hört aber alles auf. Du bringst mich in eine unmögliche Situation vor meinen Kollegen, ich versuche zu retten, was zu retten ist, indem ich auf Deinen Alkoholspiegel hinweise, und jetzt kommst Du mir so." Doch da der Blick meiner Frau am Satzende zur Decke ging, verzichtete ich auf meine Verteidigung und gab nur ein „Mhm" von mir.
„Ich gebe zu, dass ich ein bisschen viel getrunken habe, aber das ist noch kein Grund, mich dann so bloßzustellen."
Natürlich wäre hier ein geschickter Zeitpunkt gewesen, bissig anzumerken: „Ein bisschen viel ist ja wohl gelinde ausgedrückt." Doch deutete ihr Blick direkt auf den Teller an, dass ihr etwas peinlich zu sein schien. Kurze Zeit später fuhr sie fort: „Außerdem weißt Du ganz genau, warum ich so viel getrunken habe. Wenn Du nicht vor meinen Augen angefangen hättest mit Lisa zu flirten, wäre alles anders gekommen."
Auch bei diesem Satzende schaute meine Frau weg und auf den Tisch vor sich. Sie fingerte an ihren Ringen und sagte kurz darauf: „Kann sein, dass ich das jetzt maßlos hochspiele, aber ich bekomme dann immer gleich ganz idiotische Eifersuchtsgefühle. Seit dieser Geschichte von damals hängt mir das irgendwie noch nach."
Während mich meine Frau immer wieder beim Sprechen anschaute, ging der Blick am Satzende auffällig zu Boden. Es entstand eine lange Pause, in der es mir sehr schwer fiel, den Mund zu halten und abzuwarten. Aber ich habe mich an die Übung im Seminar erinnert und sie darum nur konzentriert angeschaut und mit dem Kopf genickt. Schließlich fuhr sie unaufgefordert fort: „Ich weiß, das ist bald zwei Jahre her, aber in solch einer Situation merke ich, dass ich das noch nicht überwunden habe ..."
Sie können nachvollziehen, dass wir jetzt – gerade zwei Minuten nach Gesprächseinstieg – über etwas ganz anderes gesprochen haben bzw. sprechen mussten ...

Vielleicht reizt Sie dieses Gesprächsprotokoll, eines Ihrer nächsten Gespräche als Übung zu nehmen: Konzentrieren Sie sich darauf, wirklich nur dann etwas zu äußern, wenn Ihr Gesprächspartner aufhört zu sprechen und Sie während der einsetzenden Pause anschaut. Gelingt es Ihnen, den Gesprächsfaden sofort aufzugreifen und weiterzuspinnen, wird kaum ein Gesprächspartner ihr ungewohntes Verhalten bemerken.

Wer im Gespräch die **Augenbewegungen** seines Gegenübers konzentriert verfolgt und auf die entstehenden Pausen richtig reagiert, erlebt zunächst eine Überraschung: Die Atmosphäre wirkt entspannt, und zugleich erhalten die Gespräche spürbar mehr Tiefgang, ja manche Gesprächspartner beginnen sich in ganz ungewohnter Weise zu öffnen. Zugegeben, das ist nicht mit allen Menschen und in allen Situationen wünschenswert, doch sind wir alle Meister im Abwürgen von Gesprächen, so dass es hierfür keiner weiteren Ausführungen bedarf.

Wer beim Zuhören hinreichend geübt hat, auf die Augenbewegungen der Gesprächspartner zu reagieren, wird schon bald diese gezielte Wahrnehmung auf einen anderen Bereich übertragen: Während Sie nämlich sprechen, blickt Ihr Gesprächspartner ja auch Sie zuhörend an, und seine Augenbewegungen sind Signale, auf die Sie eingehen können.

Vielleicht sind Sie neugierig geworden und wollen sich bei einem Ihrer nächsten Gespräche ein kleines Experiment gönnen. Jedes Mal, wenn Ihr Gesprächspartner mit seinem Blick Nachdenken oder Nachsinnen signalisiert, halten Sie mit Sprechen inne. Die drei typischen Reaktionen Ihres Partners sind:

- Wiederherstellung des unterbrochenen Blickkontakts im Sinne einer Aufforderung, doch bitte weiterzureden;
- die entstehende Pause zu nutzen und den Dialog seinerseits fortzuführen (wobei Sie davon ausgehen können, dass Ihnen in aller Regel eine Frage zu dem gestellt wird, was Sie gerade ausgeführt haben). Ihr Gesprächspartner hat also über etwas nachgedacht und ist mit seinen Gedanken hängen geblieben;
- die entstehende Pause gar nicht wahrzunehmen. Mit anderen Worten, Ihr Gesprächspartner ist so mit sich beschäftigt, dass es einige Sekunden dauert, bis er den Blickkontakt zu Ihnen wieder aufnimmt.

Sie können keine Aussagen darüber machen, worüber jemand nachdenkt, der während des Zuhörens schräg nach oben blickt. Vielleicht vollzieht er Ihre Ausführungen im Geiste nach, womöglich prüft er bereits die Konsequenzen. Es ist jedoch nicht auszuschließen, dass er an ganz etwas anderes denkt, beispielsweise wie er dieses Gespräch möglichst rasch beenden kann oder was er heute Abend essen möchte. Doch wenn Sie innehalten, können Sie Ihre Unsicherheit schnell beheben. Wer gedanklich mitgegangen ist, äußert dies durch eine entsprechende Frage oder einen Kommentar. Wer ohnehin gedanklich woanders ist, wird Ihr Innehalten dankbar als Ende Ihres Beitrags auffassen und dort weitermachen, wo er gedanklich ohnehin schon ist. Das mag für Sie zunächst eine herbe Enttäuschung sein, weil Sie nun kaum noch Gelegenheit haben, das zu äußern, was Ihnen eben noch erwähnenswert schien. Doch was nützt Ihnen ein Gegenüber, das Ihnen aufmerksames Zuhören vorgaukelt und in Wirklichkeit seinen eigenen Gedanken nachhängt.

Nach einem Seminar über Gesprächs**führung** überließ mir ein Teilnehmer folgendes Gedächtnisprotokoll: (Abb. 4–3)

Abb. 4-3

Als ich gegen 20 Uhr nach Hause kam, fragte mich meine Frau, wie gewohnt: „Wie war's?"
Eingedenk dessen, was wir tagsüber zur Körpersprache des Gegenübers erfahren hatten, wollte ich dieses Mal nicht wie gewohnt: „Ganz gut" antworten, sondern sofort das Gelernte anwenden, und so erklärte ich ihr: „Es

ging heute sehr viel um Körpersprache im Gespräch und welche Reaktionsmöglichkeiten denkbar sind. Dabei wurde eine Untersuchung erwähnt, bei der die Länge von Gesprächspausen gemessen wurde. Wenn ich mich richtig erinnere, dann waren über 80% aller gemessenen Pausen kürzer als sechs Sekunden."

Ich wollte gerade weiter erklären, dass derartige Gesprächspausen laut Untersuchung in der Regel mit Ja-/ Nein-Fragen beendet werden, doch konnte ich mich gerade noch bremsen, denn die Augen meiner Frau gingen tatsächlich zur Decke. Gespannt hielt ich inne. Schon nach wenigen Sekunden blickte sie mich wieder an und meinte: „Das ist in der Tat nicht viel. Mir fällt gerade ein, dass ich schon manches Mal darüber nachgedacht hab', wann die Leute eigentlich nachdenken. Gerade gestern Abend, bei dieser Talkshow mit dem – Du weißt schon, wen ich meine, da haben die ohne Punkt und Komma geredet. Ich hab' bestimmt nur die Hälfte mitgekriegt."

„Ja und darum ging es heute Nachmittag, dass wir in Gesprächen dazu neigen, schon an unserer Erwiderung zu basteln, während der andere noch spricht, und sogleich loslegen, wenn der andere aufhört. Dabei kommt es wohl immer wieder vor, dass wir nicht alles mitkriegen, weil wir mit unseren Gedanken schon ganz woanders sind. Dazu habe ich mir notiert, dass viele Gespräche eher zwei ineinander geschachtelten Monologen ähneln als einem Dialog."

Hier hielt ich wieder inne, weil mir auffiel, dass meine Frau schon einige Sekunden Richtung Decke blickte. Sie schaute mich dann fragend an und sagte: „Das mit den kurzen Pausen leuchtet mir zwar ein, aber wie soll das denn gehen? Ich hab' mir gerade überlegt, wenn ich Dir zum Beispiel lang und breit etwas erzähle und schließlich fertig bin, dann möchte ich sofort eine Reaktion von dir. Wenn Du mich dann nur anschaust und nichts sagst, dann könnte ich an die Decke gehen. Ich stell' mir dann gleich vor, dass Du überhaupt nicht richtig zugehört hast."

„Genau davon hatten wir's. Du hast völlig Recht: Wenn Du fertig bist, dann erwartest Du eine sofortige Reaktion, wobei diese Reaktion noch gar keine Stellungnahme sein muss. In den meisten Fällen würde es reichen, wenn ich etwa antworte: ‚Lass mich darüber einen Moment nachdenken.' Oder: ‚Ehe ich Dir dazu antworte, will ich kurz überlegen' oder so ähnlich. Aber während Du erzählst, machst Du ja manchmal auch kurze Pausen, um beispielsweise nachzudenken, oder weil Du nach einem bestimmten Wort suchst, oder weil Du Dir plötzlich nicht mehr ganz sicher bist, ob Du alles berichten willst. Und bei diesen Pausen …"

Hier musste ich wieder innehalten, ja, ich habe mich sogar mitten im Satz unterbrochen, um zu sehen, wie sie reagieren wird.

„Stimmt! Das kann ich auf den Tod nicht ausstehen, wenn Du mich unterbrichst, während ich noch etwas sagen will."

„Ich weiß jetzt auch, woran das liegt: Pause ist nicht gleich Pause. Wenn Du mich anschaust, heißt das, Du willst mich tatsächlich zum Sprechen auffordern. Wenn Du aber eine Pause machst, ohne mich anzuschauen, dann sollte ich in Zukunft lernen, den Mund zu halten, beziehungsweise zu warten, bis Du entweder fortfährst oder mich anschaust."

Das Kapitel „Gesprächspausen" wird erst vollständig, wenn ich kurz auf die grundlegende Schwierigkeit eingehe, sich im Gespräch überhaupt eine Pause zu leisten.

Graphisch dargestellt sieht normales Gesprächsverhalten ja so aus: (Abb. 4–4)

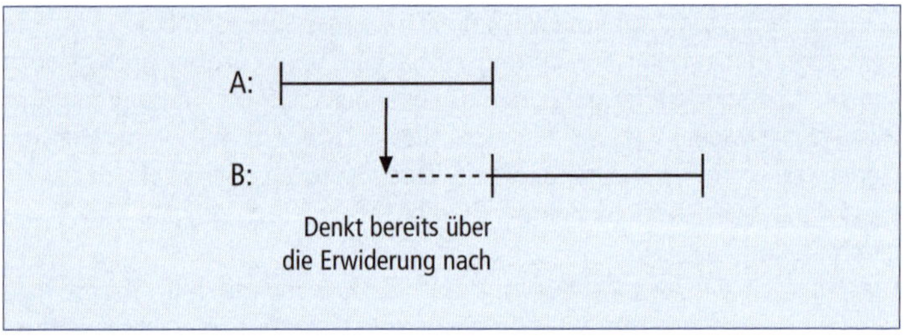

Abb. 4-4

Heinrich von Kleist hat ein derartiges Sprech-Denken treffend „die allmähliche Verfertigung der Gedanken beim Reden" genannt.

Wenn Sie also bis zum Ende zuhören wollen, müssen Sie zwangsläufig eine Pause machen, bevor Sie selber zu sprechen beginnen können, etwa so: (Abb. 4–5)

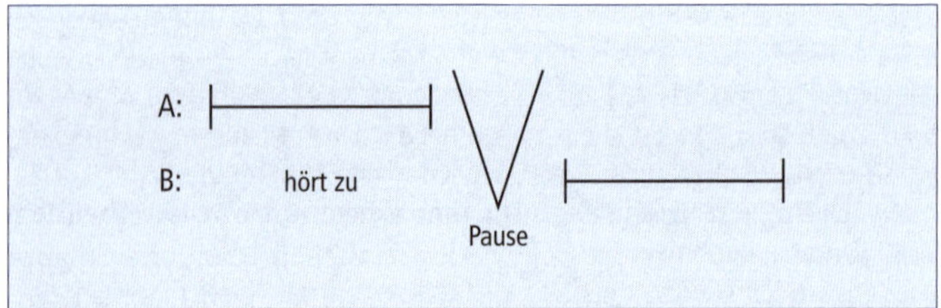

Abb. 4-5

Hierbei laufen Sie Gefahr, dass der Gesprächspartner entweder glaubt, Sie hätten nichts zu sagen und deswegen einfach weiterspricht, oder gar denkt, Sie seien in dieser Angelegenheit nicht kompetent oder interessiert. Dem können Sie jedoch zuvorkommen, wenn Sie kurz vor Ihrer Nachdenkpause mitteilen, dass Sie gleich etwas sagen werden, beispielsweise durch folgende Formulierungen:

„Lassen Sie mich gerade nachdenken."

„Ich will das für mich kurz ordnen."

„Ich muss mal einen Moment überlegen."

„Mir kommt da gerade eine Idee, warte mal einen Augenblick."

„Stopp! Ich will gleich etwas erwidern, mir fällt da etwas ein."

Graphisch stellt sich die Situation wie folgt dar: (Abb. 4–6)

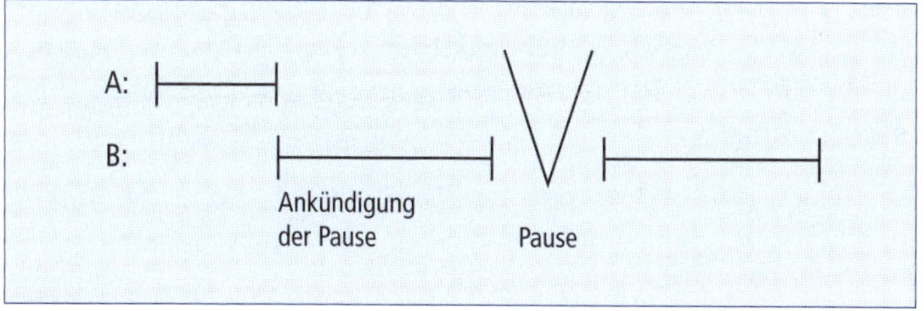

Abb. 4-6

Ich konnte wiederholt feststellen, dass sich in Konferenzen und hitzigen Debatten das Diskussionsklima schlagartig ändert, wenn einer der Teilnehmer derartige Formulierungen anwendet. Natürlich haben Vorgesetzte hier eine Vorreiterrolle und können durch entsprechende Sätze noch viel stärker für eine konstruktive Gesprächsatmosphäre sorgen, aber auch der einzelne Mitarbeiter kann hier seinen Beitrag leisten und demonstrieren, dass Nachdenken keine Schande ist, sondern zu einer Klärung und gegenseitigen Verständigung beiträgt.

Wer gekonnt **die Ankündigung einer Pause mit umschreibendem Zuhören** nutzt, wird immer wieder feststellen, dass eine knappe Umschreibung vielfach ausreicht, den Gesprächspartner zum Präzisieren seines Gedankens zu bringen. So ließe sich der Dialog über die Geschwindigkeitsbegrenzung aus dem vorangegangenen Kapitel weiterführen:

B: „Das waren jetzt vier Argumente für Geschwindigkeitsbegrenzung (Unfälle, Schadstoffausstoß, Konstruktionstechnik und Straßenbau). Ich muss mich mal kurz besinnen, ehe ich fortfahre."
A: „Also angesichts leerer Kassen überall, scheint mir der Straßenbau doch das wichtigste Argument zu sein. Bei gleichmäßigem Tempo könnte unser bestehendes Autobahnnetz noch sehr viel mehr Verkehr verkraften."
B: „Es geht Dir um mögliche Einsparungen beim Ausbau der Fernstraßen. Über diesen Aspekt will ich kurz nachdenken. (Pause) …"

Sie können Gespräche mit kontroversem Inhalt dank dieser Gesprächstechnik schnell auf den Punkt bringen. Dabei zeigt sich, dass umschreibendes Zuhören in Verbindung mit angekündigten Nachdenkpausen zur Zeitökonomie beitragen. Wenn Sie gezielt das Gespräch auf die Aspekte lenken, die Ihrem Gesprächspartner wirklich wichtig sind, können Sie Auseinandersetzungen auf Nebenschauplätzen vermeiden.

5. Kapitel

Wertschätzung und Lenkung

Im 3. Kapitel über das Zuhören wurde deutlich, dass Sie Ihren Mitmenschen kaum ein größeres Kompliment machen können, als ihnen intensiv und aufmerksam zuzuhören. Es wurde dargestellt, dass Zuhören ein komplexer Vorgang ist. Außer dem einfachen Hinhören, dem Aufnehmen des Gesagten, kommt die Deutung des Gehörten hinzu. Sie fragen sich, was mit einer Äußerung wohl gemeint ist, bewerten sie und reagieren entsprechend. Mit anderen Worten: Wir reagieren gar nicht auf das, was wir hören, sondern auf unsere Interpretation und die daraus folgende Bewertung des Gesagten.

Ganz gleich, wie Ihre Erwiderung ausfällt, sie lässt sich auf einer Skala mit folgenden Eckpunkten einordnen:

Wertschätzung ⟷ **Geringschätzung**

Ob Sie sich dessen bewusst sind oder nicht, in jeder Ihrer Äußerungen schwingt auch mit, **wie** Sie zum Gesprächspartner stehen. Der Grad an Achtung, Anerkennung und Respekt bzw. an Missachtung oder Geringschätzung kommt nicht nur in Ihren Worten, sondern auch durch Ihren Tonfall, Ihre Gestik und Mimik zum Ausdruck.

Wie oft haben Sie schon in Gesprächen erlebt, dass Ihr Gegenüber bereits in Gedanken Stellung bezieht, während Sie noch reden. Der andere stimmt Ihnen spontan zu, nickt beispielsweise mit dem Kopf, lächelt oder zeigt auf andere Weise sein Einverständnis oder stimmt ihren Argumenten nicht zu und zeigt dies durch Kopfschütteln, Stirnrunzeln oder andere Formen des Missfallens. Dabei werden Sie wohl schon manches Mal erlebt haben, dass die Ablehnung Ihrer Ausführungen und die Ablehnung Ihrer Person nicht mehr voneinander zu trennen waren. Unmerklich wird aus der mangelnden Beachtung Ihrer Argumente eine mangelnde Beachtung Ihrer Person.

Wie kommt es, dass bei der Wert- bzw. Geringschätzung zwischen dem Gedanken und dem, der diesen Gedanken vorträgt, so wenig unterschieden wird? Dies hängt mit unserem Bedürfnis nach Verallgemeinerung zusammen. Denn durch **Verallgemeinern** reduzieren wir die Komplexität unserer Umwelt auf überschaubare Einheiten. Doch diese Vereinfachung hat auch eine Kehrseite: In der Regel machen wir uns nicht bewusst, dass hinter unserer Meinung eine **subjektive Bewertung** steckt.

Aussage	Bewertung
„Für mich ist das gut."	„Das ist gut."
„Auf so eine Idee wäre ich nie gekommen."	„Das ist doch völlig abwegig."
„Ich stimme Ihnen vollkommen zu	„Das ist absolut richtig."
„Mir gefällt das überhaupt nicht."	„Das ist doch Blödsinn."

Wenn nun etwas in unseren Augen „Blödsinn“ ist, dann liegt es nahe, dass wir unsere eigene Position für zutreffend halten und uns entsprechend dafür stark machen, dies dem anderen auch klarzumachen. Mit anderen Worten: Bei gegensätzlichen Standpunkten geht die Aufwertung der eigenen Meinung mit der Abwertung der gegnerischen Position meist Hand in Hand. Dies liegt schon daran, dass wir in der Regel von der Richtigkeit unserer eigenen Bewertung überzeugt sind, andernfalls wir ja diese Meinung gar nicht vertreten würden. Dabei können Sie beobachten, dass Menschen umso vehementer die Position anderer angreifen, je wackeliger ihre eigenen Argumente sind. Manchmal entsteht der Eindruck, eine gegensätzliche Ansicht stelle geradezu einen Angriff auf die eigene Position, ja auf die eigene Integrität dar und muss darum entschieden bekämpft werden. Oder positiv formuliert: Je sicherer Sie sich Ihrer Sache sind, umso gelassener können Sie auf Äußerungen reagieren, die das krasse Gegenteil von dem behaupten, von dem Sie zutiefst überzeugt sind.

Diese Ausführungen sollen nun keineswegs dazu führen, in Zukunft gegensätzlichen Standpunkten aus dem Weg zu gehen oder diese unkommentiert im Raum stehen zu lassen. Wenn Ihnen etwas wichtig ist, Sie beispielsweise etwas verändern wollen, dann werden Sie, solange Sie **sich selbst ernst nehmen**, auch Ihren Einfluss geltend machen. Je nachdem, wie wichtig Ihnen etwas ist, werden Sie Ihre Äußerung auf einer Skala mit folgenden Eckpunkten eintragen können:

Einräumen von Freiheit ⟷ **Lenkung**

Je stärker Sie darauf hinwirken wollen, dass sich Ihr Gesprächspartner Ihrer Argumentation anschließt, umso mehr werden Sie zum Mittel der Lenkung greifen oder umgekehrt dem anderen die Freiheit einräumen, etwas anders zu sehen, weil es Ihnen in diesem Punkt unwichtig erscheint, eine Übereinstimmung herzustellen.

Wenn nun die beiden vorgestellten Verhaltensskalen miteinander kombiniert werden, ergibt sich folgendes Kreuz, in dem die vier Quadranten für vier deutlich zu unterscheidende Gesprächs- bzw. Führungsstile stehen (Abb. 5–1).

Wenn der lenkende Einfluss mit Geringschätzung kombiniert wird, ergibt sich der Ihnen sicherlich vertraute **autoritäre** Stil.

Wenn bei gleicher Geringschätzung jedoch die Freiheit des anderen unbeeinflusst bleibt, so führt dies zu einem Verhalten, das als Gleichgültigkeit oder **laisser-faire** bezeichnet wird.

Das Gegenteil des autoritären Verhaltens ist der Verzicht auf Lenkung, also Einräumen von Freiheit bei gleichzeitiger Wertschätzung, dies führt in seiner reinsten Form zum **antiautoritären** Stil, der in den vergangenen zwanzig Jahren zu erheblichen Missverständnissen geführt hat: Der von der antiautoritären Bewegung favorisierte Verzicht auf Lenkung entpuppt sich nur zu oft als Scheu vor Verantwortung, gepaart mit Furcht vor möglicher Zurückweisung. Zur Illustration will ich ein Beispiel anfügen, das mir jüngst in einem meiner Seminare widerfuhr:

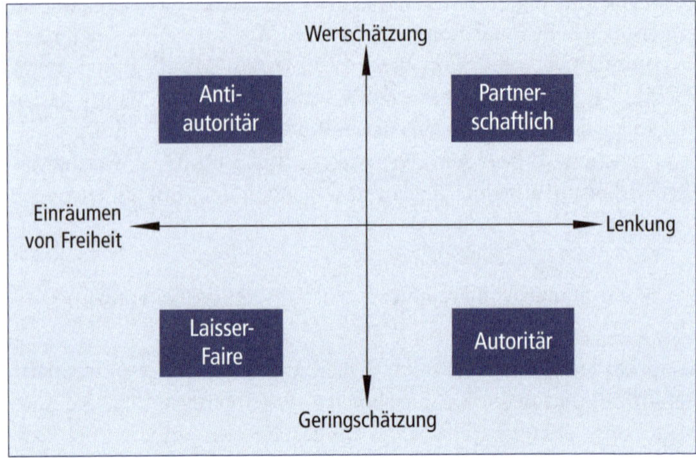

Abb. 5-1

Eine Studentin (10. Semester Sozialpädagogik) hatte eine dreistündige Seminareinheit vorbereitet und durchgeführt. Ihre Scheu vor klaren Anweisungen führte die Seminargruppe in ein heilloses Durcheinander. Im Abschlussgespräch äußerte ich ihr gegenüber: „Ich hatte den Eindruck, dass Sie aus irgendwelchen Gründen davor zurückschrecken, den Kommilitonen zu sagen, wie Sie sich Ihre Einheit vorgestellt hatten." – „Ja, ich kann doch den anderen nicht einfach meinen Willen aufzwingen." – „Das erscheint Ihnen geradezu ungeheuerlich." – „Na ja, das wäre ja auch autoritär." – „Mit anderen Worten, Sie möchten in jedem Fall vermeiden, auf irgendeine Weise autoritär zu wirken. Was mich dabei stutzig macht, ist Ihre Sicherheit, mit der Sie davon ausgehen, dass Sie anderen automatisch Ihren Willen aufzwingen, wenn Sie unmissverständlich mitteilen, was Sie sich vorgestellt haben." – „So krass würde ich das nicht ausdrücken." – „Okay, dann können wir uns ja jetzt im Nachhinein überlegen, was passiert wäre, wenn Sie Ihre Kommilitonen ganz bewusst in die Richtung gelenkt hätten, die Sie sich ja zuvor als geeignet vorgestellt hatten." – „Ich weiß auch nicht, aber vielleicht hätten einige das abgelehnt oder ihre Vorstellungen dagegen- oder gar durchgesetzt."

Es entsteht der Eindruck, als ob die Lenkung aus der Sorge abgelehnt wird, sich eine Abfuhr einzuhandeln, sobald die eigenen Vorstellungen formuliert werden. Mit anderen Worten: Der **Verzicht**

auf Lenkung stellt auch eine **Konfliktvermeidungsstrategie** dar, um Kränkungen möglichst gering zu halten.

Bleibt schließlich die Kombination aus Lenkung und Wertschätzung, was auch als **partnerschaftlicher** Stil bezeichnet wird. Beim partnerschaftlichen Umgang wird dem Gegenüber grundsätzlich ein anderer Standpunkt zugestanden, ohne dass darunter die Wertschätzung leidet; gleichzeitig wird der eigene Standpunkt entschieden vertreten, denn bei aller Wertschätzung darf die Fremdachtung nicht so weit führen, dass die eigene Position aufgegeben wird. Auf einen Nenner gebracht:

Selbstachtung ist Voraussetzung für Fremdachtung.

Diese Forderung sei mit einem knappen philosophischen Exkurs untermauert: Nach *Hegel* unterscheidet sich der Mensch vom Tier dadurch, dass er die Begierde anderer Menschen begehrt, das heißt „anerkannt" werden will. Vor allem will er als menschliches Wesen anerkannt werden, als ein Wesen, das einen gewissen Wert, das Würde besitzt. Zusätzlich hat der Mensch jedoch das Bedürfnis, dass nicht nur sein Eigenwert, sondern auch der Wert der Menschen, Dinge oder Prinzipien anerkannt wird, die er selbst für wertvoll hält. Diese Fähigkeit, dem Selbst einen bestimmten Wert beizumessen und Anerkennung dieses Wertes zu fordern, wird gemeinhin Selbstachtung genannt. *Plato* lässt in seiner Politeia die Fähigkeit zur Selbstachtung aus dem Thymos (Gefühl – Emotion) genannten Teil der Seele erwachsen. Sie ist eine Art **angeborener Gerechtigkeitssinn**. Mit dem Bedürfnis nach Selbstachtung und Anerkennung gehen die Emotionen von Wut, Scham und Stolz einher. *Plato* lässt Wut entstehen, wenn man für weniger wert behandelt wird, als es der eigenen Einschätzung entspricht, Scham, wenn man entgegen der eigenen Selbstachtung lebt, und Stolz, wenn man dem eigenen Wert entsprechend beurteilt wird. So betrachtet produziert eine Fremdachtung auf Kosten der Selbstachtung das Gefühl von Scham, während mangelnde Wertschätzung durch andere zu den Emotionen von Ärger und Wut führt. Daraus wird deutlich, wie sehr die Selbstachtung eines anderen von dessen Wertschätzung abhängt.

Vermutlich wird Ihnen der partnerschaftliche Stil bislang nur selten begegnet sein. Im partnerschaftlichen Umgang darf das Ergebnis zu Gesprächsbeginn noch nicht feststehen. Es gilt vielmehr, herauszufinden, ob eine gegebenes Ziel nicht auch auf anderen Wegen erreicht werden kann, führen doch viele Wege nach Rom. Ergebnisse sind kein Selbstzweck. Dennoch entsteht immer wieder der Eindruck, dass Abweichungen vom Weg – nicht vom Ziel! – als gefährlicher Autoritätsverlust eingeschätzt werden. Wenn Sie bereits wissen oder entschieden haben, wie etwas auszugehen hat, begegnen Sie dem anderen nicht mehr als gleichberechtigtem Partner, sondern wollen den anderen unbedingt zur Übernahme Ihrer Position bewegen. (Abb. 5–2)

Abb. 5-2

Folgendes Beispiel soll die Gesprächsreaktionen verdeutlichen:

In einem Betrieb mit 60 Mitarbeitern wurde vor vier Monaten ein Buchhalter eingestellt, der sich bislang als ausgesprochen tüchtig und erfahren gezeigt hat. Dem Inhaber ist bereits wiederholt aufgefallen, dass es dieser Mitarbeiter mit der morgendlichen Pünktlichkeit nicht so genau nimmt. Zufällig begegnet er ihm knapp zwanzig Minuten nach dem vereinbarten Arbeitszeitbeginn auf dem Parkplatz. Der Mitarbeiter scheint den kritischen Blick seines Chefs zu sehen, kommt direkt auf ihn zu und sagt:

„Ich hoffe, es macht Ihnen nichts aus, wenn ich gelegentlich etwas später komme."

Typisch autoritäre Erwiderungen könnten so lauten:

„Gleitzeit hin, Gleitzeit her: Auch für Sie beginnt um 10.00 die Kernarbeitszeit!"

„Wenn ich Sie noch einmal so spät kommen sehe, dann muss ich Sie abmahnen, so Leid es mir tut."

„Was erlauben Sie sich eigentlich, schon wieder zu spät zu kommen."

Aber auch ironische oder sarkastische Bemerkungen gehören zum autoritären Stil:

„Es ist vielleicht Ihrer geschätzten Aufmerksamkeit entgangen, dass bei uns die Kernarbeitszeit um 10.00 beginnt."

„Wenn es Ihnen nichts ausmacht, in Zukunft woanders zu arbeiten, habe ich überhaupt nichts dagegen."

„Wenn es Ihnen Mühe bereitet, pünktlich Ihre Arbeit aufzunehmen, dann habe ich wohl Ihre Leistungsfähigkeit überschätzt."

Bei gleicher Geringschätzung ohne lenkenden Einfluss fallen Laisser-faire-Äußerungen beispielsweise so aus:

„Hier macht bald jeder, was er will."

„Wenn Sie meinen, dass Sie das brauchen."

„Wozu fragen Sie mich? Sie tun's ja so oder so."

Bei einer antiautoritären Antwort verzichtet der Vorgesetzte auf Lenkung bei gleichzeitiger Wertschätzung des Buchhalters:

„Für mich ist das oberste Gebot, dass sich alle Mitarbeiter wohl fühlen. Wenn es Ihnen wichtig ist, gelegentlich später zu kommen, so will ich das gern akzeptieren, zumal ich sicher bin, dass Sie selbst am besten entscheiden können, wie Sie sich Ihre Arbeit einteilen."

Bei der partnerschaftlichen Erwiderung wird der Position des Mitarbeiters durchaus Verständnis entgegengebracht, doch gleichzeitig der eigene Standpunkt unmissverständlich dagegengesetzt:

„Ich glaube gern, dass es für Sie geschickt sein mag, den Arbeitsbeginn individuell zu handhaben. Da Sie mich jedoch so direkt ansprechen, will ich Ihnen ganz offen sagen, dass mir daran gelegen ist, dass auch Sie um 10.00 mit Ihrer Arbeit beginnen."

Mit dieser Äußerung sind die Positionen abgesteckt, mehr nicht. Denn genau darin unterscheidet sich die letzte Äußerung von allen vorangegangenen: Der Buchhalter hat hier die Möglichkeit, für seinen Standpunkt weiterhin einzutreten. Zugegeben, das führt zwangsläufig zu einem längeren Gespräch. Und genau an diesem Punkt bevorzugen viele Führungskräfte den autoritären Stil, denn dann ist das Thema vom Tisch und der Mitarbeiter pünktlich (oder er muss gehen). Denkbar wäre folgende Entgegnung seitens des Mitarbeiters:

„Das kann ich grad schwer nachvollziehen. Ihnen ist doch daran gelegen, dass ich alle meine Arbeiten korrekt und termingerecht erledige. Ob ich nun um zehn oder erst um halb elf komme, spielt doch eigentlich keine Rolle, zumal ich ja oft genug bis weit in den Abend hinein hier bin."

Plötzlich erscheint die Unpünktlichkeit des Mitarbeiters in einem ganz neuen Licht. Dies muss keineswegs sofort zu einem Zeit-Zugeständnis führen, der Vorgesetzte könnte antworten:

„An Ihrer Arbeitsleistung habe ich überhaupt keinen Zweifel, ganz im Gegenteil. Ich tue mich lediglich schwer, eine Ausnahme zu machen. Ich befürchte, Ihre Kollegen nehmen sich an Ihnen ein Beispiel bzw. berufen sich womöglich darauf, dass ich bei Ihnen tatenlos zusehe, wie Sie zwanzig Minuten nach Beginn der Kernzeit kommen."

Durch diese Äußerung wird dem Mitarbeiter deutlich, dass die Pünktlichkeit nicht um ihrer selbst willen gefordert wird, sondern mit konkreten betrieblichen Erfordernissen und entsprechenden Befürchtungen in Verbindung steht. So könnte er erwidern:

„Okay, das kann ich verstehen. Wenn sich Kollegen darauf berufen, dass ich morgens später kommen kann, dann lege ich allerdings Wert darauf, dass sich dieselben Kollegen auch an meiner abendlichen Mehrarbeit ein Beispiel nehmen. Was halten Sie davon, wenn ich selbst einmal mit den Kollegen diesen Punkt bespreche? Ich kann mir nämlich kaum vorstellen, dass da einer bereit ist, abends so lange zu arbeiten und deswegen alle lieber morgens pünktlich sind und ebenso pünktlich Feierabend machen können."

Es ist nicht auszuschließen, dass dieser Buchhalter weiterhin morgens später zur Arbeit kommt, ohne dass die Arbeit darunter leidet oder sich daraus andere Probleme ergeben.

Auch wenn in diesem Beispiel der partnerschaftliche Stil zu einer Einigung führen kann, die zugunsten des Buchhalters ausfällt, so ist bei etwas geänderter Argumentation auch eine andere Konsequenz denkbar. So könnte der Vorgesetzte einen der obigen Sätze wie folgt fortführen (Abb. 5–3):

Abb. 5-3

„An Ihrer Arbeitsleistung habe ich überhaupt keinen Zweifel, ganz im Gegenteil. Wenn ich mich schwer tue, bei Ihnen eine Ausnahme zu machen, dann hat das mit Ihrer Rolle als Buchhalter zu tun und damit, dass Sie Vorgesetzter von zwei Sachbearbeitern sind. Ich kann mir gut vorstellen, dass Sie die Arbeitszeiten intern geregelt kriegen. Gleichzeitig strahlt jedoch Ihre Vorbildfunktion auch auf andere Abteilungen aus, und da ist mir sehr daran gelegen, dass alle unsere Führungskräfte mit gutem Beispiel vorangehen.

Darüber hinaus wissen Sie, dass wir hier vormittags schon viel Publikumsverkehr haben, und ich befürchte, dass Rückschlüsse von Ihrem späten Erscheinen auf die korrekte Abwicklung unserer Vorgänge gezogen werden. Im schlimmsten Fall denkt sich jemand:,Wenn der Buchhalter schon kommen kann, wann er will, wie sieht's wohl dann mit dem Rest der Mannschaft aus.' Wie sehr gerade unser Betrieb von einem guten Image abhängig ist, wissen Sie ja."

Zunächst erscheint der partnerschaftliche Stil ungewöhnlich aufwendig. Es ist jedoch höchst wahrscheinlich, dass der Buchhalter fortan pünktlich erscheint, ohne dass er deswegen grollt. Im Gegenteil, der Mitarbeiter kann die Argumente seines Chefs nachvollziehen und darum freiwillig sein Verhalten ändern, was beim autoritären Stil mit Sicherheit nicht der Fall sein wird. Dort bestünde die Gefahr, dass der Buchhalter zwar fortan pünktlich erscheint, seinen Unmut aber an anderer Stelle äußert, beispielsweise pünktlich Feierabend macht, auch wenn wichtige Vorgänge noch nicht erledigt sind.

Ich will die Vorteile des partnerschaftlichen Stils gerade im Umgang mit Mitarbeitern so zusammenfassen:

- Mit partnerschaftlichem Verhalten wecken Sie Interesse und erzeugen Engagement,
- zeigen auf, dass Ziele erstrebenswert sind,
- wecken Gefühle von Hoffnung auf Erfolg,
- erschließen Fähigkeiten für eine Sache und
- tragen dazu bei, dass sich der andere mit einem übergeordneten Ziel identifiziert.
- Mit Ihrem partnerschaftlichen Umgang reduzieren Sie die täglichen Reibungsverluste.

Bei dem folgenden Fall können Sie zunächst einmal selbst vier verschiedene Reaktionen ausformulieren, ehe Sie Ihre Antworten mit meinen Vorschlägen vergleichen.

Sie sind Gruppenleiter von insgesamt fünf Sachbearbeitern. Es gibt eine Dienstvorschrift, aus der hervorgeht, dass Urlaub nur gewährt werden soll, wenn noch mindestens drei Mitarbeiter der Gruppe für die Abwicklung der anstehenden Aufgaben zur Verfügung stehen. Frau Klein, eine junge Sachbearbeiterin, die erst vor acht Wochen aus einer anderen Abteilung zu Ihnen kam, bittet Sie um ein Gespräch, in dem sie folgendermaßen um Urlaub nachsucht:

„Ich möchte gern in drei Wochen in Urlaub gehen, und zwar für 14 Tage. Nun habe ich festgestellt, dass die übrigen Kollegen schon alle ihren Urlaub angegeben haben und für mich gar keine Möglichkeit mehr besteht, vor November meinen Urlaub zu nehmen. Können Sie nicht eine Ausnahme machen? Das ist mir ganz wichtig, weil ich nämlich eine tolle Gelegenheit habe, kurzfristig mit nach Kenia zu fliegen."

Wie lautet Ihre Antwort, wenn Sie autoritär antworten?

Welche Erwiderung fällt Ihnen bei einem Laisser-faire-Verhalten ein?

Wie formulieren Sie eine Antwort unter Verzicht auf Lenkung bei gleichzeitiger Wertschätzung?

Durch welche Äußerung könnten Sie ein partnerschaftliches Vorgehen zeigen?

Meine Formulierungen sollen lediglich eine Orientierung darstellen und erheben keinen Anspruch auf alleinige Gültigkeit.

Der Wunsch nach Lenkung lässt sich je nach Ausmaß an Geringschätzung von subtil bis stockautoritär gestalten:

„Meine liebe Frau Klein, ich würde Ihnen ja gern Urlaub gewähren, aber Sie wissen ja, die Vorschriften lassen das nun einmal nicht zu. Machen Sie sich nichts draus, beim nächsten Mal werden Sie hoffentlich etwas mehr Glück haben." Oder:
„Wie stellen Sie sich das eigentlich vor? Die Kollegen haben doch auch schon ihren Urlaub geplant. Da kann ich jetzt nicht einfach etwas ändern, bloß weil Sie jetzt kommen. Also so geht das ja nun nicht!" Oder:
„Ich glaub', ich hör' nicht richtig. Soll ich mir vielleicht Ihretwegen von der Geschäftsleitung einen Rüffel holen? Stellen Sie sich mal vor, hier wollte jeder eine Ausnahme haben, dann könnten wir den Laden bald zumachen."

Eine autoritäre Antwort wird Ihnen vermutlich nicht schwer gefallen sein. Auch bei der Verbindung von Geringschätzung mit Einräumen von Freiheit gibt es kaum ein Zögern: (Abb. 5–4)

Abb. 5-4

„Sie wollen also 14 Tage nach Kenia, na ja. Wenn Sie glauben, dass Sie sich damit in unserer Gruppe beliebt machen, meinetwegen." Oder:

„Mir bleibt ja doch nichts anderes übrig. Zur Not machen Sie mir 14 Tage krank und gehen dann noch in Urlaub." Oder:

„In welche Situation Sie mich bringen, sehen Sie wohl gar nicht. Na ja, ist ja auch egal, Hauptsache Sie haben Ihren Spaß."

Wird bei Wertschätzung auf die Lenkung verzichtet, könnte eine mögliche antiautoritäre Reaktion so ausfallen:

„14 Tage Kenia ist sicherlich eine einmalige Gelegenheit, und ich kann gut verstehen, dass Sie sich diese Chance nicht entgehen lassen wollen. In solchen Situationen werde ich wohl eine Ausnahme von der Vorschrift machen müssen."

In der klassischen Situation eines Gruppenleiters wird die letzte Antwort ziemlich unrealistisch sein, weil er womöglich von seinem Vorgesetzten zur Rede gestellt wird, wenn es in dieser Gruppe Schwierigkeiten mit der Arbeitsbewältigung geben wird. Darum wird der Gruppenleiter schon im eigenen Interesse auf seinen Lenkungsanspruch kaum verzichten. Wird dieser jedoch mit Wertschätzung gepaart, könnte er beispielsweise Folgendes entgegnen:

„Ich kann gut nachvollziehen, dass Ihnen im Moment daran gelegen ist, Ihre Urlaubschance zu verwirklichen. Mir ist wichtig, dass die laufenden Vorgänge ohne Verzögerung abgewickelt werden können. Wenn Sie nun Ende des Monats in Urlaub gehen, sind meines Wissens nur noch zwei Mitarbeiter anwesend. Da muss zwangsläufig Arbeit liegen bleiben. Gleichzeitig sehe ich ein, dass Ihnen aus dem Wechsel in unsere Gruppe keine Nachteile erwachsen sollen. Sehen Sie Möglichkeiten, mit den Kollegen über Urlaubsverschiebungen zu sprechen? Ich erkläre mich gern bereit, selbst einmal nachzufragen."

Bei dieser partnerschaftlichen Antwort ist noch alles offen. Es ist denkbar, dass die Kollegen einer Verschiebung zustimmen oder eine Vereinbarung treffen, die sicherstellt, dass in der fraglichen Zeit keine anstehenden Aufgaben unerledigt liegen bleiben. Aber auch wenn sich herausstellt, dass die drei in Frage kommenden Kollegen unveränderbar ihren jeweiligen Urlaub gebucht haben, sichert die partnerschaftliche Antwort eine Basis für die zukünftige Zusammenarbeit. Es ist kaum anzunehmen, dass die Mitarbeiterin ihrem Gruppenleiter Vorwürfe machen wird, wenn der Kenia-Urlaub doch nicht klappt, hat er doch für ihre Position das erforderliche Verständnis gezeigt und sich bemüht, eine für alle Beteiligten vertretbare Lösung zu finden. Darüber hinaus wurde die Mitarbeiterin aufgefordert, selbst an der Lösung mitzuwirken. Im besten Fall findet sie aus eigener Anstrengung einen für alle zufrieden stellenden Weg. Im schlechtesten Fall muss sie auf ihren Urlaub verzichten. Dabei kann sie allerdings erkennen, wie schwer ihr persönlicher Wunsch zu realisieren war, ist ihr doch selbst keine Lösung gelungen.

Dieser partnerschaftliche Gesprächsstil lässt sich nicht nur im Arbeitsleben verwirklichen, auch und gerade in Partnerschaft und Familie ist die Verbindung von Lenkung und Wertschätzung eine Möglichkeit, Konflikte für alle Beteiligten akzeptabel zu lösen.

Bei dem folgenden Fall aus dem Familienalltag können Sie zunächst wieder selbst mögliche Erwiderungen zu Papier bringen, ehe Sie diese mit meinen Vorschlägen vergleichen.

Sie sind Mutter oder Vater von drei Kindern im Alter von 15, 12 und 10 Jahren. Für die Sommerferien haben Sie einen dreiwöchigen Familienurlaub geplant. Eines Sonntagabends eröffnet Ihnen Ihre älteste Tochter: „In den Ferien möchte ich gern mit Dagmar vier Wochen zelten gehen. Ihre Eltern haben's schon erlaubt. Darf ich auch?" (Abb. 5–5)

Abb. 5-5

Wenn Sie sich für eine autoritäre Antwort entscheiden, sagen Sie:

Ihr mögliches Laisser-faire-Verhalten klingt womöglich so:

Bei einer antiautoritären Antwort finden Sie folgende Erwiderung:

Ihr partnerschaftliches Verhalten kommt durch folgende Reaktion zum Ausdruck:

Als autoritärem Vater käme mir spontan folgende Antwort in den Sinn:

„Du weißt, wie gern wir dich in den Ferien dabeihaben. Außerdem sehe ich dich sonst so selten, dass Du mir zuliebe hoffentlich mit uns an die See kommst." Oder:
„Ich kann mir kaum vorstellen, dass Dagmars Eltern das erlaubt haben sollen. Und wenn schon, außerdem halte ich einen Zelturlaub für ein 15-jähriges Mädchen nicht gerade für eine passende Urlaubsform." Oder:
„Bei Dir piept's ja wohl. Vier Wochen zelten, ich hör' ja wohl nicht richtig. Du weißt genau, dass wir drei Wochen an die See fahren, was soll also der Blödsinn."

Als autoritärer Vater werde ich jedoch mit meiner pubertierenden Tochter schon mehrfach aneinander geraten sein. So kann ich mir gut vorstellen, vom autoritären Verhalten in den Laisser-faire-Stil umzukippen, etwa in Form von:

„Familie gibt's für dich ja schon lange nicht mehr." Oder:
„Mir soll's egal sein, bei Dir ist eh Hopfen und Malz verloren." Oder:
„Solange Du nicht erwartest, dass wir Dir Deinen Spleen finanzieren, kannst Du tun, was Du willst."

Eine antiautoritäre Erwiderung fällt mir schwer, weil mir der Wunsch der Tochter gegen den Strich geht und ein Einräumen von Freiheit mit der Aufgabe des eigenen Standpunktes einhergeht.

„Wenn Du lieber mit Dagmar zelten gehen willst, dann kann ich das verstehen. Wahrscheinlich sind wir Dir allmählich zu langweilig, und Deine kleinen Geschwister erlebst Du wohl eher als Belastung."

Bei dieser Erwiderung wird die Tochter wohl zunächst frohlocken. Dennoch bleibt ein schales Gefühl zurück, wenn Grenzen nicht ausgeweitet werden müssen, da jeder Wunsch sofort akzeptiert wird. Erst die partnerschaftliche Erwiderung erlaubt der Tochter, für ihre Interessen zu kämpfen und sich mit den widerstreitenden Standpunkten auseinanderzusetzen.

„Ich bin überzeugt, dass dich das unheimlich reizt, in den Ferien zelten zu gehen. Mir ist wichtig, dass ich wenigstens einen Teil meines Urlaubs auch mit Dir verbringe, und außerdem kriege ich zunächst mal einen Schreck, wenn ich höre, dass Du mit Dagmar allein zelten gehen willst."

Nach dieser Gesprächseröffnung sind die Positionen abgesteckt und die Tochter kann verschiedene Lösungsmöglichkeiten mit erarbeiten. Denkbar wäre ein Zeltabenteuer von Tochter und Freundin in der Nähe des Familienurlaubsortes oder ein gemeinsamer Familienurlaub (mit oder ohne Freundin Dagmar) und anschließendes Zelten, bei dem die Sorgen der Eltern in überschaubaren Grenzen gehalten werden, oder anderes mehr. Selbst der Verzicht auf den Zelturlaub ist nicht ausgeschlossen, da die Tochter umso eher ihren Wunsch modifizieren oder gar aufgeben kann, wenn sie sicher ist, dass sie verstanden und akzeptiert wird.

Hier liegt geradezu eine Paradoxie des partnerschaftlichen Gesprächsverhaltens:

Bevor Sie nicht den Standpunkt Ihres Gesprächspartners akzeptieren, wird dieser eher zum Beharren und Verteidigen neigen, als sich mit Ihrer Position auseinandersetzen.

Zeigen Sie Wertschätzung, schaffen Sie eine Grundlage für eine rationale Betrachtung des Konflikts, bei der Ihr Gesprächspartner freiwillig auf seinen Standpunkt verzichten oder ihn verändern kann.

Es ist für mich immer wieder faszinierend zu beobachten, wie schnell Menschen einen wertschätzenden Umgangsstil erlernen, sobald ihnen deutlich wird, dass sie durch Ernstnehmen oder Bestätigen eines möglicherweise kontroversen Standpunkts keinerlei Abstriche an ihrer eigenen Position vornehmen müssen.

Manchem Leser mag es auf den ersten Blick abstoßend mechanisch erscheinen, wenn ich wertschätzende Lenkung auf das sprachliches Muster reduziere: **„Du willst X und ich will Y."** Sie werden wahrscheinlich bemerkt haben, dass hier konsequent die jeweiligen Standpunkte durch das Wort **„und"** verbunden sind. Das Bindewort „und" gibt beiden Positionen gleiches Gewicht und macht zugleich deutlich, dass die ausstehende Entscheidung wirklich offen ist. Im 15. Kapitel werde ich ausführlich auf das viel häufiger verwendete „Aber" eingehen, mit dem wir bereits vorab andeuten, wie die Entscheidung ausfallen wird.

Wie fällt Ihre Reaktion aus, wenn Sie von einem vierjährigen Mädchen folgendermaßen angesprochen werden:

„Du willst jetzt Deine Ruhe haben und Zeitung lesen, und ich möchte gern, dass Du mir vorliest."

Die Wirksamkeit dieser Art von Gesprächssteuerung liegt darin begründet, dass die jeweilige Äußerung sich bereits vom ersten Wort an wertfrei mit dem Anliegen des Gegenübers auseinander setzt.

Ich gestehe, dass meine Tochter wenig Chancen hätte, wenn sie ihren Vorlesewunsch wichtiger genommen hätte als mein Bedürfnis nach Ruhe; mein Trotz wäre programmiert gewesen. Welche Möglichkeiten es gibt, Trotz zu vermeiden, lesen Sie im folgenden Kapitel.

Um nicht den Eindruck entstehen zu lassen, dass das Muster einer wertschätzenden Lenkung nur im privaten Bereich nutzbar ist, will ich als Beispiel einen Mitarbeiter anführen, der seit geraumer Zeit versuchte, seinen Vorgesetzten von der Anschaffung eines bestimmten Computerprogramms zu überzeugen. Als der Mitarbeiter sich ungeachtet der Vorgeschichte einer wertschätzenden Lenkung bediente, änderte sich die Reaktion seines Vorgesetzten:

„Sie hatten in letzter Zeit wiederholt geäußert, dass wir mit unserem jetzigen Programm bestens bedient sind, weil wir alle anfallenden Routinearbeiten damit zügig bearbeiten können. Und mir liegt daran, mit einem Programm zu arbeiten, das über die normalen Prozesse hinaus auch über Operationen verfügt, die nur gelegentlich abgefragt werden. Wieweit interessiert Sie ein Programmvergleich? Ihnen ist ja an einer schnellen Bearbeitung unseres Tagesgeschäfts gelegen."

„Ich merk' schon, Sie lassen nicht locker. Listen Sie mir bitte einmal genau auf, welche Operationen unser jetziges System nicht leistet, und geben Sie dazu eine Einschätzung, wie groß jeweils der Zeitaufwand ist, der durch die manuelle Bearbeitung erfolgt. Am leichtesten kann ich entscheiden, wenn Sie mir das aufs Jahr hochrechnen, so lassen sich Anschaffungskosten und Arbeitszeitverlust miteinander vergleichen."

Im 16. Kapitel, „Vom Überreden zum Überzeugen", will ich das hier verwendete Muster eingehend beschreiben.

Die Strategie einer wertschätzenden Lenkung stellt einen Problemlösungsansatz dar, mit dem Sie Anpassung und Einsicht integrieren und eine überdauernde Veränderung erzielen können.

Sie haben an Ihren eigenen und den hier abgedruckten Äußerungen gemerkt, dass Wertschätzung verschieden abgestuft sein kann.

Am schwersten zu verwirklichen ist die **bedingungslose Wertschätzung.** Unabhängig vom jeweiligen Standpunkt des Gesprächspartners wird diesem offen gezeigt, dass er ein Recht auf seine Position hat und dass er genauso legitim für deren Verwirklichung kämpft, wie wir uns für unseren Standpunkt einsetzen. Unsere Zuwendung und Akzeptanz ist also an keine bestimmte Gegenleistung gebunden. Im intimen Zusammenleben nennen wir diesen Zustand bedingungsfreier Wertschätzung Liebe. Die wohl dafür bekannteste Definition dafür findet sich im 1. Korintherbrief des *Apostels Paulus* (Kapitel 13, Vers 4–7) (Abb. 5–6):

Abb. 5-6

> „Die Liebe ist langmütig und freundlich, die Liebe eifert nicht, die Liebe treibt nicht Mutwillen, sie blähet sich nicht, sie stellet sich nicht ungebärdig, sie suchet nicht das Ihre, sie lässt sich nicht erbittern, sie rechnet das Böse nicht zu, sie freuet sich nicht der Ungerechtigkeit, sie freuet sich aber der Wahrheit; sie verträgt alles, sie glaubet alles, sie hoffet alles, sie duldet alles."

Viel leichter lässt sich die **bedingte Wertschätzung** verwirklichen. Hier bekommt unser Gegenüber unsere volle Akzeptanz und Zuwendung, soweit er sich in Übereinstimmung mit unseren Vorstellungen und Zielen befindet. Viele Erziehungsprozesse laufen nach diesem Schema ab: „Weil Du brav bist, bekommst Du …" Im Führungsalltag lautet die analoge Formulierung dann: „Weil Sie sich so außerordentlich eingesetzt haben, möchte ich Ihnen …"

Aufgewachsen in einem geradezu konstanten Klima bedingter Wertschätzung wird aus dem kindlichen: „Wenn ich brav (gehorsam/fleißig/schulisch-gut) bin, dann haben mich meine Eltern lieb", das erwachsene Leistungsstreben im Sinne von: „Wenn ich mich gemäß den Erwartungen meines Vorgesetzten verhalte, bekomme ich am ehesten Anerkennung.“ Es geht nicht darum, die an Leistung gekoppelte Wertschätzung abzuschaffen, nur müssen wir uns klarmachen, dass eine derartige Gesprächs-**Führung** leicht unreflektierte Anpassung bzw. Trotz mit sich bringt.

Noch häufiger stoßen wir auf die **bedingte Geringschätzung**. Hier lassen wir unseren Gesprächspartner spüren, dass wir ihn aufgrund seines „Fehlverhaltens“ momentan ablehnen. Tadel und Kritik sind nur zu oft mit Geringschätzung gekoppelt, in Formulierungen wie: „Weil Du in der Klassenarbeit eine Fünf hast, darfst Du nicht …“ Oder, im Arbeitsalltag: „Aufgrund Ihres Versäumnisses, muss ich Sie …“ In einem derartigen Klima lernen Menschen, dass sie am ehesten durch Fehlervermeidung der schmerzlichen Geringschätzung entgehen können. Leider führt die Unterlassung von Fehlverhalten noch lange nicht zu wünschenswerten Leistungen. Eine weitere Gefahr besteht im Vertuschen, denn nur der entdeckte Fehler führt zur bekannten Geringschätzung mit all ihren unangenehmen Begleitumständen.

Schließlich sei noch die **bedingungslose Geringschätzung** erwähnt. Unabhängig von seiner tatsächlichen Leistung wird dem Gegenüber gezeigt, dass kein Anspruch auf einen eigenen Standpunkt besteht. Der andere kann machen, was er will, er ist ein „Versager“ und zählt nicht. In dieser Formulierung mag der Eindruck entstehen, dass es sich um ein eher außergewöhnliches Verhalten handelt. Weit gefehlt! Wie sagte doch der Vater zu seiner Tochter?

„Bei Dir piept's ja wohl. Vier Wochen zelten, ich hör ja wohl nicht richtig. Du weißt genau, dass wir drei Wochen an die See fahren, was soll also der Blödsinn.“

Oder der autoritäre Gruppenleiter zu Frau Klein:

„Ich glaub', ich hör' nicht richtig. Soll ich mir vielleicht Ihretwegen von der Geschäftsleitung einen Rüffel holen? Stellen Sie sich mal vor, hier wollte jeder eine Ausnahme haben, dann könnten wir den Laden bald zumachen.“

Am Ende dieses Kapitels schlage ich Ihnen vor, Ihre Übungsäußerungen aus dem Gespräch mit Frau Klein bzw. der Tochter selbstkritisch dahingehend zu analysieren, um welche Form von Wertschätzung oder Geringschätzung es sich gehandelt hat.

6. Kapitel

Transaktionsanalyse und Gesprächserfolg

Reibungslosere Kommunikation und effektivere Zusammenarbeit lässt sich erreichen, wenn klar ist, was sich zwischen Gesprächspartnern abspielt. Es ist ja nicht nur der Inhalt, also das, was gesprochen wird. Hinzu kommen Gesichtsausdruck, Körperbewegungen und die wechselseitigen Gefühle, die zwar nicht immer gezeigt werden, doch immer mit in das Gespräch hineinspielen.

Es scheint so zu sein, dass Gesprächssituationen nach bestimmten Regelmäßigkeiten ablaufen, dass Antworten und Reaktionen auf Gesprächseröffnungen gewissermaßen vorprogrammiert sind.

Ein psychodynamisches Modell, Transaktionsanalyse genannt, kann helfen, kommunikative Abläufe besser zu verstehen. Nach dem Modell der Transaktionsanalyse lässt sich unser gesamtes Verhalten in drei **deutlich unterscheidbare Verhaltensweisen** aufgliedern. Diese Verhaltensweisen werden auch **Ich-Zustände** genannt. Man unterscheidet ein Eltern-Ich, ein Erwachsenen-Ich und ein Kind-Ich. Diese drei Ich-Zustände stellen eine Kombination aus Gedanken, Gefühlen und Verhalten dar.

Das Ich, welches sich zuerst entwickelt, uns ab der Geburt mitgegeben ist, wird als **Kind-Ich** bezeichnet. Zunächst ist jedes Neugeborene ausschließlich **spontan**. Spontan wacht es auf, schreit, trinkt, macht in die Windeln und schläft wieder ein. Doch diese ausschließliche Spontaneität währt nicht sehr lange, denn Eltern sind bemüht, dem Kind alsbald bestimmte Rhythmen beizubringen, es anzupassen. Dieser Anpassungsprozess wird schönmalerisch Erziehung genannt. So entsteht bereits im ersten Lebensjahr neben dem spontanen Kind-Ich das **angepasst**e Kind-Ich. Doch folgt auf die geforderte Anpassung naheliegenderweise auch die Verweigerung. Dieses Verhalten wird **trotzig**es Kind-Ich genannt.

Diese in frühester Kindheit erworbenen Verhaltensweisen werden keineswegs mit dem Älterwerden abgelegt. Immer wenn wir ausgelassen, neugierig, voller Abenteuerlust oder auch lustvoll erregt sind, handeln wir aus unserem spontanen Kind-Ich. Als typisches Beispiel sei das jubelnde „Tor!" auf dem Fußballplatz angeführt, wo sich unser spontanes Kind-Ich in reinster Weise ausleben kann.

Und so, wie wir als Kinder gelernt haben, mit leicht geneigtem Kopf, heruntergezogenen Schultern und zusammengepressten Beinen eine schlechte Klassenarbeit zu beichten, so zeigt sich dieses angepasste Kind-Ich auch noch Jahrzehnte später in vergleichbaren Situationen, wenn wir beispielsweise wegen einer Fehlleistung getadelt werden. Manchen Menschen kann man direkt ansehen, ob sie mit ihrem Vorgesetzten telefonieren, so sehr drückt ihre Haltung angepasste Unterwerfung aus. So gestand mir kürzlich ein Schulleiter, dass er sich schon wiederholt dabei ertappt habe, automatisch aufzustehen, wenn ein Anruf aus dem Kultusministerium kommt.

Der Erwachsene kann aber auch ausgesprochen trotzig reagieren, wobei hier gern von kritischem Verhalten gesprochen wird. Das gleiche Verhalten wird schließlich beim alten Menschen als Altersstarrsinn bezeichnet. Bei derartigen Trotzreaktionen klingt die Stimme gepresst und deutlich höher. Zwischen der maulenden Stimme eines Dreijährigen, der schmollt:

„Ist meine Mutter doch selber schuld, wenn ich kalte Finger kriege, warum zieht sie mir auch keine Handschuhe an."

und der ebenso maulenden Stimme eines Mitarbeiters, der sich ungerecht behandelt fühlt, wenn er grollt:

„Na warte, der kann noch was erleben, stets Sonderwünsche haben, aber bei mir kleinlich reagieren. Dem werd ich's noch zeigen …"

besteht qualitativ kaum ein Unterschied.

Unser Kind-Ich enthält drei Aspekte:

- Mit unserem **spontanen Kind-Ich** gehen wir natürlich und unbefangen an die Dinge heran, ohne auf die Konsequenzen unseres Verhaltens zu achten.
- Unser **angepasstes Kind-Ich** ist gehorsam und folgsam.
- Unser **trotziges Kind-Ich** will sich nicht einordnen, rebelliert und widersetzt sich vorgegebenen Normen. Dieses trotzige Kind-Ich ist Ausdruck einer negativen Form von Anpassung.

Im Laufe der weiteren Entwicklung entsteht in jedem Menschen ein weiterer Ich-Zustand, der als **Eltern-Ich** bezeichnet wird. Überall auf der Welt ahmen Kinder ihre wichtigsten Bezugspersonen, welche in der Regel ja die Eltern sind, nach. Dabei werden die Eltern einerseits als dirigierend, befehlend und bevormundend erlebt, dieser Teil wird als **kritisch**es Eltern-Ich bezeichnet, andererseits werden die Eltern auch als liebevoll, zärtlich und nährend wahrgenommen, was auch **helfend**es Eltern-Ich genannt wird.

Und so wiegen alle Kinder der Welt Puppen oder Teddybären in ihren Armen (= helfendes Eltern-Ich), um sie wenige Momente später auszuschimpfen (= kritisches Eltern-Ich) oder auf andere Weise streng mit ihnen zu verfahren.

Im Laufe der Zeit werden durch die wiederholte Nachahmung elterlichen Verhaltens irgendwann all jene Sätze automatisch befolgt, die ungezählte Male an das Kind gerichtet werden, wie:

„Wasch Dir die Finger, bevor Du zu Tisch kommst!"
„Sprich nicht mit vollem Mund!"
„Putz Dir die Zähne, bevor Du zu Bett gehst."
„Setz dir eine Mütze auf, wenn du nach draußen gehst."
„Pass auf, wenn du über die Straße gehst."
usw.

Eines Tages ist tatsächlich nicht mehr die Mutter oder der Vater nötig, sondern eine innere Stimme, die übrigens überraschende Ähnlichkeit mit der väterlichen und mütterlichen Stimme hat, sorgt dafür, dass wir uns „angemessen“ verhalten.

Vielleicht ist es das, was Faust meint, wenn *Goethe* ihn sagen lässt:

> „Zwei Seelen wohnen, ach! in meiner Brust."

Die Seele des Wollens (= Kind-Ich) und die Seele des Sollens (= Eltern-Ich).

Dieses in der Kindheit erworbene Eltern-Ich begleitet uns durch unser ganzes Leben. Wann immer wir aus der Position der Stärke, der Überlegenheit, der Macht reagieren, befinden wir uns in unserem Eltern-Ich. Es ist nahe liegend, dass nach all den schmerzlichen Erfahrungen während der Kindheit, da die Eltern und die älteren Geschwister stets mehr durften und konnten, als man selbst, dieser Ich-Zustand als ausgesprochen stark erlebt wird. Vielleicht klingt es übertrieben, aber im Eltern-Ich erleben wir uns als omnipotent, nämlich so allmächtig, wie wir als kleine Kinder unsere Eltern Tag für Tag wahrgenommen haben. (Abb. 6–1)

Abb. 6-1

- In unserem Eltern-Ich verkörpern wir Werte, Normen, Gebote, Verbote und „soziale Gefühle"; es wird in dieser Verhaltensausprägung als kritisches Eltern-Ich bezeichnet.

- Unser Eltern-Ich verkörpert aber auch Wohlwollen, Trost, Wärme und Unterstützung; in dieser Verhaltensausprägung wird es als helfendes Eltern-Ich bezeichnet.

Ob wir aus dem helfenden oder kritischen Eltern-Ich reagieren, stets befinden wir uns dabei in einer **Position der Stärke**, der Macht und Überlegenheit. Dies mag erklären, warum dieser Ich-Zustand bei vielen Menschen so außerordentlich beliebt ist.

Übrigens haben die sogenannten Helikopter-Eltern, die ihre Kinder vor jeglicher vorstellbaren Gefahr schützen wollen, den Eindruck, aus dem helfenden Eltern-Ich zu handeln, während sie in Wirklichkeit ihr kritisches Eltern-Ich in Form von Regeln und Einschränkungen – auch in Form der dem Kind antrainierten Ängste – ausagieren.

Neben die Stimmen des Wollens und Sollens rückt im Laufe der Kindheit noch eine weitere innere Stimme, die als **Erwachsenen-Ich** bezeichnet wird, wenngleich das Kind in diesem Alter weit davon entfernt ist, als erwachsen eingestuft zu werden. Das Erwachsenen-Ich prüft die Folgen einer Handlung und entscheidet zweckrational.

Folgendes Beispiel soll dies verdeutlichen:

Ein Autofahrer kurvt bereits geraume Zeit durch die Stadt auf der Suche nach einem Parkplatz. Da es regnet, will er so nahe wie möglich an der Reinigung parken, aus der er einen Mantel abholen will. Endlich eine Lücke! Kurz bevor er den Zündschlüssel abzieht, fällt sein Blick auf ein großes Schild: „Absolutes Halteverbot." Prompt meldet sich sein kritisches Eltern-Ich: „Hier darfst Du nicht parken." Worauf sein trotziges Kind-Ich entgegnet: „Ach was, ist doch nur für kurz." Erneut insistiert sein Eltern-Ich: „Wenn das nun jeder täte, das willst Du doch auch nicht." Worauf sein Kind-Ich patzig erwidert: „Ich bin doch nicht jeder!" Hier nun meldet sich das Erwachsenen-Ich zu Wort: „Stopp! Können wir mal die Sachlage prüfen. Wie groß ist die Wahrscheinlichkeit, erwischt zu werden und eine Strafe zahlen zu müssen? Haben die Autos vor und hinter uns bereits einen Strafzettel am Scheibenwischer? Das ist nicht der Fall. Wie teuer ist das Parken im Halteverbot? 20 Euro. Wie groß ist die Wahrscheinlichkeit, erwischt zu werden? Eins zu eins. Wieweit ist uns diese Parklücke 20 Euro wert?" usw.

Was hier ein wenig plakativ dargestellt wurde, spielt sich fortlaufend in uns ab. Da gibt es zwei Stimmen in uns: Eine, die ICH sagt und aus unserem Kind-Ich entspringt, in Form von: „Ich will" bzw. „Ich will aber …" Eine andere Stimme duzt uns, sie entspringt unserem Eltern-Ich und dient unserer fortlaufenden Kontrolle. Diese inneren Dialoge – auch Denken genannt – hören sich manchmal so an:

Angepasstes Kind-Ich: „Ich krieg das einfach nicht hin. Verflixt noch mal, warum habe ich mir das nicht vorher erklären lassen. Irgendwie ist das so kompliziert. Ich glaub', ich werde nie fertig."
Helfendes Eltern-Ich: „Komm, Du schaffst das schon. Bislang hast Du auch alles rechtzeitig fertig gestellt."
Trotziges Kind-Ich: „Ach was, ich hör jetzt auf, das Ganze ist mir einfach zu blöd!"
Kritisches Eltern-Ich: „Stopp, stopp, stopp. Jetzt reiß dich mal am Riemen und streng dich an. Es wäre ja wohl gelacht, wenn Du das nicht hinbekämest. Los, Zähne zusammenbeißen und weitermachen!"

Schließlich verschafft sich das Erwachsenen-Ich Gehör, indem es die Situation prüft und überlegt, welches Verhalten zu welchen Konsequenzen führt.

- Das Erwachsenen-Ich betont die Rationalität: Es ist kalkulierend, abwägend, nach den Erfordernissen der Realität und nicht nach unkontrollierten, sondern nach überprüften und integrierten Gefühlen entscheidend.
- Die wichtigste Aufgabe dieses Ich-Zustandes ist das Prüfen, im Sinne von:
  - Was passiert, wenn …?
  - Wieweit stimmt diese Aussage …?
  - Welche Vor- bzw. Nachteile ergeben sich aus …?

Es verkörpert die rationale Autonomie der Person.

Die einzelnen Ich-Zustände mit ihren verschiedenen Aspekten lassen sich an Worten, Gesten, Tonfall, Haltung und Handlungen erkennen. Dabei tritt der Inhalt in seiner Bedeutung gegenüber dem Ausdruck zurück. Auf einen kurzen Nenner zusammengefasst:

Wer fühlt und handelt wie damals, als er ein Kind war, befindet sich in seinem Kind-Ich-Zustand.
Wer denkt, handelt und fühlt, wie er es an seinen Eltern beobachtet hat, befindet sich in seinem Eltern-Ich-Zustand. Wer sich mit der gegenwärtigen Realität auseinander setzt, Tatsachen sammelt und sie objektiv verarbeitet, befindet sich in seinem Erwachsenen-Ich-Zustand.

Es handelt sich in diesem Modell um drei Haltungen, die jeder Mensch in unterschiedlichen Situationen einnehmen kann. Folgende Szene soll verdeutlichen, wie schnell die Ich-Zustände gewechselt werden können:

Durch die halb geöffnete Tür höre ich im Sekretariat den Streit zweier Kolleginnen. Frau Heinz in ärgerlichem Tonfall: „Also allmählich müssten Sie solche Vorgänge auch ohne meine Hilfe bearbeiten können. Ich habe Ihnen das schon so oft erklärt, und Sie tun jedes Mal so, als ob Sie das zum ersten Mal sehen." (Kritisches Eltern-Ich)

In diesem Moment kommt ein Kollege vom Bäcker zurück, Frau H. ruft mit völlig veränderter Stimme: „Oh, darf ich mal abbeißen?!" (Spontanes Kind-Ich)

Ich betrete das Sekretariat, und Frau Heinz sagt mit vollem Mund: „Herr Weisbach, gut, dass ich Sie sehe, der Kommentar zum Vorlesungsverzeichnis muss bis Freitag abgegeben werden. Können Sie mir Ihre Angaben bitte bis dahin fertig stellen." (Erwachsenen-Ich)

Auf den ersten Blick mag der Eindruck entstehen, als ob es erstrebenswerte und weniger erstrebenswerte Ich-Zustände gibt, doch ist keiner dieser Zustände für sich genommen schlecht oder gut. Ob ein Ich-Zustand problematisch ist, erweist sich erst im Kontext der Ich-Zustände eines Gegenübers, also in der realen Auseinandersetzung.

Das Vorherrschen des kritischen Eltern-Ichs findet sich bei vielen typischen Lehrern, Pastoren, Polizisten, Richtern und Staatsanwälten, während das helfende Eltern-Ich sehr gut in den typischen Sozial- und Pflegeberufen ausagiert werden kann. Das Vorherrschen des Erwachsenen-Ichs lässt sich beim typischen Manager oder Wissenschaftler beobachten. Das bevorzugte Ausleben des spontanen Kind-Ichs lässt sich dem Künstler zuordnen, während ein Vorherrschen des angepassten Kind-Ichs bezeichnenderweise beim Militär gefragt ist.

Völlig unproblematisch verläuft die Kommunikation, wenn das Gegenüber aus dem gleichen Ich-Zustand angesprochen wird, auf dem die Interaktion beginnt.

In einer Seminarsituation äußert mein Kind-Ich:

„Bei dem tollen Wetter habe ich überhaupt keine Lust, hier drinnen zu arbeiten. Ich schlage vor, eine ausgedehnte Mittagspause zu machen und heute Nachmittag im Park weiterzumachen." Fast die gesamte Runde reagiert spontan mit: „O ja", „Prima", „Fein", „Klasse".

Stammtischgespräche finden vielfach im Eltern-Ich statt: (Abb. 6–2)

Abb. 6-2

„Also, wenn Sie mich fragen, echte Arbeitslose gibt es doch heute gar nicht. Das sind doch alles Drückeberger und Schwarzarbeiter."
„Ganz genau, von denen will doch gar keiner arbeiten. Ich sage immer, wer sucht, der findet. Aber klar, wer so viel Stütze kriegt, wie die, der hat's ja auch nicht mehr nötig, sich anzustrengen."

Der Austausch von Informationen lässt sich am leichtesten aus dem Erwachsenen-Ich abwickeln:

„Wie viel Uhr ist es bitte?"
„Gleich halb elf."

Probleme treten auf, wenn aus dem Eltern-Ich-Zustand heraus das Kind-Ich des Gesprächspartners angesprochen wird, und zwar jener Teil des Kind-Ichs, der angepasst oder trotzig reagiert. Warum ist das so?

Was wir während unserer Kindheit rasch gelernt haben, nämlich auf elterliche Anforderungen angepasst oder trotzig zu reagieren, ist auch heute noch, da wir längst den Kinderschuhen entwachsen sind, ein wichtiger Bestandteil unserer Umgangsformen. Die unangenehmen Gefühle, die mit Unterlegenheit und Ohnmacht einhergehen, sind auch beim erwachsenen Menschen Begleitgefühle, wenn er ungewollt in seinem Kind-Ich angesprochen wird.

Typische Äußerungen aus dem kritischen Eltern-Ich hören sich so an:

„Können Sie nicht, oder wollen Sie nicht?"

„Wozu hast Du eigentlich Deinen Kopf?"

„Jetzt beeil dich endlich, wie lange muss ich noch warten!"

„Sie halten sich da mal raus, ja?!"

„Wenn Du unbedingt Deinen Kopf durchsetzen willst, wirst Du schon sehen, was Du davon hast."

Im Tonfall freundlicher, in der Wirkung aber ähnlich, hören sich Sätze aus dem helfenden Eltern-Ich an:

„Gib mal her, das kannst Du noch nicht!"

„Das finde ich großartig, was Sie da gemacht haben, Respekt!"

„Kommen Sie, ich füll' das Formular für Sie aus."

„Mach Dir nichts draus, Frauen tun sich da im Allgemeinen schwer."

„Nur Mut, Sie kommen schon wieder auf die Beine."

Viele wertende Ausdrücke, seien sie nun positiv oder negativ, können charakteristisch sein für das Eltern-Ich, sofern sie ein Urteil über einen anderen Menschen enthalten, und zwar ein Urteil, das nicht nach Abwägung verschiedener Gesichtspunkte durch das Erwachsenen-Ich zustande kommt, sondern sich automatisch wie ein Reflex einstellt. Fast alle gängigen **„Gesprächsstörer"**, die im folgenden Kapitel ausführlich behandelt werden, entstammen dem Eltern-Ich und wiederholen jene Äußerungen, die wir von unseren Eltern,

Lehrern und Verwandten im Lauf unserer Kindheit aufgeschnappt haben.

All diese Verhaltensweisen lösen im anderen für gewöhnlich Reaktionen aus, die seinem angepassten oder trotzigen Kind-Ich entstammen und mit dem Gefühl einhergehen, man sei nicht in Ordnung, nicht liebenswert, eben nicht okay.

Ob jedoch auf solche Eltern-Ich-Attacken sofort trotzig reagiert oder das Aufbegehren für einen günstigeren Zeitpunkt aufgespart wird, hängt von den individuellen Vorerfahrungen und dem jeweiligen Gegenüber ab. Manche Menschen sind Weltmeister im Kleben von „Rabattmarken", d. h., sie merken sich jede Demütigung, Bevormundung und Kränkung fein säuberlich. Und so, wie einst der Kaufmann, der Rabattmarken ausgab, nicht vorhersehen konnte, wann seine Kunden die vollen Hefte einlösen (manche Kunden sollen mit Dutzenden von Heften ihren gesamten Weihnachtseinkauf bestritten haben), so werden „private Rabattmarkenhefte" zum denkbar ungünstigsten Zeitpunkt eingelöst, eben, wenn es dem anderen gar nicht gelegen ist. Ein typisches Beispiel ist die Kündigung.

Mir wurde von einem ehemaligen Abteilungsleiter berichtet, dass seine Karriere schlagartig zu Ende war, weil ein hoch qualifizierter Mitarbeiter in seiner Abteilung just in dem Moment seine Kündigung einreichte, da ein kompliziertes Projekt in kürzester Zeit abgewickelt werden musste. Vom Ausgang dieses Projekts hing die Zukunft des Abteilungsleiters ab. Als er bei seinem Vorgesetzten die Kündigung seines Spezialisten mitteilte und um Projektverlängerung bat, soll er zur Antwort bekommen haben: „Wenn Sie in solch einer Situation Personalprobleme haben, dann scheinen Sie nicht der richtige Mann für diese Position zu sein." Der kündigende Mitarbeiter konnte mit einem Schlag für all das Rache nehmen, was er jahrelang hinuntergeschluckt hatte.

Die Unberechenbarkeit der Trotzreaktion macht den Gebrauch des Eltern-Ichs so gefährlich. Manche Menschen neigen dazu, sofort zu reagieren, während andere offenkundig eine Form von Leidensfähigkeit entwickelt haben, die nur auf den ersten Blick wie Langmut und Geduld aussieht. Irgendwann werden auch sie ihr „Rabattmarkenheft" einlösen, und was sich bis dahin angesammelt hat, kann verheerende Folgen haben.

Völlig unproblematisch verläuft jedoch die Interaktion, wenn wir freiwillig aus dem Kind-Ich heraus agieren. Vorzugsweise das Bitten um Hilfe, die uns nicht zusteht, geschieht aus dem braven, dem angepassten Kind-Ich.

Ein abgerissener Knopf an meiner Lederjacke könnte mich veranlassen, aus dem Eltern-Ich eine Mitarbeiterin anzusprechen:
„Frau Heinz, seien Sie doch bitte so freundlich und nähen mir den Knopf an, ich muss gleich in die Vorlesung." Bei dieser Äußerung laufe ich allerdings Gefahr, folgende Antwort zu erhalten: „Herr Weisbach, ich glaube nicht, dass Knopf-Annähen in meiner Stellenbeschreibung steht."
Aus dem Erwachsenen-Ich hört sich das „Knopf-Problem" so an: „Oh, mein Knopf ist ab. So kann ich unmöglich in die Vorlesung gehen. Haben Sie zufällig Nähzeug dabei?" Die nahe liegende Antwort lautet wahrscheinlich nur: „Bitte schön."
Am erfolgversprechendsten ist eine hilflose, fast weinerliche Stimme aus dem angepassten Kind-Ich, etwa so: „O nein, das darf doch nicht wahr sein. Jetzt ist der Knopf abgegangen. Was mach ich bloß? Ich kann doch unmöglich mit so einem hängenden Ärmel in die Vorlesung gehen. Zu blöd aber auch." Und schon greift Frau Heinz in ihre Handtasche und sagt: „Kommen Sie, ich näh' Ihnen den Knopf schnell an." In so einer Situation klebe ich selbst dann keine „Rabattmarke", wenn Frau Heinz mir die Jacke wenig später mit den Worten überreicht: „Sagen Sie, Herr Weisbach, was täten Sie eigentlich ohne mich?"

Wenn wir uns klein, schwach und hilflos gebärden, ist dies in der Regel der schnellste Weg, einen anderen Menschen dazu zu bewegen, uns zu helfen. Denn in keinem anderen Ich-Zustand lässt sich mit so gutem Gewissen die eigene Überlegenheit ausleben wie gerade im helfenden Eltern-Ich.

Dies muss sich jedoch nicht zwangsläufig so abspielen, wie folgende kleine Szene auf einem Autobahnparkplatz zeigt:

Ein junger Mann kommt auf mich zu und sagt mit gedrückter, verzagter Stimme: „Entschuldigung, können Sie mir mal helfen, ich hab' einen Platten." (Kind-Ich)

Meine erste Regung war ein innerliches Ärmelaufkrempeln nach dem Motto: Wo steht das Klavier? Doch dann wurde ich meines Anzugs gewahr und sagte: „Ich will Ihnen gern helfen, doch muss ich heute noch einen Vortrag halten und möchte mich deswegen nicht schmutzig machen." (Erwachsenen-Ich)
Doch diese Ansprache im Erwachsenen-Ich reichte noch nicht ganz aus, denn er schob noch einmal fast weinerlich hinterher: „Aber ich hab' das noch nie gemacht." (Kind-Ich)
Fast hätte er mich so weit gehabt, ihm den Reifen zu wechseln, aber im letzten Moment war mir mein sauberer Anzug wichtiger, so dass ich entgegnete: „Ich habe durchaus Zeit und kann Ihnen so helfen, dass Sie sich getrost und sicher wieder in Ihren Wagen setzen können; nur möchte ich weder Hände noch Anzug dreckig machen."
Der junge Mann schaute mich nun prüfend von oben bis unten an und erwiderte mit völlig veränderter Stimme: „Kann ich verstehen. Aber vielleicht frage ich erst noch mal einen anderen." Sprach's und ging weiter. Noch bevor ich in mein Auto einstieg, hörte ich ihn mit kindlicher Stimme einen anderen Autofahrer fragen: „Können Sie mir mal helfen, ich habe einen Platten."

Ganz anders gestaltet sich die Situation bei den Verhaltensweisen, die als **„Gesprächsförderer"** bezeichnet und im Anschluss an das Kapitel „Gesprächsstörer" besprochen werden. An dem vorangegangenen Beispiel konnte gezeigt werden, dass wir nicht zwangsläufig reagieren müssen, sondern uns für ein Reagieren aus dem Erwachsenen-Ich frei entscheiden können. Hierfür eignen sich die „Gesprächsförderer" besonders. Ihnen ist gemeinsam, dass der Gesprächspartner in seinem Erwachsenen-Ich angesprochen wird und entsprechend daraus reagieren kann.

Zum Üben und Identifizieren der verschiedenen Ich-Zustände finden Sie im Folgenden kurze Aussagen, die je nach Lesart – der Ton macht bekanntlich nicht nur die Musik, sondern bestimmt auch den jeweiligen Ich-Zustand – aus dem Eltern-Ich (EL), aus dem Erwachsenen-Ich (ER) oder aus dem Kind-Ich (K) entstammen.

Notieren Sie hinter jeder Aussage, welchen Ich-Zustand Sie jeweils heraushören! Im Anschluss daran finden Sie meine „Lösungsvorschläge".

	Ihre Antwort
(1) „Wann sind Sie denn endlich mit dem Schriftsatz fertig?!"	
(2) „Dafür kann ich doch nichts!"	
(3) „Sie benehmen sich tollpatschig."	
(4) „Was mache ich jetzt nur?"	
(5) „Was könnte der Grund für den fehlenden Zahlungseingang sein?"	
(6) „Da irren Sie sich aber gewaltig!"	
(7) „Ich hätte da noch eine Frage …"	
(8) „So geht das nicht!"	
(9) „Sind Sie sicher, dass Sie richtig gerechnet haben?"	
(10) „Machen Sie Ihren Kram doch selber!"	
(11) „Er mag ja ein netter Kerl sein, aber man kann ihn nicht unbeaufsichtigt las sen."	
(12) „Ich glaube nicht, dass ich eine Entscheidung treffen kann, bevor ich nicht mit dem zuständigen Sachbearbeiter gesprochen habe."	
(13) „Glauben Sie mir, das ist das Beste für Sie!"	
(14) „Was Sie da in dem Tempo gemacht haben, das hat meinen ganzen Respekt."	
(15) „Wenn ich nur eine Gehaltserhöhung bekäme, dann wären alle meine Probleme gelöst!"	
(16) „Wenn Sie das nicht sorgfältig machen können, sollten Sie das lieber gar nicht tun!"	
(17) „Ich weiß wirklich nicht mehr, was ich tun soll."	
(18) „Kommen Sie, lassen Sie mich das für Sie machen!"	
(19) „Können Sie mir bitte noch etwas mehr darüber sagen?"	

	Ihre Antwort
(20) „Ich halte Ihren Vorschlag in zwei Punkten für ungeeignet: Zum einen haben wir nur vierzehn Tage Zeit, zum anderen fehlen uns dafür im Moment die technischen Voraussetzungen."	
Und nun noch vier dialogische Beispiele:	
Vorgesetzter: „Wie spät ist es, Frau Müller?" Mitarbeiterin: „Gleich halb fünf."	
Vorgesetzter: „Wie spät ist es, Frau Müller?" Mitarbeiterin: „Ich beeil' mich ja schon, ich bin sofort fertig."	
Vorgesetzter: „Wie spät ist es, Frau Müller?" Mitarbeiterin: „Sie brauchen heute aber lange."	
Vorgesetzter: „Wie spät ist es, Frau Müller?" Mitarbeiterin: „Sie machen sich Sorgen, dass wir nicht rechtzeitig fertig werden."	

Im Folgenden finden Sie eine kommentierte Auflösung.

(1) „Wann sind Sie denn endlich mit dem Schriftsatz fertig?!"

Das kritische Eltern-Ich wird hier nicht nur am mahnenden Tonfall erkannt, sondern auch in der Wortwahl „denn endlich".

(2) „Dafür kann ich doch nichts!"

Sie werden vielleicht selbst feststellen, dass Sie beim Lesen dieses Satzes in der Stimme deutlich höher und zugleich gepresster sprechen, als im ersten Satz; ein typisches Zeichen für das trotzige Kind-Ich.

(3) „Sie benehmen sich tollpatschig."

Hier deutet schon die Wortwahl „tollpatschig" auf das kritische Eltern-Ich hin.

(4) „Was mache ich jetzt nur?"

Je nachdem, wie Sie diesen Satz aussprechen, handelt es sich einmal um das rational prüfende Erwachsenen-Ich oder auch um das angepasste, um Hilfe heischende Kind-Ich. Im letzteren Fall werden Sie diesen Satz entsprechend unbeholfen klingen lassen.

(5) „Was könnte der Grund für den fehlenden Zahlungseingang sein?"

Prüfen von Fakten ist eine bevorzugte Leistung unseres Erwachsenen-Ichs.

(6) „Da irren Sie sich aber gewaltig!"

Der vorwurfsvolle Ton in Verbindung mit der gering schätzenden Formulierung deutet auf das kritische Eltern-Ich hin.

(7) „Ich hätte da noch eine Frage ..."

Auch hier macht der Ton wieder die Musik: Sachlich, nüchtern vorgetragen kann es sich um eine Informationsfrage aus dem Erwachsenen-Ich handeln. Mit leicht hilfloser Stimme, bei gleichzeitiger Betonung des Wortes „Frage" mit hochgehender Stimme hören wir sogleich das angepasste Kind-Ich heraus.

(8) „So geht das nicht!"

Ob jovial von oben herab oder barsch autoritär formuliert, dieser Satz kommt aus dem kritischen Eltern-Ich.

(9) „Sind Sie sicher, dass Sie richtig gerechnet haben?"

Wenn es sich um eine sachliche Frage handelt, im Sinne von Prüfen, dann spricht hier das Erwachsenen-Ich. Wenn jedoch lediglich rhetorisch gefragt werden soll, tönt das kritische Eltern-Ich, für das ja längst beschlossene Sache ist, dass der andere „natürlich" nicht richtig gerechnet hat.

(10) „Machen Sie Ihren Kram doch selber!"

Dieser Satz kommt mit patziger Stimmlage besonders schön zur Geltung = trotziges Kind-Ich.

(11) „Er mag ja ein netter Kerl sein, aber man kann ihn nicht unbeaufsichtigt lassen."

In der Reihe der vorangegangenen Übungs-Sätze fällt diese kritische Eltern-Ich-Formulierung aus dem Rahmen, weil sie sich nicht an das Kind-Ich des anderen wendet, sondern ebenfalls an das kritische

Eltern-Ich des Partners, nach dem Motto: Wir sind ja okay, aber leider sind wir umgeben von Versagern.

(12) „Ich glaube nicht, dass ich eine Entscheidung treffen kann, bevor ich nicht mit dem zuständigen Sachbearbeiter gesprochen habe."

Üblicherweise hört sich dieser informierende Satz nüchtern an und deutet auf das Erwachsenen-Ich hin.

(13) „Glauben Sie mir, das ist das Beste für Sie!"

Mit fast betulicher Stimme wird hier der andere wohlmeinend bevormundet = helfendes Eltern-Ich.

(14) „Was Sie da in dem Tempo gemacht haben, das hat meinen ganzen Respekt."

Ein gut gemeintes, vielleicht auch gern gehörtes Lob aus der Position der Überlegenheit, also helfendes Eltern-Ich.

(15) „Wenn ich nur eine Gehaltserhöhung bekäme, dann wären alle meine Probleme gelöst!"

Dieser Satz ist nicht nur in der Formulierung kindlich, sondern deutet auch in der Stimmlage auf das angepasste Kind-Ich hin.

(16) „Wenn Sie das nicht sorgfältig machen können, sollten Sie das lieber gar nicht tun!"

Vorwürfe kommen stets aus dem kritischen Eltern-Ich.

(17) „Ich weiß wirklich nicht mehr, was ich tun soll."

Hilflosigkeit ist lernbar, und das angepasste Kind-Ich eignet sich hervorragend dafür, andere für die eigene Sache einzuspannen.

(18) „Kommen Sie, lassen Sie mich das für Sie machen!"

Freundliches, helfendes Eltern-Ich.

(19) „Können Sie mir bitte noch etwas mehr darüber sagen?"

Bitte um Information deutet auf Erwachsenen-Ich hin.

(20) „Ich halte Ihren Vorschlag in zwei Punkten für ungeeignet: Zum einen haben wir nur vierzehn Tage Zeit, zum anderen fehlen uns dafür im Moment die technischen Voraussetzungen."

Es handelt sich in diesem Satz zwar um eine Bewertung, doch wurde der Vorschlag einer kritischen Prüfung unterzogen, und Prüfen ist eine Leistung unseres Erwachsenen-Ichs.

Und nun noch die drei dialogischen Beispiele:

Vorgesetzter: „Wie spät ist es, Frau Müller?"
Mitarbeiterin: „Gleich halb fünf."

Austausch von Informationen von Erwachsenen-Ich zu Erwachsenen-Ich.

Vorgesetzter: „Wie spät ist es, Frau Müller?"
Mitarbeiterin: „Ich beeil' mich ja schon, ich bin sofort fertig."

Vorwurfsvolles, ungeduldiges Eltern-Ich des Vorgesetzten mit pflichtschuldiger Antwort aus dem angepassten Kind-Ich der Mitarbeiterin.

Vorgesetzter: „Wie spät ist es, Frau Müller?"
Mitarbeiterin: „Sie brauchen heute aber lange."

Bitte eines Vorgesetzten um Geduld aus dem angepassten Kind-Ich (wenn beispielsweise die Mitarbeiterin noch nach Feierabend einen Brief schreiben soll, der gerade diktiert wird) in Verbindung mit dem vorwurfsvollen, kritischen Eltern-Ich der Mitarbeiterin.

Auf das Eltern-Ich Verhalten der Mitarbeiterin hin wird der Chef mit ziemlicher Sicherheit keine Rabattmarke kleben, da ihm in dem Moment nur der zu schreibende Brief wichtig ist, zumal sich der Vorgesetzte ja freiwillig in sein angepasstes Kind-Ich begeben hat, was immer das Risiko birgt, auch entsprechend behandelt zu werden.

Vorgesetzter: „Wie spät ist es, Frau Müller?"
Mitarbeiterin: „Sie machen sich Sorgen, dass wir nicht rechtzeitig fertig werden."

Wieder das vorwurfsvolle, ungeduldige Eltern-Ich des Vorgesetzten, doch hier reagiert die Mitarbeiterin aus dem Erwachsenen-Ich und geht, quasi beschreibend, auf die Gefühlslage ihres Vorgesetzten ein.

Im 10. Kapitel will ich mich mit dieser Reaktionsmöglichkeit ausführlicher beschäftigen.

7. Kapitel

Widerstand beim Gesprächspartner

Auf kaum etwas reagieren Menschen so empfindlich wie auf die Einschränkung ihrer Freiheit.

Wer wahrnimmt, dass sein **Verhaltensspielraum gegen seinen Willen eingeengt wird, äußert Widerstand**; dieser Widerstand, der auch als Reaktanz bezeichnet wird, kann bereits im Vorfeld einer vermuteten Freiheitseinschränkung geäußert werden, sozusagen als vorweggenommene Antwort auf eine mögliche Beschränkung im Sinne des: „Wehret den Anfängen!“

Dieser Widerstand, der dazu dient, die **verlorene** (bzw. verloren geglaubte) **Freiheit wiederherzustellen**, äußert sich in vier Formen:

Trotz

Die bedrohte oder eingeschränkte Freiheit wird dadurch wiederhergestellt, dass genau das getan wird, was nicht getan werden soll, nach dem Motto: „Nun erst recht!“ Obwohl das Wort Trotz am häufigsten im Zusammenhang mit kleinen Kindern verwendet wird (es gibt ja eine ganze Entwicklungsphase, die als Trotzalter bezeichnet wird), äußert sich dieser Trotz auch beim Erwachsenen, nur dass dieser ihn gern als „kritisches Bewusstsein“ bezeichnet, während dem alten Menschen schließlich der „Altersstarrsinn“ nachgesagt wird. Wie auch immer die Bezeichnung sein mag, es handelt sich um ein bewusstes Übertreten von vorgegebenen Grenzen, ein Beharren auf einem Standpunkt – als Zeichen von Widerstand – gegen die Einschränkung der individuellen Freiheit. Im trotzigen Reaktanzverhalten lautet die Botschaft stets: „Mit mir nicht!" (Abb. 7–1)

Abb. 7-1

Wenn Sie sich gerade überlegen, wie Sie es mit der Geschwindigkeitsbeschränkung halten:

- Fahren Sie Tempo 30, wenn es entsprechend ausgeschildert ist?
- Halten Sie sich auch auf leeren Straßen innerorts an Tempo 50?
- Und fahren Sie auf der Autobahn tatsächlich nur 100, wenn entsprechende Schilder aufgestellt sind?

Dies sind Beispiele für typisches Trotzverhalten auf die Einschränkung unserer Autofahrer-Freiheit. Sie erinnern sich an den *ADAC*-Slogan: „Freien Bürgern – freie Fahrt!" Seine Zustimmung verdankt dieser Slogan dem Umstand, dass er **jedem** die Freiheit zubilligt, das Tempo selbst zu wählen.

Zuwendung zur verwehrten Alternative

Wird die Entscheidungsfreiheit dadurch eingeschränkt, dass eine Alternative entfällt, z. B. durch Verbot, durch Ausreden oder Aufzwingen, gewinnt gerade die Alternative an Attraktivität, die verwehrt werden soll. Ein typisches Beispiel finden Sie im Verkauf: Bei Sonderangeboten soll der Hinweis auf einen begrenzten Vorrat die Kaufbereitschaft wecken. Auch neigen viele Kunden dazu, sich besonders für das Produkt zu interessieren, welches der Verkäufer aus der engeren Wahl ausgesondert hat. Mancher Verkäufer setzt dies geschickt ein, indem beispielsweise die Entscheidungsschwäche des Kunden dadurch genutzt wird, dass der Verkäufer bei mehreren dargebotenen Artikeln langsam die teuersten zurückzieht, um die Aufmerksamkeit auf zwei oder drei preislich günstigere Positionen zu lenken. Prompt wendet sich der Kunde der zurückgezogenen Alternative zu. Bei manchen Verkäufern klingt diese Strategie aber nur plump:

„Dies ist zwar unser Topmodell, aber ich denke, dass das für Sie wohl nicht in Frage kommt." Oder:
„Diese Ausführung wird eigentlich nur von sportlichen Menschen verlangt. Darf ich Ihnen hier einmal unser Standardmodell zeigen?"

Sie werden schon wiederholt erlebt haben, dass Alternativen, ungeachtet ihrer tatsächlichen Vorzüge, äußerst unattraktiv werden, wenn Sie zu ihnen gedrängt werden. Vielleicht liegt hierin auch eine Erklärung, warum Menschen so häufig auf ungebetene Ratschläge und Lösungen mit einen „Ja, aber …" reagieren; dieses „Aber" widmet sich nämlich der bedrohten Alternative, jener Möglichkeit, die durch ein Befolgen des Ratschlags ausgeschlossen wäre.

Zu diesem Reaktanzverhalten berichtete mir eine Seminarteilnehmerin, dass ihr vergangener Sommerurlaub völlig danebenging, weil ihr Mann drei Wochen lang an allem rumnörgelte. Ihr leuchtete mittlerweile ein, dass sie den Widerstand ihres Mannes geradezu provoziert hatte. In dessen Abwesenheit hatte sie nämlich die lange hinausgezögerte Entscheidung „Fahren wir dieses Jahr in die Berge oder an die See?" mit ihren beiden Kindern gefällt und ihn vor vollendete Tatsachen gestellt. Obwohl er sich im Vorjahr als begeisterter Badeurlauber erwies, wurde nun über die ewige Sonne, die Hitze, die viel zu warme Nordsee, das Essen, die Unterkunft, das Unterhaltungsangebot und die Sportmöglichkeiten geklagt, stets mit dem Hinweis, dass es in den Bergen viel abwechslungsreicher, klimatisch gesünder, eben viel, viel besser sei.

Indirekte Freiheitswiederherstellung

Hier wird rein äußerlich auf die Einschränkung des Verhaltensspielraums folgsam, gewissermaßen angepasst reagiert. Gleichzeitig wird jedoch die eigene Freiheit demonstriert, aber heimlich. Beispielsweise, wenn Kinder mit der Taschenlampe unter der Bettdecke lesen, obwohl ihre Eltern das Licht zum Schlafen ausgeknipst hatten. Rein äußerlich sehen und hören die Eltern nichts mehr, aber tatsächlich heißt die Botschaft dieses typischen Kinderverhaltens: „Ihr hättet auch gleich das Licht anlassen können, ich lese so oder so." (Abb. 7–2)

Abb. 7-2

Eine ähnliche indirekte Freiheitswiederherstellung finden Sie auch in manchem einengenden Verkaufsgespräch, wenn der Kunde sich nach der ausführlichen „Beratung" plötzlich bedankt und das Gespräch dadurch beendet, dass er erklärt, sich nun in Ruhe einmal alles durch den Kopf gehen zu lassen, oder den Vertreter kurz vor Vertragsabschluss bittet, ihm doch die ausgefüllten Unterlagen dazulassen, er werde sie ihm anderntags zuschicken (was so gut wie nie passiert).

Hierzu berichtete mir ein Seminarteilnehmer, dass es ihm immer wieder schwer fällt, ein Geschäft zu verlassen, ohne etwas zu kaufen, wenn er dort aufwendig bedient wurde. Die vermutete Freiheitseinschränkung, nämlich kaufen zu müssen, umgeht er, indem er sich beispielsweise im Schuhgeschäft zwei Paar zurücklegen lässt und das Geschäft unter einem Vorwand verlässt, z. B. im Moment nicht genügend Geld dabeizuhaben oder mit seiner Frau darüber noch einmal sprechen zu wollen, tatsächlich aber nicht wieder hingeht. Er räumte allerdings ein, dass diese Strategie einen Schönheitsfehler für ihn habe, denn aus Furcht davor, wiedererkannt zu werden, betritt er diese Geschäfte nicht wieder.

Offene Aggression

Schließlich kann sich der Widerstand auch in offener Aggression äußern. Wer die Freiheit eines anderen bedroht oder gar real einschränkt, muss mit Angriffen rechnen. Derartige Aggressionen müssen sich nicht in Handgreiflichkeiten äußern. Auch sprachliche Wendungen eignen sich vorzüglich dazu. Wer dem anderen die Kompetenz abspricht, demonstriert deutlich, sich in seiner Handlungsfreiheit nicht einschränken lassen zu wollen. Ob der Satz nun heißt: „Sie haben doch keine Ahnung" oder „Das ist doch lächerlich, was Sie da sagen", stets wird dem anderen gezeigt, dass er keine Chance hat, sich mit seinem Vorgehen, das in irgendeiner Form als Freiheitseinschränkung wahrgenommen wird, durchzusetzen. (Abb. 7–3)

Abb. 7-3

Vor einiger Zeit wurde ich in einem Seminar selbst zum Ziel einer derartigen Attacke. Wie aus heiterem Himmel fiel mir ein Teilnehmer ins Wort und fragte in äußerst giftigem Ton: „Sagen Sie mal, Herr Weisbach, wozu soll das nun eigentlich gut sein, was Sie hier die ganze Zeit von sich geben?" Nachträglich wurde mir klar, dass dieses Verhalten ganz und gar nicht aus heiterem Himmel kam, sondern eine konkrete Vorgeschichte hatte. Der gleiche Teilnehmer war nämlich morgens zwanzig Minuten zu spät erschienen, und ich hatte ihm keine Gelegenheit gelassen, etwas zu erklären; stattdessen schaute ich auf die Uhr, schüttelte missbilligend den Kopf und setzte meine Ausführungen fort.

Im Frühjahr 1988 wurde in der damaligen Bundesrepublik eine Volkszählung durchgeführt. Ein großer Teil der Bevölkerung hat eine derartige Befragung nicht als Einschränkung der individuellen Freiheit erlebt und den Bogen ordnungsgemäß ausgefüllt und abgegeben. Der andere Teil der Bevölkerung erlebte aber eine gegen den eigenen Willen gerichtete Freiheitseinschränkung und reagierte mit Widerstand gemäß einer der vier gerade besprochenen Reaktionsmöglichkeiten. Manch einer wurde erst stutzig, nachdem staatlicherseits ein enormer Aufwand betrieben wurde und mit den unterschiedlichsten Mitteln plötzlich für etwas geworben wurde, was doch selbstverständlich sein sollte. Sie mögen sich gerade fragen, wie Sie reagieren, wenn Sie nächste Woche überall auf Werbehinweise des Finanzministeriums stoßen mit dem Slogan:

„Zahlen auch Sie Steuern!" oder „Steuern sind wichtig, beteiligen auch Sie sich daran!"

Bei der Volkszählung ließen sich alle vier Formen der individuellen Freiheitswiederherstellung beobachten. Es gab das klassische **Trotzverhalten**; hierbei wurde die Freiheit durch Nichtausfüllen des Fragebogens demonstriert. Die ganz Zähen zeigen noch heute stolz ihren nicht abgegebenen Fragebogen, obgleich ihnen doch ein Bußgeld in Höhe von 10000 Mark angedroht worden war.

Die **Zuwendung zur verwehrten Alternative** wurde von all denen betrieben, die sich mit Akribie dem zuwandten, was verhindert werden sollte. So wurde ausdrücklich darauf hingewiesen, den Bogen nicht zu falten, was prompt geschah. Es wurde schnellbleichende Tinte statt des gewünschten Bleistifts genommen, der Haushaltsmantelbogen wurde getrennt vom Fragebogen abgegeben oder die Kenn-Nummer wurde abgetrennt oder gar das Format verändert und anderes mehr.

Wie groß der Prozentsatz jener war, die mit **indirekter Freiheitswiederherstellung** reagierten, lässt sich nicht ermitteln, aber lange Zeit konnte man in Kneipengesprächen hören, dass die Fragen zwar beantwortet wurden, aber eben nicht wahrheitsgetreu. Da wurde als Heizungsart beispielsweise „indirekte Solarheizung" angegeben, was wohl eine Umschreibung für Fenster darstellt, oder bei der Anzahl der Mitbewohner wurden die Haustiere mitgezählt oder die Wohnungsgröße wurde verkleinert und anderes mehr.

Offene Aggression, als letzte Reaktionsmöglichkeit auf die eingeschränkte Freiheit, wurde in manchen Städten tatsächlich handgreiflich an den Tag gelegt. So wurden Volkszähler auf offener Straße verprügelt oder Unterlagen gestohlen, und in Stuttgart soll ein ganzes Volkszählungsbüro in Flammen aufgegangen sein.

Im Jahr 2011 folgte die nächste Volkszählung, die mit deutlich weniger Widerstand vonstatten ging. Ein Hauptgrund war vermutlich die offenere Informationspolitik der Behörden. Andere sehen das kritischer und halten dem Bürger in Zeiten der sozialen Medien ein gewisses Desinteresse an Fragen des Datenmissbrauchs vor. Wer auf eine Freiheit gar keinen Wert legt, wird eben auch auf die Einschränkung dieser Freiheit nicht negativ reagieren. Wer aber annimmt, dass die eigene Wahlfreiheit zur Diskussion steht und zugleich selbständig entscheiden kann und will, der reagiert auf vermutete oder tatsächliche Freiheitseinschränkung mit Widerstand, d. h. Reaktanz. Dieser äußert sich in Form von Trotz, Zuwendung zur verwehrten Alternative, durch indirekte Freiheitswiederherstellung oder durch offene Aggression.

Wenn Sie in Ihrer Gesprächs**führung** die Gefahr der Reaktanz weitgehend bannen wollen, werden Sie Ihr Augenmerk auf die Interaktion legen, d. h., Sie werden sich bemühen, Ihre Formulierungen jeweils so zu wählen, dass sich Ihr Gesprächspartner in seinem Freiheitsspielraum so wenig wie möglich eingeschränkt fühlt.

Welche **Formulierungen** sind es denn, mit denen Sie unbeabsichtigt Ihren Gesprächspartner in seiner Freiheit einschränken?

Mit einer ganzen Reihe von sprachlichen Ausdrücken und Wendungen **provozieren** wir geradezu **Reaktanz**.

So können wir beobachten, dass viele Menschen nicht in der Lage sind, **Ratschläge** in Verhalten umzusetzen. Empfehlungen, auch wenn sie noch so logisch vorgetragen oder wissenschaftlich abgesichert sind, engen zunächst den Verhaltensspielraum ein. Die Freiheit, zu bleiben, wie man ist, wird durch jede Empfehlung, jeden Rat eingeschränkt. Dieses Problem tritt beispielsweise bei ärztlichen Empfehlungen auf, zeigt sich doch immer wieder, mit welch subtilen Vermeidungsreaktionen Patienten die Verordnungen unterlaufen oder die Einnahme von Medikamenten „vergessen“ oder individuell gestalten. So konnte in Untersuchungen nachgewiesen werden, dass sich je nach Erkrankung bis zu 92 % aller Patienten im Hinblick auf die Behandlungsvorschläge ihrer Ärzte abweichend verhalten.

Reaktanz hat nichts mit bösem Willen oder Unvernunft zu tun, wenngleich dieser Fehlschluss häufig gezogen wird. Er beruht auf der verkürzten Annahme: Wer vernünftig, also guten Willens ist, tut immer das, was für ihn am besten ist.

Es gilt also nicht, die Beibehaltung eines Problemverhaltens für schlecht, verrückt oder krank zu halten, sondern sich zu vergegenwärtigen, dass Menschen üblicherweise die jeweils beste Wahl aus den Möglichkeiten treffen, die ihnen bewusst sind. Was ein Außenstehender für richtig hält, muss vom Betroffenen noch lange nicht akzeptiert werden. Wer Problemverhalten verändern will, muss sich neben den offenkundigen negativen Konsequenzen auch mit dem primären und sekundären Gewinn auseinander setzen, worauf ich im 15. Kapitel ausführlich eingehe.

Aber nicht nur **Ratschläge**, **Anweisungen**, **Aufforderungen** und **Empfehlungen** provozieren Widerstand, auch mit **Deutungen** und Hintergründe aufdeckenden Äußerungen können sich Gesprächspartner eingeengt fühlen. Ihre Reaktion fällt entsprechend aus. Selbst die gar nicht unbeliebten **Fragen** können leicht Reaktanz provozieren. Da dem Befragten sowohl die Denkrichtung als auch der Fragehorizont vorgegeben wird, ist er genötigt, das zu beantworten, was der Fragende richtungweisend vorgibt. Dies wird bei den Warum-Fragen besonders deutlich, da sie für den Befragten häufig in eine Rechtfertigung münden, plausible Gründe für etwas geltend zu machen. Dass **Tadel** und **Kritik** als massive Freiheitseinschränkung aufgefasst werden können, braucht nicht weiter begründet zu werden. Aber auch **Lob** kann Reaktanz provozieren, wenn der Gelobte ahnt, dass es weniger um eine Anerkennung seiner Leistung als um die Steuerung seines zukünftigen Verhaltens geht, was ja einer zukünftigen Freiheitseinschränkung entspricht.

Wir haben darüber hinaus in der deutschen Sprache eine Reihe von Verben, die anweisen, ohne Ausweichmöglichkeiten zu lassen. Gravierende Beispiele sind die drei unscheinbaren Wörter

- müssen (müssten)
- sollen (sollten)
- und nicht dürfen

Solche Formulierungen sind geeignet, im anderen Widerstand aufzubauen, um sich vor Angriffen auf die eigene Integrität zu schützen. Neben den sprachlichen Möglichkeiten, sich zur Wehr zu setzen, kommen die vielfältigen körpersprachlichen Formen der Reaktanzreaktionen zum Ausdruck: Ein Gesprächspartner verschränkt die Arme vor der Brust, ein anderer wiegt den Oberkörper, wieder ein anderer deutet ein Kopfschütteln an, oder das Gespräch wird unter einem Vorwand abgebrochen.

Die Anweisungen des **Müssens, Sollens und Nicht-Dürfens** wirken nur dann reaktanzfrei, wenn die Wahlfreiheit nicht zur Diskussion steht und/oder kein Bedürfnis vorhanden ist, in der betreffenden Situation selbst zu entscheiden. Wenn beispielsweise der Arzt dem Patienten nach überlebtem Herzinfarkt absolutes Rauchverbot erteilt, so löst diese massive Einschränkung der Freiheit nur bei wenigen Patienten Reaktanz aus, denn wer an seinem Leben hängt, hat kaum das Bedürfnis, anders zu entscheiden, als in diesem Fall angeordnet wird. (Abb. 7–4)

Abb. 7-4

Hier sei ein Erlebnis mit einem Elektriker mitgeteilt, das mich gelehrt hat, mit dem Wort „müssen" äußerst vorsichtig umzugehen. Vor der Elektroinstallation hatte ich dem Handwerker gezeigt, wo ich welche Steckdosen, Schalter und Lichtanschlüsse verlegt haben wollte. Meine Formulierungen lauteten konkret: „Und hier muss ein Schalter hin, dort müssen Sie eine Steckdose legen" usw. Bis zu dieser Stunde glaubte ich, dass in diesem Fall die Wahlfreiheit des Handwerkers nicht zur Diskussion stünde, weit gefehlt! Tage später stellte sich heraus, dass sich die Steckdose für den Dunstabzug genau an der Stelle befand, wo der Mauerdurchbruch vorgenommen werden musste. Auf meinen ärgerlichen Satz: „Das haben Sie doch vorher wissen können, dass die Steckdose da im Weg ist", bekam ich die lehrreiche Antwort: „**Sie** haben gesagt, da MUSS eine Steckdose hin, jetzt kommen Sie nicht und beschweren sich bei mir."

Es sind nicht nur die Wörter **müssen, sollen und nicht dürfen**, auch Verben wie **sich zwingen, sich überwinden, sich bemühen, versuchen, sich anstrengen** usw. lassen wenig Ausweichmöglichkeiten. All diese Verben vermitteln einen gewissen Druck; die typischen Assoziationen zu Leistung, Beurteilung und Bewertung werden als Einschränkung des persönlichen Handlungsspielraums aufgefasst.

Erlebt Ihr Gesprächspartner, dass seine Wahlfreiheit nicht eingeschränkt wird, dass beispielsweise für eine Anweisung eine Reihe von Ausführungsmöglichkeiten bestehen, dass er sich frei entscheiden kann, dann nutzt er diesen Freiraum auch und erlebt die gegebene Situation selbst als einwandfrei.

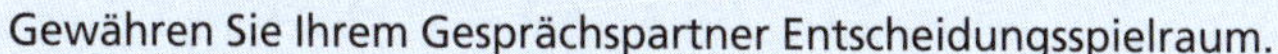

Gewähren Sie Ihrem Gesprächspartner Entscheidungsspielraum.

Auch wenn es für Sie zunächst wie Wortklauberei wirken mag, so lassen sich die drei reaktanzprovozierenden Wörter **müssen**, **sollen** und **nicht dürfen** gegen drei andere Wörter austauschen, die geeignet sind, die Gesprächsatmosphäre zu entspannen und ein Klima gegenseitiger Wertschätzung entstehen zu lassen:

- können (könnten)
- wollen (wollten)
- möchten

Sie können selbst entscheiden, wieweit der Unterschied in den folgenden Beispielsätzen mehr ist als „Wortkosmetik".

„Hier **müssen** Sie noch eine weitere Steckdose für den Dunstabzug setzen." Oder:
„**Können** Sie die Steckdose für den Dunstabzug so setzen, dass sie später verdeckt ist."
Der bekannte Ruf aus der Küche: „Ihr müsst jetzt bitte zu Tisch kommen." Oder:
„Könnt ihr bitte zu Tisch kommen."
Auf die Kritik des Kunden wegen mangelnder Serviceleistung erwidert der Verkäufer: „So dürfen Sie das nicht sehen, Sie sollten vielmehr berücksichtigen, dass es sich bei diesem Produkt um ..." Oder:
„Sie möchten eine bessere Serviceleistung und wollen sich vielleicht lieber anders entscheiden ..."

In der alltäglichen Gesprächsführung gibt es noch weitere unscheinbar wirkende Redewendungen, die eher harmlos scheinen und kaum ahnen lassen, dass sie in der Lage sind, folgenschwere Prozesse zu steuern.

Folgende Formulierungen sind Ihnen mit Sicherheit schon wiederholt begegnet:

„Ich denke, dass Sie damit einverstanden sind." Oder gar:
„Ich darf Ihr Einverständnis voraussetzen."

Gerade in der Mitarbeiterführung lässt sich immer wieder beobachten, wie derartige Formulierungen Widerstand hervorrufen, und zwar in Form von **indirekter Freiheitswiederherstellung.** Mit anderen Worten, die Mitarbeiter reagieren auf derartige Äußerungen mit beifälligem Kopfnicken und sagen „Jawohl" und machen doch, was sie für richtig halten.

Ganz anders verhält es sich jedoch bei folgender Alternative:

„Es kommt darauf an, ob Sie damit einverstanden sind."

Hier wird dem Gesprächspartner ausdrücklich die Möglichkeit zugestanden, sich nicht einverstanden zu erklären, was jeglichen Widerspruch aufgrund eingeschränkter Freiheit von vornherein ausschließt und ihm die Chance einräumt, doch noch zuzustimmen, jedoch freiwillig.

Wohin exzessiv betriebene Bevormundung und permanent verordnetes Einverständnis führen kann, ließ sich gut an der indirekten Freiheitswiederherstellung während 40-jähriger DDR-Geschichte ablesen.

Dieses Prinzip der Wahlfreiheit wird auch als **Illusion der Alternativen** bezeichnet. Hierbei werden zwei oder mehr vergleichbare Alternativen, die aber allesamt in die gewünschte Richtung gehen, gleichzeitig angeboten. Üblicherweise reagieren Gesprächspartner innerhalb des gesetzten Rahmens und nehmen die eingeflochtenen indirekten Suggestionen an. In einfacher Form hört sich das dann so an:

„Ich denke, dass Sie am besten entscheiden können, was für Sie jetzt besser passt, sich für Plan A zu entscheiden oder Plan B sofort in Angriff zu nehmen."

Was zunächst wie Gleichgültigkeit klingt und den Anschein von laisser-faire hat, entpuppt sich als gezielte Führung. Denn die Freiheit des Gesprächspartners bezieht sich zwar auf die Wahl zwischen A und B, aber eben nur zwischen diesen beiden, und gleichzeitig impliziert diese Äußerung, dass der Gesprächspartner sich in jedem Fall entscheidet und den Plan in Angriff nimmt, also aktiv wird.

Ganz ähnlich verhält es sich bei Terminvereinbarungen. Zur professionellen Gesprächsführung gehört das Angebot, zwischen zwei Terminen auswählen zu können. Vielleicht haben Sie selbst schon unwillig reagiert, wenn Ihnen für einen Routinetermin beim Zahnarzt die Helferin am Telefon lediglich mitteilte:

„Kommen Sie am nächsten Mittwoch um 18 Uhr!"

Wie viel weniger bevormundend klingt doch die Formulierung:

„Passt es Ihnen am nächsten Mittwoch um 18 Uhr, oder wollen Sie lieber am Donnerstag um 16 Uhr kommen?"

Mit folgenden Worten gelang es einem Referenten am Vortragsende ein ausgesprochen kritisches Publikum zu schweigender Einzelarbeit zu bewegen:

„Sie können jetzt meine Ausführungen zunächst einmal auf sich wirken lassen, Sie können sich aber auch Notizen machen."

Daraufhin blieben die übereifrigen und oftmals spitzen Fragen aus, stattdessen herrschte knapp drei Minuten lang in einer Runde von zwölf Führungskräften konzentrierte Ruhe.

In einer anderen Situation gelang es einer Seminarleiterin, eine eher scheue Gruppe zur Mitarbeit an der Tafel zu bewegen, indem sie sagte:

„Wollen Sie Ihre Hoffnungen und Befürchtungen gleich auf die Pappkarten notieren oder möchten Sie noch einen Augenblick darüber nachdenken, um sie präziser zu formulieren? Wenn Sie wollen, können Sie die Filzstifte verwenden, es gibt auch noch genügend Karten im Nachschub, so dass sich keiner von Ihnen mit Kleinschreiben abmühen muss."

Innerhalb des gesetzten Rahmens reagierten die Teilnehmer so, dass sie in jedem Fall ihre Hoffnungen und Befürchtungen schriftlich niederlegten, einige gleich, andere etwas später, und alle griffen zum Filzstift und notierten pro Karte tatsächlich nur deutlich lesbare Stichworte.

Gerade die Verwendung indirekter Suggestionen erlaubt den Gesprächspartnern, innerhalb eines gesetzten Rahmens ihren Freiheitsspielraum auszuschöpfen.

Da das Bedürfnis nach Freiheit niemals absolut zu verstehen ist, sondern sich stets innerhalb vorgegebener Grenzen ausdrückt, kann das so wichtige Prinzip der Freiwilligkeit auch noch dort Berücksichtigung finden, wo die Grenzen äußerst eng gezogen sind. Selbst eine Terminvereinbarung für den gleichen Tag lässt sich reaktanzarm formulieren:

„Wenn es Ihnen recht ist, dann können Sie sofort kommen. Oder passt Ihnen in einer Stunde besser?"

Es wurde bereits erwähnt, dass **Fragen** vielfach wie **Gesprächsstörer** wirken. Vielleicht haben Sie schon bei sich selbst beobachtet, dass Sie in Gesprächen auf Fragen, deren Bedeutung Ihnen nicht ganz klar war, eher ausweichend geantwortet haben, oder dass Ihnen manche Frage eher inquisitorisch erschien und Sie sich geradezu bedrängt fühlten. In der professionellen Gesprächs**führung** wird auf ein mögliches Bedrängen und Beschämen des Gesprächspartners durch direkte Fragen verzichtet. Stattdessen erscheinen die Sätze in

Form einer reflexiven Frage, was auf den Gesprächspartner wie eine Aussage wirkt.

„Ich überlege mir gerade, …"
„Ich frage mich, wieweit …"
„Ich bin mir nicht sicher, …"
„Ich weiß nicht, ob …"

In der Regel können Sie mit einer Reaktion Ihres Gesprächspartners rechnen. Nur antwortet er nicht auf eine direkte Frage, sondern **kann** auf Ihre reflexive Äußerung reagieren, ohne das Gefühl zu haben, in seinem Verhaltensspielraum eingeengt worden zu sein.

In Seminaren zur Gesprächs**führung** erlebe ich die Atmosphäre zu Beginn oftmals als steif. Im Allgemeinen kennen sich die Teilnehmer untereinander nicht und schauen eher angespannt zu mir. Nach wenigen reaktanzfreien Formulierungen lässt die Anspannung jedoch sichtbar nach:

„Ich begrüße Sie und wünsche Ihnen einen wirklich guten Tag. Das Thema ‚Professionelle Gesprächsführung' hat uns heute zusammengeführt. Ich weiß nicht, mit welchen Erwartungen Sie heute Morgen angereist sind,

Hier wird impliziert, dass jeder Erwartungen hat.

ich überlege mir, welche Hoffnungen Sie an dieses Seminar knüpfen,

Beinhaltet, dass jeder seminarspezifische Hoffnungen hat.

und gleichzeitig frage ich mich, ob ich wohl alle ihre Wünsche erfüllen kann.

Jeder hat Wünsche, und wenn nicht alle, so werden doch zumindest viele erfüllt werden.

Einige von Ihnen haben bereits Vorerfahrungen mit ähnlichen Seminaren und werden sich deswegen beim Einstieg in unser Thema leicht tun. Andere werden gerade wegen ihrer Vorerfahrungen immer wieder Vergleiche anstellen und sich deswegen nicht so leicht tun.

Hier greift eine doppelte Implikation: Aufgrund von Vorerfahrungen Vergleiche anzustellen, ist ausdrücklich erlaubt, bringt aber eher Nachteile, was die Entscheidung erleichtert, freiwillig auf Vergleiche zu verzichten.

Andere befassen sich zum ersten Mal mit dem Thema Gesprächsführung, dabei können Neugier und freudige Erwartung gemischt sein mit scheuer Zurückhaltung und Befürchtungen, nicht alles auf Anhieb zu verstehen.

Hier wird impliziert, dass alle verstehen werden, einige auf Anhieb und einige später, darüber hinaus wirkt die indirekte Suggestion, dass alle Gefühle, die im Moment vorhanden sind, zulässig sind, ja dass ich ausdrücklich einräume, dass negative Gefühle wie Zweifel, Scham oder Angst in Ordnung sind und nicht verändert werden müssen.

Ich bin gespannt, von Ihnen zu erfahren, wie Sie die ‚professionelle Gesprächsführung' für sich aktiv nutzen werden,

Jeder wird aktiv nutzen.

wobei sich einige vielleicht schon jetzt entschieden haben, sogleich aktiv in die gemeinsame Arbeit einzusteigen, während andere damit lieber noch bis nach der Kaffeepause warten möchten."

Jeder wird aktiv mitarbeiten.

Und so weiter.

An dieser Stelle will ich einräumen, dass es fortgesetzter Übung bedarf, die eigenen Gedanken möglichst reaktanzarm zu vermitteln. Viele Seminarteilnehmer haben mir bestätigt, dass sie am schnellsten ihrem Ziel nahe kamen, wenn sie sich der Mühe unterzogen, eine geplante Präsentation vorab Satz für Satz zu notieren. Bei dieser Art der Vorbereitung konnte so manche unbedachte und auch unnötige Provokation von Widerstand bereits vorab ausgemerzt werden.

Ein wesentlicher Aspekt dieser Gesprächs**führung**stechnik ist darin zu sehen, dass unabhängig von den Alternativen, die gewählt werden, die Kontrolle behalten wird. Bei diesem Vorgehen können die Gesprächspartner keine Form von Widerstand zeigen, ihnen wurde ja bereits alles, was sie tun mögen, zuvor ausdrücklich zugebilligt.

Oder wie es im *Zen* heißt: „Eurem Schaf oder eurer Kuh eine große ausgedehnte Weide zu geben, ist der Weg, sie zu kontrollieren."

Vielleicht haben Sie beim Lesen bemerkt, wie die eingestreuten Wendungen **„im Moment"** oder **„noch"** oder **„am Anfang"** einer statischen Situationseinschätzung entgegenwirken.

Drei weitere Beispiele mögen dies noch vertiefen:

„Im Moment sehen Sie diesen Sachverhalt ganz anders."

Der vorhandene Widerspruch wird wahrgenommen und auch angesprochen, so dass der Gesprächspartner sich verstanden fühlt und „ja" sagen wird. Dieses Ja ist zugleich aber auch eine Bestätigung für die zeitliche Begrenzung seines Widerspruchs, denn wer **„im Moment"** etwas ganz anders sieht, kann durchaus im nächsten Moment zu neuen Schlüssen kommen.

„Sie sind in dieser Sache noch unentschieden."

Das Zögern wird verständnisvoll angesprochen, so dass auch hier ein „Ja" aller Wahrscheinlichkeit nach als Antwort kommt. Aber dieses „Ja" bejaht zugleich das „Noch". Wer **noch** unentschieden ist, kann bereits im nächsten Moment zu einer Entscheidung finden.

„Wenn ich Sie gerade richtig verstehe, möchten Sie zunächst nichts dazu sagen."

Auch hier wird sich der schweigende Gesprächspartner verstanden fühlen und entsprechend mit dem Kopf nicken oder „ja" sagen. Doch ist einem möglichen statischen Schweigen durch das unscheinbare Wort „zunächst" vorgebeugt. Wer **zunächst** nichts äußern möchte, kann bereits wenig später sehr dezidiert seine Meinung vortragen.

Von Versicherungsvertretern konnte ich erfahren, dass Kunden, die mehr oder weniger zum Abschluss gedrängt wurden, in überdurchschnittlichem Maß von ihrem einwöchigen Rücktrittsrecht Gebrauch machen. Ein professioneller Vertragsabschluss mit einem zögernden Kunden wird sich darum eher so anhören:

„Ich überlege mir gerade, ob Sie sich überrumpelt fühlen, ob ich Ihnen die einzelnen Punkte womöglich nicht ausführlich genug erläutert habe. Vielleicht geht es Ihnen auch einfach zu schnell, und Sie möchten im Moment noch nicht unterschreiben." (Währenddessen kann er das Vertragsformular langsam zurückziehen und die ausgebreiteten Unterlagen ruhig, aber bestimmt ordnen und zusammenpacken.)

Die Wahrscheinlichkeit, dass der Kunde nun doch zum Stift greift, ist ausgesprochen groß. Wer ohnehin nicht vorhatte zu unterschreiben, wird auf jeden Fall über das angenehme Gesprächsende erfreut sein, was für künftige Gespräche eine gute Basis ist.

Auf den römischen Kaiser *Marc Aurel* geht die stoische Maxime des „AD UTRUMQUE PARATUS" (nach beiden Seiten bereit) zurück.

Weil im Gespräch häufig nur eine Seite favorisiert wird, kommt es so häufig zur beschriebenen **Zuwendung zur verwehrten Alternative.** Dabei erschreckt, wie selten es um die tatsächliche Sache geht und wie oft die unbewusste Wiederherstellung des individuellen Freiheitsspielraums im Mittelpunkt steht. Nach beiden Seiten offen zu sein, hat nichts mit Beliebigkeit zu tun; es bewahrt vor unnötiger Frontenbildung und weitet den eigenen Gesprächshorizont.

Drei Beispiele aus ganz unterschiedlichen Bereichen mögen dies illustrieren:

Ein Energieberater eines Ökostromanbieters wurde von einem Kunden während einer Messe mit folgenden Worten angegangen:

„Das ist doch alles Lug und Trug. So viel Ökostrom, wie in Deutschland verkauft wird, gibt's doch gar nicht. In Wirklichkeit ist das alles ausländischer Atomstrom."

War der Energieberater im ersten Moment geneigt, Gegenposition zu beziehen und dem Kunden zu erklären, warum das Angebot seines Unternehmens selbstverständlich keine Mogelpackung sei, so leuchtete ihm doch schnell ein, dass er damit lediglich ein Streitgespräch über die „Echtheit" von grünem Strom heraufbeschwört; stattdessen konnte er sich für die Seite des Kunden öffnen und ihm so antworten:

„In der Tat ist die Herkunft des Stroms für den Kunden oft gar nicht ersichtlich. Wer nicht für Ökostrom bezahlen und dann doch in Wirklichkeit Atomstrom und Kohlekraftwerke fördern will, kann sich ja nicht einfach so auf das Wort eines Unternehmens verlassen. Und es gibt nur ein paar objektive Kriterien, mit denen man als Verbraucher auf Nummer Sicher gehen kann."

Zum Erstaunen des Energieberaters zeigte der eben noch harsche Kunde spontan Interesse und wollte unbedingt etwas über diese Kriterien hören.

Im zweiten Beispiel wurde einem Lehrer zu Beginn einer Fabrikbesichtigung gesagt, dass just an diesem Morgen alle Asphaltlinien geweißelt worden seien und er doch dafür Sorge tragen möge, dass keiner seiner 30 Schüler (12 und 13 Jahre!) auf die frische Farbe trete. Das naheliegende Verbot hätte nicht nur den Widerstand der Schüler provoziert, so dass alle Linien voller Fußspuren gewesen wären, sondern wahrscheinlich auch unschöne und ergebnislose Verhöre nach den „Tätern" nach sich gezogen. Stattdessen gelang dem Lehrer folgende Ankündigung:

„Mir wurde gerade von der Werksleitung erklärt, dass alle Asphaltlinien frisch gestrichen sind und dass doch bitte keiner darauf treten möge. Nun, ich kann's nicht verhindern, dass irgendeiner es doch tut oder Spaß daran hat, einen anderen so zu schubsen, dass dieser drauftreten muss. Wie auch immer, ich gehe mal voran."

Sprach's und drehte sich nicht mehr um. Keiner der Schüler trat im Laufe der zweistündigen Werksbesichtigung auf die Linien.

Das dritte Beispiel mag Ihnen sehr drastisch erscheinen, weil es hier im wahrsten Sinne des Wortes um Tod oder Leben geht. Es handelt sich um die Ankündigung eines bevorstehenden Selbstmordes in Form eines Abschiedsgesprächs. Vielleicht sind Sie überrascht, wenn Sie erfahren, dass sich derartige Gespräche etwa 20000 Mal jährlich in Deutschland, manchmal auch nur noch am Telefon, abspielen. Typisch für derartige Gespräche ist die mangelnde Bereitschaft des Angesprochenen, sich auf die Seite des Suizidenten zu stellen und dessen Hoffnungs- und Aussichtslosigkeit nachzuvollziehen. Stattdessen wird gut zugeredet, auf bessere Zeiten vertröstet oder moralisch Druck gemacht, mit dem Hinweis, doch an die Kinder, den Partner, die Eltern usw. zu denken. Ganz anders fällt jedoch die Reaktion aus, wenn die Handlungsfreiheit nicht noch zusätzlich eingeschränkt wird, beispielsweise so:

„Wenn Sie beschlossen haben, Ihrem Leben eine Ende zu machen, dann bin ich überzeugt davon, dass dies kein vorschneller Entschluss ist, sondern dass Sie sich unsagbar gequält haben, aber für sich im Moment keinen weiteren Weg mehr sehen. Ich weiß nicht, was Sie bewogen hat, diesen Schritt jetzt zu vollziehen, aber ich will mich bemühen, Sie bis zur letzten Minute ernst zu nehmen. Ich frage mich, was ich im Moment konkret für Sie tun kann, außer dass ich jetzt für Sie da bin und da bleibe."

Ein derartiger Einstieg stellt keine Garantie dar, dass die Selbstmordabsicht über Bord geworfen wird, aber sie stellt eine Möglichkeit dar, überhaupt miteinander ins Gespräch zu kommen. Was das Gespräch ergibt, kann und darf ja nicht schon vorab feststehen, denn sonst wäre es kein offenes nach beiden Seiten. Das Offene in diesem Beispiel bedeutet ja keineswegs ein Befürworten von Suizid, sondern lediglich ein Erkennen, dass die eigenen Grenzen sehr eng gesteckt sind und dass der geringe Einfluss ganz verloren geht, wenn sich der Suizident jener Alternative zuwendet, die ihm gerade verwehrt werden soll und gerade darum immer mehr an Attraktivität gewinnt.

Wenn uns die negative Sichtweise unseres Gegenübers gegen den Strich geht, neigen wir dazu, etwas Positives dagegenzusetzen. Erfahrungsgemäß verstärkt dies die negative Orientierung des anderen.

Wenn Sie jedoch selbst in Negationen sprechen, mit „nicht", „kein" und „ohne" arbeiten, stoßen Sie plötzlich auf Zustimmung. Statt also auf die Ablehnung eines Ratschlags werbend zu reagieren, beispielsweise:

„Sie sollten das wirklich ausprobieren, dann werden Sie sehen, welchen Nutzen Ihnen das bringt."

gilt es, die Ablehnung aufzugreifen:

„So ganz **ohne** positive Erfahrungen wird das wahrscheinlich gar **nicht** einfach sein, auf diesen Vorschlag einzugehen. Sie haben da **keine** Hoffnung, dass das irgendetwas bringen könnte."

Prompt entgegnet der Gesprächspartner:

„Ja, da haben Sie nicht Unrecht. Woher soll ich denn wissen, ob das wirklich hilft?"

Und schon öffnet sich der andere und spricht über seine Zweifel und versteckten Hoffnungen.

8. Kapitel

Gesprächsstörer

Im Folgenden finden Sie eine Auflistung gängiger **Äußerungen**, denen allen gemeinsam ist, dass sie **aus dem Eltern-Ich** kommen. Manchmal reicht allein die Beachtung des Tonfalls, um die deutlich herausgestellte Überlegenheit zu erkennen. Sie werden sich bei der folgenden Liste an das 7. Kapitel erinnert fühlen, provozieren diese Gesprächsstörer doch allesamt Widerstand (Reaktanz) beim Gesprächspartner. So unterschiedlich die Äußerungsformen im Einzelnen sind, so scheinen sie alle darauf abzuzielen, das begonnene Gespräch so schnell wie möglich zum Ende zu bringen. Darum habe ich den Ausdruck **Gesprächsstörer** gewählt. Dabei bin ich mir durchaus bewusst, dass allein die Bezeichnung Gesprächs**störer** eine wertende Klassifikation darstellt. Genauso passend wäre auch der Ausdruck Gesprächshemmer. Da ich jedoch in unserem Buch „Zuhören und Verstehen“ den Begriff Gesprächsstörer eingeführt habe, will ich auch fortan daran festhalten.

Vorab möchte ich Ihnen jedoch einen Lesehinweis geben. Es ist mir schwer gefallen, dieses Kapitel genauso sachlich abzufassen wie die vorangegangen. Die Verwendung von Gesprächsstörern ist ganz normales Alltagsverhalten. Um nun nicht den moralischen Zeigefinger zu erheben, habe ich mich für die ironische Beschreibung entschlossen, bei der ich mich allerdings selbst mit einschließe. Für wen Ironie jedoch in einem derartigen Buch nichts zu suchen hat, der sei auf die folgenden Kapitel verwiesen.

Befehlen

Sinnvollerweise geben wir Befehle nur dann, wenn wir überzeugt sind, dass der andere sich ohne unsere Anweisung nicht „richtig“ (für wen?) verhalten kann und eben darum unseres Befehls bedarf. Diese kommunikative Vorannahme macht deutlich, dass **Befehlen** vom kritischen Eltern-Ich an das angepasste Kind-Ich adressiert ist. Dabei kommen Befehle im täglichen Gesprächsverhalten von unfreundlich, barsch bis sachlich, präzise daher. (Abb. 8–1)

Abb. 8-1

„Sie wechseln zum Jahresbeginn in unsere Filiale nach Kleckersdorf!"
„Du könntest nach der Arbeit noch die Kinder abholen!"
„Bitte drucken Sie diesen Brief noch einmal, wobei Sie die sechs Absätze auf zwei Seiten gleichmäßig verteilen!"
„Fahr nicht so schnell!"
„Trink (oder rauch) nicht soviel!"

Zugleich werden wir beim Befehlen annehmen, dass der andere gehorcht, andernfalls wir Gefahr laufen, uns lächerlich zu machen. Wenn Sie im Freundes- oder Kollegenkreis darauf achten, werden

Sie schnell entdecken können, dass Befehle gar nicht so oft wegen ihres Inhalts, sondern viel häufiger der bevormundenden Form wegen unterlaufen werden. Derartige **Reaktionen** werden dann **trotziges Kind-Ich** genannt. Manchmal werden Sie eine sofortige Trotzreaktion entdecken können, gelegentlich handelt es sich aber auch um das Einlösen einer ganzen Rabattmarkensammlung, wobei die Reaktion entsprechend heftig ausfällt.

Überreden

Ähnlich dem Befehlen soll der andere durch **Überreden** zu einem Verhalten bewegt werden, dass er von allein (noch) nicht an den Tag legt. Im Gegensatz zum Befehlen schmeichelt sich das Überreden ein. Es ist der Versuch, einen anderen Menschen dazu zu bewegen, „freiwillig das Richtige" zu tun. Allein die Vorentscheidung, was nun richtig oder falsch ist, ruht beim Überredenden, der sein Eltern-Ich dazu benutzt, es gewissermaßen im Guten dem Kind-Ich zu sagen.

„Sehen Sie sich die einmalige Chance an, die sich Ihnen eröffnet, wenn Sie in unsere Filiale Kleckersdorf umsiedeln. Nirgendwo werden Sie so viel Gestaltungsmöglichkeiten vorfinden wie gerade dort."
„Du würdest den Kindern eine riesige Freude machen, wenn Du sie nach Büroschluss von Deiner Schwester Ulla abholen könntest. Außerdem wären wir dann alle zum Abendessen zusammen, und Du könntest viel früher zu Deiner Sportschau."

Während wir Befehle ja nur einsetzen, wenn wir von deren Ausführung überzeugt sind, müssen wir beim Überreden ein ungleich höheres Risiko eingehen. Trotz der freundlichen, einschmeichelnden Verpackung, sowohl in Wortwahl als auch Tonfall, spürt der andere womöglich unsere Absicht, seine Freiheit einzuschränken, und reagiert gerade deswegen stur, was nichts anderes darstellt als **Reaktanz** bzw. als eine **Reaktion** aus dem **trotzigen Kind-Ich.**

Warnen und Drohen

Wenn wir mit unserem „gut gemeinten" Überreden nicht zum Ziel kommen, gibt es ja noch das **Warnen** und **Drohen**, um den anderen, nun nicht mehr ganz so freundlich, zum „richtigen" Handeln zu bewegen. Im Unterschied zum Befehlen soll der andere durch das Aufzeigen der möglichen Folgen „endlich einsichtig" werden, was ja nichts anderes heißt, als durch den Einsatz des kritischen Eltern-Ichs den anderen zu einer „vernünftigen" Reaktion aus dem **angepassten Kind-Ich** zu bewegen. Allem Warnen und Drohen liegt das gleiche „Strickmuster" zugrunde: „Du wirst schon sehen, was Du davon hast."

„Bitte, wenn Sie nicht nach Kleckersdorf wollen, steht es Ihnen selbstverständlich frei abzulehnen. Ob ich allerdings noch einmal mit so einem Angebot aufwarten kann, muss ich bezweifeln. Beklagen Sie sich also nicht bei mir, wenn Sie in den nächsten Jahren keine Beförderung erhalten."

„Wenn Du nicht magst, musst Du natürlich nicht die Kinder abholen. Aber ich will dann von Dir kein Wort hören, wenn Du nicht zu Deiner Sportschau kommst, bloß weil sich das Abendessen hinzieht und die Kinder noch nicht im Bett sind. Dass das mal klar ist."

Gekonntes Warnen und Drohen setzt an bekannten Schwachpunkten des Gesprächspartners an. Natürlich kann er trotzig reagieren, riskiert aber lediglich ein Eigentor, weil die Warnung oder Drohung prompt wahr wird. Dieser Gesprächsstörer provoziert geradezu, aus dem trotzigen **Kind-Ich** heraus Rabattmarken zu kleben und zu sammeln oder wie es im 7. Kapitel („Widerstand beim Gesprächspartner") hieß: Wiederherstellen der verloren gegangenen Freiheit durch indirekte Freiheitswiederherstellung. So könnte der Mitarbeiter der Versetzung nach Kleckersdorf zwar zustimmen, sich jedoch gleichzeitig nach einer so genannten Veränderung umsehen. Oder der Mann ruft vom Büro aus an, ihm sei etwas dazwischengekommen.

Vorwürfe machen

Während bei den vorangegangenen Gesprächsstörern ein zukünftiges Verhalten beeinflusst werden soll, ist beim **Vorwürfe machen** das Kind bereits in den Brunnen gefallen. Dennoch ist dieser Gesprächsstörer sehr nützlich, können wir doch damit deutlich machen, dass uns so etwas (natürlich) niemals passiert wäre, und dass wir uns von jeglicher Mitschuld freisprechen. Hier dokumentiert das Eltern-Ich einmal mehr die eigene Überlegenheit und kann dem anderen, da er ja offensichtlich etwas verkehrt gemacht hat, umso deutlicher zeigen, was für ein kleines Licht er ist.

Vorwürfe können äußerlich als Befehl, als Frage oder als Kommentar formuliert sein, ihnen allen gemeinsam ist der geringschätzige Tonfall und das „Strickmuster": „Alles könnte so einfach sein, wenn Du anders wärst."

„Wozu haben Sie eigentlich Ihren Kopf?"
„Du weißt ganz genau, dass Du mich vorher hättest fragen müssen."
„Typisch!"
„Sie hätten das doch wissen müssen!"
„Haben Sie eigentlich nichts bemerkt?"

Auf einen beliebten Vorwurf möchte ich gesondert eingehen: Die harmlos scheinende „Warum-nicht"-Frage. Mit dieser Frage fordern wir eine Begründung für etwas, was ohnehin nicht zu ändern ist.

„Warum haben Sie das nicht getan?"
„Warum bist Du nicht pünktlich?"
„Warum wollen Sie das nicht?"

Mit kaum einem anderen Gesprächsstörer können wir unser Gegenüber so schnell in eine schlechte Stimmung versetzen. Um auf das „Warum nicht" zu antworten, konzentriert sich die Aufmerksamkeit auf das Negative, auf das, was nicht ist. Und ehe wir uns versehen, haben wir die allerschönste Eskalation.

Vorwürfe verletzen die Würde eines Menschen und stehlen das Selbstvertrauen. Sie nagen unterschwellig an der Selbstachtung des anderen. Je nach Verfassung reicht hier die **Reaktion** vom **angepass-**

ten Kopfeinziehen bis zum **trotzigen** Aufbegehren und Schuld Zurückweisen. Wenn Sie sich vorstellen, wie viele Menschen mit einer uneingelösten Rabattmarkensammlung herumlaufen, die nur aufgrund von Vorwürfen geklebt wurde, dann entsteht bei Ihnen womöglich auch ein Horrorszenario.

Bewerten

Vielleicht stutzen Sie. Zählt das Bewerten etwa auch zu den Gesprächsstörern? Und ob! Im 2. Kapitel (Erkennen der eigenen Gesprächshaltung) wurde bereits das Bewerten als eine von sechs spontanen Erwiderungsmöglichkeiten behandelt. Es gibt kaum einen subtileren Weg, einem anderen Menschen seine eigene Überlegenheit zu demonstrieren, als durch **Bewerten**. Vergleichsweise harmlos, wenn es sich um das gemeinsame Bewerten eines abwesenden Dritten handelt, Eltern-Ich zu Eltern-Ich im Stile des Stammtisch-Gesprächs. Ganz anders verhält es sich, wenn sich das Eltern-Ich an das Kind-Ich richtet. Hier wird das Verhalten oder auch fehlende Verhalten positiv oder negativ bewertet. Die vom Eltern-Ich geschürten Allmachtsphantasien lassen nur zu leicht Ideologie vor Sachverstand gehen. Da wir ja beurteilen können, was gut oder schlecht ist, was unser Gesprächspartner leider nicht allein zustande bringt, ist er auf unsere Meinung, Ansicht, Einschätzung, eben Bewertung angewiesen. Nehme ich auf das 5. Kapitel Bezug, dann fällt die gut gemeinte Bewertung unter die Rubrik **Geringschätzung**. Vielleicht haben Sie auch schon beobachtet, dass Menschen, die diesen Gesprächsstörer häufig anwenden, unter dem Zwang zu stehen scheinen, alles, aber auch alles, gut oder schlecht heißen zu müssen. Dabei wird natürlich der eigene Bewertungsmaßstab für allgemein verbindlich gehalten. Wen wundert es, wenn wir uns gegen derartig überhebliche und moralisierende Aussagen zur Wehr setzen. Schließlich erfordert so viel Geringschätzung einen gewissen Selbstschutz.

„Ich finde, dass Du es Dir ganz schön einfach machst."
„Vordergründig mag das eine gute Lösung sein, aber wenn man darüber mal sachlich nachdenkt, kommen wir keinen Schritt weiter."

„Das ist eine tolle Sache und kommt bestimmt gut an."
„Wer so gute Ideen produziert, der hat meine ganze Unterstützung."
„Diese Position ist ja nun völlig antiquiert."

Lob oder Tadel von einem Kind an einen Erwachsenen gerichtet, wirkt leicht altklug, weil eben die Überlegenheit des Kindes gegenüber dem Erwachsenen ganz und gar nicht gegeben ist. (Abb. 8–2)

Abb. 8-2

So kann ich mich noch gut erinnern, wie nach einer Schulstunde ein zwölfjähriger Schüler auf mich zukam, sich vor mir aufstellte und mich folgendermaßen lobte:

„Sie, Herr Weisbach, Sie sind echt ein guter Lehrer und das wollte ich Ihnen nur mal sagen."

Sie können sich mein Schmunzeln denken. Ganz anders die anerkennende Reaktion aus dem Erwachsenen-Ich eines zufällig daneben stehenden Mitschülers:

„Also ich geb' zu, in der sechsten Stunde schlaff' ich schon ganz schön ab, aber bei Ihnen bin ich voll drauf."

Bei **negativer Bewertung** reagiert das **Kind-Ich** entweder brav, also schweigend und duldend, was jedoch keineswegs das Kleben von

Rabattmarken ausschließt, oder es kommt sogleich zu einer trotzigen Reaktion in Form des betonten Beharrens auf der angegriffenen Position. Dabei wird die Position selbst dann noch verteidigt, wenn längst klar ist, dass sie gar nicht zu halten ist. Aber die negative Bewertung wird vielfach wie ein Angriff gegen die eigene Person wahrgenommen und darum mit allen Mitteln zurückgewiesen.

Bei der **positiven Bewertung** können wir davon ausgehen, dass zunächst einmal das Lob etwas Angenehmes und für viele Menschen Erwünschtes darstellt. Dennoch kann Lob auch wie eine Einmischung in fremde Angelegenheiten oder gar wie eine direkte Bevormundung aufgenommen werden, wenn sich beispielsweise ein Maler während der Arbeit ungebetene Bewertungen anhören muss, wie schön doch die Proportionen seien, wie gelungen der Sonnenuntergang, wie himmlisch die Farben usw. Wer malen kann, erlebt solche Sprüche als dreiste Anmaßung.

Aber selbst dort, wo wir fachlich kompetent sind, besteht die Gefahr, dass die **positive Bewertung** den anderen in seinem Kind-Ich **lobabhängig** oder gar **-süchtig** macht. Statt den eigenen Gütemaßstab an die vollbrachte Leistung zu legen, wird auf das Urteil des anderen vertraut. Langfristig kann das positive Bewerten dann die Unselbständigkeit des anderen fördern, ein Effekt, der wohl kaum primäres Ziel sein kann. Hinzu kommt die Schwierigkeit, im Anschluss an eine positive Bewertung eine eigene Schwäche, einen Fehler einzugestehen, wie folgendes Beispiel deutlich macht:

Herr Fried hat sich schweren Herzens entschlossen, den Kegelabend mit den Kollegen sausen zu lassen, um sein Versprechen vom Morgen einzuhalten. Tatsächlich sagt er nur: „Die Kollegen wären gern mit mir heute Abend Kegeln gegangen, aber wir hatten ja ausgemacht, ins Kino zu gehen."

Seine Frau bewertet dies positiv: „Das finde ich gut, dass man sich auf dich so verlassen kann."

Wie soll Herr Fried nach diesem Satz noch gestehen, dass es ihm ausgesprochen schwer gefallen ist, seinen Kollegen abzusagen. Ausgeschlossen, dass er jetzt noch hinzufügt: „Ich hatte schon gehofft, dass Du keine Lust mehr hast. Denn dann würde ich jetzt noch zu den Kollegen dazustoßen."

Gerade bei lobender Bewertung fällt es schwer, uns dem Einfluss des anderen zu entziehen. Dies mag eine Erklärung sein, warum dieser Gesprächsstörer eines der beliebtesten Mittel subtiler Lenkung darstellt. Im 15. Kapitel will ich zeigen, wie wir durch „Positives Sprechen“ Anerkennung zollen können.

Herunterspielen

Eine Unterform des vorangegangenen Gesprächsstörers ist das **Herunterspielen** oder **Bagatellisieren**. Vielfach gehört auch das Ermutigen und Trösten mit dazu, weil es oft im Gewande des Herunterspielens daherkommt. Sie erinnern sich an die Ausführungen im 2. Kapitel (Erkennen der eigenen Gesprächshaltung). Aufgrund unserer umfassenden Lebenserfahrung und Menschenkenntnis können wir beurteilen, ob etwas große oder kleine Bedeutung hat. Weil der andere leider die Sache völlig überspannt sieht, ja dramatisiert, müssen wir ihm helfen und auf den Boden der Realität (wessen?) zurückholen. Hier möchte unser helfendes Eltern-Ich rettend dem hilflosen Kind-Ich beistehen. Dabei wird selten geprüft, ob der andere sich im Moment eine derartige Hilfe wünscht und ob er überhaupt offen ist, sich mit einer anderen als der eigenen Sichtweise auseinander zu setzen. (Abb. 8–3)

„Mach Dir nichts draus, der hat schon ganz andere vor Dir fertig gemacht", sagt ein Kollege zum anderen, als dieser völlig verstört vom Chef kommt.
„Seien Sie unbesorgt, so etwas gibt sich nach einiger Zeit wieder, das haben viele Kinder in dem Alter", antwortet eine Nachbarin auf die Sorgen einer Mutter wegen ihres bettnässenden Erstklässlers.
„Das ist doch kein Weltuntergang, vielleicht scheint morgen wieder die Sonne." Reaktion auf ein völlig enttäuschtes Gegenüber, dessen Pläne gerade sprichwörtlich ins Wasser fallen.
„Nur Mut! Schwierigkeiten gibt es überall, und Sie lassen sich doch nicht ins Bockshorn jagen. Kommen Sie, das schaffen Sie pünktlich", erwidert ein Vorgesetzter auf die Zweifel eines Mitarbeiters, den vorgeschriebenen Termin einhalten zu können.

Abb. 8-3

Sie kennen wahrscheinlich die Redewendung, dass das Gegenteil von „gut“ nur „gut gemeint“ sei. Und genau darum handelt es sich auch bei diesem Gesprächsstörer: Er ist gut gemeint, aber selten erwünscht. Es soll nicht in Abrede gestellt werden, dass in manchen Gesprächssituationen Trost und Unterstützung wirklich gewünscht sind. Doch dazu müssen wir uns auf den anderen wirklich einlassen. Durch schnell dahergeredete Worte erzielen wir eher Distanz, und es mag der Eindruck entstehen, wir wollten auf das, was der andere da gerade mitgeteilt hat, gar nicht eingehen. Häufig bekomme ich auch zu hören, dass man schließlich nicht noch unnötig aufbauschen will, was der andere ohnehin schon dramatisiert. Auch dieser Satz spiegelt deutlich die Eltern-Ich-Position wider. Denn ob etwas als dramatisch oder als harmlos erlebt wird, kann nur der beurteilen, der im Moment in der Situation steckt. Wer zum ersten Mal Liebeskummer hat, für den ist gerade eine Welt zusammengebrochen. Der steht nicht nur vor einem Scherbenhaufen, sondern fühlt sich voller Schmerz und äußert womöglich, dass das Leben nun keinen Sinn mehr hat. In einer derartigen Situation zu erwidern:

„Du wirst sehen, in ein paar Tagen sieht alles wieder ganz anders aus. Liebeskummer haben wir alle irgendwann einmal gehabt, und beim ersten Mal ist es am schlimmsten. Denk an Cat Stevens: The first cut is the deepest …"

mag sachlich gerechtfertigt sein, aber wohl kaum erwünscht. Im Gegenteil, dadurch wird dem Trauernden auch noch die Einzigartigkeit seines Leids abgesprochen, weil jeder so etwas irgendwann einmal durchmacht.

Herunterspielen richtet sich nicht nur an das **Kind-Ich**, um ihm zu helfen. Dieser Gesprächsstörer zielt auch darauf ab, möglichst schnell wieder Ruhe zu haben. Anders kann ich mir die Worte des ehemaligen NOK-Präsidenten *Tröger* nicht erklären, der anlässlich des Bombenterrors während der Olympischen Spiele in Atlanta äußerte: „Es gibt Schlimmeres."

Wenn es hier kaum zu Trotzreaktionen kommt, mag das daran liegen, dass der andere gerade so durcheinander ist, dass ihm die nötige Kraft für ein derartiges Aufbegehren fehlt. Das schließt jedoch nicht aus, dass Rabattmarken geklebt werden. Die einfachste Reaktion für den Betroffenen wird dann darin bestehen, so schnell wie möglich das Gespräch zu beenden – und sei es mit einem gequälten Lächeln, um künftig bei Gesprächskontakten darauf zu achten, eigene Schwierigkeiten und Probleme nicht mehr anzusprechen.

Nicht ernst nehmen, ironisieren und verspotten

Ähnlich dem Herunterspielen handelt es sich bei diesem Gesprächsstörer um eine bewährte Möglichkeit, die Gesprächs**führung** an sich zu reißen bzw. das Gespräch rasch zu beenden. Den anderen mit seinem Anliegen **nicht ernst** zu **nehmen** ist eine typische Eltern-Ich-Reaktion. Denn unser Eltern-Ich erkennt sehr wohl, was ernst zu nehmen ist, uns betrifft und für uns wichtig ist. So berichtete mir ein beruflich stark eingespannter Seminarteilnehmer:

„Meine 13-jährige Tochter hat mir in den vergangenen Wochen wiederholt mitgeteilt, dass ihr Knie schmerzt. Ich bin aber mit meinen Gedanken stets woanders gewesen, so dass ich gar nicht darauf geachtet habe. Dann hatten wir am Wochenende die Ausstellung für den neuen Astra und meine Tochter sollte dort Kaffee ausschenken. Wieder sprach sie mich auf ihr Knie an. Doch anstatt mir das mal anzuschauen oder mich damit zu beschäftigen, war meine Antwort nur kurz und verletzend: Mädchen, jetzt wird Kaffee ausgeschenkt, und alles andere sehen wir später. Und später habe ich sie auch noch zu Fuß nach Hause geschickt, weil ich meine Mannschaft nach der gelungenen Präsentation noch motivieren wollte. Die Rechnung kam prompt am anderen Tag: Meine Tochter landete im Krankenhaus und trägt seit vier Wochen einen Gips."

Während wir beim Nicht-ernst-Nehmen dem anderen und dem, was er uns da gerade mitteilt, keine Bedeutung zumessen, setzen wir uns beim **Ironisieren** durchaus mit der Äußerung unseres Gesprächspartners auseinander, allerdings auf dessen Kosten, was ja typisch ist für das ans Kind-Ich gerichtete Eltern-Ich-Verhalten. Wir erwarten auf unsere ironische Bemerkung zumindest ein Lächeln. Doch dieses Mitlachen setzt eine gehörige Portion Humor voraus, streng nach der verbreiteten Definition: Humor ist, wenn man trotzdem lacht. Sie haben vielleicht selbst schon erfahren, dass denen Humorlosigkeit vorgeworfen wird, denen nach ironischen Äußerungen nicht zum Lachen zumute ist.

„Mein lieber Herr Braun, da ich sehe, dass Sie auf mein Angebot, Sie nach Kleckersdorf zu entsenden, nicht eingehen, muss ich annehmen, dass Ihnen Zweifel kommen, ob Sie der Urbanität und Weitläufigkeit unseres Filialstandorts gewachsen sind."

„Es grenzt wahrscheinlich an eine Zumutung, den völlig überlasteten Vater mit so einer zeitraubenden Aufgabe zu betrauen, seine Kinder nach der Arbeit bei seiner Schwester Ulla abzuholen."

Ganz ähnlich kommt auch das **Verspotten** daher. Doch hier bemühen wir uns nicht einmal mehr um die Verdrehung des Sinns, sondern machen uns ganz schamlos über den anderen lustig, der das hoffentlich witzig findet. Andernfalls ist dies ein Beweis für mangelnden Humor. Hierbei kommt den Umstehenden eine wesentliche Bedeutung als aufmerksame Zuschauer und Claqueure zu: (Abb. 8–4)

Abb. 8-4

„Na, hat unser Nesthäkchen auch einen Vorschlag."
„Vorsicht, Augen schließen, Kollegin Schulz versprüht Gedankenblitze."
„Bei so viel Arbeit werden Sie bald eine Leiter brauchen, um über all das hinwegzuschauen, was liegen geblieben ist."
Über einen schlecht angenähten Knopf: „Das wird gar nicht leicht gewesen sein, bei völliger Dunkelheit diesen Knopf anzunähen."
Da müht sich eine Kollegin ab, den neuen Kopierer in Gang zu setzen: „Ehe Sie sich umbringen, sollten Sie vielleicht einen Fachmann hinzuziehen."

Bei allen drei Formen dieses Gesprächsstörers wird vom anderen gute Miene zum bösen Spiel erwartet. Hier wird höchstwahrscheinlich das **angepasste Kind-Ich** reagieren und zugleich Rabattmarken kleben, die an anderer Stelle heimgezahlt werden. Nicht selten entstehen in solchen Situationen Rachegedanken: „Na warte, Du kannst noch was erleben ..."

Lebensweisheiten zum Besten geben

Im Grunde genommen stellen die **Lebensweisheiten** eine Sonderform des Nicht-ernst-Nehmens dar. Statt einer Auseinandersetzung über das, was der andere sagt oder meint, wird dieser mit einer passenden Redewendung, einem Sprichwort oder sonst einer „Weisheit“ abgespeist. Dabei soll der Rückgriff auf Lebensweisheiten eine Untermauerung des eigenen Standpunktes darstellen. Es ist ein Berufen auf Autoritäten, denn nichts anderes stellen diese verallgemeinernden Allgemeinplätze dar. Die drei bekanntesten Allgemeinplätze stellt die Generalisierung der eigenen Erfahrung dar:

„Das haben wir noch nie anders gemacht."
„Das haben wir schon immer so gemacht."
„Da könnte ja jeder kommen."

Aber auch das Berufen auf Bibelpassagen, bekannte Zitate oder aktuelle Redewendungen vermeidet die konkrete Auseinandersetzung. Das Eltern-Ich hat eine Position und will mittels Lebensweisheiten diese stärken und sich von der gebildeten, informierten Seite zeigen.

Auf den Mitarbeiterwunsch nach rascher Umgestaltung seines Arbeitsgebiets kommt die Antwort: „Denken Sie immer an König Salomo, der uns lehrte: Alles hat seine Zeit." Oder: „Rom wurde auch nicht an einem Tag erbaut."
Auf die bedrückte Äußerung eines Kollegen, dass er in letzter Zeit ziemlichen Krach daheim habe, kommt die Erwiderung: „Schon Nietzsche gab uns den Rat: Gehst Du zum Weibe, vergiss die Peitsche nicht!"
Auch wenn es konstruiert scheinen mag, folgender Reaktionsstil beginnt sich auch bei Nicht-Politikern großer Beliebtheit zu erfreuen: „Na, das hört sich nach Freisetzung Deiner Freundin an, nur fehlt Dir ein Plan, diese Maßnahme sozial verträglich abzufedern."
Und ein Unternehmer formulierte eine Kündigung: „Ich habe den Mitarbeiter dem Arbeitsmarkt wieder zugeführt."

Das Risiko der Lebensweisheiten liegt in der möglichen Schlagfertigkeit des Gesprächspartners, der uns seinerseits mit einer geschliffenen Wendung mundtot macht. So könnte der Mitarbeiter antworten:

„Darauf kann ich nur noch erwidern: Hilf Dir selbst, so hilft Dir Gott."

Von sich reden

Diesen Gesprächsstörer kennen Sie womöglich aus Ihrer eigenen Kindheit, jener Lebensphase, da Erwachsene, häufig die eigenen Eltern, sehr schnell das Gespräch auf ihre Lebenserfahrungen zu bringen pflegten. Wer **von sich redet**, um das begonnene Gespräch durch die eigenen Erfahrungen „zu bereichern", hat bereits für sich beschlossen, dass der eigene Standpunkt, das, was es zu äußern gilt, viel wichtiger und bedeutungsschwerer ist als alles andere. Ich bin immer wieder erstaunt, wie es Menschen gelingt, bereits nach ein, zwei Sätzen das Gespräch auf sich zu lenken.

A: „Unser letzter Urlaub war wirklich gut, wir hatten unglaubliches Glück mit dem Wetter und mit dem Hotel. Wahrscheinlich werden wir nächstes Jahr wieder dorthin fahren."
B: „Also nee, da kriegen mich keine zehn Pferde mehr hin. Unser Hotel war so etwas von schlecht. Im Prospekt stand: In einer abgelegenen kleinen Straße, ca. 5 Minuten zum Meer und 10 Minuten in die Stadt. Was uns keiner gesagt hat, dass wir in der Einflugschneise des Flughafens wohnten und das Meer aus einer Steilküste bestand. Der nächste Strand war 7 km entfernt …"

Dieser Gesprächsstörer ist keineswegs typisch für private Gespräche, wie folgendes Beispiel zeigen kann:

Kundin bei einer Versicherung: „Jetzt habe ich Ihnen doch alle Unterlagen zusammengestellt, so wie Sie es mir geschrieben haben, aber jetzt habe ich immer noch nicht mein Geld. Wie lange muss ich denn noch darauf warten? Wissen Sie, die Handwerker wollen ja auch bezahlt sein."
Sachbearbeiter: „Ja liebe Frau Weber, so einfach ist das nun auch nicht. Schauen Sie, da muss ich erst einmal die Unterlagen prüfen, und außerdem sehen Sie ja, wie viel hier auf meinem Schreibtisch liegt. Jeder, der zu mir kommt, will sein Geld am liebsten gleich mitnehmen. Aber wie stellen Sie sich das vor? Außerdem arbeite ich bereits seit zwei Wochen für meinen erkrankten Kollegen Sauer mit. Glauben Sie, ich habe in diesem Jahr schon Urlaub genommen?"

Wie oft haben Sie sich schon die Geschichten anderer anhören müssen und überlegt, wie Sie, ohne allzu viel Unmut zu erzeugen, aus der Situation entkommen können. Aber unser wohlerzogenes und

angepasstes Kind-Ich schweigt brav und hofft auf ein baldiges Ende. Typisch ist jedoch das Nicht-Hinhören, Blicke-schweifen-Lassen und deutlich unterdrückte Gähnen, eine vielleicht unauffälligere Form, seinen **Trotz** anzumelden.

Ursachen aufzeigen und Hintergründe deuten

Dieser Gesprächsstörer wurde bereits im 2. Kapitel (Erkennen der eigenen Gesprächshaltung) kurz behandelt und dort als Interpretieren bezeichnet. Dem anderen die **Hintergründe** für sein Verhalten zu erklären, stellt eine wunderschöne Gelegenheit dar, die eigene Menschenkenntnis, das eigene psychologische Know-how zu demonstrieren. Dem anderen zu zeigen, welche wahren **Ursachen** hinter seinen Ausführungen stecken, hat nicht nur etwas Detektivisches, sondern es unterstreicht auch die eigene diagnostische Kompetenz, die wir dem anderen, der in seinem Leben ja noch nicht so weit gekommen ist, nur schwer vorenthalten können.

Natürlich kommt auch dieser Gesprächsstörer aus unserem Eltern-Ich und ist zumeist von der Absicht geprägt, dem anderen in seinem Kind-Ich möglichst schnell zu helfen. Dabei unterliegt die Verwendung dieses Gesprächsstörers zwei Gefahren:

Entweder deuten wir in eine Äußerung zu viel hinein, dann liegen wir einfach falsch. Womöglich unterstellen wir dem anderen, dass wir trotzdem Recht haben, er nur (noch) nicht in der Lage ist, dies auch zu erkennen.

Oder wir sind tatsächlich so geschickt, die „wahren Beweggründe" zu erfassen und richtig zu benennen, dann liegen wir richtig; der andere muss deshalb noch lange nicht zugeben, dass unsere Sichtweise zutreffend ist. (Abb. 8–5)

Ich kann mich noch gut daran erinnern, wie einer meiner besten Freunde in einem Gespräch auf meine Situationsbeschreibung äußerte: „Mensch Christian, gib zu, Du bist doch nur total eifersüchtig!" Und ohne auch nur einen Moment zu zögern, platzte ich heraus: „Du spinnst doch, ich und eifersüchtig, also aus dem Alter bin ich nun wirklich raus." Dabei traf seine Äußerung absolut ins Schwarze. Mein Verhalten war von nichts anderem

Abb. 8-5

als von Eifersucht geprägt. Nur das konnte und wollte ich in dem Moment nicht öffentlich zugeben, nicht einmal diesem Freund gegenüber.

Dem anderen geistig auf die Sprünge zu helfen, mag ja eine gut gemeinte Absicht sein, verspricht aber keineswegs Erfolg, wenn dieser andere für die aufgezeigten Hintergründe nicht offen ist.

„Ihrer Ablehnung einer Versetzung nach Kleckersdorf liegt eine starke Fixierung auf unseren hiesigen Standort zugrunde. Ihre diesbezügliche mangelnde Flexibilität darf wohl darauf zurückgeführt werden, dass Sie noch nie in Ihrem Leben aus unserer Region hinausgekommen sind."

„Deine viele Arbeit ist doch nur ein Vorwand. Wenn Du die Kinder heute wieder nicht abholen willst, dann liegt das daran, dass Du Ulla nicht sehen willst, weil Du schon lange eine gestörte Beziehung zu Deiner Schwester hast."

Bei manch einer vehement abgelehnten Deutung lässt sich im Nachhinein feststellen, dass sie einfach zu früh kam. Mit etwas mehr Geduld hätte der Gesprächspartner die Chance gehabt, seine Situation zu durchschauen und sich über die Wirkung seines Verhaltens selbst klar zu werden. So betrachtet dokumentieren wir durch die Verwendung dieses Gesprächsstörers auch unsere **eigene Ungeduld** und unseren **Zweifel**, dass der Gesprächspartner von selbst etwas erkennen kann.

Ausfragen

Wie nötigend dieses Gesprächsverhalten sein kann, erinnern Sie wahrscheinlich noch aus Ihrer Kindheit, als Sie Mühe hatten, sich den vielen Kontrollfragen zu entziehen:

„Wo warst du?"
„Hast Du Deine Schularbeiten gemacht?"
„Mit wem spielst du?"
„Warum kommst Du jetzt erst?"
„Was haben denn die anderen für Noten?"

Nicht umsonst wird in Führungshandbüchern dem Fragen breiter Raum gegeben, häufig verbunden mit der Überschrift: Wer fragt, führt. Genau diese Chance liegt im Fragen. Wer fragt, gibt dem Befragten den möglichen Antworthorizont gleich mit. Doch genau darin wird deutlich, dass wir diese **Aus-Fragen** nur zu oft aus dem Eltern-Ich stellen, dass es uns dann mitnichten um einen Informationsaustausch auf Frage-Basis geht, sondern um **eine Bestätigung dessen, was wir ohnehin schon vermuten.**

Besonders beliebt sind Fragen vom Ja-Nein-Typ. Dabei wird der Befragte in das Raster des Fragers gezwängt, das ihm nur noch gestattet, zuzustimmen oder abzulehnen. Ein Kommentar ist nicht erwünscht.

Ärztin: „Kommen die Schmerzen gleich beim Aufwachen?"
Patient: „Ja."
„Sind die Schmerzen nach dem Frühstück stärker?"
„Nein."
„Trinken Sie morgens Kaffee?"
„Ja."
„Haben Sie die Beschwerden früher auch schon gehabt?"
„Ja."
„Gibt es in Ihrer Familie Häufungen von Gastro-Intestinalleiden?"

Der Vorteil dieser **engen Fragen** liegt in ihrer starken Gesprächs**führung**. Die Verantwortung für die weitere Gesprächsentwicklung liegt ausschließlich beim Fragenden, er bestimmt, worüber gesprochen wird. Darüber hinaus werden Sie bestätigen können, dass die

Formulierung einer engen Ja-Nein-Frage kein Nachdenken erfordert, also auch ohne jeglichen tieferen Bezug formuliert werden kann. In diesem Zusammenhang sei jedoch darauf hingewiesen, dass derartige Bestätigungsfragen in Scheinfragen abgleiten können. Durch die suggestive Formulierung, die die erwartete Antwort schon enthält oder wenigstens nahe legt, muss damit gerechnet werden, dass der Befragte nicht mehr sagt, was er weiß, sondern mitteilt, was der Frager vermutlich von ihm hören will. Im Grenzfall glaubt der Befragte seine Antwort sogar selbst.

Die andere Form des Fragens stellen die W-Fragen dar. Fragewörter fangen im Deutschen alle mit dem Buchstaben „W" an. Hier enthält die Frage bereits eine Unterstellung, die möglichst nicht mehr hinterfragt werden soll. Wenn der Ober den Gast fragt, **was** dieser trinken möchte, wird ihm bereits unterstellt, dass er grundsätzlich etwas trinken möchte, er also nur noch zwischen verschiedenen Getränken wählen darf.

Derartiges Fragen befriedigt lediglich die Neugier des Fragers, führt jedoch nicht zu einem ergiebigen Gespräch.

„Ich bin ganz am Boden zerstört, ich bin gerade durch die Prüfung gefallen."
„Bei wem warst du?" oder „Welches Fach denn?"
„Ich hatte gestern den ersten Autounfall meines Lebens, ich bin noch ganz durcheinander."
„Wie ist denn das passiert?" oder „Was für ein Auto fahren Sie denn?"
„Meine Zahnärztin hat mir gesagt, dass sie mir alle vier Weisheitszähne entfernen muss."
„Zu wem gehen Sie denn?" oder „Wie oft gehst Du denn zu der?"

Nur zu oft werden Fragen damit legitimiert, dass man schließlich dem anderen sein Interesse zeigen möchte. Nichts gegen Anteilnahme, doch, **wer fragt**, befriedigt eher sein eigenes Interesse und **stillt seine Neugierde**. Vollends problematisch wird es, wenn die Antwort mit dem eigenen Bewertungsmaßstab kollidiert, wie folgendes Beispiel aus einem Kurs über Gesprächsführung illustriert:

Eine Teilnehmerin hatte sich mit einem echten Problem als Ratsuchende zur Verfügung gestellt und begann: „Es fällt mir wahnsinnig schwer, mit dem Rauchen aufzuhören. Ich versuch's zwar immer mal wieder, aber nach ein paar Tagen werde ich rückfällig. Es ist zum Auswachsen."

„Wie viel rauchen Sie denn?"

„Zwei, drei, manchmal auch vier am Tag."

„Na, das ist doch nicht viel. Manch einer wäre froh, er könnte sein Rauchen so weit reduzieren."

Das weitere Gespräch war davon geprägt, dass sich die Ratsuchende in ihrem Anliegen nicht ernst genommen fühlte, schließlich fiel es ihr schwer, auf zwei, drei Zigaretten am Tag zu verzichten; doch der Berater wechselte vom Gesprächsstörer „Ausfragen" auf den Gesprächsstörer „Herunterspielen", indem er versuchte ihr abzusprechen, überhaupt ein Problem zu haben.

Mancher Leser wird einwenden: „Man wird doch wohl noch fragen dürfen." Ihm sei sogleich versichert: Ja, natürlich. Doch auch schlichte Informationsfragen können sehr unecht sein; sei es, dass sie helfen, eine **persönliche Aussage zu vermeiden**, sei es, dass sie indirekte Ansprüche an den anderen stellen: **Das Interview ersetzt den Dialog.** Die bekannte „Liebst-du-mich"-Frage ist, im Grunde genommen, ein subtiler Trick, statt der Offenbarung eigener Empfindungen den anderen in die Pflicht zu nehmen, das Maß seiner Zuneigung kundzutun. Mittels Fragen können wir uns nicht nur vor persönlicher Stellungnahme bewahren – wer fragt, sagt ja noch nichts –, das Fragen bewahrt auch vor dem Tun. Jeder schlecht vorbereitete Schüler weiß, wie man durch geschickte Fragen die eigene Unwissenheit verbergen kann. Und selten beobachte ich so viele scheinbar harmlose Informationsfragen zu Ablauf und Organisation, wie in den Situationen, da Seminarteilnehmer aufgefordert sind, direkt zu handeln.

Gerade bei Entscheidungs-, Problem- und Konfliktgesprächen können unsere Fragen ausdrücken, dass wir **kein Vertrauen** in die Fähigkeit unseres Gesprächspartners haben, sich mit seinem Problem selbst auseinander zu setzen. Wir sind zu ungeduldig, um an eine eigenständige Bewältigung zu glauben. Eine derart fragende Gesprächsführung strukturiert zwar den Prozess, sie geht aber auch mit einer Einschränkung der Freiheit bezüglich Gesprächstempo und Gesprächsrichtung einher. Die Rollenverteilung zwischen dem aktiv Strukturierenden und dem reaktiv Folgenden begünstigt ein Abfragen von Fakten, was den Gesprächspartner nur zu leicht zu einem Objekt diagnostizierender Betrachtung macht. Dies wird ganz besonders an den **bedrängenden Warum-Fragen** deutlich, verlangen sie doch vom anderen eine Begründung, eine Rechtfertigung für sein Handeln. Entweder kennt der andere die Ursachen seines gegenwärtigen Problems, dann wird er schon einen Grund haben, wenn er sie uns nicht ungefragt mitteilt. Oder er kennt die Beweggründe nicht, dann wird er die Warum-Frage eher als beschämend erleben, offenbart sein Schweigen doch seine mangelnde Kompetenz in dieser Angelegenheit. Es stimmt ja keineswegs, dass man möglichst viel über einen anderen Menschen wissen muss, um ihn beraten zu können. Kenntnisse zu erlangen über einen anderen verschafft nur zu leicht ein **Gefühl von Überlegenheit**, schafft und bewahrt Herrschaft über den anderen, entspricht also unserem **Eltern-Ich**. Wer stets fragend den anderen weiterbedrängt, bestimmt nicht nur den Verlauf des Gesprächs, sondern hat auch Macht. Märchen wie „Rumpelstilzchen", „Das Rätsel" oder „Das Hirtenbüblein", aber auch der Ödipusmythos oder der Fragestreit zwischen Odin und dem Riesen Wafthrudnir zeigen, wie Macht über andere der gewinnt, der zu fragen versteht. Man muss den anderen **in-Frage-stellen** und verhindern, dass dieser seinerseits Fragen stellt. Im Extremfall können Fragen dazu dienen, sich den Gesprächspartner „verfügbar" zu machen. Die Wirklichkeit wird dorthin gefragt, wohin man sie haben will. Manch einer klebt nur zu leicht an seiner Idee. Dann fragt er so, dass die Antworten die Idee wiedergeben und sei es durch Inquisition.

In diesem Zusammenhang möchte ich auf ein Phänomen hinweisen: Wer das Gespräch mittels Fragen strukturiert, gerät leicht unter Druck, sich auch weiterhin für den Gesprächsverlauf verantwortlich zu fühlen. Wenn Sie dies bei nächster Gelegenheit überprüfen, werden Sie beobachten können, dass der Antwortende zwar bereitwillig Rede und Antwort steht, jedoch die Fragen gewissermaßen konsumiert und darauf verzichtet, dem Gespräch seinerseits eine Richtung zu geben. Zugleich kommt der Frager aus seiner einmal eingenommenen Position nur noch schwer heraus. Das Gespräch entpuppt sich in Wirklicheit als Interview.

Vorschläge und Lösungen anbieten

Vielleicht sind Sie überrascht, dass auch dieses Verhalten zu den Gesprächsstörern gezählt werden soll, und denken, dass bald gar keine Erwiderungsmöglichkeit mehr bleibt. Bei diesem Gesprächsstörer liegt die Betonung auf dem **Anbieten**, denn die meisten **Ratschläge**, die wir einander verpassen, sind zwar gut gemeint, aber werden doch zumeist ungebeten erteilt. Auch bei den ebenso ungebetenen **Vorschlägen** und **Lösungen** drücken wir durch unser Eltern-Ich aus, dass der andere unserer Hilfe bedarf und allein nicht zurechtkommt, sich eben im hilflosen Kind-Ich befindet. Wie sehr die mit der Kind-Ich-Position verbundene Unterlegenheit abgelehnt wird, zeigt sich nur zu oft in der typischen Reaktion auf ungebetene Empfehlungen: „Ja, aber …“ Mit anderen Worten, dem Ratgeber wird seine Bemühung gedankt, das entspricht dem „Ja“, doch anschließend wird erklärt, warum gerade dieser Vorschlag nicht umgesetzt werden kann. Dabei entspinnen sich typische Dialoge:

„Seit dieses neue Gerät da ist, häufen sich die Fehler. Ich weiß bald nicht mehr wohin mit der Arbeit."
„Ehe Sie sich auf die Fehlersuche machen, sollten Sie einmal das System-Programm laufen lassen, meistens gibt es sich dann von selbst."
„Gute Idee, aber das hab' ich schon zweimal gemacht."
„Drücken Sie mal auf ‚Wiederholen', das hilft auch."
„So doof bin ich ja nun auch nicht."
„Sorry, dann hilft nur noch ein Blick in den Handbuch-Anhang."
„Danke, das wäre die Lösung, aber leider haben die Entwickler genau für dieses Problem keine Erklärung abgedruckt."
„Dann hilft nur noch ein Anruf beim Operator."
„Hab' ich auch schon gedacht, aber die sind völlig überlastet und können im Moment nicht vorbeikommen."
„Ich würde an Ihrer Stelle zur Chefin gehen und sie fragen, was Sie tun sollen."
„Ich denke auch, das wäre wohl das Beste. Da fällt mir allerdings ein, dass ich mich wegen der Sache von neulich mal ein paar Tage nicht bei der Alten sehen lasse."

In erster Linie vermittelt der ungebetene Rat-**Schlag**, dass wir dem anderen nicht zutrauen, von selbst auf eine passende Lösung zu kommen. Mit unseren gut gemeinten Lösungsideen demonstrieren wir nur ein weiteres Mal mehr unsere **Ungeduld** und unser **geringes Vertrauen** in die Lösungskompetenz unseres Gesprächspartners. (Abb. 8–6)

Abb. 8-6

In vielen Übungen zur beratenden Gesprächsführung war ich immer wieder erstaunt, von den Ratsuchenden zu hören, wie gut sich ihr jeweiliger Berater mit ihrem Anliegen auseinander gesetzt hat und sich auch eine ganze Reihe von Vorschlägen hat einfallen lassen. Dabei wurden diese Vorschläge in der Regel lobend hervorgehoben. Wenn ich jedoch nachhakte, wann denn nun die gegebene Empfehlung in die Tat umgesetzt werden soll, kamen fast ausschließlich nachgeschobene Erklärungen, warum das im Moment nicht geht oder was einer sofortigen Realisierung im Weg steht. Mit anderen Worten, ungezählte Ratschläge werden dankend angenommen und dennoch nicht ausgeführt.

Damit sollen keineswegs Ratschläge und Lösungen generell verworfen werden, doch vor jeglicher Empfehlung gilt es zu prüfen, wieweit der andere wirklich einer Anregung unsererseits bedarf.

Mittels einer einfachen Wendung können Sie sich selbst versichern:

„Ich bin mir im Moment nicht sicher, wieweit Sie meinen Rat möchten." Oder:
„Ich frage mich gerade, ob Ihnen mit einer Empfehlung meinerseits gedient ist." Oder:
„Ich überlege mir, ob es Sie interessiert, was ich täte."

Diese reflexiven Fragen, die ja einem lauten Nachdenken gleichen, fordern den Gesprächspartner indirekt auf, sich zu äußern. Entweder ist der andere an meiner Empfehlung interessiert, dann wird er genau dieses sagen, mich anschauen und schweigen. Viel häufiger fällt die Antwort jedoch so aus:

„Ja unbedingt, deswegen wollte ich mal Ihre Meinung hören, wissen Sie, es ist nämlich folgendermaßen ..."
Und nun redet der andere und redet. Nur zu oft kommt er im weiteren Verlauf seiner Ausführungen gar nicht mehr auf das Angebot eines Ratschlags zurück.

Zugegeben, dann bleiben wir auf unseren guten Lösungen und Empfehlungen sitzen. Das hat jedoch einen entscheidenden Vorteil: Wir sind nicht schuld, wenn der andere Fehler macht. Ich will damit sagen, dass ein ungebetener Ratschlag, gerade wenn er gut ist, nur zu leicht halbherzig ausgeführt wird, was zu entsprechenden Einbußen führen kann. Die Folge ist der typische Vorwurf: „Auf Deinen Ratschlag werde ich noch mal hören ..."

Kürzlich wurde ich von einer Nachbarin ganz konkret um Rat gefragt, weil sie Erziehungsprobleme mit ihrer Tochter hatte. Nach eingehender Schilderung der konkreten Umstände fragte sie direkt: „Was würdest Du mir denn empfehlen. Du hast das doch studiert und musst wissen, was man da macht."
Ich weiß nicht mehr, welcher Teufel mich ritt, tatsächlich rutschte mir als Antwort heraus: „Ja gern. Was möchtest Du hören?"
Ihre Antwort nach all der geschilderten Ratlosigkeit überraschte mich: „Ja, weißt du, ich denke, da gibt es nur einen Weg, konsequent bleiben und ..." Was dann folgte, klang logisch, wäre mir aber niemals als Ratschlag eingefallen. Als sie schließlich fertig war, erklärte ich ihr: „Das klingt vernünftig." Worauf sie sofort einging: „Du findest also auch, dass ich das so machen soll. Du, das muss ich sofort Klaus erzählen, dass Du auch der Ansicht bist, das Problem so in den Griff zu bekommen."

Was den ungebetenen Vorschlag so schwer akzeptabel macht, ist das Tempo, mit dem wir die Lösung bereits aus dem Ärmel zaubern. Da hat jemand über eine anstehende Entscheidung lange nachgedacht, hat das Problem von allen Seiten beleuchtet, dabei aber keine Lösung gefunden und berichtet uns von seiner Schwierigkeit. Und wir ziehen wie ein Zauberer das Kaninchen, gleich eine Lösung aus dem Zylinder. Doch mit unserer (vor-)schnellen Lösung lassen wir den anderen auch spüren, für wie inkompetent, ahnungslos, lebensfremd wir ihn halten, dass er nicht allein darauf kommt. In dieser Kind-Ich-Zuschreibung mag eine Erklärung liegen, warum so viele Menschen Ratschläge verwerfen. Es geht ab einem bestimmten Punkt des Gesprächsverlaufs nicht mehr um das Thema, also das anstehende Problem, sondern nur noch um den Umgang der Gesprächspartner miteinander, also wie die beiden sich gegenseitig behandeln. Dann werden selbst gute Lösungen verworfen, nur um nicht zugeben zu müssen, allein nicht so weit gekommen zu sein.

Der Gesprächsstörer **ungebetene Ratschläge** scheint vordergründig ein Bemühen um Lösungsmöglichkeiten, um Hilfe für den anderen zu sein. Doch im tieferen Sinne demonstrieren wir durch dieses Verhalten unsere Schlagfertigkeit, Kompetenz, Lebenserfahrung, eben unsere Überlegenheit. Und die mag nun mal nicht jeder auf Anhieb. Schade, aber so sind wir Menschen.

Am Ende dieses Kapitels können Sie an einem kurzen Dialog das Zuordnen der Gesprächsstörer üben. Jede Aussage von B enthält mindestens einen, manchmal gleich mehrere Erwiderungen aus dem Eltern-Ich, die leider überhaupt nicht zu den gewünschten Reaktionen bei B führen, was A gewissermaßen zwingt, mit immer neuen Argumenten das Gespräch zum Ziel, zu A's Ziel zu führen.

Es ist Samstagabend gegen 18 Uhr. Albrecht (A) und Brigitte (B) Grau sind über Freunde zu einer Party eingeladen worden.

A: „Ich finde, wir sollten nicht zu der Einladung gehen. Wir kennen die Leute doch gar nicht."

B: „Mach Dir mal keine Sorgen, das wird sicher ganz nett." (1)

A: „Nein, du, irgendwie habe ich keine rechte Lust, da hinzugehen."

B: „Eine Zusage von Lust oder Unlust abhängig zu machen, finde ich überhaupt nicht gut. Außerdem liegt Deine so genannte Unlust doch nur daran, dass Du dich vor fremden Leuten so leicht gehemmt fühlst!" (2)

A: „Das hat doch damit nichts zu tun. Ich weiß wirklich nicht, was ich da soll."
B: „Also, hör mal zu, was man zugesagt hat, muss man auch einhalten." (3)
A: „Das ist doch Prinzipienreiterei."
B: „Das ist doch nun echt Blödsinn, wenn Du mir Vorhaltungen machst, bloß weil Du plötzlich keine Lust mehr hast." (4)
A: „Mhm."
B: „Erzähl mir lieber mal, warum hast Du denn jetzt auf einmal keine Lust mehr?" (5)
A: „Ich weiß es nicht. Das wird bestimmt langweilig."
B: „Sieh das doch mal viel lockerer!" (6)
A: „Also, letztes Mal bei Schulzes war's stocksteif."
B: „Ich habe mich da köstlich amüsiert, gerade Frau Schulze war so witzig, ich kann heut' noch lachen über die Geschichte mit ihrem Goldfisch." (7)
A: „Ja, ja, Du und Frau Schulze ..."
B: „Also ich würde mich an Deiner Stelle gleich in die Nähe von Frau Schulze setzen, die kommt ganz bestimmt, und Du wirst sehen, wie sie sich in ganz reizender Weise um dich kümmern wird. Und wenn wieder Witze erzählt werden, dann kannst Du doch Deinen neuesten zum Besten geben, der mit Winnetou Koslowsky, den kennt bestimmt noch keiner." (8)
A: „Ich mag solche Witzrunden irgendwie nicht."
B: „Oh, wie feinfühlig Du bist, dabei müsstest Du nur ein wenig aus Dir herauskommen und Du wirst sehen, alles sieht plötzlich anders aus." (9)
A: „Mhm. Ich weiß nicht ..."
B: „Denk doch auch mal an das gute Essen. Es gibt bestimmt ein kaltes Buffet mit hundert Leckereien und edlen Weinen. Außerdem könnten wir dort interessante neue Leute kennen lernen, vielleicht bekomme ich dann wieder einen neuen Auftrag." (10)
A: „Mhm."
B: „Also, wenn Du nicht willst, dann gehe ich ohne dich, und was das bedeutet, weißt Du ja wohl." (11)

Lösungsvorschlag:
(1) Herunterspielen
(2) Bewerten sowie Ursachen aufzeigen und Hintergründe deuten
(3) Lebensweisheiten zum Besten geben
(4) Vorwürfe machen
(5) Ausfragen
(6) Befehlen

(7) Von sich reden
(8) Vorschläge und Lösungen anbieten
(9) Gegenbehauptungen sowie Vorschläge und Lösungen anbieten
(10) Überreden
(11) Warnen und Drohen

Dieser „harmlose" Dialog enthielt nicht nur eine Palette von Gesprächsstörern. An diesen wenigen Äußerungen lässt sich auch ermessen, mit wie viel Geringschätzung Brigitte Grau auf die Unlust ihres Mannes eingeht. Ihr Gesprächsverhalten provoziert geradezu Reaktanz. Wenn wir uns überlegen, wie sich Albrecht Grau in der dargestellten Situation wohl entscheiden wird, fällt es nicht schwer, sich nach der letzten Drohung vorzustellen, dass das Ehepaar Grau gemeinsam auf besagte Party geht. Doch um welchen Preis? Welche Rabattmarken könnte Herr Grau einlösen?

Auf jeden Fall dürfte es für Albrecht Grau sehr schwer, wenn nicht sogar unmöglich sein, sich auf dieser Party wohl zu fühlen und das auch noch seiner Frau gegenüber offen zuzugeben. Denn das hätte nur zur Folge, dass sie stolz feststellt: „Ich hab's Dir ja gleich gesagt." Herr Grau könnte im einfachsten Fall erst auf dem Nachhauseweg seine Frau spüren lassen, wie sehr er sich gelangweilt hat, wobei dies nicht unbedingt in Form von Vorwürfen geschehen muss; noch subtiler wäre betontes Schweigen.

Vielleicht bekommt er jedoch noch während der Party unerträgliche Kopfschmerzen und bittet deshalb seine Frau, ihn möglichst umgehend nach Hause zu fahren.

Er könnte sich auch so unmöglich benehmen, dass es seiner Frau geradezu peinlich wäre, mit ihm auf dieser Party erschienen zu sein, zum Beispiel könnte er sich einen gehörigen Schwips antrinken.

Ganz gleich, wofür sich Herr Grau entscheidet, dieser kurze Dialog gleicht einem Pyrrhussieg für Frau Grau. Die tatsächliche Rechnung wird ihr erst viel später eröffnet. So betrachtet steht der kurzfristige Gewinn, der sich durch den Einsatz von Gesprächsstörern erzielen lässt, in keinem Verhältnis zum tatsächlichen Nutzen.

9. Kapitel

Gesprächsförderer

Die Auflistung der Gesprächsstörer im vorangegangenen Kapitel mag zu der Frage geführt haben, welches Gesprächsverhalten denn überhaupt noch übrig bleibt. Im Folgenden will ich Ihnen Möglichkeiten vorstellen, die geeignet sind, ein Gespräch zu fördern und darum **Gesprächsförderer** heißen. Mit diesen Verhaltensweisen können Sie Ihrem Gesprächspartner zeigen, dass Sie ihm zuhören und auch an seinen Gedanken und Empfindungen teilnehmen. Ihr Gegenüber fühlt sich dadurch bestätigt und ermutigt weiterzusprechen. Die Botschaft der Gesprächsförderer lautet:

- Ich möchte gern verstehen und noch besser erfassen, was Sie meinen.
- Ich bin interessiert an dem, was Sie sagen.
- Fahren Sie bitte fort!

Im Gegensatz zu den Gesprächsstörern, bei denen die eigene Position in den Vordergrund gestellt wird, beziehen Sie beim Einsatz der Gesprächsförderer **noch** keine Stellung. Das Wesentliche dieser Verhaltensweisen besteht darin, sich **zunächst** ausschließlich auf den Gesprächspartner zu konzentrieren und sich selbst mit gut gemeinten Ratschlägen, Bewertungen, Meinungen und Widerspruch zurückzuhalten.

Mancher Leser wird vielleicht ungeduldig und fragt sich, wann er denn endlich erfährt, wie man andere überzeugt und dazu bringt, ihrerseits zuzuhören. Gerade beim Einsatz der Gesprächsförderer werden Sie die paradoxe Entdeckung machen, wie schnell sich Ihr Gesprächspartner mit Ihrer Position auseinander setzt, sobald Sie sich konzentriert mit ihm befassen.

Hatte ich die Gesprächsstörer als typisches Eltern-Ich-Verhalten bezeichnet, so ist den Gesprächsförderern gemeinsam, dass sie alle aus dem Erwachsenen-Ich kommen. Es ist der Austausch und das Prüfen von Informationen mit dem Ziel, den anderen optimal zu verstehen.

Umschreiben, mit eigenen Worten wiederholen

Diesen Gesprächsförderer haben Sie bereits im 3. Kapitel (Die vier Arten des Zuhörens) kennen gelernt. Häufig wird mir entgegengehalten, dass beim Umschreiben das Gespräch ins Stocken gerate, weil ja nichts Neues hinzukomme und eine derartige Wiederholung für das Gegenüber wie Nachplappern wirken könne. So entspann sich beim Erläutern der Gesprächsförderer folgender Dialog zwischen einer Seminarteilnehmerin und mir: (Abb. 9–1)

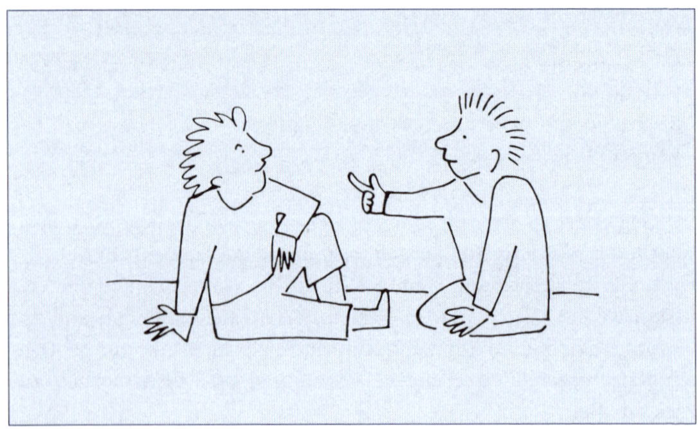

Abb. 9-1

Teilnehmerin: „Also, das finde ich ja nun gar nicht gut, einfach alles nachzusprechen, was der anderer gerade gesagt hat. Was soll das bringen?"
Weisbach: „Das wirkt auf Sie wie Nachplappern, und Sie kommen sich da eher wie ein Papagei vor, was ja wohl nichts bringen kann."
Teilnehmerin: „Ja genau, der andere fühlt sich womöglich auf den Arm genommen, oder er hält mich für ziemlich beschränkt, wenn ich nichts zu sagen weiß, außer ihn zu wiederholen."
Weisbach: „Durch so ein beschränktes Verhalten könnte der andere Ihre Kompetenz anzweifeln."
Teilnehmerin: „Ganz richtig. Ich überleg' mir gerade, wie das für mich wäre, wenn jemand pausenlos meine Äußerungen wiederholt. Mhm, ich glaub', ich würde das irgendwie blöd finden."
Weisbach: „Wenn das jemand mit Ihnen machen würde, hätten Sie so ein Gefühl, nicht ernst genommen zu werden."
Teilnehmern: „Das stimmt, ich würde denken, ich bin scheint's nicht in der Lage, mich unmissverständlich auszudrücken. Denn wenn der andere mich richtig versteht, muss er mich doch nicht so blödsinnig wiederholen."
Weisbach: „So ein umschreibendes Zuhören kommt Ihnen geradezu wie eine Kritik vor, gewissermaßen ein Angriff auf Ihr Ausdrucksvermögen."
Teilnehmerin: „Ja, ich glaub', das ist es, was mich daran so nervt."
Das Gespräch brach an dieser Stelle ab, weil die übrigen Seminarteilnehmer ihr Lachen nicht länger unterdrücken konnten, und die Teilnehmerin dadurch ganz verunsichert in die Runde blickte.

Obwohl mir dieser kurze Dialog im Seminar für Demonstrationszwecke gerade recht kam, war mir zu Beginn des Gesprächs nicht klar, was die Teilnehmerin am Gesprächsförderer „Umschreiben" so entschieden ablehnte. Erst nach und nach begann ich zu erfassen, dass hier eine große Sorge vor Kritik vorlag, die allem weiteren Bemühen im Weg stand. Beispielhaft will ich Ihnen vorführen, wie der Dialog nach „klassischer Manier" abgelaufen wäre:

A: „Also, das finde ich ja nun gar nicht gut, einfach alles nachzusprechen, was der andere gerade gesagt hat. Was soll das bringen?"
B: „Was das bringen soll? Ganz einfach: Sie zeigen damit dem anderen, wie sehr Sie bestrebt sind, ihn zu verstehen. Probieren Sie's aus, und Sie werden sehen, wie förderlich solch ein Verhalten ist."
A: „Was soll daran förderlich sein? Im Gegenteil, der andere fühlt sich doch nur verschaukelt. Also, ich würde so ein Gespräch ziemlich schnell abbrechen, wenn mich da jemand pausenlos wiederholen wollte."

B: „Diese Antwort höre ich oft von Leuten, die über etwas urteilen, was sie noch gar nicht kennen."

A: „Man muss doch nicht allen Mist selber produzieren, nur um mitreden zu dürfen."

B: „Solange Sie mir widersprechen, zeigen Sie nur, dass Sie mich noch nicht verstanden haben."

Es bedarf keiner großen Phantasie, sich vorzustellen, wie sich das Gespräch nicht nur in dieser Situation weiterentwickeln würde, sondern wie A und B im weiteren Verlauf miteinander umgehen werden.

Umschreibendes Zuhören zeigt, dass Sie Ihren Gesprächspartner verstanden haben.

Zusammenfassen

Eine besondere Form des umschreibenden Zuhörens ist das Zusammenfassen. Manchen Menschen fällt es schwer, ihr Anliegen knapp und präzis darzustellen. *Wilhelm von Kleist* wies schon darauf hin, wie die Gedanken erst beim Reden verfertigt werden, wodurch manche Menschen in die Situation kommen, sehr ausschweifend zu formulieren und womöglich stellenweise den roten Faden zu verlieren. Hier erweist sich die gekürzte Wiederholung als förderlich. Mit diesem Förderer zeigen Sie nicht nur, dass Sie zugehört, sondern dass Sie das Wesentliche der Aussage auch erfasst haben.

Dabei sei gleich auf eine Versuchung hingewiesen: Das Zusammenfassen wird von manchen Menschen eingesetzt, um partnerbezogen auf eine Aussage einzugehen, doch deren Sinn dabei so zu verzerren, dass in der gekürzten Wiederholung bereits die eigene Position zum Tragen kommt. Folgender Mitschnitt aus einer Abteilungsbesprechung soll dies verdeutlichen:

Während einer Abteilungsbesprechung äußert Herr Arndt: „Wenn ich mir die Zahlen so anschaue, dann sieht das ja alles selten rosig aus. Aber mir scheinen da doch noch ein paar Angaben zu fehlen.

Zum einen haben wir den Zeitpunkt für den Projektabschluss auf den 28. März gelegt, und da erinnere ich, wie Herr Sturm als Begründung den Revisionstermin genannt hat. Soweit ich weiß, wird die Revision sowieso erst im Mai kommen, weil die Prüfung in der HBV erfahrungsgemäß viel länger dauert als angenommen und weil sich die Revision vor uns bestimmt noch die DV vornimmt. Außerdem geht der Zeitplan davon aus, dass in dieser Zeit keiner Urlaub nimmt und auch keiner krank wird. Das ist ja wohl gelinde gesagt unrealistisch. Und den ganzen Stress nehmen wir auf uns, um bei der Vorgabe fürs zweite Quartal bessere Karten zu haben. Also, ich frage mich, ob es da nicht einen besseren Weg gibt."

Abteilungsleiter Sturm: „Wenn ich Sie gerade richtig verstanden habe, Herr Arndt, dann ist Ihnen auch daran gelegen, dass wir unsere Ausgangsvoraussetzungen für das zweite Quartal deutlich verbessern. Sie führen uns dabei deutlich vor Augen, dass wir unseren Zeitplan nur werden einhalten können, wenn jeder seine persönliche Urlaubsplanung in den nächsten Wochen zurückstellt. Wenn ich außerdem noch einmal Ihre Ausführungen über den Revisionstermin zusammenfasse, dann kann es für uns von großer Bedeutung sein, noch vor der DV die Revision bei uns zu haben. Ich denke, ich werde das mit den Herren schnellstmöglich klären können. Wobei ich wiederhole, Ihre Bedenken, Herr Arndt, beziehen sich ausschließlich darauf, wie wir den 28. März einhalten und keineswegs auf die Projektvorgaben, Sie sind ja auch der Meinung, dass wir derzeit selten gute Zahlen schreiben."

Was sich hier im Stile einer Zusammenfassung pseudopartnerschaftlich gibt, mag rhetorisch beeindrucken, lässt den Abteilungsleiter aber als „aalglatt" und überlegen erscheinen. Hat Herr Arndt schon ähnliche Erfahrungen mit Herrn Sturm gemacht, wird er womöglich auf eine Richtigstellung verzichten und sich schweigend seinen Teil denken. Doch gerade darin liegt langfristig eine Gefahr: Wer sich schweigend seinen Teil denkt, begibt sich in die innere Kündigung, reduziert sein Engagement auf das Nötigste und kann im Falle eines Scheiterns sogar noch auftrumpfen mit dem oft zu hörenden Spruch: „Hab ich's nicht gesagt? Aber auf mich hört ja keiner."

Eine echte Zusammenfassung hätte so lauten können:

Abteilungsleiter Sturm: „Herr Arndt, wenn ich Sie richtig verstehe, dann halten Sie den von mir vorgeschlagenen 28. März als Abschlusstermin für äußerst unrealistisch, weil wir keinen Puffer für Urlaubs- und Krankheitstage haben. Darüber hinaus möchten Sie noch einmal überlegen, ob wir unser Ziel einer besseren Vorgabe fürs zweite Quartal nicht mit weniger Stress erreichen können."

Gerade die Moderation von Diskussionen erfordert einen sicheren Umgang mit dem Gesprächsförderer „Zusammenfassen". Wer sich nicht dem Vorwurf der Manipulation ausgesetzt sehen möchte, wird bereits während des Zuhörens darauf bedacht sein, die Stellungnahme des Gesprächspartners und die eigene Position sauber auseinanderzuhalten. Die Leitfrage lautet ja:

Worum geht es dem anderen gerade, und was ist ihm wichtig?

Klären, auf den Punkt bringen

Bei vielen Äußerungen fällt eine umschreibende Wiederholung viel zu langatmig aus und eine Zusammenfassung ist auch noch zu aufwendig. Hier bietet sich das Klären an. Dieses Gesprächsverhalten dient dazu, die Aussage des Partners, soweit dies möglich ist, auf den Punkt zu bringen. Mit diesem Gesprächsförderer können Sie die Auseinandersetzung straffen. Vielfach werden Äußerungen ausgeschmückt, Argumente aneinander gereiht oder die eigene Überzeugung mit einer Reihe von Beispielen untermauert. Doch liegt den Aussagen meist nur ein Kern zugrunde. Wer den erfasst, kann seinem Gesprächspartner auf kaum zu überbietende Weise signalisieren, ihn verstanden zu haben.

Im vorangegangenen Beispiel der Abteilungsbesprechung hätte sich ein Klären und Auf-den-Punkt-Bringen vielleicht so angehört:

Abteilungsleiter Sturm: „Sie, Herr Arndt, meinen, wir sollten nicht den 28. März favorisieren, sondern prüfen, ob wir nicht mit weniger Aufwand zum gleichen Ziel gelangen könnten."

Sie haben sicher schon häufig bemerkt, wie häufig in Auseinandersetzungen die einzelnen Redebeiträge mit den verschiedensten Argumenten gespickt sind und doch nur darauf abzielen, eine

„Grundposition" zum Besten zu geben. Dabei können wir an uns selbst beobachten, dass die eigene Überzeugung so lange wiederholt und von allen möglichen Seiten dargestellt wird, bis wir den Eindruck gewonnen haben, dass wir verstanden wurden. Ja, so paradox es klingt, wir trennen uns erst dann ohne großen Widerstand von einer Position, wenn wir sicher sind, mit unserem Anliegen verstanden worden zu sein. Und umgekehrt haben Sie auch schon feststellen können, dass eine Ansicht um so starrsinniger verteidigt wird, je weniger Verständnis signalisiert wurde.

Klären und Auf-den-Punkt-Bringen tragen dazu bei, das Gespräch auf das Wesentliche zu konzentrieren.

Dem anderen Verständnis zu signalisieren, meint ja keineswegs, ihm auch gleichzeitig zuzustimmen. Vielleicht liegt hier eine Erklärung, warum dieser Gesprächsförderer so selten benutzt wird. Es gibt wohl eine latente Angst, dass der Gesprächspartner Verständnis mit Einverständnis oder Zustimmung verwechseln könnte, und darum wird lieber gleich dagegen argumentiert, anstatt das Wesentliche einer Aussage herauszustellen.

Einschränkende Wiederholung

Manchmal werden wir mit Ansichten konfrontiert, die wir nur ungern wiederholen wollen, aus Sorge, den geäußerten Standpunkt dadurch zu verfestigen. Im 7. Kapitel (Widerstand beim Gesprächspartner) hatten Sie bereits Wendungen kennen gelernt, die einer statischen Situationsbeschreibung entgegenwirken. Folgende Auflistung mag bei der Verwendung dieses Gesprächsförderers für Abwechslung sorgen:

- noch
- im Moment, momentan
- jetzt
- gerade

- zurzeit, derzeit, derzeitig
- augenblicklich, im Augenblick
- heute

In der Regel wird Ihr Gesprächspartner spontan zustimmen, fühlt er sich doch durch die Wiederholung angenehm verstanden. Gleichzeitig bezieht sich die Zustimmung aber auch auf die zeitliche Begrenzung.

In einem Autohaus wird ein Kunde gefragt, ob ihn die Vorführung eines Folgemodells zu seinem Wagen interessiert, doch dieser antwortet:
„Danke, aber ich bin mit meinem Auto ganz zufrieden."
„Das ist ja prima, wenn Sie **noch** zufrieden sind, dann kommt für Sie **im Augenblick** eine Probefahrt gar nicht in Frage."
„So ist es."
„Wenn Sie jetzt das Jahr so überblicken, wann hätten Sie Spaß, eine Probefahrt zu machen? Ich frage Sie das schon heute, weil ich einplanen könnte, Ihnen den Wagen über ein ganzes Wochenende zu überlassen."
„Ach, das ist interessant ..."

Sie können mit dem Gesprächsförderer „einschränkende Wiederholung" starre Ansichten aufweichen, indem Sie der Bestätigung gleichzeitig eine zeitliche Fixierung hinzufügen.

Wenn Sie mit negativen Äußerungen konfrontiert werden, können Sie bei der verständnisvollen Wiederholung die Einschränkung durch einen kleinen Zusatz vornehmen:

- „bisher ..."
- „früher ..."
- „in der Vergangenheit ..."

„Sie hatten da früher ganz schlechte Erfahrungen gemacht." – „Ganz genau, das möchte ich nicht noch einmal erleben." – „Dann muss ich jetzt dafür sorgen, dass Sie gute Erfahrungen sammeln." Usw.

Übertreibende Bestätigung

In manchen Gesprächssituationen werden Sie Mühe haben, gesprächsförderlich auf Ihr Gegenüber einzugehen, weil dieses seine Aussage absolut bzw. endgültig formuliert und dem Gespräch gewissermaßen einen Endpunkt aufdrückt. Hier bietet sich die „übertreibende Bestätigung“ an. Ähnlich dem vorangegangenen Gesprächsförderer wird die Äußerung des Gesprächspartners wiederholt, zusammengefasst oder klärend auf den Punkt gebracht. Doch sobald Sie unbetont eine Verallgemeinerung hinzufügen, die keine Ausnahme zulässt, provozieren Sie Widerspruch. Diese Provokation erachte ich insoweit als gesprächsförderlich, da sie fast immer zu einer weiteren Erklärung führt. Einerseits fühlt sich Ihr Gesprächspartner verstanden, das ist der Effekt der Bestätigung, der umschreibenden Wiederholung, andererseits möchte er Ihre Aussage so nicht stehen lassen und fühlt sich genötigt, eine weiterführende Erklärung abzugeben, die oftmals Gedanken enthält, mit denen Sie das Gespräch spielend vertiefen können.

Auch an dieser Stelle will ich Ihnen eine unvollständige Auflistung anbieten, die Ihnen bei der „übertreibenden Bestätigung“ helfen kann:

- nie, niemals
- undenkbar
- unmöglich
- völlig ausgeschlossen
- weder jetzt noch später
- überhaupt nicht
- unter keinen Umständen bzw. unter allen Umständen
- in jedem Fall
- immer
- stets, ständig
- dauernd, ununterbrochen, unablässig

- jederzeit
- täglich

Im vorangegangenen Beispiel könnte der Verkäufer auf den Kunden auch mit einer „übertreibenden Bestätigung“ reagieren:

Verkäufer: „Das heißt, Sie möchten **weder jetzt noch später** das neue Modell Probe fahren." Oder:

„Für Sie kommt eine Probefahrt ein ganzes Wochenende lang **unter keinen Umständen** in Frage."

„So hab' ich das natürlich nicht gemeint. Im Moment kommt für mich ein Neukauf nicht in Frage. Ich hatte eigentlich im nächsten Frühjahr an einen Wechsel gedacht."

Sie können mit dem Gesprächsförderer „übertreibende Bestätigung" eine abgeschlossene Aussage fortführen, indem Sie der Bestätigung eine übertreibende Verallgemeinerung hinzufügen, die Ihren Gesprächspartner zu einer Konkretisierung seines Standpunktes bringt.

In Beziehung setzen

Wurde im vorangegangenen Abschnitt dargestellt, dass sich viele Äußerungen auf eine einzelne Kernaussage reduzieren lassen, so benötigen Sie den Gesprächsförderer „In-Beziehung-Setzen“ überall dort, wo mehrere Positionen gleichzeitig vertreten werden.

Mit diesem Gesprächsverhalten ordnen Sie das Gehörte nach dem Schema:

- einerseits – andererseits
- teils – teils
- sowohl – als auch
- weder – noch

Sobald Sie auf die einschränkenden Wörter **aber, nur, allerdings, doch** und **jedoch** stoßen, enthält die jeweilige Äußerung mehr als einen Gedanken. Dabei muss sich der Gesprächspartner gar nicht einmal darüber klar sein, in welcher Beziehung seine Aussagen zueinander stehen. Ja, manchmal entsteht der Eindruck, einem Wunsch wird unbewusst etwas entgegengesetzt, was einen Gleichgewichtszustand erzeugt, der ein Handeln weder in die eine, noch in die andere Richtung erlaubt. Der gezielte Einsatz dieses Gesprächsförderers kann dazu beitragen, das Gespräch auf das Wesentliche zu konzentrieren und die jeweiligen Teilaussagen so zu strukturieren, dass sie einer echten Klärung unterzogen werden können.

A: „Wir haben die einmalige Chance, aufs Land zu ziehen; man hat uns in Kuhdorf ein Häuschen mit großem Garten zur Miete angeboten. Unsere Wohnung ist uns ja schon lange zu klein geworden, da kommt dieses Angebot wie gerufen. **Aber** das heißt auch, alle unsere Kontakte hier aufzugeben, uns neu zu orientieren und noch einmal von vorn anzufangen."
B: „Einerseits lockt dich dieses einmalige Angebot, ein Haus mit Garten zu mieten, andererseits verlierst Du auch lieb gewordene Kontakte."

Sie können sich vorstellen, dass es B sicherlich keine Schwierigkeiten bereitet hätte, mittels eines Gesprächsstörers seine Meinung zum Besten zu geben, beispielsweise so:

B: „Also da würden mich keine zehn Pferde hinkriegen, ausgerechnet nach Kuhdorf." (**Von sich reden**). Oder:
B: „Ihr seid doch noch jung. So schlimm ist das doch nicht, neue Freunde zu gewinnen. So ein Angebot solltet ihr unbedingt nutzen. Wenn ihr da noch zögert, ist das Haus weg, und ihr werdet es bitter bereuen." (**Werten**, **Herunterspielen**, **ungebetene Ratschläge**, **Warnen** und **Drohen**).

Doch was hilft hier B's Kommentar? A muss die Entscheidung treffen, muss herausfinden, was ihm letztlich wichtiger ist. Im Erwachsenen-Ich hat A die größten Chancen, die möglichen Folgen seiner Entscheidung zu prüfen, der Gesprächsförderer „In-Beziehung-Setzen" kann ihn hierbei unterstützen.

Nachfragen

Im Gegensatz zum Ausfragen wird hier der Gesprächspartner aufgefordert, seine Äußerung noch deutlicher darzulegen.

Beim Nachfragen beziehen Sie sich ausschließlich auf das, was der andere bereits mitgeteilt hat, was Ihnen aber im Moment Schwierigkeiten im Verständnis macht. Typische Wendungen lauten:

- „Können Sie mir gerade ein Beispiel dafür geben?"
- „Was meinen Sie mit …?"
- „Was bedeutet …?"
- „Ich kann mir das im Moment noch nicht richtig vorstellen."
- „Das habe ich gerade nicht verstanden."

Nachfragen fördert Verständnis.

A: „Seit wir in die Baracken umziehen mussten, sind wir von den Insidertipps so gut wie abgeschnitten. Wenn wir uns da nicht irgendetwas einfallen lassen, sehen wir ganz schnell alt aus."

B: „Was meinen Sie mit Insidertipps?"

Bei dieser Erwiderung wird A aufgefordert, sich noch verständlicher auszudrücken. Ganz anders wäre das Gespräch weitergegangen, wenn sich B für eine Warum-Frage entschieden hätte: (Abb. 9–2)

B: „Warum musste Ihre Abteilung eigentlich in die Baracken umziehen?"

Die typische Legitimation für das **Ausfragen** lautet: „Ich will doch den anderen besser verstehen." Beim **Nachfragen** geht es jedoch nur darum, eine **einzelne Äußerung** zu verstehen.

In einer Übungssituation entspann sich folgender Dialog, der mir geeignet erscheint, den Unterschied zwischen Ausfragen und Nachfragen zu verdeutlichen. A hatte das Gespräch begonnen, B durfte lediglich Gesprächsförderer verwenden, C hatte „Schiedsrichterfunktion" und sollte die jeweils verwendeten Gesprächsförderer oder -störer benennen.

Abb. 9-2

A: „Jetzt steht wieder Weihnachten vor der Tür, und wir haben uns überlegt, ob wir dieses Mal auf den üblichen Baum verzichten und stattdessen mal einen Strauß ausprobieren."
B: „Was haben Sie denn gegen einen Weihnachtsbaum?"
C: „Stopp! Das ist Ausfragen. Jetzt muss A sich rechtfertigen."
B: „Aber ich will A doch verstehen, darum wollte ich den Gesprächsförderer Nachfragen verwenden."
C: „Nachfragen darf sich doch nur auf das beziehen, was A gerade geäußert hat."
B: „Na schön, zweiter Anlauf: Was sagt denn Ihr Mann dazu?"
C: „Stopp! Das ist doch genauso ausgefragt. Jetzt muss A über das Gespräch mit ihrem Mann berichten."
B: „Ja wie soll ich denn fragen? Wenn ich jetzt frage: Was versprechen Sie sich von einem Strauß?, dann ist das wahrscheinlich auch schon wieder ausgefragt?"
A: „In der Tat."
C: „Ob das jetzt jeweils förderlich ist, vermag ich nicht zu beurteilen, aber folgendes Nachfragen ist mir eingefallen: Sie sagen, wir haben überlegt, wer ist das genau? Oder: Was meinen Sie mit,üblichem Baum'? Oder: Ich kann mir unter dem Strauß noch nicht so recht etwas vorstellen."

Sie sehen, es ist leichter, die eigene Neugierde zu befriedigen, als den anderen zu bitten, sich verständlicher auszudrücken.

Ich will am Ende dieses Abschnitts ein längeres Gespräch abdrucken, das zeigt, dass nicht jedes Nachfragen in Frageform geschehen muss. Nachfragen in Form von Aussagesätzen zielt auch auf eine weitergehende Erklärung, wirkt aber aufgrund des Tonfalls weniger bedrängend. Da Fragesätze im Deutschen mit einer Stimmhebung am Satzende einhergehen, können Fragekettten allein vom Tonfall her nötigend wirken. Beim folgenden Gespräch können Sie beobachten, dass die Wiederholung eines einzelnen Wortes zum Weitersprechen bewegen kann. (Abb. 9–3)

Abb. 9-3

In meiner Sprechstunde erschien eine Studentin, die wegen eines Referats Fragen hatte. Im Laufe des Gesprächs rückte sie mit ihrem eigentlichen Anliegen heraus:

Studentin: „Na ja, das ist eigentlich nicht alles, also, weswegen ich gekommen bin. Ich komme da nämlich nicht weiter."

Weisbach: „Was meinen Sie mit,da'?"

Studentin: Ja, also mit meiner Diplomarbeit. Das ist nämlich so, immer wenn ich meine, dass das irgendwie zu schaffen sei, dann kommen da diese Zweifel, aber auch echte Selbstzweifel."

Weisbach: „Wer zweifelt denn da?"

Studentin: „Ja, zunächst einmal die anderen, aber eigentlich ich auch."

Weisbach: „Die anderen?"
Studentin: „Na ja, die in meiner Arbeitsgruppe. Die sagen dann so Sachen wie: Das schaffst Du doch nicht, oder: Wie willst Du das in sechs Monaten über die Runden bringen?"
Weisbach: „Sie sagten zuvor, dass Sie eigentlich auch zweifeln, was meinen Sie damit genau?"
Studentin: „Ja – (schaut aus dem Fenster) – mhm – ja, ich weiß irgendwie auch nicht, das ist nämlich so, wenn ich einige Seiten geschrieben habe und den ganzen Tag an meinem Schreibtisch gesessen bin, dann bin ich ganz zufrieden. Aber dann kommt mir irgendein Buch zwischen die Finger, und schon könnte ich alles in den Ofen schmeißen."
Weisbach: „Sobald Sie andere Bücher zur Hand nehmen, sind Sie total frustriert und Ihre anfängliche Zufriedenheit ist wie verflogen."
Studentin: „Ja, ganz genau. Die können das alles so viel besser ausdrücken. Knapp und präzise handeln die das da ab. Wozu soll ich mich selbst dann noch abmühen?"
Weisbach: „Im Grunde genommen ist Ihr Thema schon viel besser anderswo abgehandelt."
Studentin: „Nein, das nun wieder nicht. Die schreiben ja über ganz verschiedene Themen. Aber es ist doch so, dass ich mich mit denen nie messen kann."
Weisbach: „Mir ist jetzt nicht klar, worin Sie sich messen möchten."
Studentin: (schweigt, schaut auf den Fußboden) „Ja – worin eigentlich? Das sind eben die Ansprüche, also an Stil und Form, und denen kann ich irgendwie nicht genügen."
Weisbach: „Ich frage mich gerade, wessen Ansprüche Sie da meinen."
Studentin: „Ja nun (schaut etwas verwirrt hoch und dann auf ihre Hände), na ich denke, das sind die Ansprüche an eine Diplomarbeit."
Weisbach: „Und wer hat nun diese Ansprüche an Ihre Diplomarbeit?"
Studentin: (fängt an zu lachen) „Ja, wer hat diese Ansprüche? Das ist 'ne gute Frage. Ja, vielleicht sind das Ihre Ansprüche, Herr Weisbach."
Weisbach: „Sie sagen ‚vielleicht'."
Studentin: „Nun ja – vielleicht auch meine eigenen Ansprüche, also irgendwie besser zu sein und mich deswegen noch mehr anzustrengen und zu fordern."
Weisbach: „Wenn Sie sagen, dass sie besser sein möchten, überlege ich mir, in Bezug worauf Sie besser sein wollen."
Studentin: (lange Pause) „Ja – ich glaube, besser als die anderen."
Weisbach: „Die in Ihrer Arbeitsgruppe?"
Studentin: „Mhm. Vielleicht möchte ich besser sein als Franz und Gabi in unserer Gruppe."

Weisbach: „Mir fällt auf, dass Sie‚vielleicht' sagen."
Studentin: „Ja, ich weiß auch nicht. Also ich denke – mhm – also, ich will besser sein als die Gabi."
Weisbach: „Damit ist aber noch nicht klar, in Bezug worauf Sie besser sein möchten als Gabi."
Studentin: „Ja worauf? (schweigt) Nun, also von der ganzen Aufmachung her muss das einfach überzeugen."
Weisbach: „Das soll einfach überzeugen."
Studentin: „Na ja, der Stil und so."
Weisbach: „Können Sie mir ein Beispiel geben für‚und so'."
Studentin: „Vom Stil her muss der ganze Gedankengang schlüssig sein, da darf kein Wort zu viel, aber erst recht keines zu wenig sein."
Weisbach: „Ich versuche mir gerade vorzustellen, wen das denn nun überzeugen soll."
Studentin: „Na Sie!"
Weisbach: „Und sonst niemanden?"
Studentin: „Ach so – ja, die Gabi will ich wahrscheinlich in erster Linie überzeugen."
Weisbach: „Sie sagen‚wahrscheinlich'."
Studentin: „Na ja, die hat mal vor 'nem halben Jahr gesagt, dass ich das nicht so gut könne."
Weisbach: „Wie wer?"
Studentin: „Ich denke, wie sie. Also nicht so gut schreiben wie sie. Dabei bildet die sich nur ganz gehörig etwas ein, denn ich finde, dass sie manchmal ganz schönen Schrott formuliert."
Weisbach: „Ich versuche mir gerade vorzustellen, wie die Gabi aussehen soll, wenn Sie Ihre Arbeit fertig haben."
Studentin: (Langes Nachsinnen) „Das klingt zwar jetzt blöd, aber wenn ich ehrlich bin, dann soll Gabi vor Neid erblassen."
Weisbach: „Mit anderen Worten, Sie rackern sich sechs Monate mit dieser Diplomarbeit ab, damit die Gabi in Ihrer Arbeitsgruppe zugibt, dass sie Ihnen das nicht zugetraut hat, so ein Werk fertig zu stellen."
Studentin: „Oje – ich bin ja wohl echt bekloppt."
Weisbach: „Wenn Sie sich gerade vorstellen, diese Gabi würde es nicht geben. Hätte das irgendwelche Konsequenzen für Ihre Arbeit?"
Studentin: (denkt nach) „Ich glaub', dann würde ich jetzt fertig schreiben. Sie kennen ja meine Arbeit. Ich nehme an, ich bekomme eine Zwei. Ja, und dann würde ich zusehen, dass ich die Prüfungen mache."
Weisbach: „Na, dann bin ich nur noch gespannt, ob ich Ihre Arbeit nächste oder übernächste Woche auf den Tisch bekomme."

Weiterführen und Denkanstoß geben

Die Fragen im vorangegangenen Gespräch gingen an mehreren Stellen über das Klären und Verstehenwollen hinaus. So haben Sie bereits den Gesprächsförderer „Weiterführen“ und „Denkanstoß geben“ kennen gelernt. Dieses Weiterführen geschieht auch in Form einer Frage. Doch wird der Gesprächspartner aufgefordert, über seinen gedanklichen Horizont hinauszugehen. Diese Fragen werden nicht um einer erwarteten Antwort willen gestellt, sondern stellvertretend für den Gesprächspartner formuliert, ihm gewissermaßen zur reflexiven Auseinandersetzung vorgelegt.

„Ich frage mich gerade, ...
- was wäre, wenn ...?
- welche Konsequenzen hätte das ...?
- wie es aussehen würde, wenn ...?
- was passieren würde, wenn ...?
- was schlimmstenfalls geschehen könnte, wenn ...?

Oder Sie fordern Ihren Gesprächspartner auf, sich vorzustellen, dass das Problem bereits gelöst sei. Auf diese Weise nähert sich Ihr Gegenüber rückwärts seiner inneren Blockade.

Sie können immer wieder beobachten, wie Menschen gerade in schwierigen Situationen ihr Problem von allen Seiten beleuchten, ohne auch nur einen Schritt voranzukommen. Ab einer bestimmten Stelle drehen sich die Gedanken im Kreis; es taucht ein Punkt auf, über den nicht hinausgedacht wird. Der Gesprächsförderer **Weiterführen** fordert zum Nachdenken aus dem Erwachsenen-Ich auf, zum Prüfen der möglichen Folgen einer Entscheidung. Wir neigen dazu, Rat suchenden Menschen dadurch zu helfen, dass wir ihnen Ratschläge erteilen; oftmals zeigt sich jedoch, dass die bewusste Zuwendung zur Verneinung, zum Gegenteil oder zum Negativen viel schneller zum Punkt führt. Mit folgenden weiterführenden Fragen entdeckt Ihr Gesprächspartner, wo er innerlich steht:

- Stell Dir vor, Du wirst es nicht tun, ...
- heute nicht, ...
- morgen nicht, ...

- überhaupt nicht!
- Wie geht's dir?

Unversehens entdeckt Ihr Gesprächspartner, ob er überhaupt genug Energie und Willen hat, sein geäußertes Ziel anzustreben. Schauen wir uns noch einmal das Beispiel mit dem Umzug aufs Land an:

A: „Wir haben die einmalige Chance, aufs Land zu ziehen; man hat uns in Kuhdorf ein Häuschen mit großem Garten zur Miete angeboten. Unsere Wohnung ist uns ja schon lange zu klein geworden, da kommt dieses Angebot wie gerufen. Aber das heißt auch, alle unsere Kontakte hier aufzugeben, uns neu zu orientieren und noch einmal von vorn anzufangen."

B: „Angenommen ihr würdet euch für Kuhdorf entscheiden. Was wären denn dann die unangenehmsten Begleitumstände?" Oder:

B: „Wenn Du hier alle Kontakte aufgeben müsstest, worauf würde das Deiner Meinung nach im schlimmsten Fall hinauslaufen?" Oder:

B: „Wenn Du sagst:,Noch einmal von vorn anzufangen', welche Konsequenzen hätte das für euch?" Oder:

B: „Wenn Du Dir nun vorstellst, erst einmal in eurer Wohnung zu bleiben, welche Schwierigkeiten siehst Du dann?"

Vielleicht sind Sie erstaunt, wie beharrlich diese weiterführenden Fragen am Negativen ansetzen. Ja, manch einer mag sogar einwenden, dass die Menschen schon viel zu negativ gestimmt sind und er sie deswegen nicht noch stärker mit den Widrigkeiten konfrontieren will. Der in den weiterführenden Fragen enthaltene Denkanstoß fordert auf, sich die vorhandenen Befürchtungen einmal so konkret wie möglich vorzustellen. Auch mit folgenden weiterführenden Fragen kann sich Ihr Gesprächspartner seiner inneren Widerstände bewusst werden:

- Was wäre die schlechteste Möglichkeit?
- Was die zweitschlechteste?
- Was die drittschlechteste?
- Und bei welcher davon hältst Du dich bisher manchmal in Gedanken auf.

Es zeigt sich nur zu oft, dass hinter einer negativen Einschränkung eine unreflektierte Verallgemeinerung steckt, die erst durch Hinterfragen aufgelöst werden kann. Nicht der gut gemeinte Ratschlag hilft weiter, sondern ein bewusstes Prüfen aller befürchteten Folgen. Auch der beste Ratschlag wird mit einem „Ja, aber …“ quittiert, wenn der Empfänger irgendwo tief versteckt in seinem Innern ein Bild negativer Konsequenzen hat.

Folgendes Beispiel kann verdeutlichen, wie jemand handlungsunfähig bleibt, weil er sich die möglichen Konsequenzen in den dunkelsten Farben vorstellt. So etwas wird auch Katastrophieren genannt.

Im Rahmen einer Einzelberatung bat mich eine Klientin um einen Rat in folgender Situation:
Klientin: „Sie wissen ja, ich bin jetzt seit drei Monaten in der neuen Abteilung und von der Arbeit her gefällt es mir dort wirklich gut. Letzte Woche hab' ich aber die fürchterliche Entdeckung gemacht, dass mein Kollege, mit dem ich im selben Büro zusammenarbeite, Konstruktionspläne an die Konkurrenz weitergegeben hat. Ich hab' das ganz zufällig mitbekommen, ohne dass er etwas gemerkt hat. Am liebsten würde ich sofort zu unserem Chef gehen und ihm meine Beobachtung mitteilen. Aber so einfach geht das nicht. Ich hab' mir schon alles Mögliche überlegt. Ich finde einfach keinen Weg."
Weisbach: „Was wäre denn, wenn Sie morgen direkt zu Ihrem Chef gehen und ihm davon berichten?"
Klientin: „Nicht auszudenken! Eher lass ich mich noch einmal in eine andere Abteilung versetzen. Nein, so geht das auf keinen Fall."
Weisbach: „Mit anderen Worten, Ihr Chef macht Sie dann einen Kopf kürzer und legt Ihnen die Kündigung nahe."
Klientin: „Nein, so schlimm wird's nun nicht gleich werden. Aber trotzdem."
Weisbach: „Ich versuche mir das gerade vorzustellen: Sie haben geradezu panische Angst, Ihrem Chef wegen dieser Beobachtung aufzusuchen. Dabei befürchten Sie keinesfalls, deswegen gekündigt zu werden. Also machen Sie sich wegen anderer Konsequenzen Sorgen. Mir geht jetzt durch den Kopf, dass Ihr Chef vielleicht ein Choleriker ist und tätlich wird."
Klientin: „Wo denken Sie hin, der Mann ist die Ruhe in Person."
Weisbach: „Also er schmeißt Sie nicht raus, wird nicht ausfallend, was könnte denn nun schlimmstenfalls passieren?"
Klientin: „Tja, wenn ich das nur wüsste. (Denkt nach.) Ich weiß es nicht."
Weisbach: „Wir können uns das ja mal hier zusammen ausmalen. Im Moment brauchen Sie ja auch keine Ernstfallkonsequenzen zu befürchten. Mit welcher Reaktion Ihres Chef könnten Sie nur ganz, ganz schlecht umgehen?"

Klientin: (Denkt nach.) „Ich glaube, wenn er gar nichts erwidern würde. Also wenn ich ihm alle meine Beobachtungen aufgetischt hätte, und er mich nur freundlich anlächelt, mit dem Kopf nickt,,so, so' sagt und mich dann zur Tür begleitet. Also das wäre echt schlimm."

Weisbach: „Wenn Sie sich diese Situation gerade so vorstellen, was wäre dann? Ich meine, Sie bekommen ja deswegen nicht gleich einen Herzinfarkt."

Klientin: „Tja, was wäre dann? Ich würde wieder an meinen Schreibtisch gehen. Was auch sonst."

Weisbach: „Ich bin sicher, dass Sie dann aber nicht mehr ganz so gelassen weiterarbeiten, wie ..."

Klientin unterbricht: „Ganz gewiss nicht! Also ich würde denken, so ein Idiot, der kann mich mal."

Weisbach: „Das klingt jetzt ganz energisch und selbstbewusst. Wenn Sie sich jetzt überlegen, für wie realistisch halten Sie eine derartige Chefreaktion?"

„Also, wenn Sie so fragen, eigentlich völlig unrealistisch. Ich glaub', ich hab' mir da die ganze Zeit etwas vorgemacht. – Ich erzähl' Ihnen nächste Stunde, wie mein Chef tatsächlich reagiert hat."

An diesem Beispiel wollte ich Ihnen zeigen, wie „weiterführende Fragen" und „Denkanstöße" gar nicht auf rationale Antworten zielen, sondern dem Gewinnen von Einsicht dienen. Beim Einsatz dieses Gesprächsförderers ist nicht die augenblickliche Antwort bedeutungsvoll, sondern das, was im Gesprächspartner auf diese Weise angeregt wird.

Weiterführende Fragen regen zum Nachdenken an.

Wünsche herausarbeiten

Im vorangegangenen Abschnitt wurde darauf hingewiesen, dass Menschen in schwierigen Situationen ihr Problem zwar von allen Seiten beleuchten, doch häufig keinen Schritt vorankommen. Ab einer bestimmten Stelle drehen sich die Gedanken im Kreis. Es taucht ein Punkt auf, über den nicht hinausgedacht wird. Es zeigt sich jedoch, dass wir auch in den schwierigsten Problemsituationen eine

Vorstellung von einer optimalen Lösung haben. Zugegeben, diese Lösung muss uns nicht immer bewusst sein. Selbst wenn sie uns bewusst ist, muss das noch nicht heißen, dass wir uns freimütig zu ihr bekennen. Sonst müssten wir uns ja auch der Frage stellen, warum die Lösung nicht längst umgesetzt wurde. Manche Lösung steht ja in offensichtlichem Widerspruch zu anderen Positionen und bringt nur weitere Konflikte mit sich.

So schilderte beispielsweise in einem Führungsseminar ein Teilnehmer seine Probleme mit einem seiner Mitarbeiter und bat die Runde um Ratschläge und Anregungen, wie sein Problem zu lösen sei. Worüber er jedoch fast zwanzig Minuten lang nicht sprach, war seine Vorstellung einer für ihn optimalen Lösung, nämlich den Mitarbeiter zu entlassen.

Mit dem Gesprächsförderer „Wünsche herausarbeiten" bekommt der Andere Gelegenheit, sich frei vom Rechtfertigungszwang seiner eigentlichen Absichten bewusst zu werden.

Im Umzugs-Beispiel aus dem vorangegangenen Abschnitt hatte A behauptet, dass ein Umzug nach Kuhdorf zwangsläufig mit der Aufgabe aller Kontakte einhergehen müsse. Vielleicht glaubt A tatsächlich, was er da gerade gesagt hat. Doch welche konkreten Befürchtungen malt sich A für diesen Umzug aus? Sieht er sich vereinsamt und isoliert ohne jegliche Ansprache am Ortsausgang von Kuhdorf sitzen, bar aller Freunde und Bekannten? Oder malt sich A vielleicht gar nichts aus, sondern ist in seinen Bildern noch viel zu sehr in der jetzigen Wohnsituation verhaftet? Wie auch immer, A hat für oder gegen Kuhdorf schon längst Stellung bezogen, auch wenn ihm das selbst nicht unbedingt klar sein muss. Am deutlichsten würde dies mit einer **Zielfrage** erfasst werden:

B: „Wie wäre denn eine optimale Lösung?"

A: „Das beste wäre, wir würden in Kuhdorf schnell Anschluss finden und ab und zu käme uns jemand besuchen, damit die gewachsenen Beziehungen nicht auf einmal abreißen. Wir würden wahrscheinlich auch hin und wieder hierher kommen."

Bei dieser Äußerung lässt A erkennen, dass der Umzug favorisiert wird, nur noch Trennung und Abschied von Freunden ungeklärt sind. Ganz anders verhält es sich aber bei folgender Erwiderung:

B: „Wie wäre denn eine optimale Lösung?"
A: „Am besten wäre es, wie würden hier ganz in der Nähe ein Häuschen mit Garten finden. Es muss ja nicht zur Miete sein, obgleich so etwas natürlich toll wäre."

Hier scheint A ein Verbleiben in den bisherigen Wohnverhältnissen zunächst einmal zu bevorzugen, um sich beispielsweise nicht von den lieb gewordenen Beziehungen trennen zu müssen. Damit sich A über seine **heimliche Lösung** klar werden kann, muss er sich mit dem auseinander setzen, was in seiner Äußerung wie selbstverständlich klingt, sich aber bei eingehender Betrachtung als **unreflektierte Grenze** entpuppt. Das klingt leichter gesagt als getan. Wie brauchen uns nur vorzustellen, wie die Familie von A schon seit langem von einem Häuschen im Grünen träumt, wie die Wohnverhältnisse mit jedem hinzugekommenen Kind enger werden und wie dieses Angebot, nach Kuhdorf zu gehen, förmlich eingeschlagen ist. In einer derartigen Situation seine möglichen Zweifel zu formulieren, erfordert nicht nur Bewusstheit für die eigene Lage, sondern auch eine gehörige Portion Mut. So verwundert es nicht, dass A folgende Formulierung kaum über die Lippen bringen wird:

„Also, hört mal her, mit dem Umzug nach Kuhdorf ist hier schon große Vorfreude eingetreten. Aber ich habe so meine Zweifel, ob das wirklich gut ist. Zum einen liegt Kuhdorf am Ende der Welt. Bis in die nächste Stadt sind es über dreißig Kilometer. Dann kann ich weder ins Kino noch ins Theater gehen, von Konzerten ganz zu schweigen. Zum anderen haben wir hier so tolle Freunde, dass es mir schwer fallen würde, diese Freundschaften auf einen Briefwechsel oder Telefonniveau zu reduzieren. Also, wenn's nach mir geht, dann bin ich dafür, hier in der näheren Umgebung weiterzusuchen und vorerst so wohnen zu bleiben, wie wir das all die Jahre ja auch gekonnt haben."

Wenn Sie den Gesprächsförderer „Wünsche herausarbeiten" einsetzen, geben Sie Ihrem Gesprächspartner die Möglichkeit, für sich herauszufinden, worauf sein Handeln eigentlich abzielt.

Auch wenn es zunächst unverständlich klingen mag: Ein klar formulierter Wunsch muss noch lange nicht bedeuten, dass der Sprecher nun alles daransetzen wird, den Wunsch Wirklichkeit werden zu lassen. Klarheit hilft ihm aber, zwischen den vordergründigen und den eigentlichen Wünschen zu unterscheiden. Wieweit Ihr Gesprächspartner in seiner Entscheidung noch wirklich offen ist, können Sie mit folgender Frage prüfen:

- Woran könntest Du erkennen, dass Du dich bereits entschieden hast?
- Dafür?
- Dagegen?

In einem Kurs über beratende Gesprächsführung stellte sich ein Teilnehmer mit folgendem echten Anliegen Rat suchend zur Verfügung: (Abb. 9–4)

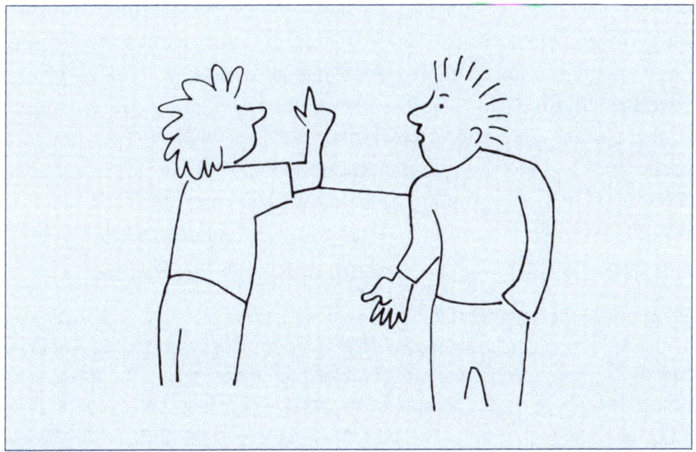

Abb. 9-4

„Also, ich steh' vor dem Problem, dass wir demnächst Nachwuchs bekommen, und dann brauchen wir ein neues Auto. Der Golf, den wir im Moment haben, der ist vermutlich zu klein, da bekommt man wahrscheinlich nicht mal 'nen Kinderwagen rein. Jetzt weiß ich nicht, ob es sinnvoll ist, gleich das neue Auto zu kaufen oder erst einmal zu warten, bis das Kind da ist. Was tun?"

Insgesamt waren vier „Berater" bemüht, hier eine hilfreiche Lösung zu finden. Wie groß war jedoch das Erstaunen der Gruppe, als im letzten Durchgang deutlich wurde, dass der Ratsuchende im Grunde genommen gar kein neues Auto wollte. Seine Abschlussbemerkung hörte sich so an:
„Ich denk', ich weiß jetzt, woran es liegt. Eigentlich will ja meine Frau das neue Auto. Ihr Schwager hat auch einen größeren Wagen angeschafft, als ihre Schwester ein Kind bekam. Aber mir ist das im Moment zu unsicher. Ich weiß ja nicht, welche Kosten da auf mich zukommen. So ein Kind kostet im ersten Jahr 'ne ganz schöne Stange Geld, und wenn ich jetzt das Auto kaufe, dann fehlt es womöglich woanders. Mir ist erst jetzt im Gespräch klar geworden, unter welchen Zugzwang ich mich da setzen lasse. Ich glaub', ich muss mal genau darüber mit meiner Frau reden."

Es gibt einen kleinen Kniff, der an dieser Stelle verraten sei: Wenn Sie den Gesprächsförderer „Wünsche herausarbeiten" einsetzen, fordern Sie Ihren Gesprächspartner auf, sich vorzustellen, das **Ziel** sei bereits erreicht und er soll nun beschreiben, was dann wäre. Wer sich nichts anderes wünscht, als das, was zuvor formuliert wurde, kann ohne Zögern mit geradezu leuchtenden Augen von „seinem Ziel" erzählen. Ganz anders, wenn das genannte Ziel gar nicht die erste Priorität hat, der Wunsch durch einen geheimen Konkurrenzwunsch überlagert wird. Hier wird Ihr Gesprächspartner zögern, seine Stirn legt sich in nachdenkliche Falten, die Gesichtszüge wirken gar nicht heiter, und Sie gewinnen nicht den Eindruck, dass es erstrebenswert sein könnte, das genannte Ziel zu erreichen.

Folgendes Beispiel mag dies besonders deutlich illustrieren:

Einer meiner Doktoranden kam mit seiner Dissertation nicht voran. Die Arbeit war in sich schlüssig, gut aufgebaut und alles in allem viel versprechend. Dennoch zog sich die Bearbeitung immer mehr in die Länge. Schließlich fragte ich ihn in einem der vielen Gespräche ganz direkt: „Wir reden jetzt die ganze Zeit darüber, wie Sie diese und jene Schwierigkeit aus dem Weg räumen können. Ich habe mal eine ganz andere Frage: Beschreiben Sie mir doch bitte mal, was eigentlich passiert, wenn Sie Ihr Promotionsvorhaben abgeschlossen haben werden." Hatte ich erwartet, in etwa zur Antwort zu bekommen: „Na, dann schlag' ich drei Kreuze", so war ich umso überraschter, als das Gesicht meines Gesprächspartners förmlich einfiel und er mit ziemlich belegter Stimme antwortete: „Tja, dann muss ich halt sehen, wo ich bleibe." Im weiteren Verlauf stellte sich dann heraus, dass diese Doktorarbeit zwar vordergründig fertig gestellt werden sollte, dass aber ein Nicht-Fertigstellen der Arbeit den Vorteil mit sich brächte, weiterhin an der Universität bleiben zu können. Im tiefsten Innern hatte dieser Doktorand die Vorstellung, für ein Leben außerhalb der Hochschule nicht gewappnet zu sein und auf dem freien Markt zu scheitern. Um dies zu verhindern, zögerte er das Ende seines Studiums in die Länge, ohne sich seiner merkwürdigen Taktik bewusst gewesen zu sein.

In die gleiche Richtung zielen auch folgende Fragen:

- Wenn Du bereits jetzt wüsstest, wie die Sache ausgeht, was würdest Du tun bzw. unterlassen? oder:
- Stell Dir den Zeitpunkt vor, da Du die Sache abgeschlossen hast, wie wirst Du dich fühlen?
- Was wird nun Dein nächster Schritt sein?

Sobald sich Ihr Gesprächspartner mit diesen Fragen auseinandersetzt, überschreitet er Grenzen, die er sich unbewusst auferlegt hat. Dabei können Sie entdecken, dass Ihr Gegenüber unversehens Energien entwickelt. Statt des lähmenden Hier und Jetzt stellt er sich das Ziel vor und plant von dort aus rückwärts die nächsten Schritte. Die Formulierung „Was wird nun Dein nächster Schritt sein?“ ist bewusst doppeldeutig: Sie lenkt die Aufmerksamkeit nicht nur auf den jetzt anstehenden nächsten Schritt, sondern führt auch zu der Vorstellung, was nach der Zielerreichung als Nächstes angestrebt wird. Dieses Vorgehen ist so wirkungsvoll, weil wir uns im Moment der Zielerreichung ausgesprochen gut, fit und stark fühlen. Bei der Beantwortung der Zielfragen versetzen wir uns und unseren Gesprächspartner in der Vorstellung in einen kraftvollen Zustand. Es zeigt sich, dass diese nur vorgestellte Kraftreserve ungeahnte Energien im Hier und Jetzt freisetzt, nämlich sofort den nächsten Schritt auszuführen.

Wer den Gesprächsförderer Wünsche herausarbeiten einsetzt, wird nicht nur hören, was der andere verbal mitteilt, sondern auch für Zwischentöne hellhörig sein, die womöglich das Gegenteil dessen anklingen lassen, was vordergründig geäußert wird.

Wenn Sie Wünsche herausarbeiten, hören Sie auf Zwischentöne.

Gefühle ansprechen

Im 3. Kapitel wurde das **aktive Zuhören** näher beschrieben. Dabei ging es darum, die mitschwingenden **Gefühle anzusprechen**, die unser Gesprächspartner ja meist nicht direkt äußert. Auch bei diesem Gesprächsförderer handelt es sich um ein typisches Verhalten aus dem Erwachsenen-Ich, das auch den Partner in seinem Erwachsenen-Ich anspricht, ganz gleich in welchem emotionalen Zustand sich der andere gerade befindet. Sobald wir seine mitschwingenden Empfindungen in Worte gekleidet haben, muss er prüfen, ob und wieweit wir ihn richtig verstehen. Und Prüfen ist ja eine Funktion des Erwachsenen-Ichs.

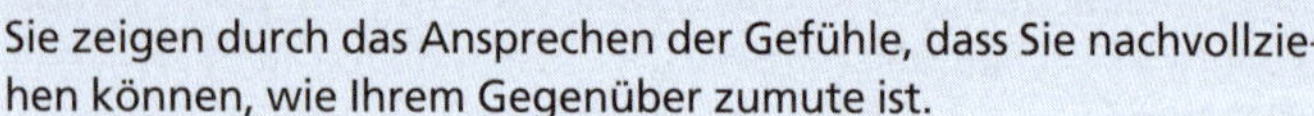

Sie zeigen durch das Ansprechen der Gefühle, dass Sie nachvollziehen können, wie Ihrem Gegenüber zumute ist.

Auf die Körpersprache eingehen

Unsere Gefühle und unsere Meinungen drücken wir nicht allein in Worten aus.

Nach einem klassischen, viel zitierten Experiment aus dem Jahre 1972 wird der Gesamteindruck einer Persönlichkeit zu 55 Prozent von der Körpersprache, zu 38 Prozent von der Stimme und lediglich zu 7 Prozent vom Inhalt des Gesprochenen bestimmt. Wer professionell Gespräche führen will, wird gut daran tun, bewusst auf die Körpersprache des jeweiligen Gegenübers zu achten.

Wir alle empfangen ununterbrochen körpersprachliche Signale, ohne sie uns im Einzelnen bewusst zu machen. Dennoch bemerken wir genau, wenn jemand niedergedrückt wirkt – auch wenn wir uns vielleicht nicht klarmachen, dass sich diese Wahrnehmung aus dem Anblick hängender Schultern, zusammengekauerten Dasitzens und heruntergezogener Mundwinkel bildet.

Körpersprache kann Widersprüche aufdecken. Vielleicht sagen die Worte unseres Gesprächspartners nein, aber seine Augen, seine zugeneigte Körperhaltung verraten, dass sein Gefühl schon ja gesagt hat. Umgekehrt ist das gesprochene Ja eines Partners nicht viel wert, wenn der Körper nein sagt, sich zurückzieht, sich verschließt.

Körpersprache kann auch die Wortsprache ersetzen. Etwa, wenn wir nicken statt „Ja" zu sagen oder mit einem Kopfschütteln unser „Nein" zum Ausdruck bringen. In diesen Fällen wird jedem bewusst, dass wir mit Gesten auch sprechen können.

Achtet man bewusst auf körpersprachliche Signale, so kann man die in ihnen ausgedrückte Botschaft zur Sprache zu bringen.

Vielleicht achten Sie einmal in der nächsten Zeit darauf, wie sich Ihr Gesprächspartner verhält, wenn Sie ihm Ihre Argumente darlegen. Ist der andere entgegengesetzter Meinung, wird er in der Regel beim Zuhören mit dem Kopf schütteln. Die übliche Reaktion darauf ist die, dass der, der gerade spricht, das Kopfschütteln auf sich bezieht, „noch einen Scheit nachlegt" und seine Argumente mit mehr Nachdruck wiederholt. Man kann aber auch stattdessen die beim Gegenüber beobachteten Signale direkt ansprechen: „Ich sehe, Sie schütteln den Kopf." Interessanterweise beginnt der andere als Antwort darauf meist zu nicken. Er fühlt sich verstanden. Und erklärt dann ungefragt, was ihm gerade durch den Kopf ging.

Erstaunlich ist, wie oft sich das, was man dann zu hören bekommt, nur entfernt auf die eigenen Aussagen bezieht. Allzu oft ist der andere an einem einzigen Punkt, der ihn störte, hängengeblieben. Das kann sich beispielsweise so anhören:

„... Durch die Umorganisation können wir dann in der gleichen Zeit doppelt so viele Fahrzeuge ausliefern. ... Herr Hansen, ich sehe, Sie runzeln die Stirn."

„Ja, das heißt, nein. Ich denk nur grad, Sie haben doch eben gesagt, wir haben zwölf Standorte. Aber sind das nicht eigentlich nur zehn?"

Durch rechtzeitiges Nachfragen lässt sich dann vermeiden, dass aus einem Missverständnis eine – unnötige – Meinungsverschiedenheit wird.

Im 3. Kapitel wurde bereits ausgeführt, dass ein Ziel professioneller Gesprächsführung sicherlich die Schaffung einer Atmosphäre ist, in der sich der andere **verstanden fühlt**.

Am Ende dieses Kapitels möchte ich zeigen, wie Sie auf ein und dieselbe Einstiegsäußerung mit verschiedenen Gesprächsförderern reagieren können. Wofür Sie sich jeweils entscheiden, ist eine Frage Ihres persönlichen Stils und der Beziehung zum jeweiligen Gegenüber.

„Die Zusammenarbeit mit dem Kollegen Mies wird in letzter Zeit immer schlimmer. Manchmal habe ich den Eindruck, er tut nur noch, was er will und nimmt mich nicht wahr. Er kann aber auch frech und unverschämt werden, zumal wenn ich mal eine Bitte habe. Ich weiß bald nicht mehr, wie ich mich verhalten soll."

Gefühle ansprechen:

„Sie sind da ganz ratlos." Oder:
„Sie fühlen sich dem Kollegen Mies gegenüber fast ausgeliefert."

Wiederholen und mit eigenen Worten umschreiben:

„Das Verhalten Ihres Kollegen gefällt Ihnen gar nicht, nur wissen Sie noch nicht, was Sie unternehmen sollen."

Klären und auf den Punkt bringen:

„Wenn ich Sie richtig verstehe, finden Sie das Verhalten von Herrn Mies völlig unkollegial." Oder:
„Ihre Beziehung ist auf dem Nullpunkt angekommen."

In Beziehung setzen:

„Einerseits behandelt er Sie wie Luft, andererseits nutzt er Ihre Bitten, um ausfällig zu reagieren."

Nachfragen:

„Sie sagen, in letzter Zeit wäre es schlimmer geworden, was heißt das?" Oder:
„Sie sagen, er reagiert geradezu unverschämt, wenn Sie ihn um etwas bitten. Können Sie mir dafür ein Beispiel geben?"

Weiterführen und Denkanstoß geben:

„Sie sagen, dass Sie bald nicht mehr wissen, wie Sie sich verhalten sollen. Was muss denn noch passieren, damit Sie etwas unternehmen?" Oder in Verbindung mit **Gefühle ansprechen**:
„Alles beim Alten zu lassen, ist vermutlich unerträglich. Doch scheinen Sie grauenhafte Konsequenzen zu befürchten, hier in die Initiative zu gehen."

Wünsche herausarbeiten:

„Wenn Sie sagen, Ihr Kollege tut in letzter Zeit nur noch, was er will, dann war Ihr Verhältnis früher scheint's besser. Mir ist jetzt nicht klar, ob Sie den Zustand von früher wiederherstellen möchten oder welches Ziel für Sie noch erstrebenswerter ist."

Ich will an dieser Stelle noch einmal auf das Übungsbeispiel aus dem vorangegangenen Kapitel zurückgreifen:

Es ist Samstagabend gegen 18 Uhr. Albrecht (A) und Brigitte (B) Grau sind über Freunde zu einer Party eingeladen worden.
A: „Ich finde, wir sollten nicht zu der Einladung gehen. Wir kennen die Leute doch gar nicht."
B: „Mach Dir mal keine Sorgen, das wird sicher ganz nett."

Wir können spekulieren, wie das Gespräch wohl verlaufen wäre, wenn sich Brigitte Grau für eine gesprächsfördernde Reaktion entschieden hätte, beispielsweise:

B: „Dir wär's am liebsten, wenn wir absagen."

Mit an Sicherheit grenzender Wahrscheinlichkeit wird ihr Mann diesen Satz bejahen. Obgleich diese Wunschbeschreibung lediglich feststellenden Charakter hat, können wir annehmen, dass Herr

Grau nicht nur „Ja“ sagen, sondern in irgendeiner Weise erklären wird, was ihm an dieser Einladung nicht gefällt. Auf jeden Fall erhält er die Chance, über seine Befürchtungen zu sprechen. Ob Albrecht Grau allerdings dieses Gesprächsangebot nutzt und offen anspricht, was ihn besorgt, oder eher ausweicht und lediglich auf eine Absage drängt, ohne diesen Wunsch näher zu erläutern, hängt in erster Linie von seinen Vorerfahrungen mit seiner Frau und der gesprächsförderlichen Atmosphäre insgesamt ab.

Ich habe einfach einmal eine Variante mit Gesprächsförderern „komponiert“:

B: „Dir wär's am liebsten, wenn wir absagen."
A: „Ja, du. Je länger ich über diese Einladung nachdenke, umso merkwürdiger kommt mir das Ganze vor."
B: „Was meinst Du mit merkwürdig?"
A: „Na ja, zunächst einmal waren wir ja gar nicht zusammen eingeladen, sondern Du allein. Irgendwie komme ich mir da schon komisch vor."
B: „Du fühlst dich jetzt wie ein Lückenbüßer."
A: „So will ich das nicht sagen, obwohl … – Weißt du, anfangs dachte ich, vielleicht bin ich da ja unerwünscht. Und dann habe ich mich natürlich gefragt, wer ein Interesse daran hat, dass Du allein dahin gehst."
B: „Du hast Dir schon ausgemalt, was sich auf der Party abspielen könnte."
A: „Schon. Dazu brauche ich ja wohl nicht allzu viel Phantasie. Entschuldige, wenn ich das jetzt aufwärme, aber es ist ja noch gar nicht so lange her, dass wir wegen Deiner Geschichte mit Carl Krach hatten."
B: „Für dich ist diese Einladung wie eine erneute Bedrohung."
A: „Offengestanden ja. Bei dem Gedanken, dass Du dort Carl triffst, wird mir ganz anders."
B: „Auf diese Party kannst Du dich überhaupt nicht freuen, weil Du schon die ganze Zeit befürchtest, ich könnte dort Carl treffen und mit ihm wieder was anfangen."
A: „Stimmt. Jetzt, da Du das mal so klar aussprichst, wird mir bewusst, dass wir darüber nie abschließend gesprochen haben."

Gesprächsförderer in der elektronischen Kommunikation

Im E-Mail-Kontakt gibt es kein leibhaftiges Gegenüber, da liegen die Stolpersteine unbeabsichtigter Geringschätzung, aber auch die Möglichkeiten, Respekt für das Gegenüber zu zeigen, oft an anderer Stelle.

Das fängt bereits bei der „Betreffzeile“ an. Damit der Adressat die E-Mail noch vor dem Öffnen richtig einordnen kann, ist eine differenzierte Aussage auch ein Akt des Respekts. Sie mögen an den folgenden Beispielen prüfen, was Ihnen das Bearbeiten Ihrer Mails am ehesten erleichtert:

Anlass	Zweck der E-Mail	Mögliche Betreffzeile
Termin	Terminplanung	Terminbestätigung 3.4.15:00
Projekt	Projektplanung	Bitte um Rückruf
Prozessänderung	Verschiedene Reaktionsmöglichkeiten	Bitte um Ihre Einschätzung der Reaktionsmöglichkeiten bis heute 16 Uhr.
Zur Kenntnisnahme	Aktuelle Projektentwicklung	Alpha-Projekt, ein update zu Ihrer Information
Anfrage	Anfrage wg. Unterstützung	Anfrage wg. Unterstützung bei der Projektpräsentation am 3.4.

Auch wenn sich Vieles im E-Mail-Kontakt beschleunigt klären lässt, birgt dieses schnelle Vorgehen die Gefahr von Nachlässigkeit. Nicht nur die Betreffzeile erfordert ein Nachdenken darüber, was man beim Adressaten mit der Nachricht erreichen möchte. Auch ein nochmaliges Lesen und Korrigieren von Rechtschreibung und Zeichensetzung ist zeitaufwändig. Natürlich mag mancher einwenden, dass es doch auf den Inhalt ankomme und die Form nachrangig sei. Dabei wird übersehen, dass die versteckte Botschaft hinter diesem Verhalten lautet: So wichtig ist mir der andere nicht, dass ich mir die Zeit nehme, alles noch einmal zu prüfen. Erstaunlicherweise machen die „form follows function“ Befürworter durchaus einen Unterschied, wenn Sie Ihrem Vorgesetzten schreiben, mit einem wichtigen Kunden in Kontakt treten oder sich gar bewerben.

All das, was wir Ihnen in den verschiedenen Kapiteln dieses Buches dargelegt haben, lässt sich in der schriftlichen Kommunikation bestens einsetzen. Wenn Sie Ihre fertige E-Mail erneut lesen, mögen Sie sich fragen, was diese im Adressaten wohl auslösen wird, wie dieser sich fühlen mag und womöglich reagieren könnte. Und genau das lässt sich auch schriftlich ausdrücken, um dem anderen gewissermaßen zu erlauben, sich so zu verhalten, wie Sie es vermuten oder auch befürchten.

Auch wenn es in der geschäftlichen Korrespondenz immer noch unüblich sein mag, auf die Emotionen des Gegenübers Bezug zu nehmen, haben wir Autoren in den letzten Jahren viele positive Rückmeldungen erhalten, wie viel leichter sich missliche Ereignisse ansprechen lassen, wenn die damit einhergehenden Gefühle offen thematisiert werden, beispielsweise:

„Sie bekommen womöglich einen Schreck, wenn Sie lesen, dass wir den vereinbarten Liefertermin um eine Woche nach hinten verschieben müssen …"

„Vermutlich sind Sie sehr enttäuscht, dass wir trotz unserer ersten positiven Reaktion unsere Entscheidung anders getroffen haben …"

„Auf die Gefahr hin, Sie vor den Kopf zu stoßen, muss ich Ihnen leider mitteilen, dass …"

Nicht zuletzt lässt sich in einer E-Mail auch klären, warum Sie trotz der räumlichen Nähe zum Adressaten zu diesem Medium greifen. Denn was Ihnen – schon aus Gründen der Dokumentation – eine Selbstverständlichkeit ist, kann den Kollegen im Nachbarbüro irritieren und zu völlig falschen Schlussfolgerungen führen, z. B. dass Sie einem persönlichen Kontakt mit ihm aus dem Wege gehen wollen.

Geht Ihre E-Mail an mehrere Empfänger, gilt es zu prüfen, wieweit diese dadurch Zugriff auf alle übrigen Empfänger samt deren E-Mail-Adressen erhalten. Auch zeigt die Liste aller Empfänger, mit wem diese E-Mail alles geteilt wird. Das kann schmeichelhaft sein, kann aber genauso als Missachtung empfunden werden. Auch die „cc-Zeile" mag im beruflichen Alltag helfen, all die zu informieren, die man gern einbinden möchte, gleichzeitig kann es für den Erstempfänger hilfreich sein, wenn er zusätzlich – telefonisch oder in gesonderter E-Mail – erfährt, warum noch anderen diese Information zugeleitet wird.

10. Kapitel

Vier Möglichkeiten zu reagieren

Vielleicht haben Sie im 8. Kapitel bei den „Gesprächsstörern“ manches Mal den Kopf geschüttelt und sich gefragt, ob Menschen denn immer so empfindlich reagieren müssen.

Um es gleich vorwegzunehmen: Wir **müssen** keinesfalls so einseitig reagieren; im Gegenteil, wir haben sogar einen großen Spielraum. Es bedarf jedoch einiger Übung, aus dem eingefahrenen Gleis trotziger Kind-Ich-Reaktionen zu kommen und sich erfolgreich auf der Ebene des Erwachsenen-Ich zu behaupten.

Dieses Kapitel zeigt Ihnen, dass Sie in jeder Gesprächssituation stets vier Reaktionsmöglichkeiten haben und wie Sie diese nutzen können.

Wenn wir sprechen oder zuhören, geht es um mehr, als nur um den **wörtlichen** Inhalt einer Aussage. Die Idee, dass Mitteilungen „mehrere Seiten“ haben, hat *Karl Bühler* schon in den dreißiger Jahren in seiner „Sprachtheorie“ dargestellt. Bühlers Kommunikationsmodell wurde in den siebziger Jahren von dem Sprachphilosophen *Paul Watzlawick* aufgegriffen, ausgebaut und verbreitet und schließlich von dem Kommunikationswissenschaftler *Friedemann Schulz von Thun* weiter vertieft. Dieser hat an einem anschaulichen Modell aufgezeigt, dass jede Mitteilung, die wir empfangen, vier verschiedene Arten von Informationen enthält:

- **Sachinhalt**: Ein Sachverhalt wird mitgeteilt. Diese Seite der Kommunikation ist uns direkt zugänglich.

- **Aufforderung**: Wir teilen uns mit, um etwas zu erreichen. Wir verfolgen bewusst oder unbewusst ein bestimmtes Ziel. Ob Bitte, Rat, Appell, Mahnung oder Befehl – ob offen oder unterschwellig –, stets soll sich der Gesprächspartner in einer bestimmten Weise verhalten.
- **Beziehung**: Wie wir zu jemandem stehen bzw. was wir von ihm halten, drücken wir durch die Art und Weise aus, wie wir mit dem anderen sprechen.
- **Selbstaussage**: Wir sagen immer auch etwas über uns selbst aus. Unsere Gefühle, Neigungen, Meinungen und Haltungen drücken wir sowohl sprachlich als auch nicht-sprachlich aus.

Dieses Modell soll an folgendem Beispiel verdeutlicht werden:

Wenn ein Beifahrer zum Fahrer äußert: „Da vorn ist grün", enthält diese Mitteilung folgende Informationen:

Sachinhalt	Aufforderung	Beziehung	Selbstaussage
Die Ampel zeigt Grün	Gib Gas! Sieh zu, dass Du in dieser Grünphase über die Kreuzung kommst.	Du benötigst meine Hilfestellung. Ich meine, dass du ohne meine Unterstützung nicht klarkommst.	Ich habe es eilig. Ich bezweifle, dass wir rechtzeitig ankommen.

Da nun jede Mitteilung diese vier Informationen enthält, liegt die Verantwortung für das, was letztlich gehört wird, nicht nur bei dem, der spricht, sondern auch bei dem, der hört. Der Zuhörer hat grundsätzlich die freie Wahl, das besonders zu beachten, was ihm gerade wichtig erscheint. Wer das Zuhören bislang als einen passiven Akt betrachtet hat, wird zunächst überrascht sein, sich mit seiner **„Hör-Verantwortung"** konfrontiert zu sehen. Der Reiz der folgenden Gedanken besteht darin, dass wir als Zuhörer stets die Freiheit haben, aus diesen vier grundverschiedenen Reaktionsmöglichkeiten zu wählen. Unabhängig davon, was der Sprechende mit seiner Aussage beabsichtigt, liegt die Verantwortung für unsere Reaktion ausschließlich bei uns.

Der Verlauf eines Gesprächs wird wesentlich dadurch beeinflusst, auf welchen Teilaspekt wir jeweils reagieren.

Im Beispiel „Da vorn ist grün“ kann sich der Fahrer frei entscheiden, auf welchen Aspekt der Mitteilung er eingehen möchte:

Sachinhalt	Aufforderung	Beziehung	Selbstaussage
Gespräch über Ampeln	Auf den Appell reagieren	Sich bevormundet fühlen und betroffen reagieren	Aktives Zuhören praktizieren
„Die grüne Welle ist jetzt angenehm verlängert."	Beschleunigen, um die Grünphase zu nutzen	„Das habe ich längst gesehen."	„Du wirst unruhig, wenn es so langsam vorangeht."
Oder:	Oder:	Oder:	Oder:
„Ja, das ist eine Fußgängerampel."	„Danke."	„Nächstes Mal fährst du." Oder auch: Beleidigt schweigen	„Du willst rechtzeitig zur Tagesschau daheim sein."

Je nachdem, wie der Fahrer nun reagiert, wird sich nicht nur das Gespräch fortsetzen, sondern die Stimmung im Auto ganz allgemein beeinflussen.

Viele unserer Reaktionen laufen automatisch, also gedankenlos ab, und es mag auf den ersten Blick geradezu haarsträubend wirken, auf vertraute Antwortmuster zu verzichten. Vielleicht sehen Sie im Laufe dieses Kapitels in der Vielfalt Ihrer Möglichkeiten einen ganz neuen Gewinn.

Zur Verdeutlichung greife ich auf die dialogischen Übungssätze vom Ende des 7. Kapitels zurück:

Vorgesetzter: „Wie spät ist es, Frau Müller?"

Hört die Mitarbeiterin die Frage auf der Ebene des sachlichen Informationsaustausches, im Sinne einer Bitte um Mitteilung der genauen Uhrzeit, wird sie antworten:

„Gleich halb fünf."

Doch nicht jede Mitarbeiterin hört aus dem „harmlosen"

„Wie spät ist es, Frau Müller?"

eine sachliche Frage heraus. Sie kann auch annehmen, dass die Wörter dieses Satzes eine Aufforderung darstellen, sich zu sputen. Entsprechend fällt ihre Reaktion aus:

„Ich bin sofort fertig."

In der dritten Beispielvariante hört die Mitarbeiterin hinter dem

„Wie spät ist es, Frau Müller?"

Kritik heraus. Sie fühlt sich auf der Beziehungsebene angegriffen, was ihre geradezu patzige Antwort erklärt, wenn sie antwortet:

„Ich bin Ihnen wohl zu langsam."

Hierher gehören aber auch Antworten nach folgendem Muster:

„Mehr als Beeilen kann ich mich nicht."
„Ich habe ja gleich gesagt, dass ich das nicht kann."
„Wenn es Dir nicht schnell genug geht, mach es doch selber!"
„Anstatt mich hier nervös zu machen, kannst Du mir ja helfen."

Doch es gibt noch eine weitere Möglichkeit, auf die knappe Frage zu reagieren. In der vierten Version beschäftigt sich die Mitarbeiterin mit dem, was ihrem Vorgesetzten im Moment wichtig ist. Geübt in **aktivem Zuhören** äußert sie einfühlsam:

„Sie machen sich Sorgen, dass wir nicht rechtzeitig fertig werden."

Passend wären auch folgende Erwiderungen:

„Dieser Termin liegt Ihnen sehr am Herzen, und es hätte fürchterliche Konsequenzen, wenn wir das nicht schaffen."
„Die Entwicklung geht Ihnen gerade zu schleppend voran."
„Sie sind in Unruhe, was unsere knappe Zeit betrifft."

Als Zuhörer haben wir immer die freie Auswahl, was wir hören wollen, d. h. welche Seite einer Mitteilung wir für wichtig erachten.

Ob wir jedoch unsere Wahlmöglichkeiten nutzen können, hängt davon ab, wie versiert wir unsere Wahrnehmungsfilter wechseln. Bildlich gesprochen: So wie wir bei Sonne zur Sonnenbrille greifen und diese automatisch absetzen, wenn wir in einen dunklen Bereich kommen, so können wir auch unsere Wahrnehmung selektiv nutzen und jeweils prüfen, welcher Seite einer Nachricht wir im Moment besonderes Gewicht geben wollen. Manchmal kann das etwas ganz anderes sein, als unser Gesprächspartner eigentlich beabsichtigt hatte. Das wird uns besonders dann von Nutzen sein, wenn uns unser Gegenüber manipulieren oder zu Reaktionen verleiten möchte, die wir womöglich im Nachhinein bereuen.

Vielleicht fällt es Ihnen leicht, zwischen den gegebenen Möglichkeiten hin und her zu springen, andere tun sich noch schwer, hin und her zu schalten. Mit folgendem Bild möchte ich Ihnen diesen Vorgang veranschaulichen: (Abb. 10–1)

Lassen Sie die Zeichnung auf der folgenden Seite eine Weile auf sich wirken. Was erkennen Sie?

Ehe Sie umblättern, können Sie unabhängig von dem, was Sie gerade erkannt haben, prüfen, ob Sie noch mehr bzw. etwas ganz anderes auf diesem Bild sehen können.

Manch einer erkennt auf Anhieb eine alte Frau mit großer Nase, das Kinn tief in einen Pelz gesteckt – ein anderer sieht nur die linke Wangenpartie einer jungen Frau. Wenn es Ihnen nach einiger Zeit nicht gelingt, „umzuschalten“, das heißt, das erkannte Bild aufzugeben, um ein zweites, neues zu erkennen, mag Ihnen folgende Erläuterung helfen: Der lange Hügel, der die Nase der Alten ist, ist die gesamte Wangen- und Kieferlinie der jungen Frau. Das linke Auge der Alten ist das linke Ohr der Jungen. Ihr Mund das Samthalsband der jungen Frau, ihr rechtes Auge ein kleines Stück der Nase der jungen Frau usw.

Egal, welche Figur Sie zuerst gesehen haben, sie ist auf alle Fälle richtig, aber es ist gleichzeitig nicht die einzige richtige Figur, die es

Abb. 10-1

auf diesem Bild zu erkennen gibt. Übertragen auf den Alltag können wir sagen, dass unsere alltäglichen Wahrnehmungen zwar immer richtig sind, aber das, was wir zu erkennen glauben, nicht immer das einzig Richtige und Mögliche sein muss.

Am Ende des 8. Kapitels stritten Albrecht und Brigitte Grau über die Einladung zu einer Samstagabend-Party. Blenden wir uns am anderen Morgen ein: (Abb. 10–2)

Abb. 10-2

Albrecht Grau sitzt schweigend, mit tiefen Falten auf der Stirn vor dem Fernseher und schüttelt ab und zu den Kopf. Da er schon den ganzen Morgen sehr einsilbig ist und beim Frühstück nur im Essen herumgestochert hat, fragt sich seine Frau, was denn eigentlich passiert ist. Schmollt er aus irgendeinem Grund? Sie geht zu ihm und will wissen, was los ist.
Brigitte: „Was schaust Du denn schon wieder so sauer?!" Albrecht: „Ich bin überhaupt nicht sauer." Er schnappt sich die Fernsehzeitung und zeigt so, dass er auf keinen Fall zu einem Gespräch bereit ist.
Jetzt ist sie sauer wegen seiner Launenhaftigkeit, knallt die Tür zu und geht zu ihrer Freundin, um sich bitter zu beschweren.

Brigitte Grau hatte es gut gemeint. Doch was ist dabei herausgekommen? Ihr Mann fühlte sich durch die Frage „Was schaust Du denn schon wieder so sauer" ganz gewiss nicht verstanden, im Gegenteil: Er empfand es wahrscheinlich als Angriff oder Vorwurf: Er solle anders schauen!

Um die Möglichkeiten einer „vierseitigen" Mitteilung aufzuzeigen, stellen wir uns vor, dass Herr Grau für jeden Aspekt ein spezielles Ohr hat: (Abb. 10–3)

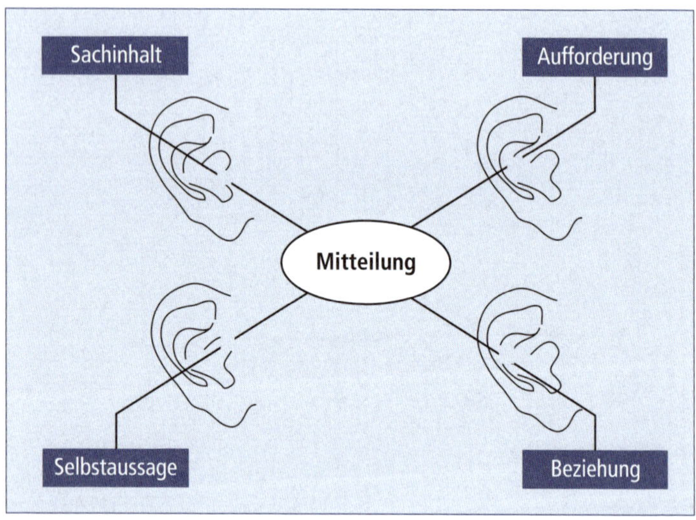

Abb. 10-3

Seine Frau sagt – in entsprechendem Ton: „Was schaust Du denn schon wieder so sauer?!"

Er hat nun folgende Möglichkeiten, seine „vier Ohren" zu nutzen:

- Er hört den **Sachinhalt**: Sein Gesicht wirkt sauer.
- Er bemerkt die **Aufforderung**: Sie wünscht eine Erklärung. Sie will, dass er mit ihr spricht, zumindest aber sich anders verhält.
- Er achtet auf die **Beziehung** und hört, **wie** sie mit ihm spricht. Ihr vorwurfsvoller Ton drückt aus, dass sie ihn im Moment nicht ernst nimmt und ihn für die gespannte Stimmung an diesem Sonntagmorgen verantwortlich macht.
- Er vernimmt die **Selbstaussage**: Brigitte Grau ist gereizt, weil sie im Dunkeln tappt, wieso er „schon wieder" schlechte Laune hat.

Albrecht Grau ist offensichtlich auf drei Ohren taub:

Die **Aufforderung** als direkte Frage war unüberhörbar. Es böte sich an, beispielsweise zu erklären, dass für ihn das Gespräch vom Vorabend über den Partybesuch keineswegs abgehakt ist. Aber, da der Ton bekanntlich die Musik macht, hatte er vermutlich keine Lust, auf seine Frau einzugehen.

Viele alltägliche Streitereien beginnen als Reaktion auf der **Beziehungsebene**. Typisch wäre eine Erwiderung nach dem Muster: „Das musst ausgerechnet Du fragen!“ Oder: „Sonst interessierst Du dich doch auch nicht für meine Stimmung.“

Albrecht Grau reagiert aber auch nicht auf die **Selbstaussage** seiner Frau. Obwohl ihr Ton sehr viel über ihre eigene Stimmung und Haltung verrät, verpasst er die Gelegenheit, darauf einzugehen. Ich räume ein, dass eine gehörige Portion Distanz zur eigenen Stimmung nötig ist, um beispielsweise zu erwidern: „Das verdirbt Dir gerade die Laune, mich so sitzen zu sehen.“ Oder: „Das irritiert dich, wenn Du nicht weißt, woran Du mit mir bist.“

Er hat ihren ärgerlichen Tonfall ausgeblendet und ihre Aufforderung überhört, wenn er mit der **Sachmitteilung** reagiert: „Ich bin überhaupt nicht sauer.“

Nun können wir wieder von vorn beginnen und betrachten, was Herr Grau über den reinen Inhalt hinaus zum Ausdruck bringt:

Den Griff zur Zeitung können wir als nicht-sprachliche **Aufforderung** interpretieren, bitte schön, in Ruhe gelassen zu werden. Und genau darauf reagiert Frau Grau, wenn sie aus dem Haus geht und ihn „wunschgemäß“ in Ruhe lässt.

Über **sich selbst** teilt er mit, dass er im Moment zu keiner Erklärung bereit ist. Wir können vermuten, dass er ihre Frage als Vorwurf und Angriff erlebt – was seine Stimmung nur verschlechtert. Wollte Frau Grau darauf eingehen, könnte sie erwidern: „Du möchtest, dass ich dich in Ruhe lasse.“ Oder: „Meine bohrende Frage nervt dich gerade.“

Auf der **Beziehungsseite** hören wir unausgesprochen die abschätzige Botschaft: „Wer bist Du denn, dass ich es nötig habe, Dir meine

Stimmungen zu erklären.“ Mit einem großen Beziehungsohr ergäbe sich hier eine passende Gelegenheit, um einen Streit vom Zaun zu brechen, etwa: „So kannst Du vielleicht mit Deinen Mitarbeitern umgehen, aber nicht mit mir.“ Oder: „Du glaubst, Dir wohl alles erlauben zu können.“

Wer nur den **Sachinhalt** hört, könnte aus seinen Worten schließen, dass es um seine Stimmung geht, die ja wörtlich ausgedrückt keineswegs beeinträchtigt ist. Typische Erwiderungen auf dieser Ebene klingen beispielsweise so: „Prima, dann können wir ja nachher noch meine Eltern besuchen.“ Oder: „Schau doch bitte mal in den Spiegel und erkläre mir, welcher Begriff für Deinen Gesichtsausdruck zutreffend ist.“

Ich will im Folgenden die Möglichkeiten und Grenzen der jeweiligen Seite einer Mitteilung darstellen:

Die Sachseite

Da der Sachinhalt einer Aussage offen liegt, bietet es sich an, sein Glück stets in einer **sachlichen Auseinandersetzung** zu suchen. Dies ist auch immer dann erfolgreich, wenn es tatsächlich um den Austausch von Informationen bzw. die Klärung eines Sachverhaltes geht.

Das Prüfen einer Aussage hinsichtlich richtig/falsch findet im Erwachsenen-Ich statt und nutzt in einer Information die darin enthaltene Sachaussage.

Die sachlich klingende Aussage trägt aber oft einen **appellativen** Charakter. Die Reaktion auf der sachlichen Ebene erscheint dann völlig verfehlt, zumal sich aus dem Kontext erschließen lässt, dass der sachliche Satz so gar nicht gemeint ist.

Der Gast mit leerer Tasse äußert: „Ihr Kaffee ist vorzüglich.“
Der Gastgeber geht auf den Inhaltsaspekt ein und erwidert: „Das ist *Jacobs Krönung.*“

Vorgesetzter gegenüber zwei Mitarbeitern: „Der Kollege Schulz ist leider erkrankt, und auf seinem Schreibtisch türmt sich die Arbeit."
Lachend erwidert der eine Mitarbeiter: „Jaja, da unterscheidet sich Schulzes Schreibtisch kaum von meinem." Anschließend schaut er auffordernd seinen Kollegen an, doch auch der blendet den Appell zur Krankenvertretung aus und äußert ganz sachbezogen: „Komisch, dabei waren wir gestern Abend noch zusammen beim Schwimmen."

Während wir diese Seite einer sachlich klingenden Aussage noch vergleichsweise rasch abhaken können, wird es nun spannend: Steht doch nur zu oft hinter einer Diskussion um richtig oder falsch eigentlich ein Kampf um Recht bekommen oder Recht behalten wollen. Und das hat mit der Sache nur noch entfernt zu tun; stattdessen tobt ein **Beziehungskampf.** Viele Diskussionen im Berufsalltag scheinen auf den ersten Blick rein sachbezogen abzulaufen, bei genauerem Hinsehen wird deutlich, dass die Beteiligten insgeheim um Pluspunkte im Beziehungskampf fechten, beispielsweise

„Der Vorschlag klingt sicherlich vernünftig, doch wenn man darüber mal rational nachdenkt, dann ..."

Diese „pseudosachlichen" Mitteilungen werden in der Regel betont sachlich vorgetragen, so dass es oft schwer fällt, sich dagegen zu wehren. Des ungeachtet schlägt die Botschaft auf der Beziehungsebene kränkend ein, lautet sie doch unausgesprochen:

„Wer denkt, bevor er spricht, äußert nicht so einen Unsinn."

Unlängst konnte ich anhand der betroffenen Gesichter erkennen, was derartige „Sachaussagen" anrichten können:

„Wenn ich das Ergebnis unserer Diskussion betrachte, bin ich froh, dass wir uns im Vorstand entschieden haben, diesen Punkt noch einmal mit Ihnen zu erörtern, um Ihnen Gelegenheit zu geben, sich unserem Standpunkt anzuschließen."

Da sich keiner der Betroffenen gegen diese plumpe Vereinnahmung wehrte, habe ich in der darauf folgenden Pause versucht, zu ergründen, was in den Köpfen der so Gemaßregelten vor sich ging. Meine Gesprächspartner fühlten sich übereinstimmend unwohl, unverstanden und geringschätzig behandelt. Dennoch war keiner in der Lage, genau anzugeben, an welcher Stelle dieses Missbefinden genau eingesetzt hätte. Mit anderen Worten: Dieses Vorgehen vermittelt auf subtile Weise einen Vormachtanspruch, gegen den sich zu wehren höchste sprachliche Konzentration erfordert. (Abb. 10–4)

Abb. 10-4

Kinder bringen es noch mit Leichtigkeit fertig, die in einer Beziehungsaussage mitschwingende Kritik auszublenden und auf einen anderen Teil der Mitteilung einzugehen:

Der Vater fragt sein zu spät kommendes Kind: „Wo treibst Du dich die ganze Zeit herum?"

Worauf dieses sachbezogen antwortet: „Von vier bis fünf war ich auf dem Spielplatz, dann habe ich bis um halb sechs Kastanien auf dem Schulhof gesammelt usw."

Aber ganz sachlich klingende Aussagen können auch eine deutliche Selbstmitteilung enthalten. Darauf nicht einzugehen, stellt eine Möglichkeit dar, sich den anderen auf Distanz zu halten, selbst gewissermaßen außen vor zu bleiben.

„Wenn nur diese schrecklichen Kopfschmerzen nicht wären. Die Arbeit am Bildschirm ist kaum auszuhalten."
„Ja, dieses Föhnwetter setzt einem ganz schön zu."
„Ich bin durch die Wirtschaftsprüfung gefallen."
„Dann geht's Dir wie 48% anderen auch, so hoch ist nämlich die Durchfallquote in jedem Semester."

Die Aufforderungsseite

Wenn eine Bitte klar und deutlich formuliert wird, ist es ein leichtes, sich damit auseinander zu setzen. Aber viele Aufforderungen werden gut verpackt vorgetragen. Der Gesprächspartner hofft, richtig verstanden zu werden, traut sich aber nicht, sein Anliegen direkt zu äußern. Das mag aus Selbstschutz geschehen, vermeiden doch viele Menschen, sich einen Korb einzuhandeln, indem sie ihre Wünsche grundsätzlich nicht klar äußern. Im Klischee des Rendezvous wird dann die berühmte Briefmarkensammlung bemüht, anstatt direkt zu äußern: „Ich möchte gern mit Dir den ganzen Abend zusammen verbringen."

Die meisten Menschen hören indirekte Aufforderungen und verhalten sich entsprechend, nach dem Motto: Der andere hat zwar nicht gesagt, was er will, aber es war ja klar, was er wollte. Der Haken bei diesem Vorgehen: So liebenswürdig wir erscheinen mögen, wir übernehmen damit die Verantwortung für den anderen, der dadurch trotz seiner indifferenten Mitteilung erreicht, was er anstrebt. Es gibt eine Möglichkeit, das zu umgehen und die Verantwortung bei dem zu lassen, der sich äußert: Wir konfrontieren den anderen mit unserer Interpretation des Gehörten. Im Ampelbeispiel kann der Fahrer auf die mitschwingende Aufforderung direkt reagieren, beispielsweise Gas geben, oder aber zurückspiegeln, was er gerade herausgehört hat, z. B.: „Du möchtest gern, dass ich schneller fahre." Nun ist es beim anderen, klar und deutlich zu sagen, was sein Ziel ist.

Wer im **umschreibenden Zuhören** geübt ist, wird immer wieder vom Nutzen dieses Vorgehens überrascht sein. Selbst die direkt formulierte Aufforderung entpuppt sich manchmal als etwas ganz anderes, wie ich häufig feststellen kann.

Als Hochschullehrer werde ich immer mal wieder um eine Stellungnahme gebeten; so auch nach einer Vorlesung, als eine Studentin mich fragte: „Herr Weisbach, kennen Sie den neuen Sprenger: Das Prinzip Selbstverantwortung?" – Statt diese präzise Frage mit einem klaren „Ja" oder „Nein" zu beantworten, erwiderte ich, ohne groß nachzudenken: „Sie möchten gern wissen, was ich davon halte." Zu meinem Staunen sagte sie zwar „Ja", ließ mich aber überhaupt nicht zu Wort kommen. Stattdessen erklärte sie mir ausführlich die von ihr entdeckten Unterschiede zum vorangegangenen Buch des gleichen Autors.

Wer die mitschwingende Aufforderung direkt ausspricht, trägt zur Klarheit der Kommunikation und zur Klärung der Ziele bei.
Die Verantwortung bleibt beim anderen.
Die Entscheidung, appellgemäß zu reagieren, bleibt davon unbeeinflusst.

Vielleicht haben Sie auch schon die Erfahrung gemacht, dass sich die eigene Beliebtheit steigern lässt, wenn man den unausgesprochenen Erwartungen des Gegenübers entspricht. Das führt aber zu grotesken Auswüchsen, wenn hinter allem und jedem ein Appell vermutet wird.

Der Gast bittet um Sachinformation: „Wie heißt denn die Kaffeesorte?"
Worauf der Gastgeber aufstehend erwidert: „Ich koche schnell noch einen."
„Wir wollen im Urlaub Rom kennen lernen."
„Da kenne ich ein super Hotel. Ich schicke Dir gleich den Link."
Unter Kollegen: „Wie lädt man denn das neue Tabellenformat?"
„Lassen Sie mich gerade mal ran, ich mach Ihnen das schnell."

Umgekehrt mag es auch grotesk anmuten, wenn in klar formulierten Aufforderungen die **mitschwingende Selbstaussage** zum Thema gemacht wird.

Eine meiner Studentinnen war bei einem berühmten Therapeuten zu Gast. Auf ihre Bitte: „Darf ich einmal das Salz haben," bekam sie zur Antwort: „Ihnen schmeckt es nicht, ist es ein wenig so?"

Genauso aberwitzig erscheinen Reaktionen auf der **Beziehungsebene.**

Im obigen Beispiel könnte der Koch/die Köchin auf die mitschwingende Kritik erwidern: „Dabei hatte ich mir mit dem Abschmecken solche Mühe gegeben."

Auch wenn es an den Haaren herbeigezogen wirkt, bringen es manche Menschen fertig, auf eine deutliche Aufforderung ganz **sachbezogen** zu reagieren:

„Ich möchte die ganze Nacht mit Dir tanzen."

„Der Schlaf vor Mitternacht ist am gesündesten."

Die Beziehungsseite

Im 5. Kapitel hatte ich ausgeführt, dass in jeder unserer Äußerungen mitschwingt, in welcher **Beziehung** wir zum Gesprächspartner stehen. Der Grad an Achtung, Anerkennung und Respekt bzw. an Missachtung oder Geringschätzung kommt nicht nur in unseren Worten, sondern auch durch unseren Tonfall, unsere Gestik und Mimik zum Ausdruck. Dabei spielt es überhaupt keine Rolle, ob wir uns bewusst sind, **wie** wir gerade reden. Mit einer Art Hör-Filter nimmt unser Gesprächspartner minutiös wahr, wie wir gerade zu ihm stehen.

Wir können beobachten, dass viele Menschen mit diesem Hör-Filter jede Mitteilung nach dem Motto untersuchen:

- Wie redet der/die eigentlich mit mir?
- Wen glaubt er/sie vor sich zu haben?

Diese Fragen sind häufig mit folgenden Reaktionen gekoppelt:

- Ich bin doch kein kleines Kind.
- Das muss ich mir doch nicht bieten lassen.
- So lasse ich mich nicht behandeln.

Doch wer bereits in Gedanken so reagiert, neigt dazu, sich zu wehren bzw. zum Gegenangriff überzugehen. Und ehe man sich versieht, gerät das Gespräch zum Streit, wobei das Gesprächsanliegen völlig hinter der Frage verschwindet, wer wen wie anreden darf. Sie können sich gerade die Atmosphäre ausmalen, die im Auto herrscht, wenn der Fahrer auf den Satz: „Da vorn ist Grün" spitz erwidert: „Nächstes Mal fährst du!"

Bei der Behandlung der „Gesprächsstörer" hatte ich erklärt, dass sie allesamt aus dem Eltern-Ich kommen und die Gefahr besteht, dass sich der Gesprächspartner dagegen wehrt, in einer Kind-Ich-**Beziehung** angesprochen zu werden.

Dies mag durch folgende Begebenheit veranschaulicht werden:

Während einer Seminarpause stehe ich neben einer Teilnehmerin am Fenster und schaue in den Novemberregen. Um nicht schweigsam zu wirken, äußere ich: „Das ist ein Wetter, da schickt man ja nicht einmal einen Hund auf die Straße." Zu meinem Erstaunen werde ich mit der Erwiderung konfrontiert: „Mit mir kann man wohl nur übers Wetter reden." –
In diesem Moment erschien mir die Reaktion ein typisches Beispiel für eine verzerrte Wahrnehmung zu sein; doch diese Episode bekam abends noch ein Nachspiel:
Auf das Nachfragen meiner Frau, wie das Seminar laufe, berichte ich von dieser Szene, wobei mir die abfällige Bemerkung herausrutscht, dass diese Teilnehmerin einen gestörten Beziehungs-Filter habe. Prompt fragt meine Frau nach: „Mit anderen Worten, diesen Satz übers Wetter hättest Du zu jedem anderen in Deiner Seminargruppe auch geäußert?" Kurzes Nachdenken und Erröten meinerseits. Plötzlich muss ich entdecken, dass ich mit jedem anderen über alles Mögliche hätte reden können, doch zu dieser Teilnehmerin hatte ich keinen „Draht" und mir fiel einfach nichts Gescheiteres ein. So betrachtet hatte die Teilnehmerin Recht: Der Inhalt meiner Aussage hatte kaum Bedeutung (weder Hunde, noch Regen waren in dem Moment für mich von Belang) – meine Einstellung kam zum Vorschein, und die war wenig schmeichelhaft.

Dieses Beispiel verdeutlicht, wie das Hören auf der Beziehungsebene die Ebene des Inhalts beeinflusst. Auch wenn in jeder Äußerung gewissermaßen eine persönliche Stellungnahme zum anderen enthalten ist, besteht kein Zwang, sich dieser Beziehungsdefinition anzuschließen.

Eine andere Möglichkeit, auf der Ebene der Beziehung zu reagieren, besteht darin, genau das zum Thema zu machen, was unterschwellig transportiert wird.

Wenn der Fahrer aus dem Satz „Da vorn ist Grün" die Botschaft heraushört:

„Ich traue Dir nicht zu, ohne meine Unterstützung auszukommen."

dann verpflichtet ihn das nicht zur pampigen „Fährst Du oder fahre ich?"-Reaktion. Er kann auch ganz ruhig auf die ungebetene Aufmerksamkeit reagieren und die Beziehung direkt ansprechen, beispielsweise:

„Du möchtest mir gern helfen." Oder:

„Du traust mir im Moment nicht viel zu." Oder:

„Du hältst mich gerade für unaufmerksam."

Ich räume ein, dass diese Art der Auseinandersetzung den meisten Menschen völlig neu ist und damit fremd vorkommt. Für viele Menschen ist es mit einer Art Tabu belegt, die Art und Weise des Umgangs, also die Klärung der Beziehung direkt anzusprechen. Wer hierin geübt ist, bestätigt mir regelmäßig, dass dieses Vorgehen dazu beiträgt, die täglichen Reibereien und Konflikte zu vermindern.

Auch bei diesem Vorgehen taucht die Frage auf:

- Wie redet der/die gerade mit mir?

Vor der tatsächlichen Reaktion wird in einem nächsten Schritt gewissermaßen dazwischengeschoben:

- So redet der/die mit mir, ich werde gerade so und so behandelt.

Aus dieser inneren Distanz heraus kann dann der andere mit dieser Wahrnehmung konfrontiert werden, was ihm zu diesem frühen Zeitpunkt – bevor Emotionen hervorbrechen – die Möglichkeit einräumt, ohne Gesichtsverlust zurückzustecken. Im Auto-Beispiel könnte auf den Satz: „Du traust mir gerade nicht viel zu" die Reaktion lauten:

„Oh, Entschuldigung, so war das nicht gemeint."

Und damit wäre dieser Vorgang erledigt. Allerdings könnte auch die Reaktion kommen:

„Wenn Du es genau wissen willst: Ja. In meinen Augen fährst Du wie ein Bekloppter."

Vielleicht stößt uns eine derartige Antwort vor den Kopf. Aber nun wissen wir, woran wir sind. Statt beleidigt zu reagieren, steht es uns frei, unsere Beziehung grundsätzlich zu klären oder unser Erstaunen zum Ausdruck zu bringen

„Dann überrascht mich, dass Du dennoch mitfährst.“

Wer die in einer Mitteilung unterschwellig mitschwingende Beziehungsaussage direkt ausspricht, trägt nicht nur zur Klärung bei, sondern verschafft sich eine emotionale Distanz, die ihn davor bewahrt, gefühlsgeladen zu reagieren.

So verbreitet die einseitige, beziehungsorientierte Wahrnehmungsweise auch sein mag, sie ist zum Glück nicht verpflichtend. Wir können in jeder Mitteilung auch anderes heraushören.

Die Selbstmitteilungsseite

Es bedarf einiger Übung, seine Aufmerksamkeit auf den Teil der Aussage zu lenken, in dem der Gesprächspartner etwas **über sich selbst** mitteilt. Malen Sie sich gerade die Stimmung im Auto aus, wenn der Fahrer auf den Satz „Da vorn ist Grün“ ruhig antwortet: „Du machst Dir Sorgen, dass wir nicht rechtzeitig ankommen.“ (Abb. 10–5)

Im 3. Kapitel hatte ich ausgeführt, wie uns dieses **aktive Zuhören** hilft, den Gesprächspartner zum Sprechen zu bewegen. Nur zu oft fehlen einem dahingeworfenen Satz die entscheidenden Hintergrundinformationen, mit denen wir erfassen können, wie dieser Satz eigentlich gemeint ist, in welchem Zusammenhang er steht und worauf er abzielt. Wer sofort Stellung bezieht, ähnelt dem, der losrennt, ohne zu wissen, wo überhaupt das Ziel ist.

Viele Menschen sind daran gewöhnt, sich bei negativen Äußerungen sogleich angegriffen zu fühlen; entsprechend getroffen reagieren sie auf folgenden Satz:

Abb. 10-5

„Ihr Vorschlag ist bei der derzeitigen Finanzlage völlig unrealistisch."
„Haben Sie was Besseres?" Oder:
„Im Gegenteil, wenn Sie sich mal die Mühe machen würden, nachzurechnen, würden Sie sofort erkennen, ..." Oder:
„Und ob der Vorschlag realistisch ist, erstens ..."
Manch einer zieht sich auch beleidigt zurück und schweigt demonstrativ, während er sich gleichzeitig ausmalt, es dem anderen irgendwann zurückzugeben ...

Wie die Diskussion weiter verläuft, lässt sich unschwer fortspinnen. Am Ende wird es einen Sieger und einen Verlierer geben (im 12. Kapitel wird dieser Sachverhalt noch ausführlich erörtert).

Wer sich mit den Interessen des anderen befasst, geht auf das ein, was der Gesprächspartner über sich geäußert hat:

„Ihnen gefällt mein Vorschlag überhaupt nicht." Oder:
„Das erscheint Ihnen gerade abwegig." Oder:
„Angesichts unserer dünnen Finanzdecke kommen Ihnen Bedenken."

Mit großer Wahrscheinlichkeit wird der Gesprächspartner das Bedürfnis verspüren, seinem ersten Satz noch eine Erklärung anzuhängen. Und genau darin liegt die Chance dieses Vorgehens: Eine persönliche Stellungnahme erfolgt erst nach Klärung der fremden Äußerung. Dabei kann es durchaus vorkommen, dass wir im Laufe der Klärung feststellen, dass es ratsam ist, unsere Meinung für uns zu behalten, weil unser Gegenüber es gezielt auf einen Streit anlegt.

Eine Ratsuchende berichtete mir vom Besuch ihrer Mutter, bei dem diese – kaum in der Wohnung – äußerte:
„Deine Gardinen passen ja überhaupt nicht zum Polster Deiner Möbel."
Sie berichtete mir, dass ihr fast der schnippische Satz herausgerutscht wäre: „Mir gefällt's!" Doch die kritische Reaktion wäre vorprogrammiert gewesen, etwa: „Na ja, ich will mich ja nicht über Geschmack streiten, aber vielleicht solltest Du in solchen Dingen jemanden fragen, der etwas davon versteht ..."
Stattdessen ließ es die Tochter bei dem Satz bewenden: „Das stört dich."
Und prompt erging sich ihre Mutter in langatmigen Erklärungen über ihre Mühen beim Einrichten der eigenen Wohnung.
Nach diesem Muster gelang es der Tochter im Laufe des Besuchs, jede kritische Äußerung der Mutter auf der Ebene der Selbstmitteilung zu belassen. Gewohnt, auf der Beziehungsebene zu reagieren, stellte sie völlig überrascht fest, dass sie nach langer Zeit einmal wieder eine Begegnung mit ihrer Mutter hatte, die nicht in Zank und bösen Worten endete.

Wer die Fähigkeit entwickelt, vor aller persönlichen Stellungnahme und Reaktion zunächst zu prüfen, was denn der andere mit seinem Satz über sich selbst aussagt, erspart sich viele heftige Gefühlswallungen, die ja nicht selten in einem plötzlichen Streit enden.

So hilfreich dieses Vorgehen sein kann, soll in diesem Zusammenhang doch auf einen möglichen Missbrauch hingewiesen werden: Wer den Ball ständig beim Gegenüber belässt, vermeidet nicht nur eine persönliche Stellungnahme, sondern hält sich insgesamt aus der Situation heraus. Dies kann zu einem Machtkampf auf höherer Ebene entarten, wenn die geforderte Stellungnahme derart verweigert wird:

Wegen einer gehörigen Verspätung empört sich ein Partner mit den Worten: „Sag mal, was denkst Du Dir eigentlich dabei, mich so lange warten zu lassen?" Worauf der andere ruhig antwortet: „Mit so einer Situation kannst Du gar nicht umgehen."

Der andere spürt seine Unterlegenheit und braust auf: „Komm mir jetzt nicht mit Deinem blöden Psycho-Geschwätz!"
Doch auch jetzt bleibt der andere entspannt und entgegnet: „Das macht dich dann ganz hilflos." usw.

Was dieser „coole" Gesprächspartner geäußert hat, stimmt; diese Selbstmitteilung schwang in den Äußerungen auch mit.

Doch statt auf den Ärger des anderen mit persönlicher Betroffenheit zu reagieren oder sich damit auseinander zu setzen, wird sich hinter einer Maske von diagnostischem Geschick verborgen. Mit der einseitigen Hinwendung zur Selbstaussage des Gesprächspartners soll die eigene psychologische Überlegenheit demonstriert werden. Das ergibt im Extremfall Dialoge nach folgendem Muster:

„Es schreit zum Himmel, wie ich hier behandelt werde."
„Haben Sie sich schon mal überlegt, was das mit Ihnen zu tun hat?"
„Wie lange brauchen Sie denn noch, um sich zu entscheiden. Sie halten uns doch alle auf!"
„Kommt das bei Ihnen öfter vor, dass Sie so unbeherrscht aus der Haut fahren?"

Was alles in einer Aussage steckt, können Sie an kleinsten alltäglichen Gesprächen überprüfen. Dabei fällt Ihnen vielleicht auch auf, dass wir bestimmte Gewohnheiten haben:

Je nachdem, in welcher Beziehung wir zum Sprecher stehen, werden wir die Informationen anders deuten. Dabei können wir immer wieder feststellen: Wir hören nur, was wir hören wollen, und sehen nur, was wir sehen wollen.

Wer bislang gewohnheitsmäßig jede Äußerung mit einem übergroßen Beziehungsohr auf mögliche mitschwingende Kritik abgehorcht hat, kann jederzeit entscheiden, die Ebene zu wechseln.

„Du warst die Einzige, die mich nicht im Krankenhaus besucht hat."
Vielleicht ist dieser Satz als Vorwurf gedacht. Doch stets liegt die Verantwortung für die Reaktion bei uns. Statt sich nun zu rechtfertigen, bietet sich ein Ebenenwechsel an, beispielsweise:
„Du bist maßlos enttäuscht." Oder auch:

„Mir wird gerade klar, wie viel Dir an mir liegt."

Dies ist besonders nützlich, wenn unsere Gesprächspartner subtil versuchen, uns moralisch unter Druck zu setzen, beispielsweise:

„Bei der Taufe unserer Jüngsten werden bestimmt 30 Gäste kommen. Du kannst Dir nicht vorstellen, was das wieder für mich heißt. Ich bin ja völlig allein damit und weiß schon gar nicht mehr, wo mir der Kopf steht."
Statt des erhofften „Du kannst voll und ganz auf mich zählen" kann die unausgesprochene Erwartung hinterfragt werden, etwa:
„Du rechnest mit meiner Hilfe."
„Das hört sich an, als ob Du auf meine Unterstützung angewiesen bist."

Auch Anklagen und Vorwürfe können durch Ebenenwechsel eine ganz neue Gesprächsperspektive ermöglichen.

„Dir kann man wirklich nichts anvertrauen."

Die Reaktionen schwanken zumeist zwischen Gegenvorwurf („Das musst ausgerechnet Du sagen.") und Rechtfertigung („Tut mir Leid, ich konnte wirklich nicht ahnen …"). Da der Ton ja bekanntlich die Musik macht, können wir unser Ohr auch auf **aktives Zuhören** schalten und uns überlegen, wie dem anderen zumute ist, was zu einer ganz anderen Reaktion führt:

„Dir war das ungeheuer peinlich, dass ich das weitergetragen habe." Oder: „Womöglich habe ich dich dadurch in eine ganz unmögliche Situation gebracht."

Es liegt auf der Hand, dass der empörte Gesprächspartner erklärt, was ihm an dem Vorgang so unangenehm war. Durch dieses Hintergrundwissen kann eine Entschuldigung wesentlich glaubwürdiger vorgetragen werden.

Es gehört schon einiges Training dazu, die Ebenen im Gespräch sicher zu erkennen und dann souverän zu wechseln.

Bei der folgenden Übung können Sie testen, wie schnell es Ihnen gelingt zu erfassen, wie viel in einer Aussage steckt.

Schreiben Sie in wörtlicher Rede auf
- was alles in der Aussage steckt
- welche Antwort angemessen wäre.

Ein Kollege steht am Kopierer und sagt zu Ihnen: „Es ist kein Papier mehr da."

Sachinhalt: Was stellt der Kollege als Tatsache fest? …

Mögliche Antwort: …

Beziehung: Für wen hält der Kollege Sie? …

Mögliche Antwort: …

Aufforderung: Was möchte der Kollege erreichen? …

Mögliche Reaktion: …

Selbstaussage: Was sagt der Kollege über sich selbst? …

Mögliche Antwort: …

Beim Abendessen wird Ihnen gegenüber geäußert: „Ich glaube, die Scheibenwaschanlage ist leer."

Sachinhalt: Was sagt der andere objektiv aus? …

Mögliche Antwort: …

Beziehung: Als wen behandelt Sie Ihr Gesprächspartner? …

Mögliche Antwort: …

Aufforderung: Was möchte er/sie damit erreichen?

Mögliche Reaktion: ...

Selbstaussage: Was erfahren wir über den anderen? ...

Mögliche Antwort: ...

Sie kommen mit einer neuen Frisur ins Büro. Prompt kommentiert Ihr Kollege dies mit den Worten: „Wie siehst Du denn aus?“

Sachinhalt: Was ist die Tatsachenfeststellung? ...

Mögliche Antwort: ...

Beziehung: Wie behandelt der Kollege Sie? …

Mögliche Antwort: …

Aufforderung: Was möchte der Kollege mit dieser Bemerkung erreichen? …

Mögliche Reaktion: …

Selbstaussage: Was erfahren wir über den Kollegen? …

Mögliche Antwort: …

Meine Lösungsvorschläge

(1) Ein Kollege steht am Kopierer und sagt zu Ihnen: „Es ist kein Papier mehr da."

Sachinhalt:

- „Das Papierfach ist leer."
- Gehen Sie nur darauf ein, können Sie sagen: „Stimmt".

Beziehung:

- „Ich erwarte, dass mein Kollege sich darum kümmert. Wenn ich Tatsachen benenne, soll mein Kollege entsprechend reagieren, auch ohne dass ich genau sage, was ich will. In unserer Abteilung gibt es wichtige und weniger wichtige Leute. Dieser Kollege kann solche einfachen Arbeiten ruhig erledigen."
- Wollen Sie die Beziehung zum Thema machen, können Sie erwidern: „In Deinen Augen bin ich stets für den Papiernachschub verantwortlich."

Aufforderung:

- „Besorge bitte Papier. Sorge bitte von selbst für einen reibungslosen Kopiervorgang. Habe Verständnis dafür, dass ich mich nicht selbst darum kümmere."
- Reagieren Sie gemäß der unausgesprochenen Aufforderung, kümmern Sie sich rasch um das Papier und verzichten auf irgendeinen Kommentar.
- Oder Sie prüfen, ob Sie die mitschwingende Aufforderung richtig gedeutet haben: „Du möchtest gern, dass ich mich darum kümmere."

Selbstaussage:

- „Es nervt mich, wenn mein Arbeitsablauf unterbrochen wird. Ich möchte einen einsatzbereiten Kopierer vorfinden. Als Kollege mit wichtigen Aufgaben erwarte ich, dass mir alles hingelegt wird, was ich benötige. Es ist für mich am bequemsten, einfach Tatsachen zu benennen. Ich habe es nicht nötig zu bitten."
- Wenn Sie darauf eingehen wollen, sagen Sie: „Es nervt dich, wenn der Kopierer nicht funktioniert."

(2) Beim Abendessen wird Ihnen gegenüber geäußert: „Ich glaube, die Scheibenwaschanlage ist leer.“

Sachinhalt:

- „Die Scheibenwaschanlage funktioniert nicht. Sie ist leer.“
- Hören Sie nur mit Ihrem Sachohr, äußern Sie vielleicht: „Erstaunlich, wie wenig Wasser in so eine Scheibenwaschanlage passt.“

Beziehung:

- „Du bist der Fachmann fürs Auto, der dafür sorgen soll, dass es immer fahrtüchtig ist. Stell doch bitte diesen Missstand ab.“
- Wollen Sie die Beziehungsbotschaft hinterfragen, können Sie das direkt ansprechen: „Ich habe den Eindruck, ich bin für dich der ‚WvD‘, der Wagenpfleger vom Dienst.“

Aufforderung:

- „Füll’ bitte Wasser in die Waschanlage. Hab’ Verständnis dafür, dass ich so etwas nicht selbst machen will. Fühle Du dich verantwortlich!“
- Reagieren Sie auf die unausgesprochene Aufforderung, füllen Sie einfach den Flüssigkeitsbehälter auf.
- Wollen Sie nicht die Verantwortung für das Ziel Ihres Gesprächspartners übernehmen, können Sie umschreibend zurückspiegeln: „Dir wäre es recht, wenn ich mich dafür stets verantwortlich fühle.“

Selbstaussage:

- „Ich verstehe nichts von Technik. Mir ist es wichtig, dass die Scheibenwaschanlage funktioniert. Ich finde es lästig, wenn ich beim Fahren merke, dass sie nicht in Ordnung ist.“
- Wenn Sie hierauf eingehen möchten, können Sie äußern: „Du traust Dir das nicht zu.“ Oder: „Du hast keine Lust, das selbst zu machen.“

(3) Sie kommen mit einer neuen Frisur ins Büro. Prompt kommentiert Ihr Kollege dies mit den Worten: „Wie siehst Du denn aus?“

Sachinhalt:

- Du siehst verändert aus."
- Eine Reaktion auf dieser Ebene könnte lauten: Ja, ich habe mir eine Sommerfrisur machen lassen."

Beziehung:

- „Du bist jemand, bei dem ich es mir erlauben kann, so direkt meinen Kommentar abzugeben. Du veränderst einfach Deine Frisur, ohne mich vorher zu fragen. Dabei weiß ich, was zu Dir passt."
- Sie schalten auf die Beziehungsebene um, wenn Sie sagen: Du bist erstaunt, dass ich dich nicht vorher gefragt habe."

Aufforderung:

- „Jetzt erkläre mir mal, was dich dazu gebracht hat, Dir die Haare so kurz schneiden zu lassen."
- Hier können Sie berichten, wie Sie auf die Idee gekommen sind, bei welchem Friseur Sie waren, was Ihnen mit dieser Frisur alles vorschwebt usw.
- Auch hier können Sie den mitschwingenden Appell zum Gesprächsgegenstand machen: „Du möchtest jetzt wissen, wie ich auf die Idee kommen konnte, meine Haare zu ändern."

Selbstaussage:

- „Mir gefällt Deine neue Frisur nicht. Ich bin von Deinem neuen Äußeren so überrascht, dass ich außerstande bin, den Mund zu halten. Ich käme nie auf den Gedanken, mit so einer Frisur herumzulaufen."
- Sie können auf den Kollegen auch folgendermaßen eingehen: Du findest meine neue Frisur unmöglich."

11. Kapitel

Den anderen beim Wort nehmen

Jeder kennt Situationen, in denen uns unsere Gesprächspartner mit Aussagen konfrontieren, die uns förmlich umhauen. Verständlicherweise reagieren viele Menschen aus einer emotionalen Betroffenheit heraus mit heftigen Widerworten; prompt bahnt sich ein Streit an. Doch wir können das, was der andere uns gerade mitteilt, zur weiteren Klärung beim anderen belassen, wir richten unser Ohr gezielt auf die mitschwingende Selbstaussage. Es soll hier an das vorangegangene Kapitel angeknüpft werden, in dem ich die Vielfalt unserer Reaktionsmöglichkeiten aufgezeigt habe.

Im Folgenden geht es noch einmal um ein Zurückstellen unserer persönlichen Reaktion, aber jetzt wird das Augenmerk auf die **Verantwortung unseres Gesprächspartners** gelenkt. Der andere muss bei dieser Vorgehensweise prüfen, ob wir das, was er eben gerade geäußert hat, wirklich für bare Münze nehmen sollen. So beim Wort genommen zu werden, wird den meisten Ihrer Gesprächspartner vermutlich neu und fremd vorkommen; viele werden sich geradezu eingeengt fühlen, weil sie plötzlich mit einer Verantwortung für ihr eigenes Sprechen konfrontiert werden, die ihnen im konventionellen Umgang regelmäßig erspart wird.

Folgendes Beispiel berichtete mir eine Teilnehmerin, die Gelegenheit hatte, dieses Vorgehen im Anschluss an ein Seminar auszuprobieren:

Sie kam vom Einkaufen nach Hause und fand ihre 16-jährige Tochter Zeitung lesend im Wohnzimmer vor. Auf ihre Aufforderung: „Hilf mir bitte, die Sprudelkiste hochzutragen, ich möchte jetzt das Auto leerräumen" erhielt sie zur Antwort: „Wieso immer ich?", gleichzeitig vertiefte sich die Tochter in die Zeitung. Gewohnheitsmäßig lag der Mutter auf der Zunge: „Wir alle helfen im Haushalt mit. Ich sage ja auch nicht beim Kochen, Waschen, Bügeln und Einkaufen, ‚Wieso immer ich?' Also komm jetzt!" Der Konflikt wäre vorprogrammiert gewesen.
Stattdessen entschied sich die Mutter, die Tochter mit der Bedeutung ihrer eigenen Worte zu konfrontieren, indem sie äußerte: „Du hast dich entschieden, mir jetzt nicht zu helfen."
Prompt blickte die Tochter von der Zeitung hoch und erwiderte: „Ich komm ja schon."

Es ist ein Unterschied, ob man sich bewusst für oder gegen etwas entscheidet und das auch entsprechend bekundet oder sich um eine Entscheidung drückt und dies dann indirekt äußert. Letzteres ist allerdings weit verbreitet. Wie oft wird ein klares „Nein" versteckt hinter den widerwilligen Worten:

„Immer ich."
„Muss das jetzt sein?"
„Ich habe so viel zu tun."
„Keine Lust."
„Können das nicht andere machen?"
„Ist das wirklich nötig?" Usw.

Verdeutlichen wir uns am Beispielsatz „Muss das jetzt sein?" noch einmal die vier Reaktionsmöglichkeiten:

Sachinhalt	Aufforderung	Beziehung	Selbstaussage
Sachliche Erklärung, warum das jetzt sein muss. Appell an die Vernunft.	Den anderen nicht länger behelligen und nach jemand anderem Ausschau halten.	Diese Absage persönlich nehmen und dem anderen moralische Vorhaltungen machen.	Die Entscheidung des anderen, das bislang unausgesprochene „Nein" zum Thema machen.
Folge: Wer die besseren Argumente hat, kann diese Runde gewinnen.	**Folge:** Der"-schwarze Peter" wurde weitergeschoben, das Ergebnis sind zusätzliche Bemühungen.	**Folge:** Wer Druck macht, hofft damit doch noch zum Ziel zu kommen.	**Folge:** Der andere kann prüfen, ob er willens ist, mögliche Konsequenzen seines Verhaltens zu tragen.

Wer sich auf die **Selbstaussage** konzentriert, vermeidet zu allererst einmal, spontan zu handeln. So wertvoll Spontaneität sein kann, sie führt uns nur zu oft geradewegs in einen Streit.

Ich will einräumen, dass dieses Vorgehen unseren Gesprächspartnern erhebliches Kopfzerbrechen bereiten kann und uns dieser konsequente Gesprächsstil verargt wird. Aber ich halte es für legitim, den anderen mit den **Konsequenzen** seiner Aussage zu konfrontieren und davon auszugehen, dass dieser kein „Larifari" von sich gegeben hat, sondern bewusst gesprochen hat.

Kürzlich wurde mir entgegengehalten, dass dieses Hinterfragen doch eigentlich unfair sei; schließlich wisse doch jeder, was mit einer derartigen Äußerung gemeint sei. Stimmt, jeder weiß, wie derartige Sätze zu verstehen sind, und richtet sich entsprechend danach. Doch genau an dieser Stelle verschiebt sich die Verantwortung: Nicht der „Muss das sein-Sager", sondern der, der diese „Watte-Äußerung" als Nein interpretiert, übernimmt Verantwortung, wenn er rücksichtsvoll dem unausgesprochenen Appell folgt und den anderen in Ruhe lässt. Dies wird jedoch unerfreulich, wenn im Nachhinein geradezu vorwurfsvoll geäußert wird: „Ich konnte ja nicht ahnen, dass Dir das so wichtig war." Oder: „Da hätten Sie ruhig deutlich etwas sagen können. Mir war nicht klar, dass Sie auf mich angewiesen waren." Usw.

Wer sich bei einer mitschwingenden Verneinung auf die Selbstaussage konzentriert, verhindert keineswegs das Nein, sondern gibt dem anderen Gelegenheit zu prüfen, ob der Satz so gemeint ist.

Es bedarf keiner besonderen Phantasie, sich vorzustellen, worauf die so sachlich lautende Frage „Muss das jetzt sein?" eigentlich abzielt: „Lassen Sie mich in Ruhe!" Oder: „Stören Sie mich jetzt nicht." Aber, genau das verschweigt uns unser Gesprächspartner. Stattdessen versteckt er seine Aufforderung hinter einer sachlich klingenden Frage. Folglich muss er damit rechnen, dass wir genau auf diesen Teil der Aussage eingehen. Statt jedoch im Hahnenkampf um die besseren Argumente zu streiten, bietet es sich an, den anderen auf der Sachebene um eine eindeutige **Entscheidung** zu bitten.

Auch wenn es einer Unterstellung nahe kommt, konfrontieren wir unser Gegenüber lediglich mit der Annahme, dass seiner Äußerung eine ernst gemeinte Entscheidung vorausgegangen sei.

Vermutlich wird unser Gesprächspartner stutzig, wenn wir auf sein mürrisches „Muss das jetzt sein?“ wie folgt reagieren:

„Im Moment willst Du mir nicht helfen.“ Oder:
„Du hast dich dagegen entschieden.“ Oder:
„Mein Wunsch scheint Dir im Moment überhaupt nicht zu passen.“ Oder:
„Ihre Frage lässt mich vermuten, dass Sie jetzt gerade nicht bereit sind ...“ Oder:
„Korrigieren Sie mich bitte, wenn ich Ihre Frage als Absage verstehe ...“

Entsprechend lässt sich der Beispielsatz „Können das nicht andere machen?“ bzw. „Immer ich“ so zurückspiegeln:

„Sie möchten gern, dass ich jemand anderen bitte.“ Oder:
„Das passt Ihnen gar nicht, dass ich mich (ausgerechnet) an Sie wende.“ Oder:
„Es ist Dir lästig, dass ich dich frage.“

Nach dem gleichen Muster können wir auch auf folgenden Satz reagieren:

„Ist das wirklich notwendig?“
„Sie möchten das nur machen, wenn es Ihnen einleuchtet.“ Oder:
„Bevor Du anfängst, möchtest Du erst wissen, wozu das gut ist.“

Wer seine Absage oder Ablehnung hinter gängigen Phrasen versteckt, überlegt sich in der Regel nicht, wie diese am geschicktesten zu formulieren sind. Derartige Redewendungen sind Gesprächsalltag und werden zumeist völlig unreflektiert verwendet. Doch wer genau hinhört, entdeckt Anhaltspunkte zur weiteren Vertiefung.

Den meisten Menschen ist überhaupt nicht bewusst, wie sie sich unablässig konkrete visuelle Vorstellungen machen; aber ihre Sprache „verrät“ sie.

Der Satz: „Muss das jetzt sein?“ mag als brüske Ablehnung gemeint sein. Doch das unscheinbare Wort „jetzt“ enthält eine zeitliche Einschränkung und bedeutet auch: „Grundsätzlich ja, aber es wäre mir zu einem anderen Zeitpunkt lieber.“ Mit anderen Worten: Der Gesprächspartner hat eine bewusste Vorstellung davon, dass sich die „störende Anfrage“ überhaupt nicht mit seinem Bild der momentan gestalteten Wirklichkeit verträgt. Und gleichzeitig können wir annehmen, dass der Gesprächspartner ein Bild davon hat, wann diese „Anfrage“ als nicht störend empfunden wird. Und hier setzt Gesprächsführung ein: Wer genau weiß, dass jetzt kein geeigneter Zeitpunkt ist, der kann mitteilen, wann denn ein geeigneter Zeitpunkt wäre. (Abb. 11–1)

Abb. 11-1

„Muss das jetzt sein?"
„Das hört sich an, als ob es Ihnen zu einem anderen Zeitpunkt lieber wäre. Wann schlagen Sie vor?" Oder:
„Ich kann also mit Ihrer Zustimmung rechnen, sobald wir uns über den Zeitpunkt einig sind." Oder ganz direkt:
„Sag mir, wann es Dir passt."

Durch die Frage, wann es besser passe, wird die Aufmerksamkeit des anderen auf die Zukunft gelenkt, und das Bild von einem geeigneten Zeitpunkt kann Gestalt annehmen.

Der gängige Satz: „Das entspricht nicht meiner Vorstellung" macht deutlich, dass wir fortwährend mit **Vorstellungen**, also Bildern arbeiten. Es ist für mich immer wieder erstaunlich, wie viele Menschen darauf überhaupt keine Rücksicht nehmen. Doch bevor wir nicht die Vorstellung unseres Gegenübers kennen, sind unsere Beeinflussungserfolge allerhöchstens Zufallstreffer.

Die Äußerung: „Das ist mir zu teuer" nimmt mancher als unmissverständliche Ablehnung und zieht daraus seine Konsequenzen. Der eine bietet ein preiswerteres Produkt an, der andere rechtfertigt den Preis, und ein dritter fühlt sich persönlich angegriffen.

Der Satz: „Das ist mir zu teuer" stellt jedoch einen, wenngleich unvollständigen **Vergleich** dar, der in seiner ausführlichen Form lauten müsste: „Das hier ist mir im Vergleich zu XY zu teuer." Und dieses XY existiert entweder real oder in der Vorstellung des anderen. Auf jeden Fall hat er ein Bild davon.

Erst wenn wir das Bild des anderen kennen, kann das Gespräch eine erfolgreiche Wendung nehmen.

Ich spreche vom unvollständigen Vergleich, wenn etwas miteinander verglichen wird, ohne dass die Vergleichsbasis genannt wird. Es werden dabei nicht nur Erfahrungen, Menschen oder Sachen miteinander verglichen, am häufigsten stoßen wir auf den Vergleich von Vorstellung und Realität.

Die fehlende Information können wir jedoch erfragen:

- Im Vergleich zu wem oder was?
- In Bezug auf wen oder was?
- Wofür ist es zu …?

Der Satz eines Lehrers an die Klasse „Ihr seid mir zu laut" kann vielerlei bedeuten:

„Im Vergleich zu anderen Schülern seid ihr mir zu laut."
„Im Vergleich zu gestern seid ihr mir zu laut."
„In Bezug auf mein Unterrichtsziel seid ihr mir zu laut."
„Um euch etwas vorzulesen, seid ihr mir zu laut."

Vielleicht steht hinter diesem Satz eigentlich eine bildhafte Vorstellung:

„Bei meiner Unterrichtsplanung hatte ich eine ganz andere Vorstellung, wie ihr euch verhaltet. Wenn ich euch damit vergleiche, dann seid ihr mir zu laut."

In der Alltagskommunikation ist der unvollständige Vergleich nicht die Ausnahme, sondern die Regel. Weil jedoch offen bleibt, womit denn nun genau verglichen wird, muss die Gesprächsreaktion entweder im Dunkeln tappen oder sich fragend diesem fehlenden Teil zuwenden:

„Das ist mir zu teuer."
„Im Vergleich wozu ist Ihnen das zu teuer?" Oder:
„Sie haben eine genaue Vorstellung, wie teuer es sein darf." Oder:
„Sie haben sich festgelegt, wie viel Sie (dafür) ausgeben möchten."

Wenn Sie in nächster Zeit bewusst darauf achten, werden Sie womöglich erstaunt feststellen, wie häufig etwas abgetan wird mit Hilfe des unvollständigen Vergleichs. Beispielsweise:

„Das erscheint mir viel zu aufwändig."
„Die Zeit ist viel zu knapp."
„Das ist mir zu ausgefallen."
„Du bist mir zu aufdringlich."
„Sie kommen zu früh."

Statt Gegenargumente aufzuführen, können wir auch den anderen beim Wort nehmen, damit er verrät, welches Bild ihn zu dieser Aussage brachte.

Wem beispielsweise etwas „zu aufwändig" ist, der hat eine Aufwand-Nutzen-Vorstellung und zugleich ein Bild vom Ergebnis, darum bietet es sich an zu fragen:

„Zu aufwändig wofür?" bzw.
„Woran denkst du, wenn Du meinst, es lohne nicht den Aufwand?"
„Zu aufwändig im Verhältnis wozu?" bzw.

„Womit vergleichen Sie gerade den Aufwand?"
„Zu aufwändig in Bezug auf was?" bzw.
„Wann würde sich der Aufwand lohnen?" bzw.
„An welches Ergebnis denkst Du bereits?"

Auch wenn Menschen sich unablässig Bilder machen, bedeutet das nicht, dass ihnen diese Bilder stets bewusst sind. Aber Gesprächs**führung** kann zu dieser Bewusstmachung beitragen. Ja, wir können die Aufmerksamkeit unseres Gesprächspartners auf seine Bilder lenken, die ihm bislang vielleicht nur sehr verschwommen erschienen oder überhaupt nicht bewusst waren.

Folgenden Brief erhielt ich von einem Seminarteilnehmer, der aus dem Gedächtnis protokolliert hat, wie ihm die Vorgehensweise der **„wertschätzenden Lenkung"** in Verbindung mit **„den anderen beim Wort nehmen"** bei einer unangenehmen Führungsentscheidung geholfen hat:

Aus meiner Abteilung sollten insgesamt vier Mitarbeiter unser neuestes Produkt auf der CEBIT vorstellen. Die Vorbereitungen für diese Aktion liefen bereits seit sechs Wochen. Am Nachmittag vor dem Abflug nach Hannover spricht mich eine Mitarbeiterin, der ich zufällig auf dem Gang begegne, wie folgt an:
Mitarbeiterin: „Sie erwarten doch hoffentlich nicht, dass ich auf der CEBIT im Firmen-Kostüm erscheinen muss."
Vorgesetzter: „Sie haben eine klare Vorstellung, wie Sie sich am wohlsten fühlen. **Und** ich fühle mich unwohl bei dem Gedanken, was unsere Kunden dabei denken."
M (halblaut): „Das ist doch spießig, wenn wir glauben, wir können unsere Produkte nur im Kostüm vermarkten. Außerdem mache ich mich doch zum Gespött. Wenn ich da auf irgendeinen Bekannten stoße, heißt es womöglich: ‚Na, Hannelore, heute mal im Biederlook?' Also, dazu habe ich nun echt keine Lust."
V: „Sie machen sich Sorgen, wie Ihre Erscheinung auf mögliche Bekannte wirkt, **und** ich mache mir Sorgen, welche Schlussfolgerungen unsere Kunden aus unserem Auftritt ziehen."
M: „Das versteh' ich nicht."
V: „Wir haben unser Produkt nur deswegen so gut und in dieser äußerst knappen Zeit fertig stellen können, weil alle in der Abteilung für geraume Zeit auf Extrawünsche und Eigenheiten verzichtet haben. Gerade Sie haben doch sogar Ihren Skiurlaub im Februar verlegt, damit wir vorankamen. Und

genau diese Einheit, die wir seit Monaten verkörpern, soll der Kunde auch sehen können. Wenn sich jeder kleidet, wie er will, könnte mancher Kunde daraus auch den unreflektierten Schluss ziehen, bei uns macht auch jeder, was er will."

M: „Okay, aber dann muss es ja nicht dieses steife Kostüm sein."

V: „Prima, ich höre gerade heraus, dass Sie meine Ansicht über ein geschlossenes Auftreten teilen."

M: „Dann können wir genauso gut alle im T-Shirt mit Jeans erscheinen, was angesichts unseres pfiffigen Produkts sowieso besser passt."

V: „Sie haben eine klare Vorstellung davon, wie Sie gekleidet sein möchten. Ich frage mich, wie Sie erreichen wollen, dass alle Kollegen einheitlich gekleidet erscheinen. Sie wissen, dass Frau Benz und Herr Cordes bereits vorausgefahren sind."

M: „Mhm."

Wir können uns ausmalen, wie das Gespräch samt Messe-Besuch weiterverlaufen wäre, wenn der Vorgesetzte in typisch autoritärer Weise reagiert hätte:

„Und ob ich das erwarte. Sie kennen die Regeln für Messeveranstaltungen ganz genau." Oder:
„Wollen Sie allen Ernstes jetzt mit mir über die Kleiderfrage diskutieren. Also bitte ..." (und geht weiter). Oder:
„Meine liebe Frau Roth, wenn ich nicht wüsste, wie gut Sie im Kostüm aussehen, hätte ich diese Frage längst mit Ihnen vorab besprochen."

Wenn es Ihnen wichtig ist, die Verantwortung dort zu lassen, wo sie hingehört, dann gilt als eiserne Regel, sich nicht unreflektiert die Verantwortung zuschieben zu lassen. Im obigen Beispiel äußert die Mitarbeiterin einen Wunsch und macht unausgesprochen ihre weitere Reaktion von der Antwort ihres Vorgesetzten abhängig. Wenn dieser beispielsweise autoritär erwidert, kann sie sich in die „Märtyrer-Rolle" flüchten und alles Elend auf ihren unmöglichen Vorgesetzten schieben. Gleichzeitig formuliert sie ihr Ansinnen so, dass der Vorgesetzte förmlich zu einer Entscheidung gedrängt wird. Er kann jedoch der Mitarbeiterin auch deutlich machen, welche Verantwortung sie selbst hat:

Mitarbeiterin: „Sie erwarten doch hoffentlich nicht, dass ich auf der CEBIT im Firmen-Kostüm erscheinen muss."

Vorgesetzter: „Sie sagen das so entschieden, dass ich annehmen muss, dass es Ihnen sehr wichtig ist."

M: „Ja natürlich, dieses Kostüm ist ja nun wirklich an Steifheit nicht zu überbieten."

V: „Mich erstaunt, dass Sie mich dafür am Abend vor dem Abflug auf dem Flur ansprechen." Oder:

V: „Sie erwarten von mir eine Entscheidung und wählen sich für diese Ihnen wichtige Angelegenheit den letztmöglichen Termin. Das überrascht mich."

Ich räume ein, dass dieses Vorgehen ausgesprochen offensiv ist. Aber hier bleibt die Verantwortung bei der Mitarbeiterin, und sie kann sich lediglich über ihre eigene Ungeschicklichkeit ärgern. Sie kann ihrem Vorgesetzten allenfalls anlasten, dass er nicht bereit ist, ihr Spiel mitzuspielen.

Wenn Sie es sich zur Gewohnheit machen, in ablehnenden Äußerungen das Einmalige statt des Generellen herauszuhören, können Sie ein Gespräch zu ganz neuen Ufern **führen**. Es ist Ihre Entscheidung, sich bei einem Einwand mit der darin enthaltenen Ablehnung abzufinden, oder aber den begründeten Einwand als bedingte Zustimmung zu behandeln.

Setzen Sie sich bei einem „Nein" mit der Begründung auseinander, und Sie können prüfen, ob Sie nicht mit geänderten Bedingungen Ihren Gesprächspartner zum „Ja" führen können.

Die meisten Einwände sind nach einem schlichten Grundmuster gestrickt:

- Nein, weil X.
- Ja, aber X.

Ganz gleich, ob die Verneinung in der Form des „Nein, weil" oder „Ja, aber" geäußert wird, unser Gesprächspartner suggeriert, dass es genau einen, eben den genannten Grund, für die Ablehnung gibt. Statt sich auf diesen Begründungszusammenhang einzulassen, kann es sehr viel schneller weiterführen, den Grund mit einer gewissen Skepsis zu behandeln und nach weiteren Gründen zu fragen:

- „Gibt es noch einen weiteren Grund, warum Sie nicht …“

Dieses Vorgehen bietet sich immer dann an, wenn Sie vermuten, dass der Einwand vorgeschoben ist. Sobald Sie durch diese Frage geklärt haben, dass es wirklich nur diesen einen Grund gibt, können Sie die Bedeutung des Einwandes prüfen, indem Sie die Begründung im Gedankenspiel verneinen und fragen:

- Wenn X **nicht** wäre, wäre dann auch **nicht** Nein, also Ja?

Die folgenden Beispielsätze sind typische „Killerphrasen“, die eingesetzt werden, um den Gesprächspartner mundtot zu machen. Diese Phrasen werden besonders gern eingesetzt, wenn die wahren Motive und Einstellungen zum Gesprächsgegenstand verschleiert werden sollen. Die Sätze sind wieder so angeordnet, dass Sie zunächst selbst eine Erwiderung formulieren können, ehe Sie meine Vorschläge dazu lesen.

	Ihre Antwort
(1) „Das geht nicht, weil die Kosten dafür zu hoch sind."	
(2) „Das können wir nicht machen, da spielt die Hauptverwaltung nicht mit."	
(3) „In der Theorie klingt das zwar sehr schön und einleuchtend, nur sieht die Praxis doch ganz anders aus."	
(4) „Das kann ich nicht zulassen, die Kosten übersteigen mein Budget."	
(5) „Das klingt zwar ganz reizvoll, aber das ist doch viel zu zeitraubend."	
(6) „Ich weiß nicht, das Ganze sieht doch sehr störanfällig aus."	
(7) „Ich habe ja nichts dagegen, aber der Chef stellt sich immer quer. Das können Sie vergessen."	
(8) „Ich würde Ihnen ja gern helfen, aber allein kann ich die Verantwortung selbstverständlich nicht übernehmen."	
(9) „Wir sind damit bislang bei unseren Kunden gut angekommen, ich sehe überhaupt keinen Grund, das jetzt zu ändern."	

Folgende Erwiderungen sind mir eingefallen: (Abb. 11–2)

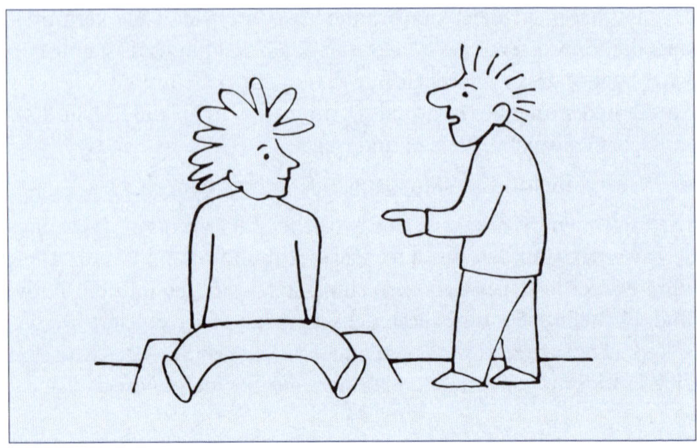

Abb. 11-2

(1) „Das geht nicht, weil die Kosten dafür zu hoch sind."

„Sobald wir die Kostenfrage zufrieden stellend gelöst haben, stimmen Sie zu." Oder:
„Sie machen sich Sorgen, dass uns die Kosten davongaloppieren. Sie können nur zustimmen, wenn dieser Punkt geklärt ist." Oder:
„Sie haben eine klare Vorstellung, wie hoch sich die Kosten maximal belaufen dürfen."

(2) „Das können wir nicht machen, da spielt die Hauptverwaltung nicht mit."

„Gibt es noch weitere Gründe, warum wir das nicht machen können?" Oder:
„Sobald die Hauptverwaltung mitspielt, spielst Du auch mit." Oder:
„In Ihrer Vorstellung kennen Sie bereits die Reaktion der Hauptverwaltung."

(3) „In der Theorie klingt das zwar sehr schön und einleuchtend, nur sieht die Praxis doch ganz anders aus."

„Gibt es noch andere Gründe, warum das nicht passt?" Oder:
„Wenn die Praxis nicht anders aussieht, bekommt dieser Vorschlag etwas Einleuchtendes." Oder:

„Das deckt sich so gar nicht mit Ihrem Bild von der Praxis."

(4) „Das kann ich nicht zulassen, die Kosten übersteigen mein Budget."

„Was – außer den Kosten – spricht noch dagegen?" Oder:
„Ich bekomme Ihre Zustimmung, wenn die Kosten im Rahmen Ihres Budgets bleiben." Oder:
„Sie stellen sich gerade vor, was passiert, wenn Sie dafür Ihr Budget überziehen."

(5) „Das klingt zwar ganz reizvoll, aber das ist doch viel zu zeitraubend."

„Das Ganze gewinnt an Reiz, sobald wir dafür Zeit haben." Oder:
„Du bist dafür, wenn es gelingt, dafür Zeit frei zu machen." Oder:
„Im Vergleich wozu raubt uns das zu viel Zeit?"

(6) „Ich weiß nicht, das Ganze sieht doch sehr störanfällig aus."

„Vielleicht gibt es noch weitere Punkte, die dagegen sprechen?" Oder:
„Wenn es einen weniger störanfälligen Eindruck machen würde, wären Sie bereit ..." Oder:
„Sie haben ein Bild von der Störanfälligkeit dieser Maschine."

(7) „Ich habe ja nichts dagegen, aber der Chef stellt sich immer quer. Das können Sie vergessen."

„Was hindert dich zusätzlich?" Oder:
„Sobald der Chef seine Zustimmung signalisiert, bist Du mit von der Partie." Oder:
„Sie malen sich bereits die Reaktion des Chefs aus."

(8) „Ich würde Ihnen ja gern helfen, aber allein kann ich die Verantwortung selbstverständlich nicht übernehmen."

„Das ist ein triftiger Grund. Gibt es noch weitere Gründe, warum es nicht geht?" Oder:
„Wenn Sie sicher wären, nicht zur Verantwortung gezogen zu werden, würden Sie keine Sekunde zögern, mir zu helfen." Oder:
„Sie stellen sich gerade vor, zu welcher Rechenschaft Sie womöglich gezogen werden."

(9) „Wir sind bislang damit bei unseren Kunden gut angekommen, ich sehe überhaupt keinen Grund, das jetzt zu ändern."

„Welche Gründe gibt es noch, im Moment keine Veränderungen vorzunehmen?" Oder:
„Wenn wir damit bei unseren Kunden nicht mehr gut ankommen, wären Sie bereit, über eine Änderung mit sich reden zu lassen." Oder:
„Sie haben eine Vorstellung davon, wann Änderungen angebracht sind."

Sie mögen sich beim ersten Durchlesen unwillig gefragt haben, worin denn nun der Vorteil liege, den Gesprächspartner auf unsere umformulierte Feststellung mit „Ja" antworten zu lassen. Zunächst können wir unterstellen, dass diesem „Ja" mit an Sicherheit grenzender Wahrscheinlichkeit eine weitere Erklärung folgt, die uns hilft, seinen Einwand in größerem Licht zu sehen. Oder unser Gegenüber erkennt, dass er sich mit seinem „Ja" auf Glatteis begibt, sein Einwand also eigentlich ein Vorwand war, der sich in Luft aufzulösen droht, was in der Regel prompt zu einem neuen Einwand führt. Gleichgültig, wie unser Gesprächspartner reagiert, wir können ihn weiterhin beim Wort nehmen, was ich beispielhaft am letzten Übungssatz fortspinnen will:

A: „Wir sind bislang damit bei unseren Kunden gut angekommen, ich sehe überhaupt keinen Grund, das jetzt zu ändern."
B: „Wenn wir damit bei unseren Kunden nicht mehr gut ankommen, wären Sie bereit, über eine Änderung mit sich reden zu lassen."
A: „Ja natürlich! Schließlich leben wir von unseren Kunden, und die sind zum Glück überaus zufrieden mit uns."
B: „In der Konsequenz heißt das, wir beginnen mit der Änderung, nachdem die Kunden uns ihre Unzufriedenheit haben spüren lassen."
A: „Nein, so natürlich nun auch nicht. Aber ich werde doch nicht Bewährtes so mir nichts Dir nichts aufgeben."
B: „Sie würden das Bewährte aufgeben, wenn die Kunden Kritik üben."
A: „Ja, selbstverständlich, schließlich sind wir ein Dienstleistungsunternehmen."
B: „Wenn wir mit der Veränderung aber beginnen sollen, bevor unsere Kunden ihre Unzufriedenheit kundtun, wann genau wollen wir damit beginnen?" – Usw.

Diese Art der Gesprächsführung mag Ihnen sehr hartnäckig erscheinen, weil hier immer weiter nachgebohrt wird. Gleichzeitig müssen wir damit rechnen, dass unsere Gesprächspartner von diesem Stil genervt sind, weil ihnen eine Entscheidung abverlangt wird, die sie im Moment nicht treffen, oder für die sie keine Verantwortung übernehmen wollen.

Das trifft ebenso zu, wenn unser Gesprächspartner seine Absichten „vernebelt". Es ist ein Unterschied, ob die Aussage lautet, „das werde ich tun" oder „das könnte ich tun" oder gar „ich will versuchen, es zu tun". Der Sprecher erweckt die Illusion, dass etwas tatsächlich ausgeführt wird, und hebt gleichzeitig die Ausführung in das Reich der Möglichkeiten. Auf die mögliche Enttäuschung beim anderen wird, dann entgegnet: „Aber ich hatte doch lediglich gesagt, dass ich es versuchen will." Auch hier können wir den anderen beim Wort nehmen und ihm die Verantwortung für sein Handeln bewusst machen, indem wir fragen:

- „Was muss tatsächlich geschehen, damit ...?"
- „Was brauchst du, um ..."
- „Unter welchen Bedingungen könnten Sie wirklich ..."

Manchmal hilft auch die gezielte Verwirrung:

- „Was muss zutreffen, um **nicht** ...?"
- „Was muss eintreten, damit **nicht** ...?"
- „Was muss geschehen, damit es **nicht** klappt?"

Sie können davon ausgehen, dass Ihr Gesprächspartner stutzen wird, um dann ernsthaft zu prüfen, auf was er sich festlegen kann und will.

Wollen Sie ganz offensiv den anderen beim Wort nehmen und ihn mit seiner Verantwortung konfrontieren, dann machen Sie die ausstehende Entscheidung zum Thema:

- „Entweder Sie tun es, oder Sie tun es nicht. Aber ich möchte nicht, dass Sie es **versuchen**."
- „Kannst Du oder könntest du? Bitte **entscheide** dich!"
- „Ich bitte dich, Dir klar zu werden, was Du willst. **Entscheide** dich für Ja oder Nein."

Als warnenden Hinweis will ich hinzufügen, dass uns, dieser Gesprächsstil unbeliebt machen kann, wenn wir zu einseitig ausschließlich den anderen beim Wort nehmen und es gleichzeitig an der notwendigen Wertschätzung mangeln lassen. Wer uns aber kennt, wird sich auf Dauer selbst ändern und seine Worte überlegen, ehe er spricht.

Unsere Fähigkeit zum **Aktive Zuhören** hilft uns, die Gefühlslage des Gesprächspartners zu erfassen. Wenn es uns gelingt, den anderen emotional abzuholen, wirken unsere Formulierungen weniger konfrontierend.

„Ich kann mir vorstellen, dass mein Wunsch Sie einengt und Sie sich im Moment noch nicht festlegen möchten."
„Vielleicht kommt mein Vorschlag gerade zu einem unpassenden Zeitpunkt und Sie fühlen sich zu einer Entscheidung gedrängt."
„Meine Anfrage scheint Dir gerade nicht zu passen, aber Du möchtest mich auch nicht mit einem klaren Nein vor den Kopf stoßen."

Einstellungen, Interessen und Handlungen werden viel stärker vom Gefühl als vom Verstand gesteuert. Um nicht zu überreden, sondern zu überzeugen, gilt es stets, den **emotionalen Bereich** des Gesprächspartners zur Zustimmung zu bewegen. Wer andere überzeugen will, muss sie zunächst gefühlsmäßig gewinnen.

Viele Menschen gestehen sich nur ungern ein, dass ihre Gefühle bei Entscheidungen eine weitaus größere Rolle spielen als ihr Verstand. Gern wird nachträglich mit verstandesmäßigen Argumenten erklärt, warum eine (emotional getroffene) Entscheidung vernünftig ist. Durch derartiges Rationalisieren soll kaschiert werden, wie eine Entscheidung im Kern höchst emotional getroffen wurde. Dahinter verbirgt sich eine verbreitete Angst vor der Unberechenbarkeit der eigenen Gefühle und eine ebenso große Sorge vor der Beeinflussbarkeit der eigenen Wünsche und Empfindungen durch andere. Um einer möglichen Manipulation zu entgehen, wird der Logik und dem Verstand ein großes Gewicht beigemessen.

Professionelle Gesprächsführung trägt dieser Gefühlsebene Rechnung und zeigt sich darin, sich nicht auf die „besseren Argumente" zu verlassen, sondern sich auf seinen Gesprächspartner, seine individuellen Wünsche und momentanen Probleme einzustellen.

Von Trollen und Menschen

Während wir im E-Mail-Kontakt dank unseres Absenders noch persönlich erscheinen, sind Äußerungen im Internet nicht mehr direkt zuordenbar und werden dank ihrer Anonymität auch schnell einmal aggressiv bis beleidigend. In diesem Zusammenhang werden wir Autoren immer wieder mit der Frage konfrontiert, ob, und wenn ja, wie man reagieren soll auf falsche Aussagen, Verleumdungen und Herabsetzungen. Leider birgt die Nichtreaktion das Risiko, dass die Äußerungen unwidersprochen hingenommen werden, also wohl etwas Wahres dran sein müsse. Wer jedoch hofft, mit einer Richtigstellung etwas zu bewirken, muss damit rechnen, alles zu verschlimmern; zum einen geben sich die Angreifer nicht so schnell geschlagen und holen mit Lust zum nächsten Schlag aus, zum anderen kann die Verteidigung wie eine Rechtfertigung wirken, was dummerweise die Anklage zu berechtigen scheint. Die Lösung erscheint uns auf einer ganz anderen Linie zu liegen. Wer sich in Internet-Foren und -Plattformen negativ äußert, hat aus irgendwelchen Gründen eine geballte Ladung Ärger eingesteckt, den er nun unbedingt loswerden möchte. Ob der Ärger berechtigt ist oder womöglich selbst verschuldet, spielt dabei überhaupt keine Rolle. Gehandelt wird nach dem Motto: „Mir ist Unrecht widerfahren, dafür sollen sie büßen." Und genau hier setzt professionelles Reagieren ein: Den abwertenden Kommentar ernst nehmen und die damit verbundenen Gefühle respektvoll thematisieren. So hat beispielsweise ein Arbeitgeber auf eine abfällige Einschätzung auf der „Kununu-Plattform" gepostet:

„Die Kritik macht uns betroffen, weil Sie uns zeigen, dass unser Anspruch und die von Ihnen erlebte Wirklichkeit schmerzlich auseinanderklaffen. Noch mehr entsetzt uns, dass wir auf Sie so unnahbar wirken, dass Sie bislang kein direktes Gespräch führen mochten. Sie werden dafür Gründe haben und vermutlich auch Erfahrungen gemacht haben, die Ihnen ein direktes Gespräch aussichtslos erscheinen lassen. Da uns nach wie vor jeder einzelne wichtig ist, bieten wir Ihnen auf diesem Weg noch einmal ein Gespräch an, das – selbst wenn es für Sie zu spät sein mag – dazu beitragen kann, Ihre negativen Eindrücke zu einem für Sie akzeptablen Abschluss zu bringen."

Wer auf Kritik reagiert, muss sich immer wieder vergegenwärtigen, dass im Internet nicht nur ein Adressat angesprochen wird, sondern eine unbegrenzte Zahl von Nutzern mitliest. Auch wenn es aussichtslos erscheinen mag, den anonymen Kritiker zum Zurückziehen seiner Äußerung zu bewegen, so können sich alle anderen einen Reim auf das Verhältnis von Vorwurf und Reaktion darauf machen. Im obigen Beispiel hat der Kritiker zwar niemals das Gesprächsangebot genutzt, aber andere habe positive Kommentare gepostet bis hin zum Vorwurf an den Verfasser der Kritik, seine schlechte Laune aufgrund einer Einzelerfahrung nicht in eine grundsätzliche Diffamierung münden zu lassen.

In manchen Foren reagieren die User direkt und es entsteht eine ganz persönliche Auseinandersetzung, die jedoch von jedermann mitgelesen werden kann. Das kann bis zu einem für beide Seiten akzeptablen Ergebnis führen, wie das folgende Beispiel zeigt, das uns freundlicherweise von „feelgood" zur Verfügung gestellt wurde.

Hallo feelgood, ich bin immer noch am Rätseln, was der tiefere Sinn von feelgood ist. Es soll eine Plattform sein, um Menschen eine gesunde Lebensweise und ein inneres Gleichgewicht näher zu bringen. Ich vermisse sehr wirkliche Tipps und Vorschläge, ebenso fundiertes Wissen. Es ist natürlich schön, interessant und auch amüsant, wenn modellierte Radieschenmäuse oder ansprechend angerichtete Menüs abgelichtet werden, aber so richtig was für mich mitnehmen, kann ich nicht. Es wirkt für mich alles so weit weg vom „normalen" Durchschnittsmenschen. Wenn das einzige „Problem" eine gesündere Ernährung wäre, halleluja, wäre das einfach. Aber zum ausgeglichenen Balancegefühl von Körper, Seele und Geist und somit zur Steigerung der Lebensfreude gehört bei weitem etwas mehr als nur gesundes Essen. Vielleicht bin ich auch etwas ungeduldig, aber ich hatte mir irgendwie mehr von feelgood versprochen!

Antwort von feelgood: Hallo Jana,

du hast dir von feelgood deutlich mehr erwartet und bist unsicher, welchen Weg wir mit feelgood einschlagen. Dir ist es extrem wichtig, dass eine Plattform, die „feelgood" heißt und deren Ziel es ist, Menschen auf ihrem Weg zu einem gesünderen Leben zu unterstützen, ein breites Spektrum an Inhalten und konkreten Tipps zur Verfügung stellt.

Genau das möchten auch wir. Wir arbeiten mit unterschiedlichen Experten (Wissenschaftler, Personal Trainer, Ernährungsberater, Köche etc.) daran, alle Facetten, die für ein gesundes Leben relevant sind (Bewegung, Ernäh-

rung, Psychologie, Chronobiologie, Stoffwechsel, Schlaf und Stress) miteinander in Einklang zu bringen.
Mit unserer Facebook-Seite geben wir unseren Facebook-Freunden und Interessierten einen Blick hinter die Kulissen, bevor feelgood im Laufe dieses Jahres live geht.
Wir hoffen, dass deine Ungeduld dich nicht bremst, uns auf dem Weg zu unserem Go-Live zu begleiten und wir dich mit unseren Facebook-Updates derweil zum Schmunzeln, liken und kommentieren einladen.
Vielen Dank für dein Feedback, Dein feelgood-Team
Jana: Hallo liebes feelgood-team, ok, jetzt verstehe ich es etwas besser, ich werde die Seite natürlich weiterhin im Auge behalten und mal abwarten, was da in den kommenden Monaten auf mich zukommen wird. Wäre vielleicht gut gewesen, dass etwas genauer zu erklären, so wie ihr es jetzt bei mir aufgrund meiner Nachfrage gemacht habt. Könnte mir vorstellen, dass auch noch der eine oder andere eurer facebook-Freunde ähnliche Gedankengänge wie ich entwickelt hat. Wäre sehr schade für euch, wenn evtl. wirklich an gesunder Lebensweise interessierte Menschen schon vor dem eigentlichen live-Start von feelgood abspringen, weil sie sich fragen, warum ständig Nahrung in allen möglichen Varianten abgelichtet werden. Wo ich schon mal am Fragen bin: Ich bin ein sehr kritischer Mensch und glaube nicht alles, was angeblich „gesund" sein soll … und so würde es mich sehr interessieren, wie genau die Zusammenarbeit mit den Experten aussieht. Sind die bei feelgood angestellt, arbeiten sie sozusagen für feelgood oder sind es unabhängige Experten. Zunächst einmal vielen Dank! Kühle Grüße aus dem hohen Norden!
Antwort von feelgood: Liebe Jana,
toll, dass du uns diesen Vertrauensbonus gibst und dabei extrem kritisch bist. Dankeschön. Wir werden dein Feedback zum Anlass nehmen und die von dir angesprochenen Punkte klarer machen, um einen möglichen Vertrauensverlust anderer Facebook-Freunde zu vermeiden.
Bezüglich deiner Frage:
Wir haben einerseits Experten direkt bei uns im Team, anderseits haben wir einen Pool von Beratern (aus unterschiedlichen Bereichen der Wissenschaft und der Praxis), die nicht bei uns auf der Gehaltsliste stehen. Drittens haben wir Experten an unterschiedlichen Stellen zu Gesprächen am runden Tisch geladen, um unsere Arbeitsthesen gemeinsam zu hinterfragen. Und Vieles mehr. Wir freuen uns sehr über Meinungen und suchen sehr aktiv nach unabhängigen Experten. Warum? Wir sind überzeugt, dass wir nur dann unserem Anspruch an wirklicher Glaubwürdigkeit gerecht werden können, wenn wir uns der Kritik stellen und ihr nicht aus dem Wege gehen.

Du wünschst dir vielleicht an dieser Stelle Namen zu hören, damit du für dich selbst verifizieren kannst, dass wir zu Recht von Experten sprechen. Wir hoffen, dass du Verständnis dafür hast, dass wir diese Infos erst im Laufe der nächsten Wochen und Monate in einer größerer Runde teilen möchten.
Warme Grüße in den Norden,
Dein feelgood-Team
Jana: Hallo liebes feelgood- Team, ich kann sehr gut verstehen, dass ihr hier und jetzt keine Experten namentlich benennen möchtet, die Namen sind für mich nicht so relevant. Entscheidend ist eher, ob Experten für jemanden arbeiten oder unabhängig miteinbezogen werden. Dass ihr, wie ich es verstanden habe, aus beiden Möglichkeiten schöpfen werdet, ist auf jeden Fall erst einmal positiv zu bewerten. Auf jeden Fall seid ihr sehr gut geschult, was die Kommunikation angeht, jeder Psychologiestudent könnte bei euch einen Kurs „klientenzentrierte Gesprächsführung" und „Positive Bestärkung" belegen (kleiner Scherz ☺). Die warmen Grüße sind angekommen! (☺) Beste Grüße zurück!

Doch leider sind derartige Foren auch ein Tummelplatz für sogenannte Trolle, die Stunk verbreiten wollen und deren Ziel es ist, absichtlich Gespräche innerhalb einer Online-Comunity zu stören. Manche agieren aus purer Langeweile destruktiv, andere treiben Rachegelüste und manche Trolle leben ihren Alltagssadismus in der Anonymität des Internets aus. Auch wenn die Provokationen in der Regel unterschwellig und ohne echte Beleidigungen sind, kann dies dazu führen, erbost und unsachlich auf den Troll zu reagieren. Doch genau damit hat der Troll sein Ziel erreicht, nämlich Aufmerksamkeit zu erheischen, mögliche Diskussionen auszubremsen und das Vertrauen der Beteiligten zu stören. Auch hier gilt die griffige Weisheit: **„Gegen Wertschätzung ist kein Kraut gewachsen."** Nimmt der Troll wahr, dass er trotz seiner aggressiven Angriffe weiterhin ernst genommen wird, merkt er sehr schnell, dass die von ihm erhoffte Verteidigung ausbleibt und er sich mit weiteren Angriffen eher selbst lächerlich macht. Das folgende Beispiel zeigt dies recht anschaulich:

In einem Forenthread über Pazifismus angesichts Menschrechtsverletzungen taucht plötzlich folgender Beitrag auf:

Troll: Man muss immer zwischen guten und schlechten Pazifisten unterscheiden. Gute Pazifisten kann man daran erkennen, dass sie keinerlei Mitgefühl für leidende Menschen haben.

Antwort: Eine interessante Position, die du bestimmt genauer begründen kannst.
Troll: Man weiß doch, dass sich hinter der sogenannten Friedfertigkeit bei den allermeisten nur Fracksausen verbirgt. Auch hier im Forum tummeln sich lauter Gutmenschen.
Antwort: Schade, ich wäre neugierig auf deine Begründung gewesen, die fehlt bislang.
Troll: Es hat schon immer Menschen gegeben, die ihre Feigheit hinter hehren Worten wie Toleranz, und Nächstenliebe kaschiert haben. Aber wehe, man zieht diesen Angsthasen die Maske ab, dann ist Schluss mit lustig.
Antwort: Du hast klare Vorstellungen, was richtig und was falsch ist, magst aber auf keinen Fall in eine echte Auseinandersetzung gehen. Das ist dein gutes Recht, trägt aber zu keinem Erkenntnisgewinn bei.
Troll: Oh wie schön, dass mir hier das Recht zugestanden wird, eine eigene Meinung zu haben. Aber bislang hat sich noch keiner getraut, seine Position zu verteidigen. Vor lauter geheuchelter Friedfertigkeit machen alle schnell die Augen zu, wenn sie etwas sehen, was ihnen nicht ins Konzept passt.
Antwort: Du klingst irgendwie enttäuscht, dass wir uns von deinen Beiträgen nicht provozieren lassen. Vielleicht brauchst du auch nur noch etwas Zeit, um deine Sichtweise argumentativ zu untermauern.

Von da an gab es keine weiteren Beiträge dieses Trolls. Vermutlich hat er sich ein anderes Forum gesucht, um sich dort auf destruktive Weise Aufmerksamkeit zu holen.

Im Gegensatz zum Troll, der es darauf absieht, ernsthafte Diskussionen zu stören und einen Gewinn daraus zieht, wenn sich andere ärgern und zurückschießen, ist ein **Flame** ein ruppiger oder giftiger Kommentar bzw. eine Beschimpfung in Internetforen. Man verwendet den Begriff meist für aggressive Beiträge ohne Sachbezug. Fühlen sich Beteiligte provoziert, kann dies zu unsachlichen, meist ebenso aggressiven Erwiderungen führen, die dann in einen **Flame-War** münden, in dem statt kontroverser Diskussion nur noch beleidigend und unsachlich argumentiert wird. Durch die Anonymität der Netzkultur ist diese Art der Kommunikation mittlerweile ein häufig anzutreffendes Phänomen geworden. Auch hier gilt die Regel, sich nicht provozieren zu lassen und unter keinen Umständen dem Angreifer etwas zu entgegnen. Wer sich klar macht, dass hinter jeder Form von Beleidigung oder Hetze eine Art Köder steckt, mit der versucht wird, andere anbeißen zu lassen, wird sich nicht ködern lassen. Schweigen ist in diesem Zusammenhang die einfachste Möglichkeit, seine Souveränität zu bewahren. Auch wenn manche dazu raten, derartige Beiträge zu löschen oder löschen zu lassen, sehen wir die Gefahr, gerade dadurch noch mehr Aufmerksamkeit zu erzielen. Allein der Versuch, eine unliebsame Information zu unterdrücken oder entfernen zu lassen, kann bereits große öffentliche Aufmerksamkeit nach sich ziehen. Dadurch wird das Gegenteil erreicht, dass nämlich die Information durch das Schneeballprinzip einem noch größeren Personenkreis bekannt wird.

12. Kapitel

Schlussfolgernde Gesprächsführung

Im 11. Kapitel ging es darum, die eigene Reaktion zurückzustellen und den Gesprächspartner mit dem zu konfrontieren, was er gerade gesagt hatte. Ich hatte eingeräumt, dass uns dieser Gesprächsstil verübelt werden mag, weil es fur viele Gesprächspartner völlig ungewohnt ist, plötzlich die Verantwortung für das zu übernehmen, was sie gerade äußern.

In diesem Kapitel greife ich diese Vorgehensweise noch einmal auf und erweitere den Klärungsansatz um ein durchgängiges Schlussfolgern. Dies ist bei wichtigen Gesprächen so unentbehrlich, weil der Grundsatz gilt:

Erfolgreiche Kommunikation besteht nicht im Übermitteln von Informationen, sondern in deren übereinstimmender Interpretation.
Missverständnisse sind immer sprachliche Missverständnisse.

Erst wenn Ihnen zugestimmt wird, können Sie sicher sein, dass Sie beide über das Gleiche sprechen. Zur Verdeutlichung: Es geht dabei nicht um eine Zustimmung in der Sache, sondern um eine Übereinstimmung der Interpretation, das also bei der Verwendung der selben Worte auch dasselbe gemeint wird. Selbst wenn alle die gleiche Sprache sprechen, wird sie individuell verschieden gebraucht und verstanden. Bei der schlussfolgernden Gesprächsführung werden

Sie nur zu oft erleben, dass Ihr Gegenüber Ihre Folgerungen keineswegs teilt.

Da äußert eine Kundin auf den Kostenvoranschlag: „Ich glaube, das wird mir zu teuer. Ich lass die Reparatur."

Servicetechniker: „Das heißt, Sie lassen die Maschine so kaputt und schauen sich nach einer neuen um."

„Nein, ich muss jetzt nur sehen, ob ich es woanders billiger repariert bekomme."

Da klagt ein Kollege: „Ich bin ganz fertig, der Chef hat mich auf sein Sommerfest eingeladen."

„Das heißt, es passt Dir gar nicht."

„Doch, doch. Aber ich weiß nicht, was ich anziehen soll."

Patient zur Zahnärztin: „Seit meine Frau sagt, dass ich mir die Zähne gründlicher putzen soll, habe ich nur noch Zahnschmerzen."

„Das heißt, Ihre Frau ist schuld an Ihren Zahnschmerzen."

„Nein, so habe ich das nicht gemeint. Aber seither blutet es beim Zähneputzen und fühlt sich alles ganz wund an."

Je abwechslungsreicher Ihre Redewendungen sind, umso weniger aufgesetzt wirkt diese Vorgehensweise. Ich habe Ihnen einige mögliche Formulierungen zusammengestellt.

- Das heißt …
- Ich schließe daraus …
- Ich ziehe daraus den Schluss …
- Ich entnehme dem …
- Daraus ergibt sich …
- Das bedeutet …
- In der Konsequenz bedeutet das …
- Ich folgere daraus …
- Die Folgerung lautet dann …
- Daraus lässt sich dann ableiten, dass …
- Das hört sich an, als ob …
- Das klingt so, als wenn …
- Das sieht so aus wie …

Sobald jemand den Mund aufmacht, um etwas mitzuteilen, hat er eine oder mehrere Absichten. Wenn er diese nicht ausdrücklich mitteilt, kann der Gesprächspartner diese nur vermuten. Viele Äußerungen sind in ihrer **mangelnden Klarheit** kaum zu überbieten. Da wir aber in der Regel dazu neigen, uns einen unverstandenen Satz durch Interpretation verständlich zu machen, besteht die Gefahr, dass wir etwas Falsches vermuten. Daraus erwachsen manchmal schwierige Situationen. Probleme entstehen ja immer dann, wenn Menschen annehmen, dass andere etwas ganz genauso sehen, beurteilen, empfinden und schätzen müssen wie sie. Die Folge ist, dass sie dann erwarten, dass man sich entsprechend verhält; eben so, wie sie es für die betreffende Situation als angemessen empfinden. Doch statt zu prüfen, was genau gemeint sei, wird umgehend auf die vermutete **Interpretation** reagiert.

„Ich suche verzweifelt nach einer Möglichkeit, mir das Rauchen abzugewöhnen. Aber ich schaff es einfach nicht. Jetzt habe ich drei Tage durchgehalten, aber heute habe ich doch wieder eine geraucht."

„Na, eine Zigarette in vier Tagen ist doch so gut wie keine. Vom gesundheitlichen Standpunkt ist das doch kaum der Rede wert."

„Ja, ja, Du hast gut reden. Du hast das Problem ja nicht."

Der Dialog nimmt eine ganz andere Richtung an, wenn der Gesprächspartner seine Schlussfolgerung zurückspiegelt:

„Ich suche verzweifelt nach einer Möglichkeit, mir das Rauchen abzugewöhnen. Aber ich schaffe es einfach nicht. Jetzt habe ich drei Tage durchgehalten, aber heute habe ich doch wieder eine geraucht."

„Das hört sich so an, als ob Du Dir Sorgen um Deine Gesundheit machst."

„Nein, es geht mir ja nicht ums Rauchen. Es nervt mich total, dass ich nicht in der Lage bin, selbstaufgestellte Vorsätze einzuhalten."

Wir sind es gewohnt, die unvollständigen und unklaren Äußerungen unserer Mitmenschen zu interpretieren. Wir glauben dann zu wissen, was der andere meinte. Der Satz: „Machen Sie das bitte gleich fertig", hört sich einfach und verständlich an. Wer seinen Vorgesetzten zu kennen meint, wird womöglich eine angefangene Arbeit liegen lassen, um sich sofort der neuen Aufgabe zu widmen. Doch damit übernimmt der Mitarbeiter die Verantwortung für die ungenaue Kommunikation seines Vorgesetzen und muss sich unter

Umständen Vorwürfe machen lassen, weil die nun liegen gebliebene Arbeit nicht termingerecht fertig wurde. Um Missverständnisse auszuschließen und zu prüfen, ob man die richtigen Prioritäten heraushört, empfehle ich grundsätzlich, die eigene Interpretation laut zu äußern. Das gibt dem anderen die Möglichkeit, **Übereinstimmung** herzustellen.

„Machen Sie das bitte gleich fertig."
„Ja gern. Das heißt, ich soll den Bericht für den Vorstand zurückstellen."
„Nein, um Himmels willen. Den brauche ich bis zwölf. Aber anschließend erledigen Sie bitte diesen Brief."

Im 16. Kapitel „Vom Überreden zum Überzeugen" habe ich ausgeführt, dass viele Menschen dazu neigen, die Äußerungen ihres Gegenübers aus der eigenen Sicht zu interpretieren. Statt sich mit dem anderen direkt auseinander zu setzen, beschäftigt man sich mehr mit den Annahmen über den anderen. Man entwickelt Vorstellungen über die möglichen Gründe für Einwände und bringt dann im Grunde genommen Gegenargumente gegen die eigenen Vorstellungen vor.

Da äußert ein **Kunde:** „Ich glaube nicht, dass diese neue Maschine so geeignet für uns ist, wie das, was wir jetzt haben."
Der **Vertriebsbeauftragte (VB)** antwortet: „Machen Sie sich da mal keine Sorgen, denn sie erschließt Ihnen ganz neue Anwendungsbereiche."
Kunde: „Das mag ja sein. Aber zunächst einmal bekomme ich erheblichen Ärger mit der Fertigung, wenn die sich umstellen müssen."
VB: „Das ist ja nun kein Problem. Sie können mir Ihren Fertigungsleiter vorbeischicken. Anschließend wird Ihnen der Mann die Bude einrennen und Sie anflehen, die Maschine zu ordern."
Kunde: „Sie scheinen ja sehr überzeugt zu sein. Aber ich habe da offen gestanden meine Zweifel."
VB: „Ich will Ihnen ja nicht zu nahe treten, aber das liegt vielleicht daran, dass Sie noch nicht realisiert haben, wie diese Maschine Ihre Produktivität um zwanzig Prozent steigert."
Kunde: „Eine Produktivitätssteigerung von zwanzig Prozent scheint mir völlig unrealistisch. Da muss doch etwas faul sein."
VB: „Sie sehen das viel zu einseitig. Ganz im Gegenteil. Dadurch, dass diese Maschine wesentlich schneller arbeitet, sparen Sie nicht nur Zeit, sondern auch bares Geld."

Kunde: „Eben! Das ist es ja gerade, das ist viel zu kompliziert. Das verwirrt unsere Leute nur, und wir müssen mehr Zeit in die Ausbildung investieren. Das ist nichts für uns."
VB: „Nein, das sehen Sie falsch. Dieses günstige Angebot enthält selbstredend auch die Einweisung Ihrer Mitarbeiter direkt am Gerät."
Kunde: „Ja, ja. Und plötzlich haben wir Qualitätsprobleme, weil unsere Leute pausenlos geschult werden müssen. Sie machen sich das viel zu einfach."
VB: „Sie haben ja völlig Recht, aber wenn man mal sachlich nachdenkt, dann sollten Sie sich diese Chance nicht entgehen lassen. Was meinen denn Ihre Leute von der Qualitätssicherung zu der Anschaffung?" Usw.

Wir können nachvollziehen, dass sich der Kunde nach diesem Gespräch eher entnervt abwendet, als seine Ablehnung aufzugeben. Ich habe diesen Dialog so ausführlich dargestellt, weil er ein Stück unserer alltäglichen Realität widerspiegelt. Statt zuzuhören, wird versucht, den Widerstand argumentativ zu brechen. Überspitzt formuliert: Beim Ausräumen von Einwänden wird das Gegenüber gleich mit ausgeräumt, sprich: vertrieben.

Wer sich jedoch seinem Gesprächspartner schlussfolgernd zuwendet, beschäftigt sich weniger mit der geschickten Anordnung der eigenen Argumente als vielmehr mit dem, was der andere äußert.

Der **Kunde** sagte: „Ich glaube nicht, dass diese neue Maschine so geeignet für uns ist, wie das, was wir jetzt haben."
Der mittlerweile geschulte **Vertriebsbeauftragte (VB)** erwidert: „Das bedeutet, Sie setzen weiterhin auf Ihre vertraute Maschine."
Kunde: „Nun ja, da weiß ich wenigstens, was ich habe. Zugegeben, die kommt jetzt auch in die Jahre und hat ihre Mucken. Aber meistens läuft sie einwandfrei."
VB: „Ich entnehme dem, dass Sie auch in Zukunft Ihre Produktion lieber mit der bisherigen Maschine fahren, auch wenn die hin und wieder ausfällt."
Kunde: „Naja, irgendwann wird sie wohl zusammenbrechen. Ich möchte nicht wissen, wie viele Betriebsstunden die schon auf dem Buckel hat. Aber irgendwie habe ich die Hoffnung, sie macht's noch 'ne Weile."
VB: „Das heißt, Sie leben stets mit dem Risiko, dass Ihre Produktion plötzlich stillsteht, weil die Maschine den Belastungen nicht länger standhält."
Kunde: „Stimmt. Eigentlich Wahnsinn! Ich lebe vom „Prinzip Hoffnung" und trage gleichzeitig die Verantwortung für das Produktionsergebnis. Aber bislang ging's irgendwie."

VB: „In der Konsequenz bedeutet das, Sie werden sich erst um eine neue Maschine kümmern, wenn die Produktion still steht."

Kunde: „Das wäre zu spät. Denn bis die neue Maschine läuft und die entsprechenden Mitarbeiter eingewiesen sind, vergeht ja einige Zeit. Das können wir uns auf keinen Fall leisten. Nein, nein, eigentlich müssten wir jetzt schon die Nachfolgerin ordern."

VB: „Das hört sich an, als ob Sie noch zögern."

Kunde: „Stimmt. Da ist noch ein finanzielles Problem. Aber das kann ich mit dem Vorstand am besten erörtern, wenn wir jetzt mal über die Details sprechen." Usw.

Es gehört sehr viel Selbstdisziplin dazu, auch dann noch schlussfolgernd zu reagieren, wenn das Gegenüber etwas Haarsträubendes äußert. Doch gerade wenn wir emotional betroffen sind, führt unsere **Spontanreaktion** nur zu schnell in ein **Sieger-Verlierer-Spiel**, bei dem ja am Ende keiner gewinnt. Im 12. Kapitel hatte ich ausgeführt, dass jeder Sieg um den Preis errungen wird, dass ein anderer verliert. Da Verlierer bekanntlich zur Rache neigen, ist der Sieg stets von dem Risiko überschattet, irgendwann mit der Rache des Verlierers konfrontiert zu werden.

Ein klassischer Beispielbereich ist das Eltern-Kind-Verhältnis. Wer selbst Kinder hat, kennt das Gefühl der eigenen Ohnmacht, das sich immer wieder einstellt, wenn Kinder sich allen Ratschlägen und Ermahnungen zum Trotz verhalten. Mag man sich in der Elternrolle im Einzelfall durchsetzen, so bleibt auf lange Sicht doch der Eindruck, dass Kinder ihren eigenen Weg gehen und förmlich danach streben, ihren bedrohten Freiheitsspielraum dadurch zu schützen, dass sie anders entscheiden und sich anders geben, als ihre Eltern. Aber wir können diesen Beispielbereich auch von der anderen Seite betrachten: Jeder von uns kann sich noch an das Gefühl der Unterlegenheit erinnern, das sich wie ein roter Faden durch Kindheit und Jugend gezogen hat. Wie oft wurden wir mit ungebetenen Ratschlägen überhäuft und wie oft wurde uns vermittelt, dass es besser wäre, anders zu lernen, zu entscheiden und zu handeln. Wenn wir jedoch das Schlagwort von der **Erziehung zur Verantwortung** ernst nehmen wollen, dann gilt es, Heranwachsende erleben zu lassen, dass sie die Verantwortung auch für das haben, was sie oftmals unreflektiert von sich geben.

Da kommentiert ein Schüler die zweite schlechte Englischarbeit in Folge mit den Worten: „Solange ich bei Frau Braun bin, habe ich eh keine Chance." Wie fällt Ihre Erwiderung aus?

Wie üblicherweise dieses Problem aus der Welt geschafft wird, brauchen wir hier nicht zu vertiefen. Wer sich jedoch auf eine schlussfolgernde Gesprächsführung einlässt, begibt sich gewissermaßen auf eine Reise, deren Dauer und Ziel noch unbekannt ist.

Vielleicht wird Sie das Lesen des folgenden Dialogs Mühe kosten, weil Sie zwischendrin immer wieder denken, dass jetzt eine klare Anweisung, zumindest ein Ratschlag fällig wäre. Dieser Beispieldialog zeigt, wohin konsequentes Schlussfolgern führen kann.

Kind: „Solange ich bei Frau Braun bin, habe ich eh keine Chance."
Eltern: „Das heißt, Du machst dich schon in Gedanken mit einer Fünf vertraut."
K: „Nee, das kann ich mir nicht leisten. Ich will schließlich nicht sitzen bleiben. Da ist ja noch die Mathe-Fünf."
E: „Das klingt so, als ob die Mathe-Fünf unabänderlich ist."
K: „Also ehe ich von der runter komme, büffel ich lieber Englisch."
E: „Mit anderen Worten: Du willst dich jetzt auf Englisch stürzen."
K: „Das muss ja nicht gleich sein. Bis zur nächsten Arbeit sind es bestimmt noch fünf oder sechs Wochen. Ich muss mich ja erstmal von dieser Arbeit erholen."
E: „Das bedeutet, Du wartest, bis die nächste Englischarbeit angekündigt wird, und dann legst Du los."
K: „Ja, so ähnlich. Die Vokabeln bleiben auch viel besser im Kopf, wenn sie frisch gelernt sind."
E: „Das heißt, Du hast einen ganz konkreten Plan, wie Du nächstes Mal eine erfolgreiche Arbeit schreibst."
K: „Was heißt‚konkret'? Es darf halt nicht noch mal schief gehen, sonst bin ich geliefert. Das steht auf jeden Fall fest."
E: „Ich schließe darauf, dass Du das mit allen Mitteln verhindern willst."
K: „Klar doch! Ich bin ja nicht blöd. Wenn ich noch zwei Dreien schreibe, ist alles in Butter."

E: „Ich entnehme dem, dass Du Dir schon genau ausgerechnet hast, was Du dafür leisten musst. Du sagst ja, dass Du kein Risiko eingehen willst."
K: „Naja, zunächst mal muss die olle Braun merken, dass ich meine Vokabeln drauf hab. Und außerdem sollte ich nicht gerade das falsch machen, was wir in Grammatik durchnehmen."
E: „Das klingt jetzt so, als ob Du Dir Dein Englischpensum sehr genau angesehen hast."
K: „So genau nun auch noch nicht. Aber ich denke, dass ich das in den Griff kriege, wenn ich rechtzeitig beginne."
E: „Das heißt, Du hast dich bereits entschieden, wann Du mit dem Lernen beginnen willst."
K: „Ne, so richtig noch nicht. Aber fünfzig Vokabeln die Woche ist ja nicht die Welt."
E: „In der Konsequenz bedeutet das: fünfzig Vokabeln mal sechs Wochen, also schätzungsweise rund 250 bis 300 Stück."
K: „Schmerz lass nach! Das schaffe ich nie! Da müsste ich ja sofort anfangen. Zumal ich ja die alten Vokabeln auch noch nicht kann."
E: „Das heißt, Du lässt es lieber sein."
K: „Mist! Ich muss doch gleich anfangen. – Aber mehr als zwanzig Minuten am Tag kommt überhaupt nicht in Frage."
E: „Mit anderen Worten: Du hast dich jetzt entschieden, ab sofort jeden Tag zwanzig Minuten Englisch zu üben, um auf diesem Weg die nächste Arbeit erfolgreich zu schreiben."
K: „Ich glaube, einen anderen Weg gibt's nicht. – Sag mal, kannst Du mich nachher abhören?"

Ich schließe nicht aus, dass sich dem ein oder anderen Leser die Haare gesträubt haben, weil hier einem Heranwachsenden so ungewohnt viel Spielraum gewährt wurde und weil hier seitens des Erwachsenen jeglicher Eingriff, jede Direktive oder „klare Vorschrift" fehlte. Ich muss allerdings sofort fragen: Welchen Nutzen hätte das gebracht? Sind unsere wohlmeinenden Reaktionen nicht oftmals Ausdruck unserer Ungeduld und unseres fehlenden Vertrauens in die Möglichkeiten unseres Gegenübers, seine Probleme selbst zu lösen?

Wer mit Schlussfolgerungen arbeitet, hilft dem anderen, sich der Bedeutung seiner Äußerungen und damit der Tragweite seiner Verantwortung bewusst zu werden.

Unsere Geduld wird natürlich besonders hart auf die Probe gestellt, wenn unser Gegenüber mit seiner Äußerung unsere Freiheit berührt, gewissermaßen einen Übergriff auf unsere Integrität unternimmt.

Als Übungsbeispiel bietet sich das Erlebnis einer Teilnehmerin an, deren Sohn mit zu wenig Wechselgeld vom Einkaufen heimkehrte. Die Mutter musste mit einer schnodderigen Verkäuferin zurechtkommen, die statt einer Entschuldigung lediglich sagte:
„Bei uns war so viel los, da kann das schon mal passieren."

Ehe Sie die möglichen Schlussfolgerungen lesen, können Sie gerade selbst versuchen, Ihre Reaktion hier zu notieren:

Die Verkäuferin mit der Konsequenz ihrer eigenen Aussage zu konfrontieren, könnte beispielsweise so klingen:

„Das heißt, immer wenn so viel los ist, sollen hier keine Kinder einkaufen."
„Daraus schließe ich, ich muss vorher prüfen, ob viel los ist, ehe ich meinen Sohn zum Einkaufen schicke."
„Mit anderen Worten, jedes Mal, wenn viel los ist, dann ist das Risiko groß, dass das Wechselgeld nicht stimmt."

Wer im Geschäftsleben gewohnheitsmäßig die Schleife der Schlussfolgerung nutzt, wird beobachten können, dass viele Gesprächspartner zum **Stilmittel** der **Frage** greifen.

Der unverfänglich klingende Fragesatz wird jedoch gern verwendet, um etwas ganz anderes zu transportieren. Es gilt, die tatsächliche Struktur zu erkennen und die eigentliche Bedeutung transparent zu machen.

Häufig werden Ideen, Anregungen, Vorschläge und Empfehlungen hinter einer harmlos wirkenden Einleitungsfrage versteckt.

„Ich habe dazu eine Frage: Können wir nicht so vorgehen, dass wir die Entscheidung des Vorstands abwarten?"
Schlussfolgernde Antwort: „Ich höre heraus, dass ich Ihrem Vorschlag zustimmen soll."

Oder: „Da taucht natürlich die Frage auf, ob wir nicht Plan X machen sollten."
Schlussfolgernde Antwort: „Das heißt, dass nach Plan X vorgegangen werden soll."

Wer seinen Vorwurf in Form einer Frage vorbringt, macht sich selbst unangreifbar nach dem Prinzip: „Man wird doch wohl noch fragen dürfen."

„Ich habe dazu eine Frage: Wieso hat Herr Weiß uns das bislang verschwiegen?"
Schlussfolgernde Antwort: „Das klingt so, als ob Sie Herrn Weiß einen Vorwurf machen möchten."

Oder die harmlos scheinende „Warum nicht?"-Frage. Mit dieser Frage wird eine Rechtfertigung für etwas gefordert, was ohnehin nicht zu ändern ist.

„Warum haben Sie mich nicht vorher angerufen?"
Schlussfolgernde Antwort: „Das heißt, Sie möchten jetzt die Schuldfrage klären."

Wer seine Meinung direkt vorbringt, riskiert mit einer Gegenmeinung konfrontiert zu werden. Die indirekte Mitteilung in Form einer Frage, wirkt weniger provozierend.

„Ich habe dazu eine Frage: Wäre es nicht vernünftig, wenn wir die Idee von Frau Braun aufgreifen?"
Schlussfolgernde Antwort: „Das bedeutet, dass wir Ihre Bewertung bezüglich des Vorschlags von Frau Braun teilen sollen."
Oder: „Da steht nun die Frage im Raum, ob es nicht unklug ist, diese Sache weiter zu verfolgen."
Schlussfolgernde Antwort: „Das heißt, Sie lehnen das Vorgehen ab und möchten wissen, ob ich Ihre Meinung teile."

Eine Behauptung einfach in den Raum zu stellen, kann zu heftiger Gegenreaktion führen. So neigen manche Gesprächspartner dazu, ihre Behauptung mit einer meist suggestiv formulierten Frage zu kaschieren.

„Ich habe dazu eine Frage: Ist es nicht allen klar, dass wir das nie genehmigt bekommen?"
Schlussfolgernde Antwort: „Ich schließe aus Ihrer Äußerung, dass Sie dem Vorhaben keine Chance einräumen."

Oder: „Ich möchte mal ganz direkt fragen, ob da wirklich noch jemand zweifelt, dass der Aufwand in krassem Widerspruch zum Ergebnis steht."
Schlussfolgernde Antwort: „Es hört sich so an, als ob Ihre Meinung sehr fest steht und Sie an einer anders gearteten Ansicht gar kein Interesse haben."

Wenn Vereinbarungen getroffen wurden, ist es für manche Gesprächspartner schwer, sich an Abmachungen zu halten. Eine verbreitete Form, sich über Beschlüsse hinwegzusetzen, besteht darin, etwas durch Fragen erneut zur Diskussion zu stellen.

„Ich habe dazu eine Frage. Haben wir wirklich alle Möglichkeiten berücksichtigt."
Schlussfolgernde Antwort: „Das heißt, dass Sie den bisherigen Beschluss noch einmal in Frage stellen möchten."
Oder: „Mich beschäftigt die ganze Zeit die Frage, ob wir Alternativen zum bisherigen Vorgehen haben."
Schlussfolgernde Antwort: „Das klingt so, als ob Sie die getroffene Vereinbarung nicht in die Tat umsetzen möchten, sondern die Diskussion über mögliche Maßnahmen erneut beginnen."

Um noch während des Zuhörens die implizite Botschaft einer Äußerung zu erfassen, bedarf es einiger Übung. Sie können Ihren Lernfortschritt steigern, wenn Sie sich die Mühe machen, für jede der folgenden Übungsäußerungen schriftlich zu reagieren, ehe Sie Ihre Lösung mit meinem Vorschlag vergleichen.

	Ihre Schlussfolgerung
(1) „Ich könnte Herrn Roth da schon zustimmen. Sicherlich würden wir in der einen oder anderen Einzelfrage noch Meinungsverschiedenheiten haben, aber ich würde denken, dass wir die bereinigen könnten. Nur hätte ich gern noch kurz erfahren, wie ich mir unseren Zeitplan diesbezüglich vorzustellen habe."	
(2) „Es ist doch offensichtlich, dass wir in den kommenden drei Monaten zunächst die vorliegenden Ergebnisse sichten sollten. Dabei werden wir das eine oder andere ohne große Änderungen übernehmen können."	

	Ihre Schlussfolgerung
(3) „Verstehen Sie mich bitte nicht falsch, aber mir drängt sich die Frage auf, ob nicht der Vorschlag von Frau Schwarz durch die etwas unüberschaubare Zeitplanung ein wenig aus dem Rahmen fällt."	
(4) „Langsam, langsam! Ich würde unter Umständen gern auch noch einmal zu Wort kommen. Es drängt sich doch der Gedanke auf, dass wir zunächst den weitreichendsten Vorschlag an den Anfang setzen. Herr Weiß, würde es Ihnen etwas ausmachen, Ihre Idee gleich zu erläutern?"	
(5) „Die Fehler im Projektmanagement sind unübersehbar. Offensichtlich will man auf unsere Kritik nicht eingehen. Dabei unterliegen die Vorwürfe keinem Zweifel."	

Meine Vorschläge:

(1) „Das heißt, dass Sie zustimmen, sobald Sie den genauen Zeitplan kennen."
Oder: „Ich höre heraus, dass die Meinungsverschiedenheiten nicht so gravierend sind, um eine Zustimmung zu verweigern."
(2) „Ich schließe daraus, dass Sie bereits Möglichkeiten der Arbeitsersparnis vermuten."
Oder: „Das heißt, dass Sie davon ausgehen, dass es vielleicht Arbeitserleichterungen geben könnte."
(3) „Daraus schließe ich, dass Sie den Vorschlag von Frau Schwarz ablehnen."
Oder: „Das bedeutet, Sie möchten Ihre Vorbehalte hinsichtlich des Vorschlags von Frau Schwarz anmelden."
(4) „Ich entnehme dem, dass Sie den Vorschlag von Herrn Weiß vorziehen möchten."
Oder: „Das heißt, Sie möchten den weitreichendsten Vorschlag an den Anfang zu setzen."
(5) „Das heißt, dass die erhobenen Vorwürfe über jeden Zweifel erhaben sind und nach Ihrer Ansicht weigert sich das Projektmanagement, auf die vorgebrachte Kritik einzugehen."
Oder: „Ich entnehme Ihrer Äußerung, dass Sie das Projektmanagement hinsichtlich der entstandenen Fehler für verantwortlich halten. Dabei vermuten Sie, dass es sich um bewusste Absicht handelt, wenn bislang auf die Kritik noch nicht eingegangen wurde."

Erfolgreiche Gesprächsführer haben ihr Ohr so geschult, dass sie sich bei jeder Äußerung ihres Gegenübers fragen: Was sagt er damit über sich aus? Was höre ich über ihn? Wer sich so auf den anderen konzentriert, ist auch dann vor vorschnellen Reaktionen gefeit, wenn die Reaktion unerwartet negativ ausfällt. (Abb. 12–1)

Abb. 12-1

Wer sich vergegenwärtigt, dass jede Aussage etwas über den Sprecher offenbart, kann sich mit den Interessen des anderen befassen und darauf eingehen, was der Gesprächspartner über sich geäußert hat.

Diese Kommunikationsform hat allerdings auch einen Nachteil: Sie kann wie demonstrative Überlegenheit wirken.

Ungewollt mit seiner eigenen Haltung konfrontiert zu werden, kann unangenehm sein. So werden ungeliebte Schattenseiten gespiegelt, was einer Enttarnung gleichkommt. Es zeigt den Betroffenen, dass sie eine Schwäche haben und Außenstehende das aufdecken. Umso wichtiger ist eine wertschätzende Haltung gegenüber dem Gesprächspartner.

Das vorausgesetzt, ist es für ein gemeinsames Verständnis überaus förderlich, wenn Sie mitteilen, welche Bedeutung Sie dem Gehörten geben, weil jede Äußerung eine Fülle von Interpretationen bietet. Nicht der Sprecher sondern der Zuhörer gibt einer Äußerung ihre Bedeutung. Wer vermeiden möchte, für sein „falsches" Verstehen zur Verantwortung gezogen zu werden, nach dem Motto: „Sie hätte doch wissen müssen, was ich meine" wird mit der schlussfolgernden Gesprächsführung die Verantwortung dort belassen, wo sie hingehört: Beim Gesprächspartner.

13. Kapitel

Verhalten ist zielgerichtet

In den ersten zwölf Kapiteln haben Sie sich damit beschäftigt, wie Sie im Gespräch auf andere eingehen. Das gelingt in der Regel am besten, wenn man seine eigenen Gesprächsziele für eine Weile zurückstellt und sich auf die Äußerungen des Gesprächspartners konzentriert.

Oft ist es aber so, dass wir ein Gespräch führen, weil wir damit ein bestimmtes Ziel erreichen wollen. Dazu reicht es nicht aus, den anderen zu verstehen. Wir möchten auch artikulieren, was unserer Ansicht nach jetzt geschehen soll. Und am liebsten möchten wir dazu die Zustimmung des Gegenübers erreichen. Das geht nicht mehr mit Zuhören allein, sondern wir müssen im Gespräch selbst aktiv werden. Wird dabei eine kurzfristig wie langfristig positive Beziehung zum Gesprächspartner angestrebt, kommen Manipulationsversuche und das Ausspielen der eigenen Macht allerdings nicht in Frage.

In Seminaren fallen an dieser Stelle gelegentlich Äußerungen wie:

> „Was nützt mir denn kommunikative Kompetenz? Meine Zahlen müssen stimmen! Bei wem die Sozialpflege vor der harten betrieblichen Realität kommt, der ist für mich ein Weichei. Erst kommt das Ergebnis, dann die Kommunikation. Strategische Ziele werden nicht mit Gefühlsduselei verwirklicht."

Sicher ist es möglich, seine Ziele durchzusetzen, ohne dabei auf den Gesprächspartner einzugehen. Wir alle erleben das Tag für Tag, im

Berufsleben ebenso wie im privaten Bereich. Sie können sich aber sicher leicht ins Gedächtnis rufen, wie demjenigen zumute ist, gegen den so ein Durchsetzen stattgefunden hat. Und auch den, der sein Ziel erreicht hat, kostet dieses Vorgehen unter Umständen reichlich Kraft und Nerven, vom anschließenden Umgang mit frustrierten Mitarbeitern, beleidigten Lebenspartnern, schmollenden Kindern oder Nachbarn, mit denen man sich nur noch knapp grüßt, ganz zu schweigen.

Als besonders problematisch erweist sich das zu direkte Ansteuern der eigenen Ziele jedoch dann, wenn es einem am Ende nicht einmal gelingt, sie zu erreichen oder man lediglich den bereits zitierten Pyrrhus-Sieg davon trägt. Sehen wir uns dazu doch einmal ein Gespräch an, wie es so oder so ähnlich in jedem Unternehmen geführt werden könnte.

Anruf des Geschäftsführers: „Herr Schnell, Sie haben doch in Ihrer Abteilung den Herrn Schwarz, der so gut Spanisch spricht. Unsere neue Niederlassung in Santiago de Chile braucht jemanden von diesem Kaliber. Klären Sie bitte, ob Herr Schwarz ab Januar für circa zwei Jahre für diesen Auftrag zur Verfügung steht. Geben Sie mir bis Mittwoch Bescheid, die Sache eilt."
Schnell „Geht in Ordnung. Sie können sich auf mich verlassen."
Legt den Telefonhörer auf.
Im Selbstgespräch: „Mann oh Mann. Der Schwarz hat mehr Glück als Verstand. Das hätte man mir mal in dem Alter anbieten sollen. Dieser Glückspilz. Na, dann will ich ihm mal die frohe Botschaft zukommen lassen."
Greift zum Telefon und wählt.
„Schnell, guten Morgen Herr Schwarz, ich hoffe Sie kommen voran und liegen gut in der Zeit mit dem Projekt Neudorf? ... Aber deswegen rufe ich nicht an. Es geht um die neue Niederlassung in Chile, für die wir Sie ausgewählt haben. Sie haben's wahrscheinlich im Intranet gelesen, dass wir ab Januar dort vertreten sein werden. Nun, bei diesem einzigartigen Auftrag wird im Moment Ihr Name gehandelt und mir kommt die ehrenvolle Aufgabe zu, Ihnen das als Erster mitzuteilen. Meinen herzlichen Glückwunsch. – Herr Schwarz? Sind Sie noch dran? – Sie haben gar nicht reagiert, ich dachte schon, dass die Anlage wieder spinnt. –
Was heißt, Sie haben noch Fragen? Freuen Sie sich denn nicht? –
Na meinetwegen. Dann kommen Sie aber gleich, ich habe um 10 Uhr ein Meeting."
Legt den Hörer auf.

„Na so was. Er weiß nicht so recht. Das sei doch sehr plötzlich. – Komischer Typ. Ich dachte immer, das sei ein Mann der Tat, einer mit Weitblick. Dann werde ich ihn jetzt mal auf den Topf setzen müssen."

Es klopft.

„Herein! Kommen Sie, nehmen Sie Platz. Also, noch einmal von vorn: Herr Schwarz, wie Sie ja wissen, treten wir im Rahmen unserer internationalen Verflechtung zunehmend als global player am Markt auf, was zur Folge hat, dass dieser Verflechtungen auch Verpflichtungen nach sich ziehe – Ja, Herr Schwarz, und damit bin ich eigentlich schon direkt beim Thema. Unser zukünftiges Geschäft wird auch weiterhin in Deutschland einen Schwerpunkt haben, aber wir dürfen die anderen Länder und ganz besonders den lateinamerikanischen Raum nicht aus den Augen verlieren. Gerade hier boomt die Nachfrage aufs Erfreulichste. Denken Sie nur daran, wie sich unser Mexiko-Geschäft entwickelt. Aus diesem Grund hat sich die Geschäftsleitung entschlossen, mit Beginn des neuen Jahres eine weitere Niederlassung in Chile zu eröffnen. – Und diese Niederlassung benötigt einen hochkarätigen Fachmann, zumal einen, der auch noch Spanisch spricht, der bereit ist, für zwei, drei Jahre die Ärmel aufzukrempeln und Pionierarbeit zu leisten, um unser Unternehmen für diesen neuen Markt wirksam zu präsentieren. Es wird Sie nicht überraschen, dass man da an Sie, lieber Herr Schwarz, denkt."

Schwarz: „Das kommt für mich völlig unvermittelt. Gerade haben wir das Neudorf-Projekt aufgelegt – das benötigt ja noch gut und gerne vier Monate – plötzlich soll ich das alles stehen und liegen lassen und nach Südamerika gehen. Das geht nicht, wer soll denn meine Arbeit hier weiterführen?"

Schnell: „Das lassen Sie mal meine Sorge sein. Frau Abel wird sich freuen, wenn sie das Projekt übernehmen kann. – Das ist nun wirklich kein Grund."

Schwarz: „Ausgerechnet Frau Abel, dann kann man auch gleich den Bock zum Gärtner machen. Entschuldigung, Herr Schnell, dass ich da so deutlich werde, aber mit Frau Abel tun Sie sich keinen Gefallen."

Schnell (ärgerlich): „Darum geht es im Moment überhaupt nicht. Sie bekommen die einmalige Chance für einen verantwortungsvollen Auslandseinsatz und ich gewinne im Moment den Eindruck, dass Sie kneifen."

Schwarz (erregt): „Das stimmt überhaupt nicht. Das Ganze kommt für mich nur total plötzlich. Außerdem irritiert es mich, dass man für so ein Projekt, von dem Sie ja sagen, es sei wichtig, gerade mal vier Wochen vorher die erforderlichen Mitarbeiter auswählt." *(Schüttelt die ganze Zeit den Kopf)*

Schnell (ironisch): „Wie viel Vorlauf hätte denn der Herr gerne? Fragen Sie mal den Kollegen Ludwig, der ist für einen Vortrag nach Dublin geflogen –, wissen Sie, wann der zurückkam? Nach drei Jahren. Der hat sich nicht angestellt. Seine Frau hat ganz allein den Umzug abgewickelt. Nehmen Sie sich an dem ein Beispiel!"

Schwarz (aufgebracht): „Na, wenn es so tolle Leute gibt, warum nimmt man dann nicht besser die?! Es wird ja im Unternehmen noch mehr Ludwigs geben, denen es überhaupt nichts ausmacht mit Frau und zwei Kindern nach Südamerika umzusiedeln. Auf mich können Sie bei diesem Trip nicht zählen."

(Erhebt sich)

Schnell (mit unterdrückter Wut): „Wie Sie wollen. Hoffentlich tut Ihnen diese völlig emotionale Entscheidung nicht Leid. Aber bitte, Sie haben es nicht anders gewollt. Schönen Tag noch." *(Wendet sich seinen Unterlagen zu, während Herr Schwarz den Raum verlässt)*

„So ein sturer Knilch! Da meint man es gut mit seinen Mitarbeitern und die haben nichts Besseres zu tun, als einem auf der Nase rumzureiten. Na warte ..."

Schwarz (während des Abgangs): „Na, das war deutlich! Da werde ich mir wohl nachher noch 'ne Rundschau kaufen."

Sie werden vielleicht zustimmen: dieses Gespräch ist verheerend. Angesichts der möglichen Kündigung des Mitarbeiters ist es alles andere als effektiv.

Vielleicht werden Sie im Laufe der nächsten Kapitel und beim Ausprobieren der verschiedenen Übungen erstaunt feststellen, um wieviel leichter man etwas erreicht, wenn man sich nicht zuerst und ausschließlich auf die eigenen Ziele konzentriert.

Stellen Sie sich vor, Sie benötigen für den Fortgang Ihrer Arbeit die Unterstützung eines Mitarbeiters oder Kollegen. Nachdem Sie genau erklärt haben, worum es geht und was die besondere Dringlichkeit Ihres Anliegens bedingt, bekommen Sie folgende Antwort: (Abb. 13–1)

„Das geht nicht. Ich habe genug zu tun."

Sie können jetzt weiterlesen, haben aber vielleicht mehr Spaß an den folgenden Ausführungen, wenn Sie für einen Moment innehalten und sich überlegen, wie Sie auf diese knappe Äußerung reagieren. Sie können Ihre Antwort hier notieren, um sie anschließend mit anderen Reaktionen zu vergleichen.

Abb. 13-1

Ihre Antwort:

Im Folgenden finden Sie eine Auswahl typischer Antworten aus Seminarsituationen:

„Das hier ist aber wichtiger und muss deshalb sofort gemacht werden."
„Sie haben mich noch nicht verstanden, ich erkläre Ihnen gern noch mal die Dringlichkeit dieser Arbeit ..."
„Wieso, was haben Sie denn anderes zu tun?"
„Natürlich geht das, wenn man will, dann klappt das auch."
„Ich zeig' Ihnen das mal; Sie werden sehen, das ist ganz einfach."
„Warum geht das nicht?"

„Wie wäre es, wenn Sie es mal mit Arbeiten versuchen?"

Gar nichts erwidern, sondern einen anderen bitten.

Mund halten und versuchen, allein die Arbeit zu erledigen.

Ich weiß nicht, wie Ihre Erwiderung ausgefallen ist. Den hier zitierten Antworten ist ein Merkmal gemeinsam: Keine Reaktion geht auf den Gesprächspartner und dessen Ziele ein. Zugegeben, das fällt schwer. Denn wenn wir bei der Verfolgung unseres eigenen Anliegens so kurz angebunden abgespeist werden, dann liegt es auf der Hand, mit Nachdruck einen zweiten Anlauf zu versuchen. Aber worum geht es dabei eigentlich?

Im ersten Kapitel habe ich zwischen effizienter, d. h. tätigkeitsorientierter Formulierung und effektiver, d. h. am Ziel orientierter Formulierung unterschieden. In diesem Kapitel soll es noch einmal um Absichten und Ziele gehen. Denn unser ganzes Verhalten ist zielgerichtet:

Wir möchten gern ernst genommen werden, wünschen uns, von anderen beachtet und respektiert zu werden. Wir trachten danach, dass unsere Ansichten nicht nur gelten, sondern auch anerkannt werden, ja wir fühlen uns wohl, wenn wir uns akzeptiert und bestätigt fühlen und dazugehören; mit anderen Worten:

Wir möchten von anderen Menschen Wertschätzung erfahren.

Auch wenn ich unterstelle, dass es allen meinen Gesprächspartnern auf dieses Ziel ankommt, heißt das keineswegs, dass sich die Menschen dessen auch bewusst sind.

Im Eingangsbeispiel blockt der um Hilfe gebetene Gesprächspartner seine Unterstützung mit knappen Worten ab:

„Das geht nicht. Ich habe genug zu tun."

Was die Reaktion so unerfreulich macht, ist weniger die fehlende Mitarbeit, als vielmehr die geradezu geringschätzige Kürze seiner Äußerung. Mit diesen wenigen Worten speist uns der andere nicht nur respektlos ab, sondern zeigt uns auch, wie wenig er unser Anliegen akzeptiert. Mit anderen Worten: Wir fühlen uns nicht ernst genommen. Diese Geringschätzung steht in krassem Widerspruch zu unserem Wunsch nach Wertschätzung. Das hat Folgen!

Jetzt tritt ein dreistufiger Eskalationsplan in Kraft, der auf jeder Stufe wiederum nur ein Ziel hat, nämlich die verlorene Wertschätzung und Achtung zurückzugewinnen.

Stufe I: Demonstration von Macht

Nach dem Motto „Wäre ja gelacht, wenn ich mich nicht durchsetze" beginnt ein Machtkampf wie in der ersten Beispielerwiderung: (Abb. 13–2)

Abb. 13-2

„Das hier ist aber wichtiger und muss deshalb sofort gemacht werden."

Mancher Machtkampf wird offen ausgetragen; Sie kennen vielleicht die Redewendung von Paukern und Schleifern: „Wenn sie mich schon nicht lieben, dann sollen sie mich wenigstens fürchten.“ Dahinter steckt nichts anderes als der verzweifelte Versuch, sich wenigstens über Macht- und Drohgebärden Respekt zu verschaffen. Manchmal kommt dieser Machtkampf auch verdeckt und ganz subtil daher, wie in den anderen Beispielsätzen:

„Sie haben mich noch nicht verstanden, ich erkläre Ihnen gern noch einmal die Dringlichkeit dieser Arbeit ...“
„Natürlich geht das, wenn man will, dann klappt das auch.“
„Ich zeig Ihnen das mal, und Sie werden sehen, das ist ganz einfach.“

So vordergründig freundlich diese drei Beispiele formuliert sein mögen, so zielen sie doch lediglich darauf ab, dem anderen zu verdeutlichen, dass er nur noch nicht die nötige Einsicht mitbringt, also ein „Dummerle“ ist, man aber so großmütig ist, ihm auf die Sprünge zu helfen.

Machtkämpfe sind geprägt von einer Entweder-oder-Haltung: Entweder setze ich mich durch oder der andere. Dann also lieber ich. Weil der Machtkampf nur einen Sieger kennt, muss es zwangsläufig einen Verlierer geben. Und dieser Verlierer fühlt sich nun seinerseits ganz und gar nicht ernst genommen und hat das Gefühl:

- ich bin zu kurz gekommen
- ich kann meine Interessen nicht durchsetzen
- ich zahle drauf
- der andere ist stärker
- ich fühle mich benachteiligt.

Es gehört zu den weit verbreiteten paradoxen Vorstellungen, dass man Menschen erst einmal demütigen muss oder anderweitig in eine schlechte Verfassung bringen, damit sie sich respektvoll, ja freundlich verhalten.

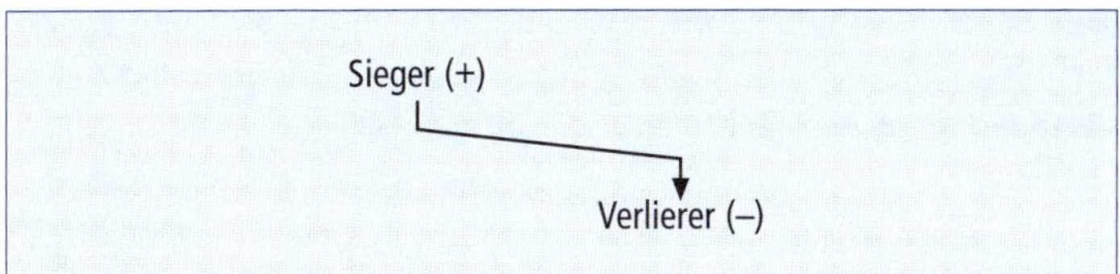

Abb. 13-3

Das hat Folgen! Die Eskalation erreicht die nächste Stufe:

Stufe II: Rache

Gab es beim Machtkampf wenigstens noch einen Sieger, kennt die Rache nur zwei Verlierer, nach dem Motto: „Wenn ich schon nicht bekomme, wonach ich strebe, sollst Du auch nichts bekommen." **Rache ist** stets und ausschließlich **destruktiv**. Zwar mag eine gelungene Racheaktion von einem Gefühl der Genugtuung begleitet werden, was eine gewisse Befriedigung nach sich zieht, doch beruhen derartige Vergeltungsaktionen auf dem Irrglauben, dadurch die verloren gegangene Wertschätzung wiederzuerlangen. Nehmen wir aus dem Eingangsbeispiel noch einmal die erste Erwiderung:

„Das hier ist aber wichtiger und muss deshalb sofort gemacht werden."

Ein Vorgesetzter mag sich mit dieser Formulierung durchsetzen, doch um welchen Preis? Natürlich bleibt dem Mitarbeiter, will er sich nicht der Arbeitsverweigerung schuldig machen, nichts anderes übrig, als die übertragene Aufgabe zu bearbeiten. Es bedarf aber keiner großen Phantasie, sich auszumalen, wie das Ergebnis aussieht, wie engagiert der Mitarbeiter diese Arbeit verfolgt und die unterbrochene Arbeit fortsetzt. Bei genauerem Hinsehen entpuppt sich die alltägliche Reibung und der Sand im Getriebe vieler Betriebe als Eskalationsstufe II: **Rache als Antwort auf den zuvor verlorenen Machtkampf.** Diese Antwort auf die erlittene Geringschätzung kann subtil oder aggressiv verpackt werden: Einmal wird hinhaltend Widerstand geleistet, beispielsweise werden Entscheidungen fehlinterpretiert, unterlaufen, ja sogar manipuliert, oder es werden Anweisungen buchstabengetreu oder übertrieben ausgeführt; im anderen

Falle kommt es zu offener Meuterei und Rebellion, es wird beispielsweise gestreikt, sabotiert oder Ungehorsam demonstriert. So zerrinnt der zuvor im Machtkampf gewonnene Sieg:

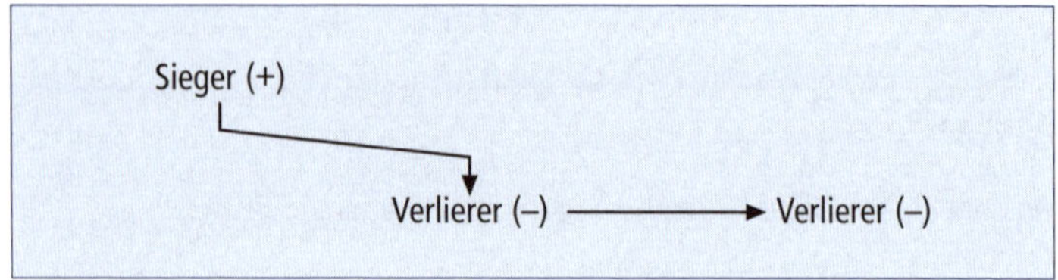

Abb. 13-4

Fatalerweise folgt statt der ersehnten Beachtung lediglich:

Stufe III: Demonstrative Hilflosigkeit

Da alle Versuche, ernst genommen zu werden, fehlgeschlagen sind, folgt auf dieser Stufe ein **zur Schau getragenes Aufgeben**, das vielfach mit der Hoffnung verbunden ist, so wenigstens in Ruhe gelassen zu werden. Doch letztlich führt dies zu doppelter Hilflosigkeit, weil sie beide Konfliktpartner handlungsunfähig macht. Ich bin immer wieder erstaunt, wie viele Mitarbeiter in Betrieben sich dauerhaft auf der Stufe der Hilflosigkeit „eingerichtet" haben. Etwa nach dem Motto: „Mit mir ist nicht viel los", verrichten diese Mitarbeiter gerade noch das Nötigste und erweisen sich bei den geringsten Abweichungen vom Routineablauf als überfordert und überlastet. Es mag zynisch klingen, diesen Mitarbeitern Erfolg zuzugestehen, aber sie werden in der Regel von ihren Kollegen und Vorgesetzten in Frieden gelassen. Letztere gestehen vielfach ihre Handlungsunfähigkeit ein. So räumte mir ein resignierter Abteilungsleiter ein: „Ich habe schon so viel versucht. Aber bislang sind alle Maßnahmen gescheitert. Da kann man nichts mehr machen. Da kann man nur noch warten, bis er in Rente geht."

Einwände und die Gefahr ihrer Behandlung

Es gibt keinen Überzeugungsversuch ohne Einwände und kritische Fragen des Gegenübers. Die einzelnen Varianten der Einwandbehandlung können sehr unterschiedlich auf den Gesprächspartner wirken. Einige können sehr leicht zum Widerspruch ermuntern, andere wirken „unehrlich" und dienen als bloßes Mittel zum Zweck, wobei zu fragen ist, zu welchem Zweck eigentlich? Ist es von vornherein das Ziel, auf Einwände so (d. h. taktisch, unter Verwendung bestimmter „Techniken") zu reagieren, so dass man Recht behält oder „siegt"?

Das beginnt schon mit dem Wort Einwand**behandlung** selbst, das tut so, als ob es Ziel sein muss, Einwände zu entkräften, ins Leere laufen zu lassen. Als „Einwandbehandler" vergisst man dabei womöglich, dass es für Überzeugungsprozesse gar nicht so wichtig ist, ob ein Einwand „objektiv" berechtigt ist oder nicht. Nur allzu leicht wird versäumt, den „subjektiven Charakter" vieler Einwände ernst genug zu nehmen. Das kann dazu führen, dass ein rhetorisch geschultes „Behandeln" von Einwänden eine Haltung dem Gesprächspartner gegenüber erzeugt, in der sich der andere häufig nicht ernst genommen, sondern lediglich „behandelt" erleben wird.

Viele Einwände sind eine spontane **Reaktion auf mangelnde Wertschätzung**. Bei gegensätzlichen Standpunkten geht in der Regel die Aufwertung der eigenen Meinung mit der Abwertung der gegnerischen Position Hand in Hand. Dabei kann man beobachten, dass Menschen umso vehementer die Position anderer angreifen, je wackeliger ihre eigenen Argumente sind. Manchmal entsteht der Eindruck, eine gegensätzliche Ansicht stelle geradezu einen Angriff auf die eigene Position, ja auf die eigene Integrität dar und muss darum entschieden bekämpft werden.

Die bisherigen Ausführungen machen deutlich, welchen Einfluss gering schätzendes Verhalten auf die Bereitschaft des Gegenübers hat, sich einer anderen bzw. neuen Sichtweise zuzuwenden.

Wer jedoch aufmerksam zuhört und Wertschätzung an den Tag legt, schafft die Grundlage für eine rationale Betrachtung unterschiedlicher Interessen, bei welcher der Gesprächspartner **freiwillig** auf seinen Standpunkt verzichten oder ihn verändern kann.

Kommen wir noch einmal zum Eingangsbeispiel zurück. Dort sollte ein Mitarbeiter bzw. Kollege zur Mithilfe gewonnen werden und blockte mit den Worten ab:

„Das geht nicht. Ich habe genug zu tun."

Dass dies eine ausgesprochen geringschätzige Erwiderung ist, haben wir bereits festgestellt. Wir können uns aber fragen, was den anderen veranlasst, so abweisend zu reagieren. Wenn wir es uns einfach machen wollen, behaupten wir, der andere sei einfach so, habe eben keine Manieren.

Man kann jedoch vermuten, dass diese Antwort eine **Reaktion auf** zuvor geäußerte **Geringschätzung** darstellt. So lässt sich dieses Verhaltensmuster in allen Lebensbereichen beobachten. Vielleicht mutet Ihnen das jetzt wie der Streit um Henne und Ei an, nach dem Muster: Wer hat angefangen? Wir können jedoch hinterher bei der Analyse von Konflikten immer wieder beobachten:

Jeder Konflikt hat eine Vorgeschichte, die ihren Ausgang in fehlender Wertschätzung nimmt.

Wie viel Streit und Ärger fing damit an, dass sich einer nicht genügend ernst genommen fühlte. Ich will dies an harmlos scheinenden Alltagssituationen verdeutlichen. Viele Nachbarschaftsstreitigkeiten, die schließlich vor Gericht ausgefochten werden, beginnen mit einer Lappalie, die aber genau zum Ausdruck bringt, wie man zueinander steht.

Wer neu in ein Haus mit mehreren Mietparteien einzieht, kann sich bei den neuen Nachbarn vorstellen und zeigen, wie sehr ihm an einer guten Hausgemeinschaft gelegen ist. Man kann aber auch darauf verzichten und damit demonstrieren, dass einem die Mitbewohner nicht so wichtig sind.
Wer beabsichtigt, eine Party zu feiern, bei der es nicht nur laut, sondern wohl lange laut zugehen wird, kann im Vorfeld die Nachbarn informieren und um Verständnis und Nachsicht bitten und damit zeigen, dass einem

das zeitweise eingeschränkte Wohlergehen der Nachbarn bewusst ist. Man kann sich darüber auch hinwegsetzen und den Standpunkt vertreten, dass man schließlich Miete zahlt und das Recht hat, in gewissen Abständen zu feiern. Nur zu häufig wird diese „macht-volle" Geringschätzung der Nachbarn von diesen „rache-süß" mit einem Anruf bei der Polizei quittiert.

Auch die Hausmusik, die nach Wilhelm Busch zum Leidwesen der Nachbarn mit Geräusch verbunden ist, wird schnell zum Stein des Anstoßes, wenn auf dem Rechtsstandpunkt beharrt wird, anstatt vorab mit den betroffenen „Zuhörern" zu prüfen, wieweit und wann sie sich durch Trompete- oder Klavierüben gestört fühlen.

Die Hecke, der Gartenzaun und andere Grenzmarkierungen stoßen manchen Nachbarn so heftig vor den Kopf, weil statt eines Gesprächs eine provozierende Abgrenzung errichtet wird, die kaum als Ausdruck von Wertschätzung oder Respekt verstanden wird.

Und mancher Zwist hat seinen Ursprung darin, dass der Stellplatz des Nachbarn ungefragt beparkt wird, worin dieser womöglich eine demonstrative Missachtung seiner Rechte und seines Besitzes erblickt.

Wenn wir uns noch einmal in die Beispielszene mit der Bitte um Mithilfe hineindenken, so muss zunächst einmal geprüft werden, wie **respektvoll der Einstieg in das Gespräch** gewählt wurde. Vorgesetzte machen sich häufig keine Gedanken, wie sie einen Mitarbeiter, der ja selbst gerade beschäftigt ist, ansprechen. Vielfach hört sich das so an:

„Können Sie gerade mal mitkommen ..."

„Ich brauche mal eben ..."

„Hören Sie mir mal zu, ..."

„Ich habe da folgendes ..."

„Passen Sie mal auf, ..."

„Machen Sie kurz mal ..."

Sie können sich ausmalen, wie Sie reagieren, wenn einer Ihrer Mitarbeiter bei Ihnen hereinplatzt und sein Anliegen mit gleichen Satzanfängen vorträgt. Von einem Abteilungsleiter bekam ich daraufhin zur Antwort: „Es muss ja wohl noch gewisse Unterschiede geben." Und genau darin liegt die Geringschätzung dem Mitarbeiter gegenüber. Er spürt und hört tagtäglich, dass er „nur" ein Untergebener ist, dessen Arbeitsabläufe jederzeit vom Vorgesetzten unterbrochen werden können, weil dieser schließlich Wichtigeres zu tun hat, als auf das momentane Wohlbefinden seiner Mitmenschen zu achten.

Mir berichtete ein Kundendienstberater in einem Autohaus, dass er es als besondere Belastung erlebe, wie ihn manche Kunden in geradezu penetranter Anmaßung zum Laufjungen machen. Als Beispiel schilderte er eine Situation, in der er noch an einem Reparaturauftrag schrieb, als ein Kunde ihn aus mehreren Metern Abstand knapp anwies:

„Kommen Sie mal mit raus! Da klappert was."

Natürlich ging er mit dem Kunden ans Fahrzeug. Beugte sich auch unter den Wagen, um nachzusehen, warum der Auspuff klapperte. Aber statt die gelockerte Schelle schnell selbst festzuschrauben, erklärte er dem Kunden, dass er sich darum kümmern würde, den Schaden sofort zu beheben. Daraufhin wurde ein Reparaturauftrag geschrieben, der Wagen in die Werkstatt gefahren, ein Mechaniker beauftragt ... Zusammenfassender Kommentar: Rache ist süß. Dem habe ich's gezeigt. Mich interessierte, wie der Kundendienstberater reagiert hätte, falls der Kunde sich wertschätzend verhalten hätte, beispielsweise:

„Ich sehe, dass Sie noch schreiben. Wenn ich Ihnen nachher an meinem Fahrzeug etwas zeigen könnte, da klappert etwas."

Ohne zu zögern bekam ich zur Antwort:

„Dann hätte ich meine Arbeit wahrscheinlich sofort unterbrochen, wäre mit rausgegangen, hätte die lose Schelle festgeschraubt und‚Gute Fahrt' gewünscht."

Sie können sich selbst fragen, wie groß Ihre Bereitschaft ist, auf das Anliegen eines anderen Menschen zu reagieren, wenn dieser Sie mit einer geradezu dreisten Selbstverständlichkeit bei Ihrer Arbeit stört und Ihnen signalisiert, dass er bzw. sein Anliegen im Moment wichtiger ist als Sie bzw. Ihre laufende Arbeit.

Die verbreitete Redewendung

„Kann ich mal stören?"

drückt dabei keineswegs Wertschätzung aus und wird darum – wen wundert's – gelegentlich mit den Worten quittiert:

„Sie tun es bereits."

Ganz anders die Frage:

„Wann haben Sie kurz Zeit für mich?" oder präziser
„Wann kann ich Sie für zehn Minuten sprechen?"

Jetzt liegt es im Ermessen des so Angesprochenen, einen Zeitpunkt anzugeben, der ihm angenehm ist. Natürlich kann diese Entscheidung leichter getroffen werden, wenn die nackte Frage noch begründet vorgetragen wird:

„Wann kann ich Sie für fünf Minuten sprechen? Es geht um den Seminartermin,Professionelle Gesprächsführung' nächste Woche."

Doch ist dies bei weitem noch nicht wünschenswerte Wertschätzung. Denn so richtig ernst genommen fühlen wir uns doch erst, wenn derjenige, der unsere Arbeit unterbricht, wenigstens so lange wartet, bis wir ihm durch einen kurzen Blickkontakt signalisieren, dass wir zuhörbereit sind. So wie es bei geschlossenen Türen ein Gebot der Höflichkeit ist, nach dem Anklopfen auf das „Herein" zu warten, so ist es Ausdruck von Respekt und Achtung vor einem anderen, wenn man an seinen Schreibtisch tritt ebenso zu warten, bis man beispielsweise durch Blickkontakt zum Sprechen aufgefordert wird. Und dies gilt nicht nur für Mitarbeiter! (Abb. 13–5)

Ich höre jetzt förmlich den Aufschrei mancher Vorgesetzter: „Wo komme ich denn da hin, wenn ich jedes Mal warten muss, bis mir mein Mitarbeiter gnädigerweise erlaubt, ihm eine Arbeitsanweisung zu erteilen." Sobald jedoch meine Zeit kostbarer ist als die anderer Menschen und ich mich wichtiger nehme als meine Gesprächspartner, drücke ich aus, wie ich zu ihnen stehe. Und genau das zeigt den Grad meiner Geringschätzung, meiner Missachtung. In diesem Zusammenhang möchte ich noch typische Beispiele hinzufügen, deren Geringschätzung in der fehlenden Umkehrbarkeit zum Ausdruck kommt: Wenn Vorgesetzte distanzlos nahe an den Schreibtisch des Mitarbeiters treten oder sich daran lehnen oder gar darauf setzen; ungefragt Papier oder Stifte vom Mitarbeiterschreibtisch nehmen; hinter den Mitarbeiter treten und ihm über die Schulter bei der Arbeit zusehen und kontrollieren; direkt in Unterlagen oder Aufzeichnungen des Mitarbeiters hineinschreiben; eine, wenn nicht sogar beide Hände in den Hosentaschen haben, während sie mit dem Mit-

Abb. 13-5

arbeiter sprechen; jovial dem Mitarbeiter, hier bevorzugt der Mitarbeiterin, auf die Schulter klopfen oder anderweitig körperlich nahe kommen. (Abb. 13–6)

Das jeweilige Verhalten selbst erscheint mir keineswegs problematisch. Ich bin bislang aber erst auf sehr wenige Vorgesetzte gestoßen, die sich gut vorstellen können, von ihren Mitarbeitern ebenso behandelt zu werden.

Vielleicht hören sich folgende Beispielformulierungen in Ihren Ohren zunächst einmal umständlich an:

„Ich vermute, dass Sie mit dem Abschlussbericht noch alle Hände voll zu tun haben. Wann kann ich Sie für fünf Minuten sprechen? Ich brauche Ihre Unterstützung beim neuen Projekt und möchte gern klären, wann und wie Sie sich dort engagieren können." Oder:
„Ich sehe, dass ich gerade störe. Können Sie bitte, wenn Sie mit Ihrer Arbeit fertig sind, in mein Büro kommen; ich benötige Ihre Hilfe bei der Abschlussrechnung." Oder:

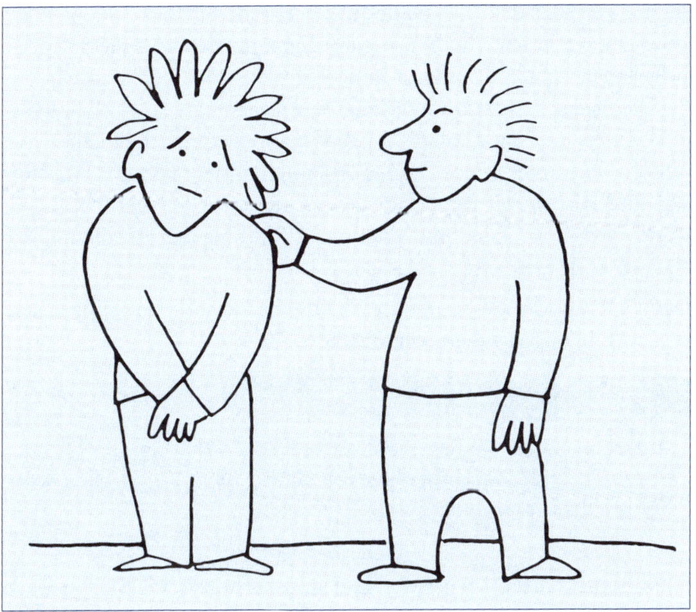

Abb. 13-6

„Ich bringe jetzt Ihren Zeitplan durcheinander. Wieweit können Sie Ihre Arbeit unterbrechen? Ich benötige Ihre Mitarbeit bei der Prozessdokumentation."

Sie werden diese ungewohnte und darum umständlich anmutende Vorgehensweise durchgängig verwenden, sobald Sie entdeckt haben, dass Sie damit Ihre Ziele schneller erreichen.

Bei aller Wertschätzung unserer Gesprächspartner wollen wir unsere eigenen Ziele nicht aus den Augen verlieren.

Der ganze vorangegangene Abschnitt hat gezeigt, wie viel Energie wir aufwenden müssen, wenn der Gesprächspartner erst einmal „nein" gesagt hat. Ob wir uns für Druck oder für „Engelszungen" entscheiden, es bedarf in jedem Fall eines zweiten und meistens auch noch eines dritten Anlaufs, um den anderen zum Einlenken zu bewegen, wenn wir überhaupt zum Ziel kommen und nicht vorher aufgegeben haben. Es erstaunt mich immer wieder, dass ausgerechnet die Menschen besonders vehement gegen eine wertschätzende, in ihren Augen zeitraubende Umgangsform wettern, die nicht müde werden, in immer wieder neuen Anläufen andere von der Wichtigkeit und Richtigkeit ihrer Anliegen zu überzeugen. Merkwürdigerweise wird dieser Zeit- und Energieaufwand bei der Verfolgung der eigenen Ziele außer Acht gelassen.

Der Titel des Kapitels lautet: „Verhalten ist zielgerichtet". Die weiteren Ausführungen gehen von folgender Annahme aus:

Menschen unternehmen alle ihre Aktivitäten nur, um ein Gefühl zu produzieren, das angenehm für sie ist. Menschen wollen sich wohl fühlen.

So verschieden die Menschen sind und so unterschiedlich sie sich ihr Leben eingerichtet haben, letztlich trachten alle danach, sich wohl zu fühlen. Wobei jeder seinen eigenen Weg sucht:

Manche arbeiten hart, um viel Geld zu verdienen, mit dem sie sich schließlich das leisten können, was zu ihrem Wohlbefinden beiträgt: sei es ein schnelles Auto, ein großes Haus, eine aufregende Fernreise oder teure Sportarten.

Andere leisten viel, weil sie sich der wohltuenden Anerkennung anderer sicher sein können. Die Schulnoten selbst ergeben ja noch keinen Leistungsansporn; dieser wird erst durch die positive Reaktion von Eltern und Lehrern geprägt.

Für wieder andere erzeugt die konsequente Befolgung von Vorschriften, Regeln und Gesetzen eine angenehme Sicherheit, während es umgekehrt Menschen gibt, die sich gerade dann wohl fühlen, wenn sie den Kitzel des Verbotenen spüren, indem sie Vorschriften, Regeln und Gesetze brechen.

Und mancher Beruf im Sozialbereich wird nicht nur ergriffen, um zu helfen, sondern auch um sich gebraucht zu fühlen oder gar für andere aufzuopfern. Das kann zum ruhigen Gewissen führen oder auch zu dem erhebenden Gefühl, moralisch besser zu sein als alle anderen.

Diese Beispiele sollten zeigen, wie alle unsere Anstrengungen letztlich dem Ziel des Wohlbefindens dienen.

Eine ganz andere Möglichkeit, zu diesem Wohlbefinden beizutragen, besteht darin, Menschen Wertschätzung entgegenzubringen, ehe sie dafür eine Leistung erbracht haben, indem sie einfach nur ernst genommen und beachtet werden.

Sie können selbst überprüfen, wie groß Ihre Kooperationsbereitschaft, Ihr Entgegenkommen, Ihr Einlenken oder Ihre Großzügigkeit ist, wenn Sie sich wohl fühlen, weil Sie sich ausgesprochen ernst genommen und respektiert fühlen.

Beantworten Sie aber auch die umgekehrte Frage, nämlich wie gering Ihre Bereitschaft zur Zusammenarbeit ist, wie penibel, ja geradezu pedantisch Sie sein können, wenn Sie sich fürchterlich unwohl fühlen, weil Sie spüren, wie wenig Sie ernst genommen werden, wie geringschätzig und respektlos mit Ihnen umgegangen wird.

Jede gut geschulte Bedienung weiß, dass sie die Höhe des Trinkgeldes dadurch beeinflussen kann, dem Gast auf diskrete Weise den Aufenthalt so angenehm wie möglich zu gestalten.

In Urlaubsorten weiß man, dass der Tourist „fünfe grade sein lässt", wenn er sich wohl fühlt.

Textilverkäufer wissen, dass der Verkauf von Hemd und Krawatte zum Anzug von der „Gestimmtheit" des Kunden abhängt. Ihn richtig einzustimmen ist verkäuferisches Geschick.

Und gewiefte Kinder wählen den Zeitpunkt für die Bitte um Taschengelderhöhung nach positiver Einschätzung ihrer schulischen Leistungen und der guten Laune der Eltern aus.

Diese Beispiele lassen sich beliebig fortsetzen. Ihnen allen ist gemeinsam, dass über den Weg der Wertschätzung des anderen die eigenen Ziele verfolgt werden. Und wer will sich daran stören, dass andere ihre Ziele erreichen, wenn man sich gleichzeitig ohne Abstriche wohl fühlt. Ich bringe das auf einen kurzen Nenner:

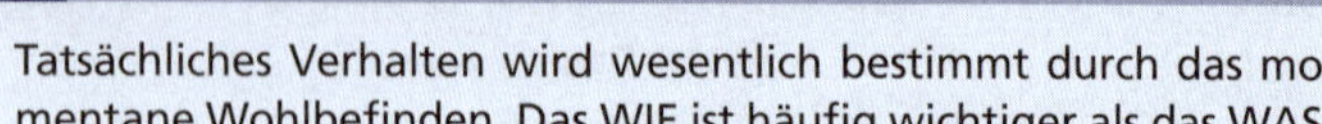

Tatsächliches Verhalten wird wesentlich bestimmt durch das momentane Wohlbefinden. Das WIE ist häufig wichtiger als das WAS.

Stellen Sie sich vor, Sie wollen essen gehen. Aufgrund eines besonderen Anlasses wählen Sie ein exklusives Lokal und erlauben sich an diesem Abend auch ein besonders extravagantes und teures Gericht. Das Essen übertrifft Ihre Erwartungen. Es ist raffiniert gewürzt und schmeckt sagenhaft. Allerdings ist die Bedienung kurz angebunden, lässt Sie geraume Zeit warten, bis Sie die Speisekarte bekommen, vergisst die Getränke, die erst nach Aufforderung kommen, reicht Ihnen aber unaufgefordert die Rechnung, kurz nachdem die Teller abgeräumt wurden. Was bleibt als Eindruck dieses Abends?

Drehen wir das Beispiel einmal um und betreten dazu ein zweites Restaurant: Das extravagante und teure Gericht entpuppt sich hier allerdings als eher einfach und gutbürgerlich, Sie greifen sogar zu Pfeffer und Salz. Allerdings kümmert sich die Bedienung in ganz reizender, völlig unaufdringlicher Weise um Ihr Wohlergehen. Ohne dass Sie sich nach der Bedienung umschauen müssen, um Getränke nachzubestellen, kommt diese unaufgefordert an Ihren Tisch, ist schnell, ohne im Geringsten gehetzt zu wirken, und erweist sich beim Bezahlen als angenehm diskret. Was bleibt nun als Eindruck des Abends?

Wem das „Wie“, der Umgang und die Behandlung unwichtig ist, wird keine Probleme haben, das erste Lokal wieder aufzusuchen, hat dort das Essen doch ausgezeichnet geschmeckt. Wer sich jedoch durch die Bedienung vor den Kopf gestoßen fühlt, neigt dazu, diese Gaststätte nicht nur zu meiden, sondern womöglich anderen von einem Besuch dorthin abzuraten. Ja, noch nach Jahren kommt einem womöglich der schlechte Gesamteindruck wieder vor Augen, wenn man zufällig an dem Restaurant vorbei geht.

Wem das „Was“ besonders wichtig ist, der wird dem zweiten Lokal keine weitere Chance einräumen und in Zukunft einen großen Bogen darum machen. Wer sich durch das „Wie“ beeinflussen lässt, wird im zweiten Fall durch die Gesamtatmosphäre dem enttäuschenden Essen womöglich einen nachrangigen Wert beimessen, war doch der Gesamteindruck stimmig. Womöglich wird diesem Lokal eine zweite Chance eingeräumt, allerdings ein anderes Gericht gewählt.

Wir kennen die typische Hintergrundmusik in Kaufhäusern, mit der die Kunden eingestimmt werden sollen. Dahinter steckt die Erkenntnis, dass der „gut gestimmte" und beschwingte Kunde eine größere Kauffreude entwickelt. Es werden immer mehr Aktivitäten unternommen, den Kunden in eine Atmosphäre des Sich-Wohlfühlens zu bringen:

Während Sie auf Ihren Ölwechsel warten, gehört es in vielen Autohäusern bereits zum Standard, dass Sie Kaffee oder Tee angeboten bekommen und zwischen mehreren Zeitungen wählen können.
Nach amerikanischem Vorbild bekommen auch hiesige Friseurkunden ein differenziertes Getränkesortiment angeboten.
Während der Gast auf sein Essen wartet, wird ihm ein kleiner Appetizer gereicht, der ihn schon auf die bevorstehenden Gaumenfreuden einstimmen soll.

Doch alle diese Marketingmaßnahmen können das persönliche Gespräch, die reale Begegnung zwischen den Menschen nicht ersetzen. Hier, und nur hier, erfahren wir das Gefühl, ernst genommen zu werden. Keine noch so ausgeklügelte „Stimmungs-Maßnahme" kann fehlende Wertschätzung ersetzen. Umgekehrt kann aber eine ganz natürliche Form von Respekt und Achtung dazu beitragen, über reale Widrigkeiten großzügig hinwegzusehen. Einzige **Voraussetzung:** Wir fühlen uns wirklich ernst genommen und halten die uns gegenüber an den Tag gelegte **Wertschätzung** für **echt.**

Ich greife noch einmal auf die Beispiele für nachbarschaftliche Beziehungen zurück, und Sie können selbst entscheiden, wie Ihre jeweilige Reaktion ausfällt.

Die im Laufe der Woche eingezogenen neuen Mieter klingeln am Freitag um 18 Uhr an Ihrer Tür: „Guten Abend. Wir haben einfach einmal geklingelt, um uns bei Ihnen vorzustellen. Vielleicht stören wir jetzt gerade. (Pause) Wir möchten Sie gern zu unserer Einweihungsparty am Samstag in einer Woche einladen."
Am Mittwochabend klingelt einer Ihrer Nachbarn an Ihrer Tür: „Entschuldigen Sie die Störung. Ich feiere am kommenden Sonnabend meinen Geburtstag. Ich habe zwanzig Leute eingeladen, und ich glaube, da wird es

einfach ziemlich laut werden. Ich wollte Sie fragen, ob es für Sie sehr schlimm ist, wenn wir noch um Mitternacht tanzen?"

Sie werden eines Tages von Ihrem Nachbarn angesprochen: „Ich wohne ja über Ihnen. Nun habe ich ein Klavier geerbt und weiß nicht, wie sehr Sie sich gestört fühlen, wenn ich regelmäßig übe. Ich habe mir gedacht, ehe Sie sich womöglich über mich ärgern müssen, frage ich ganz direkt, wie das für Sie ist?"

Sie werden im Garten wie folgt angesprochen: „Unser Grundstück liegt so offen und einsehbar da. Nun möchten wir gern eine Hecke pflanzen. Wir sind uns aber nicht sicher, wieweit Sie das vor den Kopf stößt. Womöglich wirkt das auf Sie, als ob wir nichts mehr mit Ihnen zu tun haben wollen."

Einer Ihrer Nachbarn spricht Sie vor dem Haus an: „Mir ist aufgefallen, dass Sie Ihren Stellplatz nicht benutzen. Ob Sie mir erlauben würden, mein Auto dort abzustellen? Selbstverständlich nur, solange es Ihnen recht ist."

Diese Vorgehensweise ist natürlich keine Garantie, nun jedes Ziel im zwischenmenschlichen Dialog zu erreichen. Ich halte es jedoch für sehr wahrscheinlich, dass ein wertschätzendes Vorgehen ungeeignet ist, die klassischen Reaktionen in Form von Macht und Rache auszulösen.

Behalten Sie bei der Zielverfolgung konsequent das Wohlergehen des anderen im Auge, und Sie werden erfolgreich sein.

Oder wie es *Alfred Adler*, ein Schüler *Sigmund Freuds*, in den zwanziger Jahren formulierte:

> „Der erfolgreiche Mensch beschäftigt sich mit den Interessen der anderen, der erfolglose und gewöhnliche Mensch vorwiegend mit seinen eigenen Interessen."

Zum Schluss dieses Kapitels will ich noch einmal auf das Eingangsbeispiel eingehen, um zu zeigen, wie Sie Ihre Ziele verfolgen können, wenn Sie trotz aller Abweisung wertschätzend reagieren, dem anderen zeigen, dass Sie ihn ernst nehmen.

Die einfachste Variante stellt das **umschreibende Zuhören** dar, beispielsweise:

„Sie können mir gerade nicht helfen, weil Sie im Moment keine Zeit haben." Oder:
„Sie haben so viel um die Ohren, dass Sie mich im Augenblick nicht unterstützen können."

Erfahrungsgemäß führt umschreibendes Zuhören beim Gesprächspartner dazu, sich noch weiter zu erklären. Allerdings findet die mögliche Fortsetzung des Dialogs freiwillig, da unaufgefordert, statt und trägt somit zu einer völlig anderen Atmosphäre bei, als dies durch eine direkte Frage (z. B. „Warum geht es nicht?") möglich wäre. (Abb. 13–7)

Abb. 13-7

Wem die **Beziehung** zum Gesprächspartner wichtig ist, kann sich entscheiden, dem anderen mitzuteilen, **wie** seine **Absage wirkt**:

„Mich überrascht Ihre Reaktion." Oder:
„Sie sagen das so kurz angebunden, das macht mich nachdenklich."

Mit großer Wahrscheinlichkeit wird nun der andere ein großes Bedürfnis verspüren, sich zu erklären, und nachträglich begründen, warum er nicht helfen kann.

Wer genau hinhört, kann aber auch die geradezu nichts sagende **Begründung** („Ich habe genug zu tun") **hinterfragen**, ohne sie dabei aggressiv in Zweifel zu ziehen, etwa so:

„Wenn Sie nicht so viel zu tun hätten, würden Sie mir sofort helfen." Oder: „Es liegt im Moment ausschließlich an Ihrer enormen Arbeitsbelastung."

Auch hier zeigt sich, dass auf die spontane Akzeptanz fast immer eine Begründung oder eine vertiefende Erklärung folgt.

Eine weitere Möglichkeit besteht darin, die auf das „Nein, das geht nicht" gerichtete negative Energie konstruktiv zu nutzen, indem der **Blick auf Möglichkeiten und Lösungen** gerichtet wird:

„Unter welcher Voraussetzung bekomme ich Ihre Hilfe?" Oder: „Was kann ich unternehmen, um Ihre Unterstützung zu erhalten?"

Dieses Vorgehen sichert eine Fortsetzung; das negativ begonnene Gespräch kann nun in anderen Bahnen verlaufen; es ist am Gesprächspartner, Bedingungen zu nennen, die ihm eine Zusammenarbeit, eine sofortige Unterstützung möglich machen. Wieweit die Bedingungen erfüllbar sind und welche Bereitschaft besteht, darauf einzugehen, kann erst entschieden werden, sobald offen darüber gesprochen wurde. Die Erfahrung zeigt jedoch, dass dieses wertschätzende Reagieren durchweg beim Gesprächspartner zum Einlenken und Kooperieren führt, was ja letztlich das Ziel ist.

14. Kapitel

Von der Ursachenforschung zur Absichtsfindung

Wer sein Verhalten erklären soll, bemüht häufig die Vergangenheit. Dort wird nach Gründen, nach Ursachen für den Ist-Zustand gesucht. Beim Blick zurück lautet die Frage: Warum? und die Antwort fällt kausal aus: Weil …

Bei dieser Betrachtungsweise wird davon ausgegangen, dass das eigene Verhalten lediglich eine Antwort, eine Reaktion auf etwas Vorangegangenes darstellt. Bei diesem simplen Erklärungsansatz nach dem Reiz-Reaktions-Prinzip liegt logischerweise die Verantwortung für das eigene Verhalten im Reiz begründet. Wer für sich beansprucht, nur auf den anderen zu reagieren, neigt häufig dazu, diesem anderen auch die Schuld für Eskalationen zu geben, nach dem Motto: „Schuld sind stets die anderen." Typisch für Partnerschaftskonflikte sind Szenen wie die folgende:

Er kommt nach einem anstrengenden Bürotag müde nach Hause und möchte zunächst einmal entspannen. Er lässt sich in den bequemsten Sessel fallen und greift zur Zeitung.
Sie war den ganzen Tag mit Haushalt und einem Kleinkind beschäftigt und freut sich auf Ansprache und Abwechslung.
Sie setzt sich ganz nah zu ihm und beginnt von ihrem Tag zu erzählen, nimmt ihm vorsichtig die Zeitung aus der Hand und beginnt zu schmusen.
Ihm ist das gerade zu viel. Er will im Moment nur seine Ruhe haben. Tatsächlich sagt er zu ihr:
„Ich geh' schnell noch in den Keller, dann kann ich das Regal vor dem Abendessen fertig streichen."

Doch kurze Zeit, nachdem er im Keller glaubt, seine Ruhe gefunden zu haben, steht sie neben ihm, schaut ihm beim Streichen zu und beginnt erneut, „ihm auf die Pelle zu rücken". Da er auch in seiner Werkstatt nicht allein gelassen wird, beschließt er, das Haus zu verlassen. Während er den Pinsel auswäscht, sagt er:
„Mir ist gerade eingefallen, dass heute Abend die Vorbereitungsrunde fürs Jubiläum tagt. Die warten ja in der ‚Rose' alle auf mich. Wir sehen uns später."
Sie ist zunächst enttäuscht und ratlos. Doch wen wundert es, dass sie wenig später in der Gastwirtschaft auftaucht und sich am Tisch der Jubiläums-Vorbereitungsrunde dazusetzt?

Bezeichnend für dieses durchaus plakative Beispiel ist der Erklärungsmodus, das eigene Verhalten ausschließlich als notgedrungene Folge auf das Verhalten des anderen zu erklären. Er flüchtet, **weil** sie ihm die Luft zum Atmen nimmt, und sie klettet, **weil** er sich ihr entzieht.

Aus **ihrer Sicht** stellt sich die Szene so dar:

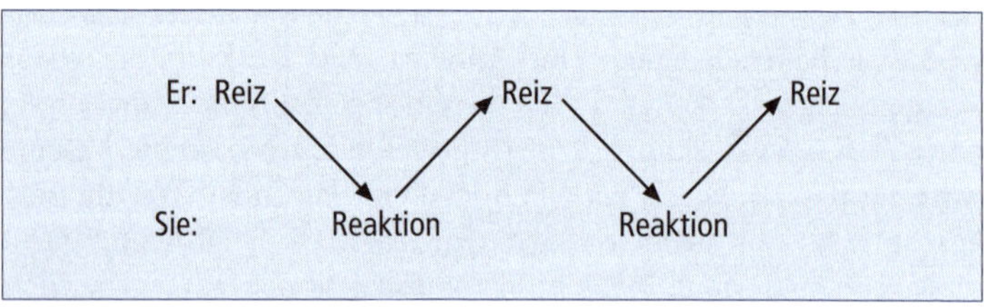

Abb. 14-1

Er wird umgekehrt darauf beharren, dass sein Fluchtverhalten eine notgedrungene **Reaktion** darstelle. Denn wenn sie nicht so kletten würde, könnte er auch zu Hause bleiben.

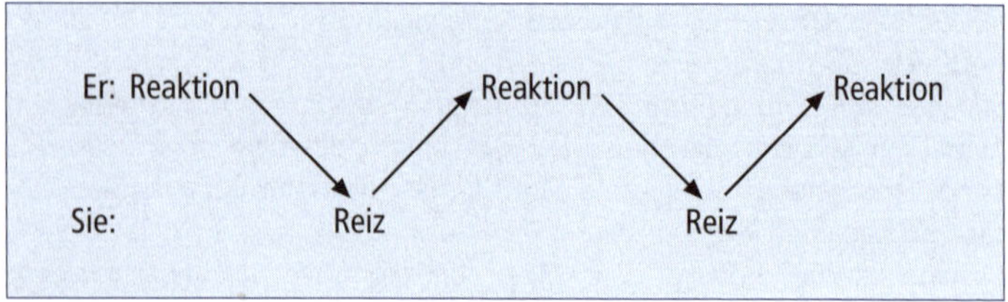

Abb. 14-2

Was **beide** übersehen: Die jeweilige Reaktion stellt zugleich auch einen Reiz für den anderen dar. Es ist müßig, darüber nachzudenken, was zuerst da war: das Ei oder die Henne. Mit unserem Blick zurück, mit der uns vertrauten Ursachenforschung, machen wir uns die Erklärung von Zusammenhängen einfach.

Gegenwärtiges Verhalten lässt sich jedoch auch aus der Zukunft ableiten, wenn wir uns anschauen, mit welchen Absichten jemand handelt und nach welchen Zielen jemand strebt. Beim Blick nach vorn fragen wir: Wozu? und die Antwort ist entweder: Damit … oder: Um … zu …

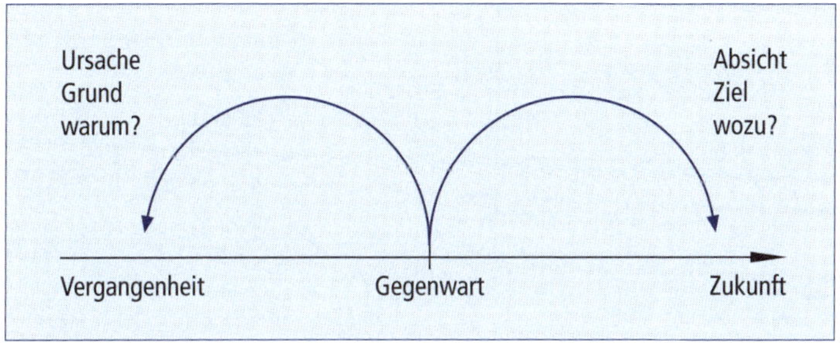

Abb. 14-3

Die Erklärung der Wirklichkeit als Ursache-Wirkungs-Zusammenhang ist uns so vertraut, dass uns ein anderer Zugang als der durch die Warum-Frage spontan kaum einfällt. Wer sich beispielsweise mit dem Hammer auf den Daumen haut, schreit für gewöhnlich laut: „Au!" **Warum** wird so laut geschrien? **Weil** der Hammer den Daumen getroffen hat und **weil** der Daumen nun wehtut. Aus eigener Erfahrung wissen Sie jedoch, dass die Lautstärke des „Au" davon abhängt, wer damit erreicht oder herbeigerufen werden soll. So betrachtet hat der Schmerzensschrei nicht nur einen kausalen, sondern auch einen finalen Aspekt. **Wozu** wird also so laut geschrien? **Um** Hilfe (oder Trost) herbei**zu**rufen. Dieses Verhalten praktizieren Kinder und Erwachsene übrigens gleichermaßen perfekt. (Abb. 14–4)

Im oben erwähnten Beispiel flieht er, **um** Ruhe **zu** haben, und sie läuft ihm geradezu hinterher, **um** seine Nähe **zu** spüren. Bei dieser Betrachtungsweise rücken die jeweiligen Ziele in den Mittelpunkt,

Abb. 14-4

für die zu klären gilt, wie sie sich erreichen lassen. Wenn das Ziel Ruhe bzw. Nähe lautet, dann stellt das tatsächlich gezeigte Verhalten lediglich ein zweitklassiges Mittel zum Zweck dar. Es ist wahrscheinlich, dass seine Nähe in der Werkstatt nicht die Nähe ist, von der sie den ganzen Tag träumte, und umgekehrt bietet seine Flucht in die „Rose" auch nicht die Ruhe, die er sich nach einem anstrengenden Tag so sehnlich gewünscht hat.

Wer das eigene Verhalten als **absichtlich** begreift, kann prüfen, ob ein anderes Verhalten womöglich ebenso oder gar noch besser geeignet ist, das jeweilige Ziel zu erreichen.

Verhalten ist zielgerichtet.

Zugegeben, das Beispiel würde sich rasch in eitel Harmonie auflösen, wenn es ihm gelänge zu sagen:

„Du, ich sitze hier, um mich nach einem anstrengenden Bürotag einfach auszuspannen. Lass mich jetzt eine halbe Stunde Zeitung lesen, danach fühle ich mich bestimmt wieder fit."

Auch ihre Absicht ließe sich unmissverständlich darlegen:

„Ich war jetzt den ganzen Tag nur mit dem Kind zusammen. Außer im Supermarkt hat seit dem Frühstück noch keiner mit mir geredet. Ich möchte jetzt in Deinem Arm liegen, mich ankuscheln und klönen."

Wer nun wie zu seinem Recht kommt, ist nach der **Absichtserklärung** noch völlig offen. Vielleicht gönnt sie ihm seine halbe Stunde, möglicherweise verzichtet er auf seine Entspannungsphase, oder sie schließen einen Kompromiss und sei es, dass sie sich in seinem Arm kuschelt und er Zeitung liest oder vorliest.

Nicht nur in Partnerschaft und Familie trägt die Absichts- bzw. Zielfindung zur Klärung und Konfliktbereinigung bei, auch im beruflichen Alltag lassen sich alle möglichen Fehler, Verstöße oder Versäumnisse auf diese Weise bearbeiten.

Es muss eingeräumt werden, dass es näher liegt, auf das wiederholte Zuspätkommen eines Mitarbeiters mit einer kausalen Frage nach den Ursachen zu reagieren, etwa:

„Warum kommen Sie schon wieder zu spät?" oder
„Warum konnten Sie zu diesem wichtigen Termin nicht einmal pünktlich erscheinen?"

als final den möglichen Absichten nachzuspüren:

„Wozu kommen Sie eigentlich zu spät?"

Letzteres klingt geradezu absurd, und doch fallen die Erwiderungen ganz unterschiedlich aus. Im ersten Fall erhalten wir logisch klingende Antworten, die das Zuspätkommen als zwingende Folge vorausgegangener Ursachen erscheinen lassen:

„Weil der Bus heute leider wieder Verspätung hatte."
„Weil auf der Autobahn ein Verkehrsstau war."
„Weil ich noch mein Kind in den Kindergarten bringen musste."

Bei der Wozu-Frage wird der Angesprochene mit der Antwort Mühe haben, unterstellt doch die Frage, dass es sich beim Zuspätkommen um ein absichtsvolles, eben zielorientiertes Verhalten handelt. Wer will das bei einer Verspätung schon zugeben? Und doch könnte es sein, dass der Mitarbeiter mit seinem wiederholten Zuspätkommen ein Ziel verfolgt, beispielsweise zu zeigen:

„Ich bin etwas Besonderes."
„Ich habe es bei meiner Qualifikation (meinen Qualitäten) ja wohl nicht nötig, Regeln einzuhalten, die für den Durchschnitt gelten."
„Ich bin hier der Dienstälteste und darf mir die Freiheit herausnehmen."
„Bei meiner Arbeitsleistung steht mir das zu." Oder ganz anders:
„Ob ich pünktlich oder unpünktlich bin, ist doch egal. Hier werde ich so wenig beachtet, dass es kaum auffällt, wann ich komme."
„In den Augen meines Chefs bin ich sowieso ein Versager, was macht es da noch aus, wenn ich zusätzlich noch unpünktlich bin."

Statt der eher ungewohnten Wozu-Frage verwende ich:

- Was wollen Sie erreichen?
- Was versprechen Sie sich davon?
- Worauf soll das abzielen?
- Welchen Gewinn erhoffen Sie sich davon?

Auch ohne Gespräch können Sie Vermutungen anstellen, wie die Antworten wohl ausfallen. Das kann zu einer völlig neuen Einschätzung der Situation führen.

Nach einem Seminar schickte mir ein Verkaufsleiter einen Brief, in dem er protokollartig festgehalten hatte, wie ihm die aufs Ziel bezogene Betrachtung geholfen hatte, ein schon lange schwelendes Problem zu lösen:
„Herr Kleinert, Sie wissen ja, dass ich Sie schon wiederholt wegen Ihres Zuspätkommens angesprochen habe. Bislang ohne Erfolg. Nun habe ich mir einmal Gedanken darüber gemacht, was Sie damit **beabsichtigen**, bei jeder Verkäuferbesprechung fünf bis zehn Minuten zu spät zu erscheinen. (Unruhe bei Herrn Kleinert, der gern unterbrechen möchte.) Lassen Sie mich gerade zu Ende sprechen. Sie sind jetzt vier Jahre bei uns und haben in dieser Zeit gezeigt, was in Ihnen steckt. Sie wissen, dass ich Ihr verkäuferisches Talent schätze. Vielleicht habe ich das aber in der Verkäuferrunde bislang zu wenig herausgestellt. Mir ist durch den Kopf gegangen, dass ich bei schwierigen Kunden gern auf Sie zurückgreife, das aber in Gegenwart Ihrer

Kollegen noch nie gesagt habe. Zwar sind die Kollegen Ludwig, Marquart und Neumann alle älter als Sie, aber alle drei sind noch nicht so lange dabei wie Sie. Vielleicht kann ich Ihnen ja bei der Verwirklichung Ihrer Ziele direkt helfen. Darum möchte ich Sie für heute einfach nur bitten, einmal darüber nachzudenken, was ich tun kann, um Sie angemessen zu behandeln. Vielleicht fällt Ihnen das eine oder andere dazu ein, und wenn es Ihnen recht ist, kommen Sie einfach morgen nach der Mittagspause noch einmal zu mir."

Ohne eine Reaktion abzuwarten, erhob ich mich und zeigte damit deutlich das Ende des Gesprächs an.

Herr Kleinert kam anderntags ins Büro und beteuerte, dass seine Unpünktlichkeit nichts, aber auch rein gar nichts mit irgendwelchen Absichten zu tun hätte. Er fragte jedoch anschließend, ob es möglich wäre, dass ihm ein Hauptschlüssel anvertraut werden könne, weil er wiederholt noch nach Feierabend tätig sei. Er würde sich auch bereit erklären, den Betrieb abzuschließen, wenn er als Letzter ginge.

Was bislang nicht möglich zu sein schien, ist mittlerweile Wirklichkeit: Herr Kleinert erscheint seit nunmehr drei Monaten pünktlich zur morgendlichen Verkäuferbesprechung und ist auch sonst sehr auf akkurates Einhalten von Terminen bedacht.

Zielorientiertes Verhalten klingt nicht nur nach Absicht, sondern auch nach bewusstem Handeln. Hier muss fairerweise eingeräumt werden, dass wir uns oft keine Gedanken machen, wenn es etwas zu vermeiden gilt. Vielleicht kennen Sie Szenen wie folgende:

Kurz vor Feierabend verabreden die Kollegen einen spontanen Kegelabend. Leider hatte Ulrich Fried seiner Frau versprochen, mit ihr ins Kino zu gehen. Etwas mürrisch kommt er nach Hause, und beim Abendessen rutscht ihm der Satz heraus: „Was hast Du denn da wieder zusammengekocht?" Ob der abendlichen Stimmung ohnehin leicht gereizt, platzt seine Frau heraus: „Wenn's Dir nicht schmeckt, gehst Du am besten woanders essen." Prompt steht Herr Fried auf und sagt kühl: „Bitte, wie Du willst." Er nimmt seinen Mantel, verlässt die Wohnung und geht guten Gewissens zum Kegeln, wollte doch seine Frau ihn aus dem Haus treiben.

Vielleicht war der Satz vom „zusammengekochten Essen" bewusst hervorgebracht, wahrscheinlich haben solche Szenen aber eine Eigendynamik, bei der sich die Ziele „wie von selbst" verwirklichen.

Wenn es gilt, das eigene Verhalten zu verstehen, hilft die Wozu-Frage, so ungewohnt sie sein mag, vielfach weiter; so auch bei der Erklärung mancher Unpässlichkeit und Krankheit. Die Erklärung für eine Erkältung mögen das nasse Wetter, der niesende Nachbar oder die kalten Füße sein. Bei der Ziel-Betrachtung tauchen möglicherweise Vermeidungsaspekte wie die folgenden auf:

Mit dem Schnupfen wird ja wohl keiner verlangen, dass ich …

Solange ich so erkältet bin, brauche ich nicht …

Den Termin bei X muss ich „leider" absagen …

Bei der professionellen Gesprächs**führung** messen Sie der Warum-Frage nur eine untergeordnete Bedeutung zu, erklärt Ihnen doch die Antwort ein Ereignis nur aus der Vergangenheit, die ja nachträglich nicht mehr zu verändern ist. Mit der Wozu-Frage lenken Sie jedoch die Aufmerksamkeit auf Ziele und Absichten, die gerade durch das Gespräch beeinflusst werden können.

Wozu-Fragen suchen nach Zielen und Absichten.

In diesem Buch stoßen Sie immer wieder auf das Stichwort von den Bildern, die wir uns fortlaufend machen. Es gibt zwar viele Menschen, die von sich überzeugt sind, ohne Bilder zu denken, doch wenn ich sie mit der kleinen Geschichte der Rheinüberquerung aus dem ersten Kapitel konfrontiere, wird ihnen schlagartig deutlich, wie sehr sie sich in ihrem Denken von ihren spontanen Vorstellungen leiten lassen. (Abb. 14–5)

Bei der Erklärung menschlichen Verhaltens aus den Zielen und Absichten kann uns folgender Gedanke weiterhelfen: Der Ausgang eines zukünftigen Ereignisses wird in der Vorstellung bereits vorweggenommen. Die sich real ereignende Wirklichkeit bestätigt lediglich die eigenen Bilder. Es ist bezeichnend, dass das dann eingetretene Ereignis laut oder auch nur in Gedanken mit dem Kommentar versehen wird: „Ich hab's ja gewusst." Auch wenn es zunächst paradox erscheint, dieses Bedürfnis, eine **Bestätigung** für die eigenen Vorstellungen zu erhalten, ist so groß, dass selbst negative Ereignisse geradezu lustvoll kommentiert werden. Typische Selbstbestätigungen lauten:

Abb. 14-5

„Das musste ja so kommen."
„Das hätte ich Ihnen auch gleich sagen können."
„Kein Wunder, dass das so passiert ist."
„Das habe ich mir gleich gedacht."
„Typisch!"

Für viele Menschen scheint die Bestätigung einer negativen Vorstellung angenehmer zu sein als das Eintreffen eines positiven Ereignisses, das sie aber so nicht vorhergesehen haben. Sobald unser Gesprächspartner über ein zukünftiges Ereignis ein Bild im Kopf hat, wird er sich bemühen – natürlich unbewusst –, die reale Wirklichkeit und seine Vorstellung von der Wirklichkeit zur Deckung zu bringen. Sie erinnern sich an das Beispiel aus dem 1. Kapitel, in dem einer meiner Kollegen vor dem Vortrag gestolpert war. Auf mein späteres Nachfragen gab er zu, dass ihm noch während des Stolperns spontan in den Sinn kam: „Ich hab's ja gewusst." Auch die Bestätigung eines negativen Ereignisses, und sei es eine Katastrophe, wird insofern als Genugtuung erlebt, als dadurch wieder einmal bewiesen wäre, wie genau, „realistisch" und angemessen die Zukunft vorhergesagt worden war. Es ist zwar ein Zeichen von Kompetenz, das eigene Verhalten so auf die Zukunft auszurichten, dass böse Überraschungen vermieden werden, doch leicht wird dabei übersehen, dass wir mit unseren Vorannahmen über zukünftige Begebenheiten eben diese Zukunft ganz erheblich beeinflussen. Derartiges Verhalten wird auch **„sich selbst erfüllende Prophezeiung"** genannt. Der „Prophet" hat eine Vorstellung von der Zukunft und macht eine entsprechende Vorhersage. In einem zweiten Schritt sorgt er fortan unbewusst dafür, dass diese Vorhersage auch eintritt.

Als 16-jähriger Schüler bekam ich eine neue Englischlehrerin. Bereits nach der ersten Stunde äußerte ich meinem Banknachbarn gegenüber: „Die mag mich nicht. Ich wette, die gibt mir zu Ostern bestimmt 'ne Fünf." Als praktische Konsequenz auf diese Vorhersage reduzierte ich mein Engagement im Unterricht und bei den Hausaufgaben ganz erheblich. Wozu mich anstrengen, wenn ich doch eine Fünf bekomme? Nahm die Lehrerin mich dran, kam es immer häufiger vor, dass ich nicht in der Lage war, richtig zu antworten. Für mich ein Beweis, dass sie mich nicht mochte. Denn warum sonst nahm sie mich ausgerechnet immer dann dran, wenn ich etwas nicht wusste? Nach einiger Zeit wurde ich immer seltener aufgerufen, was für mich ein weiterer Beweis ihrer Ablehnung war. Ich bekam tatsächlich zu Ostern (m)eine Fünf. Nicht ohne Stolz zeigte ich meinem Banknachbarn mein Zeugnis und sprach: „Ich hab's Dir ja gleich gesagt, die mag mich nicht und drückt mir 'ne Fünf rein."

Es hat noch über zehn Jahre gedauert, bis mir dämmerte, dass ich an dieser Englischnote ganz erheblich mitgewirkt hatte.

Für die professionelle Gesprächs**führung** hat dies ganz praktische Konsequenzen. Unsere Neigung, einen anderen zu beeinflussen, begegnet rasch schier unüberwindlichen Hindernissen, wenn wir eine andere Vorstellung von einer zukünftigen Situation haben als unser Gesprächspartner. In diesem Zusammenhang können wir uns auf eine weitere Weise erklären, warum Menschen auf unsere gut gemeinten Ratschläge, Anregungen und Empfehlungen so zurückhaltend, wenn nicht offen ablehnend reagieren. Nicht der Vorschlag an sich ist schlecht, er passt nur nicht zu dem Bild, das sich der andere bereits gemacht hat; und was nicht passt, bezeichnen wir als unpassend.

Solange das Ziel insgeheim die Bestätigung eines einmal gemachten Bildes ist, wird jede Empfehlung – und sei sie noch so geschickt formuliert – auf Widerstand stoßen.

Ehe Sie also darangehen, einen anderen zu beeinflussen, ihn für etwas zu gewinnen oder von etwas zu überzeugen, gilt es herauszufinden, welche Vorstellung der Gesprächspartner von seinem Ziel hat. Bevor Sie nicht sein Bild kennen, sind Ihre möglichen Beeinflussungserfolge allerhöchstens Zufallstreffer.

Bei der professionellen Gesprächsführung konzentrieren Sie sich auf das „Ziel-Bild" Ihres Gesprächspartners.

Mir ist klar, dass der Gesprächsförderer „Wünsche herausarbeiten" nicht jedem vertraut ist, dennoch erstaunt mich immer wieder, wie auf die Ablehnung von Ratschlägen reagiert wird: Da wird prompt ein zweiter Vorschlag gemacht, dem ein dritter hinzugefügt wird, worauf ein vierter folgt. Sie können beobachten, wie die Ratgeber an den abgelehnten Empfehlungen beharrlich festhalten und den Sinn und Nutzen ihrer Überlegungen erklären, ohne im geringsten die Ziele ihres Gegenübers zu kennen.

Im Reisebüro äußert der **K**unde: „Wir möchten gern mit unseren zwei Kindern in den Weihnachtsferien verreisen."
Reisebürokauffrau: „Wie wär's mit den Bergen. Ich habe hier ein interessantes Angebot in den Dolomiten. Zu der Zeit absolut schneesicher."
K: „Ach nein, wir hatten eigentlich an den Süden gedacht. Richtig warm mit Wasser."
R: „Ach so, dann kommen die Malediven in Frage ..."
K: „Nein, keine Fernreise. Da dauert der Flug ja schon so lange."
R: „Wie wär's dann mit Gran Canaria. 4 Stunden Anflug, ewiger Frühling, angenehme Wassertemperatur zu der Jahreszeit und ausgezeichnete Animation."
K: „Oje, wie das klingt."
R: „Ja, so sagt man zu den vielfältigen Unterhaltungsmöglichkeiten, die einem dort geboten werden. Sie erwähnten, dass Sie mit zwei Kindern reisen. Da werden Sie dankbar sein, welche kindgerechten Programme dort laufen. Mir haben viele Eltern bestätigt, dass sie froh waren, ihre Kinder versorgt zu wissen und so in Ruhe ausspannen konnten."
K: „Das ist eigentlich nicht so ganz meine Vorstellung, Urlaub zu machen."
R blättert in Prospekten: „Das ist auch schwierig, sich ein Bild davon zu machen, wie einmalig das für Kinder sein kann. Schauen Sie mal hier, da sehen

Sie auf den Fotos, was zum Beispiel in der Anlage,Meeresblick' so geboten wird."

Auch bei den Menschen, deren bevorzugter Wahrnehmungskanal die Ohren oder das Be-Greifen ist, findet ein bildhaftes Denken statt. Bezeichnend dafür ist unsere Sprache, in der wir laufend Wörter aus der Welt der Vorstellung benutzen:

- ein-sehen, durch-blicken, unter-malen, be-schreiben, be-trachten, durch-sichten, auf-zeigen, sich klarwerden
- zuver-sichtlich, unein-sichtig, unbe-schreiblich, er-sichtlich, ein-leuchtend usw.

Der Satz: „Das kann ich mir nicht vorstellen" scheint unmissverständlich klar zu machen, dass für einen bestimmten Vorgang **kein** Bild vorhanden ist. Mitnichten! Die ausführliche und umständliche Formulierung müsste eigentlich lauten: „Ich kann mir das so, wie ich es mir vorstellen soll, nicht vorstellen. Mein Bild davon sieht ganz anders aus." Mit anderen Worten: Obgleich der andere behauptet, keine Vorstellung zu haben, was ja im Idealfall Offenheit und Aufnahmebereitschaft zur Folge hätte, klammert er sich geradezu verbissen an seine bereits existierende Vorstellung. Wenn es Ihnen gelingt, das Bild des anderen zu erfassen, haben Sie die Ausgangsbedingung für eine mögliche Veränderung und Beeinflussung geschaffen. Nichts anderes meint der viel zitierte Satz von *Henry Ford:*

> „Wenn es ein Geheimnis des Erfolgs gibt, dann ist es das: Den Standpunkt des anderen zu verstehen und die Dinge mit seinen Augen zu sehen."

Das klingt leichter gesagt als getan. Denn wenn Menschen sich schon schwer tun, einzugestehen, dass sie sich über zukünftige Ereignisse ganz konkrete, visuelle Vorstellungen machen, dann werden sie wohl kaum in der Lage sein, über ihre derartigen Bilder zu sprechen. Genau da liegt die Hürde: Das, was uns als ausformulierter Wunsch mitgeteilt wird, muss noch lange nicht mit dem Bild, das sich der andere dazu macht, übereinstimmen. Verkäufer können davon ein Lied singen:

Nach der Begrüßung fragt der Verkäufer den Kunden: „Was kann ich für Sie tun?"

Kunde: „Ich suche einen Mantel."
Verkäufer: „Suchen Sie etwas Bestimmtes?"
Kunde: „Nein, ich bin da noch völlig offen."
Verkäufer: „Das heißt, es kommt für Sie eigentlich jeder Mantel in Frage."
Kunde: „Auf keinen Fall. Bloß kein Ledermantel, überhaupt darf er nicht schwer sein. Natürlich auch ohne Kapuze. Ich hatte an etwas Leichtes gedacht, mit Futter zum Ein- und Ausknöpfen. Möglichst hell. Am liebsten ohne Gürtel und diesen ganzen aufgenähten Schnickschnack."

Wie viel Kaufabsicht wäre womöglich im Keim erstickt, wenn der Verkäufer den Kundensatz „Ich bin noch völlig offen" wörtlich genommen hätte und diesen zu seinen modischen Ledermänteln geführt hätte. Denn dort wäre schlagartig eine schlechte Stimmung entstanden, weil der Kunde ganz konkret mit etwas konfrontiert wird, was er ja in seiner Vorstellung entschieden ablehnt.

Wenn Sie darauf achten, werden Sie womöglich erstaunt sein, wie häufig die geäußerte Vorstellung das Gegenteil des konkret formulierten Ziels beinhaltet, wie folgendes Beispiel zeigt:

Mit einem befreundeten Anwalt sprach ich über die Urlaubszeiten und die Rahmenbedingungen bei Selbständigen. Sein konkret formuliertes Ziel lautete:
„Wir wollen im kommenden Jahr endlich einmal versuchen, sechs Wochen Urlaub zu nehmen. Das ist zwar nicht leicht, aber irgendwie wird das schon zu schaffen sein."

Mich machte die Formulierung: „Wir wollen versuchen ..." stutzig. Das im nächsten Satz geäußerte „irgendwie" ließ mich vermuten, dass mein Gesprächspartner kein Bild von seinem Urlaub hatte, sondern sich vielmehr von der Vorstellung beeinflussen ließ, welche konkreten Schwierigkeiten der Verwirklichung im Wege stünden. Um meine Annahme zu überprüfen, äußerte ich:

„Das hört sich so an, als ob sechs Wochen Urlaub im Jahr eigentlich gar nicht gehen."
Wie aus der Pistole geschossen kam die Antwort: „Das kann man wohl sagen. Was glaubst du, wie mein Schreibtisch nachher aussieht. Im Prinzip bezahle ich jeden Tag Urlaub mit entsprechender Mehrarbeit."

Diese Äußerung deutete darauf hin, dass er sich sehr gut ausmalen konnte, wie seine Arbeit am Schreibtisch aussieht, aber überhaupt kein Bild davon hatte, wie seine „Nicht-Arbeit", sprich sein Urlaub aussehen sollte. Um ihm nicht zu nahe zu treten, formulierte ich recht allgemein:

„Das heißt, man kann sich als Anwalt eigentlich überhaupt keinen Urlaub leisten."
Ohne zu zögern, fuhr er fort: „Im Grunde genommen ja. Die Freiheiten Deines Berufs gelten für Anwälte ganz und gar nicht."

Dieser Satz ließ mich vermuten, dass er an seiner Situation gar nichts ändern wollte. Der Rückzug auf den Anwaltsberuf ganz allgemein wirkte auf mich wie ein Freibrief, jeden Ratschlag ungeprüft ablehnen zu dürfen. Dennoch reizte es mich, seinen Widerspruch zu kitzeln. (Abb. 14–6)

Abb. 14-6

„Du weißt ja, dass ich jahrelang Seminare für Anwälte zum Thema ‚Zeitmanagement' durchgeführt habe. Ich weiß von vielen Anwälten, dass sie mit meinen Tipps eine ganze Menge anfangen konnten."

Die Ablehnung folgte auf dem Fuße: „Ja, in normalen Kanzleien gibt es sicherlich etliche Möglichkeiten, seine Zeit noch sinnvoller zu nutzen, aber bei unseren Schwerpunkten und unserer Personalstruktur besteht überhaupt keine Möglichkeit, noch mehr Zeit einzusparen."

Im letzten Satz wurde deutlich: Wer überhaupt keine Möglichkeit sieht, hat auch kein Ziel-Bild. Da kann der Wunsch noch so präzis vorgetragen werden, am Ende setzt sich das bereits existierende Bild durch.

Dieses Kapitel befasst sich mit der Absichtsfindung, und darum will ich auch nicht fragen, warum sich der befreundete Anwalt so vehement gegen eine Veränderung seiner Arbeits- bzw. Urlaubsregelung sträubte. Was ich allerdings fragen will, ist, welche (geheimen) Ziele er mit diesem Verhalten verfolgt. Denn irgendeinen Nutzen wird er schon haben. Nun wollte ich allerdings nicht einfach plump fragen: „Wozu machst Du das?“ Eine derartige Wozu-Frage stößt in der Regel auf heftige Abwehr, unterstellt sie doch eine bewusste Absicht, die ja für gewöhnlich gar nicht gegeben ist. Sie können jedoch für sich selbst einmal spekulieren, welchen Nutzen ein übervoller Schreibtisch bringt. Die „Volltischler“ unter den Lesern fühlen sich jetzt vielleicht ertappt, darum ist die Liste der möglichen Erklärungen bewusst unvollständig gehalten ...

- Ein voller Schreibtisch sieht nach viel Arbeit aus.
- Man soll sehen, dass ich nicht nur viel arbeitete, sondern auch viel Verantwortung trage.
- In dem Chaos wird ja wohl keiner erwarten, dass ich etwas finde.
- Bei der Arbeitsbelastung sind Fehler vorprogrammiert, die mir ja wohl hoffentlich keiner vorhalten will.
- Wenn ich schon mit diesem Berg nicht zurande komme, wird mich hoffentlich keiner mit weiteren Aufgaben beanspruchen.
- Solange ich noch so viel Arbeit liegen habe, kann ich guten Gewissens andere Verpflichtungen schleifen lassen.

Der letzte Satz birgt einen beachtlichen Nutzen. Man kann sich durch betontes Engagement in einem anderen, anerkannten Tätigkeitsbereich geschickt unliebsamer Verpflichtungen entledigen. Wer sich beispielsweise mit seinem Partner oder der Betreuung seiner Kinder schwer tut, hat in unserer Gesellschaft ein vorzügliches Alibi, wenn er wegen starker Arbeitsbeanspruchung abends spät nach Hause kommt und sich am Wochenende auch noch zurückzieht, um den einen oder anderen Vorgang zu erledigen. Dem möglichen

Vorwurf, nie da zu sein, kann er begegnen mit dem vielbeschworenen: „Das tue ich doch alles nur für euch!“

Wenn Sie sich mit Zielen und Absichten befassen, fragen Sie nach dem Ziel hinter dem Ziel.

Viele Menschen verknüpfen mit Intimität und Nähe ein eher negatives Bild. In ihrer Vorstellung sehen sie sich eingeengt, kontrolliert, abhängig, ausgeliefert, wehr- und sprachlos und anderes mehr. Beileibe kein erstrebenswertes Ziel. Um also zu verhindern, dass diese befürchtete Vision Wirklichkeit wird, entsteht ein weiteres Bild. Ein Bild, in dem die Befürchtungen nicht eintreten können, weil die „Horrorvision“ gewissermaßen gebannt wird. Ein nahe liegendes Bild enthält die berufliche Karriere, die tägliche Beanspruchung am Arbeitsplatz oder die Verpflichtungen im XY-Verein, die Verantwortung für Aufgaben und Projekte, die kein anderer so gut meistern kann, und ähnliche Vorstellungen. Mit anderen Worten: Die Absicht hinter manch hehrem Engagement kann einfach Vermeidungsverhalten sein. Dass dies viel häufiger der Fall ist, als Sie womöglich auf Anhieb vermuten, wird Ihnen an dem Umstand deutlich, dass die meisten Menschen problemlos angeben können, was sie nicht wollen, dass sie aber ihre liebe Not haben, wenn Sie beschreiben sollen, was sie genau wollen. Das lässt sich dadurch erklären, dass sich negative Bilder nur scheinbar bannen lassen. Diese befürchteten Visionen führen gewissermaßen ein Eigenleben, ohne dass uns dies bewusst wird. Unseren negativen Bildern wohnt eine magische Kraft inne, uns immer wieder zu bestätigen, dass wir mit unseren Vorstellungen Recht haben. Im obigen Beispiel der negativen Vorstellungen, die mit Intimität verknüpft werden, wird trotz aller damit einhergehenden Befürchtungen die Nähe zum anderen, zum Partner gesucht. Und im Sinne einer sich selbst erfüllenden Prophezeiung ergeben sich Situationen, besser gesagt: die Situationen werden so gestaltet, dass genau das eintritt, was ja schon immer gewusst wurde. Auf diese Weise können Sie sich erklären, wie es Menschen immer und immer wieder gelingt, die gleichen negativen Erfahrungen zu machen. (Abb. 14–7)

Abb. 14-7

So wird auch nachvollziehbar, wie es Menschen fertig bringen, bei allem Ungemach noch einen geradezu selbstgefälligen oder rechthaberischen Kommentar abzugeben.

Wenn Sie einen anderen Menschen verstehen wollen, wenn Sie seine Ziele und Absichten nachvollziehen möchten, kann Ihnen der Denkansatz helfen, dass hinter jedem Verhalten ein Nutzen steckt. Absichtsfindung wird so zur Nutzensuche.

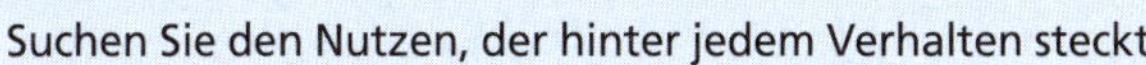

Suchen Sie den Nutzen, der hinter jedem Verhalten steckt.

Vielleicht schütteln Sie spontan den Kopf und wenden ein, dass es ja auch „echtes" Fehlverhalten gebe, dass man manchmal Verhalten an den Tag legt, das man bei sich ablehnt und nur zu gern ablegen möchte, wie leichtes Erröten, schnelle Tränen oder die Unfähigkeit „nein-sagen“ zu können. Auch wenn es zunächst absurd erscheint, auch diese Verhaltensweisen stellten irgendwann einmal eine optimale Lösung dar und waren ein Garant für die Zielerreichung. Vielleicht haben Sie schon einmal beobachten können, wie Erwachsene auf das Erröten eines kleinen Mädchens reagieren. Da fallen Sätze wie:

„Nein, wie herzallerliebst."
„Ach, wie anmutig."
„Schau doch mal, wie niedlich sie errötet."

Zudem wird das kleine Mädchen rasch entdecken, dass die Erwachsenen dieses Erröten nicht nur begrüßen, weil sie es so „natürlich“ finden, sondern dass sich Wünsche und Bitten viel leichter verwirklichen lassen. Ebenso entdeckt jedes Kind, dass es mit Tränen die Aufmerksamkeit der Erwachsenen gezielt lenken kann. Ein weinendes Kind braucht Unterstützung, die ihm auch prompt gewährt wird. So betrachtet ist **Hilflosigkeit lernbar**. Mit kaum einem anderen Verhalten bekommt ein Kind so schnell positive Zuwendung wie mit leisen Tränen, zitternden Lippen und offen zur Schau gestellter Hilflosigkeit. Solange diesem im Kleinkindalter erworbenen Verhalten Erfolg beschieden ist, steht diese Strategie dem Erwerb anderer, noch geeigneterer Strategien der Zielerreichung im Wege.

Ganz ähnlich verhält es sich bei der so genannten **Unfähigkeit**, „nein-sagen“ zu können. Im Grunde genommen handelt es sich um die **Fähigkeit**, „nicht nein-sagen“ zu können, eine Fähigkeit, die manches Kind schon recht früh erwerben muss, um bei Vater oder Mutter zu bestehen. Häufig sind Erstgeborene in der undankbaren Situation, dass die Zuneigung der Eltern abhängig gemacht wird von der Erledigung bestimmter Arbeiten. Um sich also Zuwendung und Wertschätzung zu erhalten, wird das Kind sein spontanes „Nein“ unterdrücken. Die häufig damit einhergehende Anerkennung stabilisiert diese Fähigkeit, stets „ja“ zu sagen. Wer nun als Erwachsener auf Bitten und Wünsche anderer nur zu leicht mit einem „Ja“ antwortet, sichert sich auf gewohnte Weise deren Anerkennung und Wertschätzung. Dieses manchmal durchaus nützliche Verhalten verhindert allerdings den Aufbau neuer Verhaltensweisen, die ebenso geeignet sind, sich die positive Zuwendung seiner Mitmenschen zu erhalten. (Abb. 14–8)

Abb. 14-8

Bevor Sie das Verhalten eines anderen Menschen beurteilen, werden Sie gut daran tun, seine Absicht(en) zu erfassen. Denn wenn Sie erkennen, welche Ziele Ihr Gesprächspartner hat, welche „guten Absichten" ihn bewegen, können Sie ihm womöglich zeigen, dass er die gleichen Ziele auf einem anderen Weg, also mit einem anderen Verhalten viel schneller, direkter oder mit viel weniger Aufwand erreichen kann.

Mancher Leser wird hier einwenden, dass sich das alles sehr idealistisch anhört, ja dass die grundsätzliche Unterstellung von „guten Absichten" weit an der Wirklichkeit vorbeigeht. Ob etwas als positiv oder negativ eingeschätzt wird, hängt von Ihrer subjektiven Bewertung ab. Einen objektiven Maßstab mögen wir uns zwar wünschen, aber bislang haben sich die Menschen noch auf keinen absoluten Wert einigen können. Selbst der Wert des Lebens, der ja zunächst einmal als höchstes Gut erachtet wird, kann in Kriegszeiten ganz anders betrachtet werden, je nachdem, auf welcher Seite man steht. Der ehemalige römische Sklave und Stoiker *Epiktet* formulierte treffend:

„Nicht die Tatsachen, sondern die Meinungen, die wir über die Tatsachen haben, beunruhigen uns."

Mit unseren Meinungen verfangen wir uns leicht in Erklärungsversuchen. Wenn wir unterstellen, dass Menschen mit ihrem Verhalten

Ziele verfolgen, ganz unabhängig davon, ob ihnen das bewusst ist oder auch nicht, und wir uns weiterhin vergegenwärtigen, dass dieses Verhalten lediglich einen Ausdruck einer für sie praktikablen Lösung darstellt, dann werden wir uns nicht mit der Beurteilung des Verhaltens aufhalten, sondern uns ihren Absichten zuwenden.

Wenn Sie Verhalten verändern wollen, fragen Sie sich zunächst, worin der mögliche Nutzen des problematischen Verhaltens für den Gesprächspartner bislang lag.

Unsere Mitmenschen lassen sich leicht beeinflussen, wenn wir ihnen zeigen, wie sie ihre Bedürfnisse noch besser befriedigen können. Ich erlebe immer wieder in Seminaren, dass die Teilnehmer mich ausdrücklich um eine kritische Rückmeldung bitten. Die gleichen Teilnehmer sträuben sich jedoch hartnäckig, wenn ich ihnen deutlich mache, welche Fehler sie unbedingt vermeiden müssen. Gelingt es mir jedoch, ihnen zu zeigen, wie sie noch erfolgreicher werden können, wie sie auf anderen Wegen ihre Bedürfnisse noch besser befriedigen können, dann zeichnet die gleichen Teilnehmer ein faszinierender Lerneifer aus.

15. Kapitel

Positives Sprechen

Im 1. Kapitel habe ich ausgeführt, wie unser Gehirn auf Verneinungen reagiert. Unsere rechte Hirnhälfte stellt sich ungeachtet der klar formulierten Negation stets etwas vor. Sie erinnern sich: „Nur **nicht** an den Bären denken …“

Überzeugende Gesprächsführung berücksichtigt diesen Umstand, was ein „Positives Sprechen“ zur Folge hat. Was ist damit gemeint? Stellen Sie sich folgende Szene am Frühstückstisch vor: Der Milchbecher eines dreijährigen Kindes befindet sich nur noch wenige Zentimeter von der Tischkante entfernt, während es mit seinem kleinen Bruder herumalbert. Durch Erfahrung ist das Gehirn geschult, sich auszumalen, was gleich passieren kann. Um das Eintreten dieser Vision zu verhindern, entsteht typischerweise folgender Satz: „Pass auf, dass Dein Becher **nicht** hinunterfällt.“

Eingedenk der Ausführungen im 1. Kapitel über Effektivität und Effizienz kann ein derartiger Satz bestenfalls effizient sein, was heißen soll, dass er aufgrund seiner Lautstärke und Dramatik große Wirkkraft hat. Im Rahmen dieses Kapitels soll uns nun beschäftigen, welche Wirkung dieser Satz beim Gesprächspartner, in diesem Fall beim Kind, hervorrufen kann. „Pass auf, dass Dein Becher nicht hinunterfällt“ lässt beim Kind just das gleiche Bild entstehen wie zuvor in der rechten Gehirnhälfte des Erwachsenen: Ein fallender Becher. Dies muss nicht zwangsläufig dazu führen, dass der Becher tatsächlich fällt. Es ist für mich jedoch immer wieder spannend zu verfolgen, wohin Aufforderungen führen, die eine Negation oder gar ein Verbot enthalten. Was den Becher betrifft, so ist es schon merkwürdig, dass das Kind erwidert: „Der fällt nicht." Und in dem Moment fällt der Becher tatsächlich nicht. Wie kommt es aber, dass jener Milchbecher zwei Minuten später doch auf dem Boden liegt?

Dem Satz „Pass auf, dass Dein Becher nicht hinunterfällt" fehlt eine **Zielangabe**, er ist somit ineffektiv. Es ist ja nichts darüber ausgesagt, wo denn besagter Becher letztlich stehen soll. Und genau das wird durch „Positives Sprechen" erreicht.

Der Gesprächspartner erhält eine Vorstellung über das Ziel. Beispielsweise: „Kannst Du bitte den Becher vor Deinen Teller stellen." Nicht nur das Kind im Beispiel wird seinen Milchbecher kommentarlos in die Mitte des Tisches rücken, ohne dabei das Herumalbern mit dem Bruder unterbrechen zu müssen, auch Erwachsene reagieren auf „Positive Bilder" überwiegend wunschgemäß. Der Satz: „Bitte in diesem Raum nicht rauchen" schränkt nicht nur die Freiheit ein (Kap. 7), sondern enthält unterschwellig eine bildhafte Aufforderung. Ganz anders die Formulierung: „Mit Rücksicht auf die Raucher unterbrechen wir das Seminar jede Stunde für knapp 10 Minuten."

Positives Sprechen ist effektiv, nämlich zielbezogen.

In diesen Zusammenhang gehört die häufig zu hörende Aufforderung: „Lass das!" Wie wenig dieser Befehl ausrichtet, können Sie vorzüglich bei Kindern beobachten. Wenn diese sich untereinander necken und ärgern, führt das erboste „Lass das!" eher zur Fortsetzung und Verstärkung der Angriffe. Solange das **Ziel**verhalten nicht benannt wird, kann eine **Verhaltensänderung** kaum dauerhaft ausfallen. Ganz ähnlich werden Schüler Tag für Tag wegen unpassender Bemerkungen, frecher Fragen oder vorlauten Betragens durch ein „Lass das!" zurechtgewiesen. Da es kein Nicht-Verhalten gibt, tritt an die Stelle des unterlassenen Verhaltens ein anderes Verhalten, das häufig ebenso wenig oder noch weniger wünschenswert ist. (Abb. 15–1)

Abb. 15-1

Positives Sprechen formuliert ein für den Gesprächspartner vorstellbares oder gar wünschenswertes Zielverhalten.

Es kann für Sie eine spannende Übung werden, gezielt darauf zu achten, wie das Verhalten von Mitmenschen mittels Negationen beeinflusst werden soll. Ich sage „Übung", weil Ihnen dieser beobachtende Zwischenschritt die Möglichkeit bietet, aus der Distanz negative Aufforderungen positiv umzuformulieren. Sie werden dabei entdecken, wie wichtig es ist, Bilder entstehen zu lassen, die sofort in die gewünschte Richtung führen.

Kritik krankt vielfach daran, dass sich die gesamte Aufmerksamkeit auf den Schaden, den Fehler, die Scherben richtet. Das fängt bereits in der Kleinkindererziehung an, wenn Kinder immer und immer wieder das Wort „Nein" hören und entschieden durch „Das darfst Du nicht" auf ein Verbot hingewiesen werden; das setzt sich in der Schule fort, wenn Fehler rot unterstrichen werden und dem Schüler das Falsche markant vor Augen gehalten wird; schließlich unterscheidet sich die spätere Ausbildung kaum von dieser gängigen Praxis. Es wird immer wieder betont, was verkehrt gelaufen ist.

Dieses Verhalten liegt nahe, weil der Kritisierende auf eine **Unstimmigkeit zwischen** seiner **Vorstellung und** der vorgefundenen **Wirklichkeit** stößt. Je nach Bedeutung der für richtig gehaltenen Vorstellung fällt die Reaktion aus. Das reicht von der beiläufigen Bemerkung über die deutliche Missbilligung bis zum scharfen Verweis. Die Standpauke resultiert aus einer negativen Stimmung des Kritisierenden, hat er sich doch gerade über einen Fehler, eine Abweichung vom Soll aufgeregt. Um dieses unangenehme, ihn beeinträchtigende Gefühl loszuwerden, kritisiert er und verschafft dem anderen gewissermaßen seine schlechten Gefühle, was umgangssprachlich auch als „Zigarre verpassen" umschrieben wird. So kommt es vor, dass sich nach einem „reinigenden Donnerwetter" üblicherweise nur der Kritisierende gut fühlt, der so Zurechtgewiesene geht jedoch alles andere als „gereinigt" von dannen.

Mancher Leser befürchtet womöglich, dass jetzt einer „weichen Welle" und „Samthandschuhtaktik" das Wort geredet wird, und denkt: „Kritik schadet doch nicht." In einem Führungsseminar äußerte ein Abteilungsleiter den Standpunkt: „Man muss die Leute ab und zu mal richtig anblasen, dann spuren sie wieder!" Ein weiterer Teilnehmer pflichtete ihm mit den Worten bei: „Wenn ich mir jemanden vorknöpfe, dann weiß er anschließend nicht mehr, ob er Männchen oder Weibchen ist. Aber ich sage Ihnen: Das funktioniert bestens. Anschließend läuft alles wie am Schnürchen."

Diese Art des Umgangs nagt unterschwellig an der Selbstachtung des Mitarbeiters, mindert sein Selbstwertgefühl und verletzt seine Würde.

In einem anderen Seminar fragte ich die Teilnehmer, welche Sätze oder Redewendungen ihrer Vorgesetzten sie sogleich in eine Verteidigungsposition drängen. Von den Mitschrieben habe ich Ihnen eine Auswahl zusammengestellt:

„Warum haben Sie das gemacht?"
„Da hätten Sie mich doch vorher fragen müssen!"
„Sie hätten das doch wissen müssen!"
„Ich hab's ja gewusst, einmal musste es ja soweit kommen."
„Wollen Sie nicht, oder können Sie nicht?"
„Das hätte ich Ihnen auch vorher sagen können."
„Wozu haben Sie eigentlich Ihren Kopf?"
„Haben Sie eigentlich nichts bemerkt?"
„Menschenskind, Sie hätten doch auch denken können!"
„Wie konnte das passieren?"
„Typisch!"

Ich gehe davon aus, dass ein großer Teil der viel beklagten Motivationsmängel bei Kindern und Heranwachsenden genauso wie bei erwachsenen Mitarbeitern auf das Konto der verbreiteten Negativorientierung geht.

Wer die Aufmerksamkeit auf Fehler lenkt, bringt sein Gegenüber automatisch in eine schlechte Verfassung.

Wenn wir uns vergegenwärtigen, dass wir üblicherweise den Wunsch haben, uns wohl zu fühlen, dann lässt sich nachvollziehen, warum viele Menschen bei Kritik zunächst versuchen, sich für nicht verantwortlich zu erklären, stets nach dem Motto: „Schuld sind die anderen." *Eugen Roth* hat diese verbreitete Haltung in einem Gedicht karikiert:

Einsicht
Ein Mensch beweist uns klipp und klar,
Dass er es eigentlich nicht war.
Ein andrer Mensch mit Nachdruck spricht:
Wer es auch sei – ich war es nicht!
Ein dritter lässt uns etwas lesen,
Worin drinsteht, dass er's nicht gewesen.
Ein vierter weist es weit von sich:
Wie? sagt er, was? Am Ende ich?
Ein fünfter überzeugt uns scharf,
Dass man an ihn nicht denken darf.

> Ein sechster spielt den Ehrenmann,
> Der es gewesen nicht sein kann.
> Ein siebter – kurz, wir sehen's ein:
> Kein Mensch will es gewesen sein.
> Die Wahrheit ist in diesem Falle:
> Mehr oder minder war'n wir's alle!
> Eugen Roth

Selbst wenn uns ein falsches Ergebnis verärgert und wir dadurch in eine negative Stimmung geraten, hilft es uns keinen Schritt weiter, wenn wir nun unseren Gesprächspartner in eine ebensolche oder noch negativere Stimmung versetzen. Im besten Fall verspüren wir Genugtuung und Überlegenheit, doch sind diese Gefühle fruchtlos, denn sie tragen nichts dazu bei, zukünftig richtige Ergebnisse zu erhalten.

Im 11. Kapitel hatte ich ausgeführt, dass wir die Wirklichkeit bevorzugt als Ursache-Wirkungszusammenhang erklären. Naheliegenderweise beschäftigen sich viele Menschen im Kritikgespräch mit vergangenheitsbezogenen Fragen:

„Warum ist das passiert?"
„Wie konnte das geschehen?"
„Weshalb musste das eintreten?"
„Wieso hat das keiner verhindert?"
„Weswegen konnte das übersehen werden?"

Wenn uns aber daran gelegen ist, dass unsere Vorstellung und die Wirklichkeit deckungsgleich sein sollen, kann sich unsere Aufmerksamkeit nur auf das Ziel richten und die Frage, was getan werden muss, um dieses Ziel vollständig zu erreichen.

Beim Positiven Sprechen wird statt Vergangenheitsbewältigung die gesamte Aufmerksamkeit auf die Gestaltung der Zukunft gelegt. (Abb. 15–2)

Nebenbei bemerkt, Menschen lassen sich spielend dadurch motivieren, dass sie in die Gestaltung der Zukunft mit einbezogen werden.

Abb. 15-2

Das erwähnte tausendfache „Nein", mit dem Kinder abgehalten werden sollen, etwas Verbotenes zu tun, lässt sich ersetzen durch die Zuwendung zu den Dingen und Aktivitäten, die erwünscht sind. Wenn Sie einem Kleinkind Ihren kostbaren Füllfederhalter wegnehmen, den es doch gerade interessiert auseinanderschrauben wollte, setzt empörtes Geschrei ein. Sobald Sie jedoch dem Kind einen anderen (möglichst auch schraubbaren) Gegenstand reichen, wendet es sich in der Regel diesem zu und überlässt Ihnen den Füller. Auch die empfindliche Stereoanlage erhält oft erst einen Reiz durch das vehemente „Nein", mit dem das Kind von den vielen reizvollen Knöpfen abgehalten werden soll. Da das Ziel auch hier lautet: Das Kind soll mit **seinem** Spielzeug spielen, richtet sich die elterliche Aufmerksamkeit darauf, **wie** das Kind sich **seinen** Spielsachen wieder zuwenden kann. Ich räume ein, dass die Beantwortung dieser Frage mehr Aufwand erfordert als das schnelle „Nein". Da wir mit dem Nein aber nur sehr begrenzten Erfolg haben, andernfalls müssten wir uns nicht so oft wiederholen, sollten wir uns überlegen, wieweit eine einmalige, zeitintensive Regelung nicht unterm Strich unsere Energie schont. Natürlich sind Küchenschubladen und -schränke für ein Krabbelkind von großem Reiz. Statt sie aber zu verneinen, durch Abschließen, auf die Finger hauen oder „Nein"-sagen, kann auch geprüft werden, ob das Kind womöglich eine ganze Schublade oder einen Teilschrank zum Spielen und Entdecken erhält. Töpfe oder Siebe gehen in der Regel nicht kaputt, und hier zeigt sich, dass das übliche Geschrei ausbleibt, wenn das Kind vom unerwünschten Geschirrschrank zum erwünschten Bereich getragen wird.

Erinnern Sie sich an Diktat- oder Aufsatzverbesserungen aus Ihrer Schulzeit. Der Fehler war rot angestrichen, und das Wort musste nun dreimal richtig geschrieben werden. Vielleicht ist es Ihnen mit dem einen oder anderen Wort ähnlich ergangen wie mir: Wie oft habe ich das Wort „nämlich" verbessern müssen. Keine dieser Verbesserungen hat mich in der aktuellen Klassenarbeit davor bewahrt, „nämlich" wieder mit „h" zu schreiben. Warum? Weil das dick mit Rotstift eingekreiste „h" in meinem Gedächtnis verankert blieb. Und mir ist noch gut in Erinnerung, dass ich mich während des Aufsatzes gefragt habe, ob „nämlich" nun mit oder ohne „h" geschrieben wird. Die Antwort war bezeichnend: Natürlich mit „h", denn die Rotstifthervorhebung des Fehlers wog stärker als die dreimalige Verbesserung und die bekannte Eselsbrücke wurde „h"-mäßig abgewandelt: „Wer nämlich ohne‚h' schreibt, ist dämlich." Ich bin immer wieder beeindruckt, wenn Schüler mir ihre Erfahrungen mit anderen Korrekturmaßnahmen schildern. Da gibt es Lehrer, die nicht das falsche Wort anstreichen, sondern am Rand das Wort in der gewünschten Rechtschreibung notieren, oder Lehrer, die den Schüler selbst entdecken lassen, wo seine Rechtschreibung von der üblichen Schreibweise abweicht, indem entweder am Zeilenrand oder erst am Seitenende vermerkt wird, wie viele Abweichungen ausfindig gemacht werden können. Abgesehen davon, dass dieses Vorgehen sich vom stumpfsinnigen Verbessern unterscheidet, besteht hier die Herausforderung, durch Suchen und Vergleichen selbst die richtige Schreibweise zu finden. Zugegeben, ein anstrengenderes Verfahren, allerdings wendet sich hierbei die Aufmerksamkeit des Schülers auf die erwünschte Schreibweise. Und wer unter Mühen endlich im Duden die richtige Schreibweise entdeckt hat, überlegt vielleicht ganz von allein, ob und wie sich dieser Aufwand vereinfachen und kürzen lässt, beispielsweise durch Einprägen und Einhalten der üblichen Rechtschreibregeln.

Auch in der späteren Ausbildung und im Berufsleben lässt sich die Abweichung vom gewünschten Ziel positiv korrigieren. Schauen wir dazu in eine Lehrwerkstatt, wo dem Auszubildenden gerade sein Fehlverhalten vor Augen geführt wird:

„Du feilst doch viel zu viel weg. Wenn Du nicht aufpasst, kannst Du von vorn beginnen."

Durch Positives Sprechen kann die Aufmerksamkeit auf das Ziel gerichtet werden:

„Wenn Du beim Feilen zwischendrin mit der Schublehre nachmisst, merkst Du rechtzeitig, wann Du aufhören musst."

Dieser zwar positiven Wendung mangelt noch die Einbeziehung und Einbindung des anderen in das Ziel. Bei diesem Beispiel kann der Auszubildende die vorgegebene Lösung übernehmen, ohne sich selbst anstrengen zu müssen. Gleichzeitig beklagen sich Ausbilder, dass die heutigen Lehrlinge kein Verantwortungsgefühl entwickeln. Wie sollen sie auch? Werden sie doch nur zu oft als abhängige Empfänger von Anweisungen, Lösungen und Bewertungen behandelt, denen wenig Gelegenheit geboten wird, sich anzustrengen und Eigenverantwortung zu übernehmen. Denkbar wäre hier der im 12. Kapitel besprochene Dreischritt aus Bestätigung-Frage-Begründung:

„Ich sehe dich mit Schwung feilen. Wie stellst Du sicher, dass Du dann aufhörst, wenn Du die vorgeschriebenen Maße erreicht hast? Ich frag' dich das, weil ich annehme, dass Dir der Würfel auf Anhieb gelingen soll."

Jetzt muss der Lehrling nicht nur innehalten, sondern darüber nachdenken, wie er seine nächsten Schritte gestalten will. Die Motivation für diese „Denkleistung" ergibt sich unter anderem aus dem Umstand, dass sein Meister ihm zutraut, allein eine angemessene Lösung zu finden.

Vielleicht haben Sie nach diesen Ausführungen Lust, selbst einmal zu probieren, wie leicht es Ihnen fällt, die vorgegebenen Negativbeispiele umzuformulieren:

	Ihr Vorschlag für eine angemessene positive Formulierung
(1) "Wenn Sie die Kabel falsch anschließen, brauchen Sie sich nicht zu wundern, wenn's nicht klappt."	
(2) "Sie haben bei der Lieferung an die Firma Brettschneider die Endkontrolle vergessen, kein Wunder, dass die reklamieren."	
(3) "Es ist ja klar, dass die Maschine streikt, wenn sie nicht regelmäßig gewartet wird."	
(4) "Wenn sich noch einmal Gäste wegen versalzener Suppe beschweren, müssen wir über die Verlängerung Ihres Arbeitsvertrages nachdenken."	
(5) "Wenn Sie den Wareneingang nicht genau prüfen, müssen wir den Fehlbestand von Ihrem Konto abbuchen."	
(6) "Sie müssen unbedingt sorgfältiger lackieren. Der Kunde springt uns doch ins Gesicht, wenn er diese Staubeinschlüsse und Läufer sieht."	
(7) "Sie haben die Mehrwertsteuer auf dieser Rechnung vergessen, jetzt zahlt die Firma Dingenskirchen 2300 Euro zu wenig und wir haben den Salat."	

Folgende positive Formulierungen sind mir eingefallen:

(1) „Wenn Sie die Kabel falsch anschließen, brauchen Sie sich nicht zu wundern, wenn's nicht klappt."

Ich will nicht ausschließen, dass sich der Monteur spontan bedankt und die Kabel ordnungsgemäß anschließt. Nach meiner Beobachtung fallen die Reaktionen sehr viel häufiger aggressiv aus, beispielsweise demonstrative Geringsschätzung durch betontes Schweigen.

„Nur wenn die Kabel richtig angeschlossen sind, klappt es."

Bei dieser Formulierung wird zwar auf die Hervorhebung des Fehlers verzichtet, dennoch sichert diese Aussage noch kein dauerhaftes Gelingen. Das lässt sich nur gewährleisten, wenn der Monteur konsequent die Verantwortung für jeden seiner Arbeitsschritte übernimmt.

„Sie führen diese Arbeit neuerdings eigenverantwortlich durch. Wie können Sie zwischendrin prüfen, dass die Funktion klappt? Sie wollen ja schnell fertig werden."

(2) „Sie haben bei der Lieferung an die Firma Brettschneider die Endkontrolle vergessen, kein Wunder, dass die reklamieren."

„Eine konsequente Endkontrolle erspart uns Reklamationen."

Allerdings lenkt das Wort „Reklamation" die Aufmerksamkeit auf etwas zu Vermeidendes. Wie bereits im Kapitel 1 besprochen, wäre die Vermeidung von Reklamationen allenfalls effizient. Effektiv und somit zielorientiert wäre beispielsweise die Zufriedenheit des Kunden:

„Die regelmäßige Endkontrolle trägt wesentlich dazu bei, dass unsere Kunden stets mit der jeweiligen Lieferung zufrieden sind."

Positives Sprechen ist aber auch geeignet den Mitarbeiter unmissverständlich in die Verantwortung zu nehmen:

„Die Firma Brettschneider hat die letzte Lieferung reklamiert. Was werden Sie unternehmen, um zukünftig die Zufriedenheit unserer Kunden sicherzustellen? Ich frage das Sie, weil die Endkontrolle in Ihrer Zuständigkeit liegt."

(3) „Es ist ja klar, dass die Maschine streikt, wenn sie nicht regelmäßig gewartet wird."

Mit dieser Formulierung wird der Gesprächspartner in die Verteidigung gedrängt, Ausflucht, Schuldzuweisung oder Gegenangriff („Das hätten Sie uns ja auch vorher sagen können …") liegen auf der Hand.

„Eine dauerhafte Funktionsfähigkeit dieser Maschine können Sie durch regelmäßige Wartung erreichen."

Es lässt sich vermuten, dass diese Formulierung eher eine spontane Zustimmung bewirkt.

„Es ist Ihnen wichtig, dass die Maschine einwandfrei läuft. Wie viel Wartungsaufwand räumen Sie dieser Maschine ein? Sie können am besten beurteilen, welchen Belastungen die Maschine ausgesetzt ist."

Bei diesem Dreischritt wird die Aufmerksamkeit des Gesprächspartners auf die Maschinenbelastung gelenkt. Womöglich entdeckt er aus eigener Einschätzung, wie oft und wie intensiv die Maschine zu warten ist. Das ist die beste Garantie für eine konsequente Anwendung der einmal gefundenen Lösung.

(4) „Wenn sich noch einmal Gäste wegen versalzener Suppe beschweren, müssen wir über die Verlängerung Ihres Arbeitsvertrages nachdenken."

Nach dieser Äußerung ist die unbeschwerte und auch unbefangene Arbeit am Kochtopf ein für alle Mal vorbei.

„Schmecken Sie bitte zukünftig jede Suppe selbst ab, das erspart uns mögliche Kritik unserer Gäste."

So vernünftig diese Lösung klingt, so mangelt es ihr doch an Zutrauen in die Problemlösungsfähigkeit der Köchin.

Mit der folgenden Formulierung soll gezeigt werden, dass der Dreischritt durchaus geeignet ist, dem Mitarbeiter harte Konsequenzen aufzuzeigen:

„Ich kann verstehen, dass Sie sehr daran interessiert sind, dass wir ihr befristetes Arbeitsverhältnis in ein Dauerverhältnis umwandeln. Dazu möchte ich von Ihnen wissen, wie Sie sicherstellen, dass unsere Gäste sich über die bestellten Speisen ausschließlich lobend äußern. Ich gehe davon aus, dass Ihnen die Kritik wegen der versalzenen Suppe alles andere als gleichgültig ist und Sie sich deswegen schon Gedanken gemacht haben."

Selbst wenn die Mitarbeiterin bislang noch gar nicht nachgedacht hat, trägt diese positive Unterstellung dazu bei, dass sie sich sogleich Gedanken macht und eine ihren Arbeitsplatz sichernde Problemlösung entwickelt.

(5) „Wenn Sie den Wareneingang nicht genau prüfen, müssen wir den Fehlbestand von Ihrem Konto abbuchen."

Drohungen sind ein weit verbreitetes Mittel, einen anderen schnell zur Raison zu rufen. Vordergründig wirken sie, aber stets nur effizient. Im Beispiel wird der Mitarbeiter vermutlich seine Energie dazu verwenden, alles zu verhindern, was eine persönliche Einbuße nach sich ziehen könnte. Ich kann mir jedoch nur schwer vorstellen, dass derartige Drohungen geeignet sind, den Mitarbeiter zu motivieren, auch in den Bereichen seiner Tätigkeit gewissenhaft zu arbeiten, die bislang noch nicht unter dem Damoklesschwert der Gehaltskürzung stehen.

„Wir können bei unseren Lieferanten nur die Ware reklamieren, die wir am Liefertag kontrolliert haben. Organisieren Sie Ihre Arbeit bitte so, dass alle eingehende Ware sofort auf etwaige Beanstandungen untersucht wird."

Eine positive, aber typische Vorgesetztenäußerung. Dadurch, dass der Vorgesetzte die Lösung für das Problem selbst erarbeitet und darlegt, übernimmt er auch die Verantwortung für das Aufgabengebiet des Mitarbeiters. Dieser wird sich wahrscheinlich nicht einmal wehren, ist es doch allemal bequemer, sich sagen zu lassen, was man tun muss, als selbst nachzudenken.

„Sie wissen, dass sich unser Reklamationsrecht nur auf den Tag der Lieferung bezieht. Was werden Sie unternehmen, dass wir im Falle einer Minderlieferung dieses Recht auch nutzen können? Ich frage Sie das, weil wir im Einkauf so knapp kalkulieren, dass wir beim Lieferanten auf die genaue Einhaltung der bestellten Stückzahlen bestehen.

(6) „Sie müssen unbedingt sorgfältiger lackieren. Der Kunde springt uns doch ins Gesicht, wenn er diese Staubeinschlüsse und Läufer sieht."

Sie können sich gerade selbst fragen, wie groß Ihre Bereitschaft zur Selbstkritik ist, wenn Ihnen mangelnde Sorgfalt vorgeworfen wird. Vielleicht haben Sie es selbst schon erlebt, dass man einer eigenen Arbeit durchaus kritisch gegenüberstand, bis zu dem Moment, da sie vorwurfsvoll kritisiert wurde. Plötzlich werden Begründungen erdacht oder der aufgetretene Missstand bagatellisiert, dass man über seine eigene Schlagfertigkeit nur erstaunt sein kann. Wenden wir Positives Sprechen an, können wir uns viele Rechtfertigungen und Ausflüchte ersparen.

„Kunden neigen dazu, ihr frisch lackiertes Auto millimetergenau zu überprüfen. Wenn Sie dem durch Eigenkontrolle zuvorkommen, sichern Sie sich die Zufriedenheit unserer Kundschaft."

Wenn ein Mitarbeiter allerdings eine Arbeit trotz Staubeinschlüssen und Lackläufern als abgeschlossen betrachtet, muss man sich als Vorgesetzter fragen, wieweit der Mitarbeiter ein Verantwortungsbewusstsein für die eigene Tätigkeit entwickelt hat und welche Vorstellung er von den Erwartungen hat, die an ihn gerichtet werden.

„Für Sie ist diese Arbeit abgeschlossen. Mir ist nicht klar wie Ihr Qualitätsstandard aussieht. Ich möchte das gern von Ihnen erfahren, um für mich zu klären, wieweit Sie von mir fortlaufend kontrolliert werden möchten, oder ob die Verantwortung für Ihre Arbeit ausschließlich bei Ihnen liegen soll."

(7) „Sie haben die Mehrwertsteuer auf dieser Rechnung vergessen, jetzt zahlt die Firma Dingenskirchen 2300 Euro zu wenig und wir haben den Salat."

Mag der Vorgesetzte noch so grantig sein, diese Formulierung wird die Mitarbeiterin wahrscheinlich nur dazu bringen, ein betroffenes bzw. schuldbewusstes Gesicht zu machen, ansonsten aber alles beim Alten zu lassen und den Schaden abzuhaken.

„Unsere Kunden brauchen nur den auf der Rechnung ausgewiesenen Betrag zu bezahlen. Wenn Sie jedes Mal die Endsumme auch auf die Mehrwertsteuer hin kontrollieren, sichern wir uns die Beträge, die uns ja auch zustehen."

Wenn allerdings eine Buchhaltungsmitarbeiterin „vergisst", die Mehrwertsteuer auszuweisen, halte ich es für fahrlässig, ihr lediglich positiv eine Lösung für die Zielerreichung mitzuteilen. Ganz abgesehen davon, wie die Mitarbeiterin den entstandenen Schaden zu regulieren gedenkt, gilt es, sicherzustellen, dass zukünftige Rechnungen vollständig sind und dem Firmeninteresse zugute kommen. **Sobald** die Mitarbeiterin diese Frage überzeugend beantwortet, kann sie den ihr übertragenen Verantwortungsbereich weiter ausüben. Mancher Leser mag einwenden, dass darin doch eine versteckte Drohung liege. Ich räume ein, dass hier Konsequenzen aufgezeigt werden, die für die betroffene Mitarbeiterin „knallhart" sein mögen. Doch Drohung und Konsequenz sind zweierlei: (Abb. 15–3)

Abb. 15-3

Eine Drohung verläuft nach dem Muster „wenn nicht ..., dann" bzw. umgekehrt „wenn ..., dann nicht", dabei wird die ganze Aufmerksamkeit auf das Negative, das zu Vermeidende gerichtet. Eine Konsequenz zeigt den Ursache-Wirkungs-Zusammenhang als logische Abfolge auf und vollzieht sich nach dem Muster „sobald" bzw. „sofort wenn", wobei die Energien auf das gewünschte Ziel gelenkt werden.

Manchem Leser mag das wie Wortspielerei vorkommen. Am besten probieren Sie bei nächster Gelegenheit die unterschiedlichen Wendungen aus und lassen sich überraschen, wie Ihr Gesprächspartner reagiert. Zur Verdeutlichung füge ich ein gängiges Beispiel aus dem Familienalltag an:

„**Bevor** Du **nicht** Dein Zimmer aufgeräumt hast, gibt es **kein** Fernsehen."

Üblicherweise richtet sich der kindliche Protest gegen das Verbot. Dabei reagieren manche Kinder so ausdauernd trotzig, dass am Ende die begehrte Sendung vorbei ist, doch das Zimmer weiterhin unaufgeräumt bleibt. (Abb. 15–4)

Abb. 15-4

„**Sobald** Du Dein Zimmer aufgeräumt hast, **kannst** Du fernsehen."

Im 6. Kapitel habe ich erläutert, wie wir möglichen Widerstand vermeiden können, indem wir dem Gesprächspartner seine **Entscheidungsfreiheit** vor Augen führen.

Mit der „Sobald-du …, kannst-du"-Wendung klären Sie den Verantwortungsbereich des anderen. Wie schnell dieser sein Ziel erreicht, liegt in seinem Handlungsspielraum.

Führen Sie Ihrem Gesprächspartner seine Entscheidungsfreiheit vor Augen.

Ich möchte hier an das vorangegangene Kapitel anknüpfen und zeigen, dass wir im Reklamationsfall sehr schnell zum Ziel kommen können, wenn wir auch über unser Ziel sprechen. Statt mit den Worten:

„Ich hatte letzte Woche mein Auto bei Ihnen zur Wartung. Und dabei haben Sie die Scheibenwaschanlage völlig verstellt. Die sprüht jetzt übers Dach statt auf die Scheibe"

soll der Gesprächspartner, in diesem Fall der Werkstattmeister, positiv angesprochen werden und ein Bild erhalten, dem er spontan zustimmen muss, beispielsweise:

„In der letzten Woche haben Sie meinen Wagen gewartet, und Sie möchten ja sicher, dass ich mit dem Ergebnis zufrieden bin. Nun frage ich mich, ob Sie die Scheibenwaschanlage noch einmal nachregulieren können. Im Moment sprüht sie leider übers Dach statt auf die Scheibe."

Auch das „Pizzabeispiel" eignet sich, den Kellner positiv in die Pflicht zu nehmen?

„Sie möchten sicher gerne, dass ich zufrieden bin. Lässt sich diese Pizza noch aufwärmen oder gegen eine frisch gebackene eintauschen?"

Ich muss gestehen, dass sich dieser Satz ziemlich gestelzt liest. In der Umgangssprache klingt so etwas weniger „geschraubt". Wenn ich hier noch einmal auf das Beispiel des durchnässten Autofahrers eingehe, will ich zuvor einräumen, dass es einer gehörigen Portion Selbstdisziplin bedarf, sich seinen Zielen zuzuwenden, anstatt aus der Haut zu fahren. Es kommt darauf an, was einem wichtig ist.

„Sie wollen, dass ich mich auf Ihre Werkstatt verlassen kann. Was werden Sie jetzt unternehmen, meine Situation zu retten? Mein Wagen steht am Baumarkt und tut keinen Mucks mehr, und ich habe seit zehn Minuten einen wichtigen Termin bei Jäger und Bauer."

Immer wieder habe ich in diesem Buch dargelegt, dass die **Zielformulierung den Erfolg bestimmt**. Das Interesse meiner Gesprächspartner richtet sich auf das, was geht, und keineswegs auf das, was alles nicht geht. Dennoch werden wir täglich und allerorten mit „nein“ und „nicht“ konfrontiert. Was hilft es Ihnen, wenn Sie auf die Frage nach einem Ersatzteil zur Antwort erhalten:

„Das haben wir nicht", oder:
„Die Marke führen wir nicht."

Aber welch eine Kundenbindung könnte folgende Äußerung bewirken:

„Ich kann Ihnen das Ersatzteil gern bestellen." Oder:
„Diese Marke führt die Firma Braun. Wissen Sie, wo die sind? Ich bin sicher, dass dieses Ersatzteil dort vorrätig ist."

Um dem Untertitel dieses Buches gerecht zu werden, habe ich Ihnen hier noch eine Übung eingebaut, bei der Sie die jeweils positive Wendung trainieren können:

	Ihr Vorschlag für eine angemessene positive Formulierung
(1) „Herr Adam ist nicht da."	
(2) „Dafür bin ich nicht zuständig."	
(3) „Ohne Vorauszahlung beliefern wir keine Neukunden."	
(4) „Davon ist mir nichts bekannt."	
(5) „Kein Geld – keine Ware."	
(6) „Heute geht das auf keinen Fall."	
(7) „Zu dem Preis können wir Ihnen das unmöglich reparieren."	
(8) „Wenn Sie die Zuzahlung nicht leisten, können wir Ihnen die neue Maschine nicht liefern."	
(9) „Ich kann Sie leider nicht verbinden. Der Chef hat eine wichtige Besprechung."	
(10) „Ich bin neu hier und kenne mich noch nicht aus."	
(11) „Unsere EDV funktioniert im Moment nicht, darum kann ich Ihnen nicht helfen."	

	Ihr Vorschlag für eine angemessene positive Formulierung
(12) „Wir können Ihre Bestellung nicht bearbeiten. Durch Urlaub und Krankheitsausfälle ist bei uns die Hölle los."	

Betrachten Sie meine Antworten als Vorschläge:

(1) „Herr Adam kommt um 11 Uhr zurück, soll er Sie dann sogleich zurückrufen?"

(2) „Meine Kollegin Albers ist dafür zuständig. Wenn es Ihnen recht ist, informiere ich sie, damit sie sich mit Ihnen umgehend in Verbindung setzt."

(3) „Wenn Sie die Nachnahmegebühr sparen möchten, können Sie auch eine Vorauszahlung leisten, dann liefern wir sofort."

(4) „Dazu möchte ich mich gern informieren."

(5) „Möchten Sie bar oder mit Scheck zahlen? Wir nehmen auch Kreditkarten."

(6) „Möchten Sie gleich für morgen früh einen Termin vereinbaren?"

(7)"Selbstverständlich können wir für Sie zu dem Preis auch eine Teilreparatur durchführen."

(8) „In der von Ihnen gewünschten Ausstattung beträgt die Zuzahlung 15.000,– Euro. Wenn Sie darauf bestehen, dass wir uns auf 13.000,– Euro einigen, können wir die Maschine selbstverständlich auch in einer einfacheren Ausstattung liefern."

(9) „Die Besprechung wird in 20 Minuten zu Ende sein. Unter welcher Nummer sind Sie dann erreichbar?"

(10) „Damit Sie eine wirklich zuverlässige Antwort erhalten, möchte ich mich bei meinem Kollegen (Vorgesetzten) rückversichern."

(11) „Ich notiere mir gerade Ihr Anliegen. Sobald unsere EDV wieder läuft, schätzungsweise in einer Stunde, gebe ich Ihnen Bescheid."

(12) „Wir möchten Ihre Bestellung so schnell wie möglich bearbeiten. Ab Montag sind wir wieder zu viert in der Abteilung. Ich werde mich persönlich dafür einsetzen, dass Sie spätestens bis kommenden Mittwoch die Ware haben."

Wenn wir uns vor Augen führen, wie oft wir als Kinder mit einem „Nein" konfrontiert wurden, und uns zugleich vergegenwärtigen, dass wir uns in einem Zustand der Abhängigkeit befanden, leuchtet es ein, dass „nein" und „nicht" geeignet sind, negative Gefühle und Erinnerungen zu berühren.

Im 12. Kapitel „Verhalten ist zielgerichtet“ haben Sie Ihre Antwort auf die Äußerung „Das geht nicht. Ich habe genug zu tun“ formuliert. Die Beispiele am Ende des Kapitels sollten zeigen, wie wir trotz der Konfrontation durch Negativaussagen wertschätzend unsere Ziele verfolgen können.

So lassen sich Einwände grundsätzlich als Verneinung betrachten, d. h., unter den gegebenen Bedingungen findet keine Zustimmung statt.

Positives Sprechen nimmt den Einwand ernst und sucht nach Möglichkeiten.

Sagt zum Beispiel der Gesprächspartner: „Der Plan gefällt mir nicht“, fallen landläufige Antworten etwa so aus:

„Warum nicht?“ Womit sich der andere nun auf die Ablehnung konzentriert.

„Im Gegenteil, der Plan ist sogar sehr gut.“ Der **offene Widerspruch** reizt zum Machtkampf.

„Haben Sie etwas Besseres?“ Diese **Herausforderung** provoziert allenfalls einen Bewertungsstreit.

„Sie haben den Plan noch gar nicht verstanden, sonst würden Sie anders reden.“ Diese dreiste **Unterstellung** führt geradewegs zum Hahnenkampf.

„Aber mit diesem Plan lässt sich am meisten Geld sparen.“ Wer hat schon Lust, sich **überreden** zu lassen?

Im 18. Kapitel „Unangenehmes mitteilen“ werde ich mich mit dem „Aber“ auseinandersetzen. Viele Menschen benutzen aus purer Gewohnheit bei der Einwandbehandlung das Wort „aber“, obgleich das „und“ eine viel passendere Wortwahl wäre. Sobald uns ein **Aber** entschlüpft, hört unser Gesprächspartner lediglich, dass seinen eigenen Vorstellungen widersprochen wird, und er schaltet womöglich auf stur. Menschen mögen es nun mal nicht, wenn man ihnen sagt, dass sie im Unrecht sind.

Bei der Verfolgung unserer Ziele ist es vielversprechend, unserem Gesprächspartner zu einer positiven Sichtweise zu verhelfen:

„Unter welcher Voraussetzung stimmen Sie diesem Plan zu?"
„Wie muss der Plan beschaffen sein, damit er Ihnen gefällt?"
„An welcher Stelle weicht dieser Plan von Ihrer Vorstellung ab?"
„Wie würden Sie den Plan gestalten, um alle Wünsche zu befriedigen?"
„Ihnen gefällt der Plan nicht, und ich hatte bislang das Augenmerk auf die Kosten gelegt."

Ich bin immer wieder erstaunt, mit welchen einfachen Verneinungen sich Vertriebsmitarbeiter abspeisen lassen. Der Kunde äußert lediglich: (Abb. 15–5)

Abb. 15-5

„Kein Bedarf."
„Kein Interesse."
„Keine Zeit."
„Kein Budget."
„Keine Lagerkapazität."
„Wir sind mit unserem Lieferanten sehr zufrieden."
„Wir möchten die Marke nicht wechseln."

Wer gewohnt ist, durch „Positives Sprechen“ auch die eigenen Denkmuster zu beeinflussen, hat für derartige Einwände das **„Was-wäre-wenn“-Muster** bereit:

„Das heißt, dass wir bei Bedarf durchaus miteinander ins Geschäft kommen können.“

„Wenn Sie sagen, dass Sie kein Interesse haben, zeigen Sie mir, dass es mir noch nicht gelungen ist, die Andersartigkeit dieses Produkts zu verdeutlichen.“

„Wann haben Sie Zeit?“ oder: „Wenn Sie Zeit hätten, würden Sie mich sofort auffordern, Ihnen unser Produkt vorzuführen.“

„Gerade weil auch Ihr Budget begrenzt ist, nehme ich an, dass Sie unsere neuen Bedingungen interessieren.“

„Sobald wir die Frage der Lagerung klären können, kommen wir miteinander ins Geschäft.“

„Weil Sie mit Ihrem Lieferanten so zufrieden sind, können Sie natürlich sehr fundiert prüfen, wieweit unsere Bedingungen andere, wenn nicht sogar größere Vorteile für Sie bieten.“

„Wieweit möchten Sie Ihre Ihnen vertraute Marke mit den Reizen unserer Marke vergleichen?“

Positives Sprechen ist die fortgesetzte Beschreibung von wünschenswerten Zielen. Sehr ausführlich habe ich die Negationen durch „nein“, „nicht“, „kein“ und „ohne“ behandelt. Darüber hinaus konzentriert sich „Positives Sprechen“ auch auf die Verwendung von Wörtern, die wir uns bereitwillig vorstellen können. Zu Beginn des Kapitels ging es darum, dass wir geneigter sind, uns das Richtige vorzustellen, als uns mit einem Fehler, dem Falschen, den Scherben auseinander zu setzen. Viele zusammengesetzte Wörter brauchen lediglich von ihrer Vorsilbe oder Nachsilbe befreit zu werden, und schon klingt ihre Verwendung positiv:

„Es ist mir **unangenehm**, wenn wir **zu spät** kommen.“

„Es ist mir **angenehm**, wenn wir **pünktlich** sind.“

Mir fällt auf, wie leicht uns bei Zielformulierungen die Abgrenzung über das Negative fällt, beispielsweise:

- un-tadelig, un-fehlbar, un-angreifbar, fehler-los, makel-los, einwand-frei, naht-los, pausen-los;

- die erwähnten Wendungen in Verbindung mit „ohne", „kein" und „nicht";
- verneinende Tätigkeitswörter, wie z. B.: verhindern, unterbinden, vermeiden, verbieten, untersagen, aufhören.

Die Konzentration auf das Negative ergibt kein Bild für das Positive.

„Können Sie bitte in Zukunft **verhindern**, dass Ihre Mitarbeiter Terminzusagen machen, die mit der Produktion nicht abgestimmt sind."
„Ihr Protokoll würde mir noch besser gefallen, wenn Sie auf die vielen Konjunktive **verzichten** und die indirekte Rede **vermeiden**."
„Ich **verbiete** dir, mein Werkzeug zu benutzen."
„**Hör** doch mit dem Krach **auf**!"

Auch eine gut gemeinte **Anerkennung** kann unversehens abgeschwächt oder ins Gegenteil verkehrt werden, weil die betonte Abwesenheit von Fehlern noch keine Glanzleistung darstellt.

„Nicht schlecht." Aber eben auch nicht gut.
„Danke für die makellose Zusammenstellung." Mit anderen Worten: Eine fehlerhafte oder unvollständige Zusammenstellung lag nahe oder wurde sogar unterstellt.
„Kompliment! Du hast Deine Sonate fehlerlos gespielt." Wie viel Fehler wurden denn erwartet?
„Ich bin von Ihrem Abschlussbericht sehr angetan. Ohne jede Nachbesserung kann der dem Vorstand vorgelegt werden." Soll das bedeuten, dass Nachbesserungen eigentlich zum Standard gehören?

Wollen Sie im Stil des „Positiven Sprechens" anerkennen, werden Sie sich darauf konzentrieren, was Ihnen als Ziel erstrebenswert erscheint. Ich muss allerdings gestehen, dass das am Anfang ein hohes Maß an Konzentration erfordert. Es kann aber ausgesprochen reizvoll sein, auf die eigene Sprechweise zu achten und gegebenenfalls das vertraute, aber negative Vokabular zu entrümpeln. Es klingt nicht nur positiv, sondern wirkt auch motivierender, wenn die Anerkennung auf das Ziel bezogen formuliert wird. Dann heißt es plötzlich:

„Prima",
„Vorbildliche Zusammenstellung",
„Das war absolut notengetreu" oder überschwänglich: „So, wie Du gerade gespielt hast, hat sich Mozart wahrscheinlich seine Sonate vorgestellt."

„So präzis, wie Sie den Abschlussbericht formuliert haben, wird er auf Anhieb die Vorstandssitzung passieren."

Im Folgenden will ich auf eine sprachliche Feinheit eingehen, die bei genauerem Betrachten enthüllt, wie positiv bzw. negativ der Sprecher denkt.

Im Deutschen wird der indirekte Fragesatz mit der Konjunktion **„ob"** eingeleitet, womit wir **Ungewissheit** und **Zweifel** über einen bestimmten Tatbestand zum Ausdruck bringen. Mit Ihrer Sprechweise zeigen Sie unbewusst, **ob** Sie Ihrem Gesprächspartner trauen.

„Ich bin neugierig, ob es klappt."
„Sie können gern versuchen, ob Sie es schaffen."
„Ich muss unbedingt wissen, ob Sie heute noch Zeit für mich haben."
„Als Autor interessiert mich, ob Sie alle Übungen gemacht haben."

Das „ob" lässt sich durch das Adverb **„wie"** ersetzen, wodurch sich indirekt fragen lässt, **in welchem Maße** ein Tatbestand beschaffen ist. Wobei das „wie" den Tatbestand grundsätzlich positiv voraussetzt.

„Ich bin neugierig, wie gut es klappt."
„Mit Ihrer Sprechweise zeigen Sie unbewusst, wie sehr oder auch wie wenig Sie Ihrem Gesprächspartner trauen."
„Sie können gern versuchen, wie weit Sie es schaffen."
„Ich muss unbedingt wissen, wie viel Zeit Sie heute noch für mich haben."
„Als Autor interessiert mich, wie Sie die Übungen durchgeführt haben."

Positive Unterstellungen führen beim Gesprächspartner üblicherweise zu spontaner Zustimmung. So entsteht im Gesprächspartner auf eine geradezu subtile Weise ein positives Bild vom gewünschten Ziel. (Abb. 15–6)

Warum wir uns so schwer tun, zwischen den Dingen und den Vorstellungen über diese Dinge sauber zu trennen, hängt mit unserer Sprache zusammen. Da unser Denken in wesentlichen Bereichen sprachlich abläuft, gibt es einen Zusammenhang zwischen dem, was die Sprache an Strukturen bereithält, und dem, was „normalerweise" gedacht wird. Ich möchte Ihre Aufmerksamkeit auf ein kleines, völlig unscheinbares Wort unserer Sprache lenken, auf das Wort: „IST".

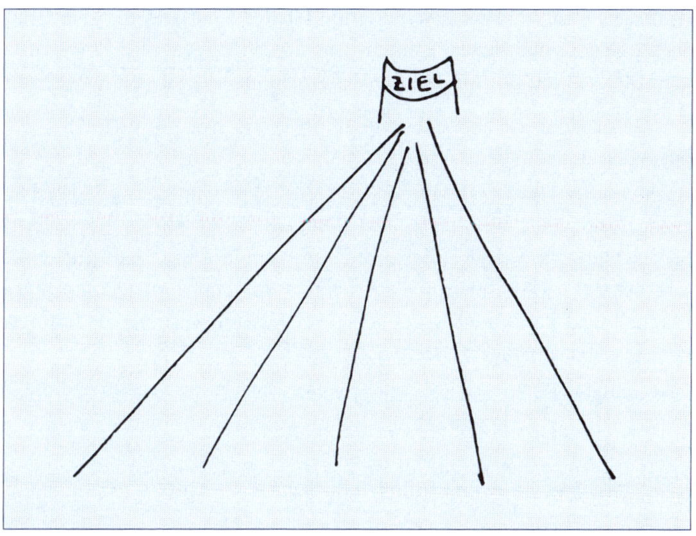

Abb. 15-6

Die Verwendung von **Ist als Hilfszeitwort** verursacht keinerlei Probleme:

Er ist gekommen.
Sie ist verreist.
Es ist geschehen.

Ebenso wenig werden wir über das **Ist als Vollverb** stolpern, wenn wir die Existenz von etwas ausdrücken wollen.

Es ist vorhanden.
Sie ist daheim.
Er ist da.

Doch häufig verwenden wir das „Ist" in unserer Sprache ähnlich wie ein Gleichheitszeichen in der Mathematik. Wir stellen zwischen einem Ding und dem Wort eine Gleichung auf. Wir schaffen Identität.

Das ist ein Haus.
Sie ist Mutter.
Er ist Verkäufer.

In dieses völlig neutral erscheinende **Ist der Identität** mischen sich aber ganz schnell unsere subjektiven Einstellungen und Bewertungen. Sie können einmal überprüfen, welches Bild Sie bei folgenden Beispielsätzen spontan entwickeln:

Das ist ein Homosexueller.
Der ist ein Dealer.
Sie ist eine Schlampe.

Sie merken, wie Ihr jeweiliges Bild gefühlsmäßig mitbestimmt wird. Die neutrale Klassifizierung wird unter der Hand zur „Meinungsmache“ und kann auch ganz gezielt eingesetzt werden. Sie können gerade selbst die Probe machen:

Was assoziieren Sie mit der Äußerung:

„Das ist ein **Bei**kraut."?

Und welches Bild entsteht, wenn Sie lesen:

„Das ist ein **Un**kraut."?

Ganz fatal wird es jedoch bei der vierten Anwendung unseres so unscheinbar ausschauenden Ist:

Das Bild ist schön.
Sie ist eine herzensgute Mutter.
Er ist ein schlechter Redner.

Im Unterschied zum **Ist der Identität** handelt es sich hier um ein **Ist der Meinungsdarstellung**. Leider ist den wenigsten Menschen der Unterschied zwischen den verschiedenen Ist-Formen bewusst. Im Gegenteil, es gibt eine weit verbreitete Ansicht, dass etwas, das so ist, auch so ist. Doch im Unterschied zu dem Satz: „Dies ist ein Stein“ hat der Satz: „Er ist ein schlechter Redner“ geradezu dramatische Konsequenzen. Stellen Sie sich das Streitgespräch mit jemandem vor, der sagt, dieser Redner sei hinreißend und sei nun wirklich mit *Cicero* zu vergleichen.

> Shakespeare formuliert in Anlehnung an Epiktet:
> „Die Tatsachen sind weder gut noch schlecht. Wir machen sie erst dazu."

In unsere neutral klingenden „Das-ist"-Formulierungen schleichen sich ganz private Projektionen ein. Dass Wasser weder heiß noch kalt ist, kennen Sie aus dem Physikexperiment, bei dem Sie eine Hand in eine Schüssel mit zehn Grad warmem Wasser tauchen, während gleichzeitig die andere Hand in dreißig Grad warmem Wasser ruht. Wenn Sie anschließend beide Hände in eine Schüssel mit zwanzig Grad warmem Wasser legen, meldet Ihnen die eine Hand „sehr warm", während das gleiche Wasser von der anderen Hand als „recht kühl" eingestuft wird. Wie ich schon mehrfach ausgeführt habe, vergleichen wir die Realität fortlaufend mit abgespeicherten Eindrücken oder Bildern. Dieser komplizierte Prozess unserer Wahrnehmung findet in unserer Sprache keinen Niederschlag, ja wir leugnen diese Komplexität mit unseren „Das-ist-einfach-so"-Sätzen. Nun werden wir unsere Sprache nicht einfach verändern können, denken wir doch schon seit der Antike in primitiven Subjekt-Prädikat-Sätzen. Wir können uns aber der Beschränktheit unserer Sprache, besonders des so sehr vereinfachenden Ist, bewusst werden und dann Sätze formulieren, die wirklich den subjektiven Charakter einer Aussage zur Geltung bringen, beispielsweise:

„Mir gefiel der Redner ganz und gar nicht." Oder:
„Das rhetorische Geschick des Redners erschien mir mittelmäßig."
Und die Erwiderung könnte lauten:
„Ich habe selten einen so hinreißenden Redner gehört." Oder:
„Ich glaube, dass Cicero nicht besser geredet hat als dieser Redner."

Der Unterschied zu den vorangegangenen Ist-Äußerungen besteht darin, dass in der ausdrücklichen Formulierung einer persönlichen Ansicht der Anspruch auf „Recht-haben-Wollen" viel weniger stark mitschwingt.

16. Kapitel

Vom Überreden zum Überzeugen

Überzeugungsarbeit hat viel mit Verkaufen zu tun. Wie umgekehrt Verkaufen viel mit Überzeugungsarbeit zu tun hat. Wer ein Produkt vertreibt, weiß, wie wichtig es ist, den Nutzen für den Kunden herauszustellen. Denn nur das, was dem Kunden nützt, nützt auf Dauer auch dem Verkäufer. Der professionelle Verkäufer weiß, dass Kaufen ein seinem Wesen nach egozentrischer Prozess ist, allerdings aus der Sicht des Kunden und nicht, wie es verkäuferisches Handeln häufig vermuten lässt, aus der Sicht des Verkäufers. Professionelles Verkaufen heißt: Probleme lösen.

Das Gleiche gilt auch für das „Verkaufen" von Ideen. Denn wer Ideen hat und diese allein nicht umsetzen kann, braucht Partner, die diese Ideen „abkaufen".

Folgendes Gespräch zeigt, mit welcher Erfolglosigkeit manche Menschen ihre Ideen „verkaufen":

Eine Mitarbeiterin spricht Mitte November ihren Chef folgendermaßen an: „Ich habe gerade einmal Kassensturz gemacht. Wir haben noch 1.948,70 € im Budget übrig. Ich schlage vor, dass wir einen Hochleistungs-Scanner anschaffen. Damit können große Mengen gedruckter Texte und anderer Unterlagen direkt in das System eingelesen werden, und ich müsste nicht mehr das ganze Zeug manuell ablegen. Ich habe mich bereits erkundigt, wir könnten ein preiswertes Gerät bereits für tausendachthundert Euro bekommen. Da wir das Geld ja ohnehin haben, wäre es doch vernünftig, wenn wir davon den Scanner anschaffen."
Chef: „Nein, nein, nein. Da gibt es Wichtigeres anzuschaffen."

Mitarbeiterin: (im Ton leicht pampig) „Und was? Wenn ich fragen darf?"

Chef: (nun ebenfalls leicht ungehalten) „Das werden Sie dann schon merken."

Mitarbeiterin: (maulend) „Man wird ja wohl noch fragen dürfen."

Die wenigsten Menschen machen sich klar, dass **Motivieren**, **Präsentieren** und **Interessieren** nicht nur die drei entscheidenden Künste sind, die jeder gute Verkäufer beherrschen muss, sondern die für alle Überzeugungsprozesse nötig sind. Voraussetzung ist zwar ein fundiertes Wissen um den Nutzen, den die Idee oder das Produkt dem Gesprächspartner bietet, doch darüber hinaus bedarf es der Fähigkeit, diesen Nutzen so darzustellen, dass das Interesse beim anderen überhaupt geweckt wird.

Überzeugende Gesprächsführung ist die Fähigkeit, im anderen Bilder entstehen zu lassen, die dieser als seine eigenen Bilder annimmt und für erstrebenswert hält.

Wenn wir den Wunsch der Mitarbeiterin nach Arbeitsentlastung durch einen Scanner vor dem Hintergrund der bisherigen Kapitel analysieren, dann fehlt zunächst die notwendige Wertschätzung. Sie hat gerade Kassensturz gemacht, und darum soll sich ihr Vorgesetzter ungeachtet seiner eigenen Absichten sogleich dafür interessieren. Womöglich hätte sich der Vorgesetzte auf der Stelle Zeit genommen, wenn die Entscheidung dafür in sein Ermessen gestellt wird, beispielsweise durch die Gesprächseinleitung:

„Wann können wir uns zusammensetzen, um über die Ausgabe der Restgelder zu sprechen. Ich habe bereits Kassensturz gemacht."

Auch der unvermittelte Vorschlag der Mitarbeiterin stößt vor den Kopf. Natürlich sind qualifizierte Vorschläge aus dem Team willkommen. Die Entscheidung darüber, wann diese Vorschläge vorgebracht werden, liegt allerdings in diesem Fall beim Vorgesetzten, der sich ernst genommen und in seiner Freiheit weniger eingeengt fühlen würde, wenn er beispielsweise so gefragt worden wäre:

„Wieweit interessieren Sie meine Vorschläge? Ich habe mir Gedanken zur Vereinfachung der Ablage gemacht."

Mit der ungebetenen Erklärung, wozu ein Scanner dient, unterstellt die Sekretärin, dass ihr Chef von Scannern keine Ahnung hat. Die Geringschätzung des folgenden Satzes ist kaum zu überbieten: „Das ganze Zeug manuell ablegen". Damit werden die Unterlagen ihres Vorgesetzten zu „Zeug" abqualifiziert. Dabei hätte sie auch den Nutzen für den Vorgesetzten herausstellen können:

„Ich könnte Ihnen für andere Aufgaben zur Verfügung stehen, wenn die Ablage durch einen Scanner zum Teil automatisiert wird."

Die Geringschätzung kulminiert jedoch in der Formulierung: „Da wir das Geld ja ohnehin haben, wäre es doch **vernünftig**, wenn ..." Mit dieser Bewertung entsteht unversehens der Eindruck, nur mit der Anschaffung eines Scanners lässt sich das Restgeld sinnvoll ausgeben. Alles andere wäre **un-vernünftig**. Bei den Gesprächsstörern hatte ich ausgeführt, wie leicht ungebetene Bewertungen den Gesprächspartner in die Konfrontation treiben.

Wenn wir einem anderen Menschen etwas mitteilen oder ihn für etwas gewinnen wollen, liegt eine Hauptschwierigkeit in unserer unsteten Informationsverarbeitung. Denn unser Geist springt zwischen den gehörten Informationen und den eigenen Gedanken hin und her und formt unablässig Bilder, ganz gleich, ob alle Einzelheiten vorhanden sind oder nicht. Wie sehr uns die langsame Abfolge der Wörter eines Satzes zu schaffen macht, wurde bereits im ersten Kapitel bei der Geschichte von der Rheinüberquerung deutlich. Die Übermittlung der einzelnen Fakten benötigte Zeit – im Text insgesamt sechs Zeilen –, vorgelesen schätzungsweise 20 Sekunden. Doch während Sie noch lasen und weitere, wichtige Informationen gegeben wurden, bildete sich in Ihrem Gehirn bereits ein Bild. Zugegeben, der erste Satz „Zwei Männer wollten nahe Koblenz den Rhein überqueren" legt ein Bild nahe, in welchem zwei Männer nebeneinander am Rheinufer stehen. Doch mit diesem Bild war die Geschichte ja nicht zu lösen. Das Haupthindernis bei der Lösung dieser Aufgabe liegt in dem Umstand begründet, dass wir in unsere Bilder geradezu „verliebt" zu sein scheinen, auf jeden Fall so an ihnen hängen, dass es uns schwer fällt, sie zu verwerfen oder gegen neue Bilder einzutauschen. Bei der Rheinüberquerungs-Aufgabe erlebe ich regelmäßig, dass entweder die Fakten der kleinen Geschichte verändert werden (beispielsweise einer rudert und einer schwimmt oder einer trägt den anderen huckepack in dem kleinen Boot), oder es werden gar Hilfsmittel hinzugedichtet, wie ein kilometerlanges Seil oder ein zusätzliches Schiff, eine Fähre und ähnliches. Manch einer hängt so an seinem einmal gefassten Bild, dass er sogar steif und fest behauptet, die Aufgabe sei nicht zu lösen.

Ich hatte Ihnen im 1. Kapitel die Auflösung der Aufgabe mit den 4 Geraden, die 9 Punkte verbinden sollen, versprochen.

Wer die 9 Punkte als Ganzheit wahrnimmt, neigt dazu, die äußeren Punkte als Begrenzung aufzufassen und innerhalb dieser engen Grenzen dieses selbst definierten Systems die Aufgabe lösen zu wollen.

Die Lösung gelingt jedoch nur, wenn wir die 9 Punkte und die sie umgebende weiße Fläche der Buchseite gemeinsam wahrnehmen. Denn mit diesem Bild im Kopf fragt sich mancher womöglich, wo denn das Problem sei (Abb. 16–1):

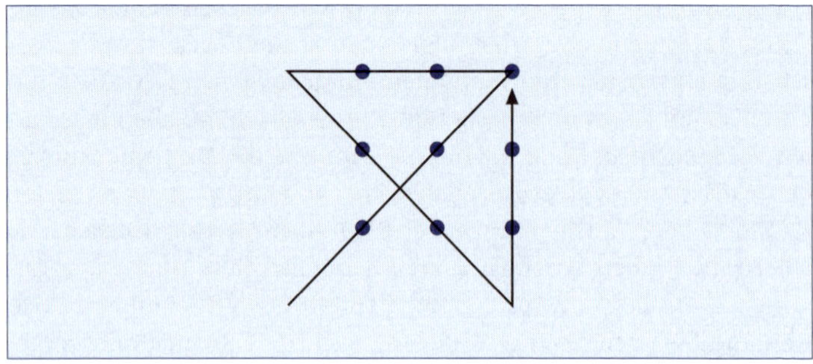

Abb. 16-1

Sie kennen von optischen Täuschungen das Bedürfnis menschlicher Wahrnehmung nach Ganzheit. Obgleich der Vollmond nur für maximal eine Nacht kreisrund gesehen werden kann, ergänzen viele Menschen Tage vorher und nachher die fehlenden Teile zur Vollmond-Ganzheit. Unsere Wahrnehmung hat die Tendenz, aus unvollkommenen Bildern oder unvollständigen Informationen etwas Ganzes – eine „Gestalt" – bilden zu wollen. Typischerweise werden Sie den folgenden Abbildungen einen Sinn verleihen, selbst wenn ich Sie auffordere, keinen Sinn zu suchen:

Wir sind unablässig bemüht, den Sinn von etwas zu erfassen, zu verstehen, womit wir konfrontiert werden. Dabei scheint es überhaupt keine Rolle zu spielen, ob der jeweilige Sinn „richtig", „angemessen" oder „wissenschaftlich haltbar" ist. Wer beispielsweise abergläubisch ist, wird sich den Sinn eines Unfalls damit erklären, dass an einem Freitag, dem Dreizehnten grundsätzlich ein erhöhtes Unfallrisiko besteht. Sie kennen die typische Frage nach einem Schicksalsschlag: „Warum gerade ich?" Das Suchen nach einer annehmbaren Erklärung entspricht unserer Suche nach Sinn. Es scheint, dass wir die Widrigkeiten des Lebens mit einer plausiblen Erklärung leichter ertragen können. Da jedoch unsere Wahrnehmung durch unsere Vorerfahrung geprägt ist, interpretieren wir Neues vor der Schablone des Alten. Dabei bemühen wir uns, das, was wir wahrnehmen, mit etwas in Verbindung zu bringen, was uns bereits vertraut ist. In der Abbildung ist Ihnen ein Kreis, ein Dreieck oder ein Gesicht wahrscheinlich vertrauter als eine Ansammlung von Einzelpunkten, die keinen Sinn zu machen scheinen und darum auch so nicht wahrgenommen werden. (Abb. 16–2)

Für die professionelle Gesprächsführung hat dies eine wichtige Konsequenz: Ihr Gesprächspartner ist fortlaufend bemüht, für sich Geschlossenheit zu erzielen, eben das ganze Bild zu sehen. Wenn Sie ihm dieses Bild nicht liefern, wird er sich selbst eine Vorstellung machen und auf diese, seine Vorstellung, auch reagieren. Dabei wird dem anderen kaum bewusst, dass zwischen seinem und Ihrem Bild ein Unterschied besteht.

Geben Sie Ihrem Gesprächspartner stets eine Vorstellung, andernfalls macht er sich selbst sein Bild.

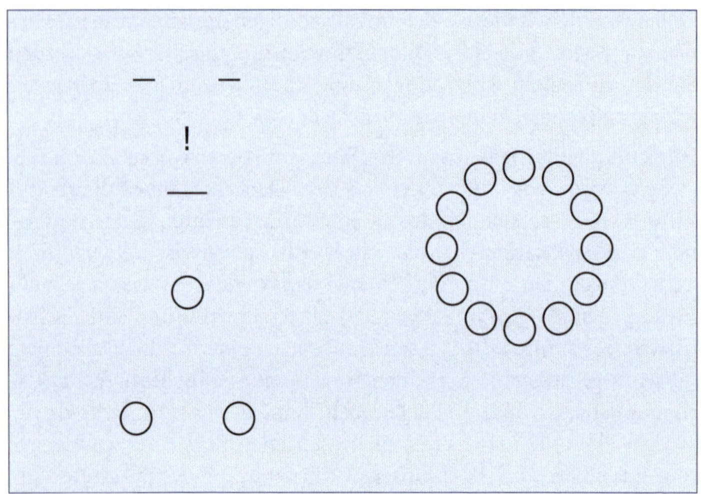

Abb. 16-2

Eine verbreitete Unart im Gespräch ist das Reden um den heißen Brei herum. Häufig wird der Kern eines Anliegens auf Umwegen angesteuert, was zur Folge hat, dass sich der Gesprächspartner bereits ein Bild macht, ehe er überhaupt weiß, worum es geht. Das birgt die Gefahr, dass der andere womöglich auf Abwehr geht, weil er sich eine Vorstellung gemacht hat, die ihm nicht behagt, schlimmstenfalls bricht er sogar das Gespräch ab. Im folgenden Beispiel wird deutlich, wie der Gesprächspartner bereits in Gedanken reagiert, weil er sich pausenlos etwas vorstellt: (Abb. 16–3)

Vorgesetzter: Ich habe Sie in letzter Zeit wiederholt beobachtet. Das mache ich natürlich mit allen Mitarbeitern, aber Sie sind mir in letzter Zeit einfach aufgefallen.
(MA denkt: Oje, was hab' ich denn jetzt ausgefressen?)
Nun gibt es ja eine ganze Reihe von jüngeren Mitarbeitern, die betrachten unsere Firma geradezu wie einen Selbstbedienungsladen, so nach dem Motto, es trifft ja keinen Armen.
(MA denkt: Jetzt will er mir unterstellen, dass ich hier klaue, Sauerei!)
Das betrifft nicht nur den Umgang mit Material und Gerät, sondern auch den Umgang mit der Arbeitszeit wie überhaupt das persönliche Engagement.
(MA denkt: Jetzt schlägt's aber 13, ich und nicht engagiert.)

Abb. 16-3

Nun ist mir, wie gesagt, in letzter Zeit aufgefallen, dass Sie sich wohltuend von vielen Ihrer gerade jüngeren Kollegen unterscheiden. Darum möchte ich heute einmal Ihren Rat hören, wie wir dieses Problem in den Griff bekommen können.

Wenn Sie verhindern wollen, dass Ihr Gesprächspartner voreilige Schlüsse zieht, sollten Sie sein Bedürfnis nach Geschlossenheit sofort befriedigen und ihm mitteilen, welchen Nutzen Sie ihm bieten können.

Mit dem, was Sie wollen, werden Sie in der Regel nur eine höfliche Aufmerksamkeit bei Ihrem Gegenüber erzeugen. Wirkliches Interesse entsteht, sobald Sie Ihrem Gesprächspartner verdeutlichen, welchen Nutzen er aus Ihrem Wunsch, Ihrer Idee, Ihrer Absicht ziehen kann.

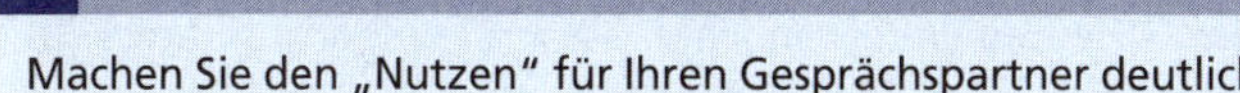

Machen Sie den „Nutzen" für Ihren Gesprächspartner deutlich.

Obgleich wir von uns selbst wissen, wie schwer es ist, sich längere Zeit zu konzentrieren, und wie leicht wir abzulenken sind, halten wir das aufmunternde Kopfnicken und das beifällige „Mhm" unserer Gesprächspartner für den Ausdruck reinster Aufmerksamkeit.

Doch der Schein trügt. Wie man ein interessiertes Gesicht macht, lernt jeder Schüler schon in der Grundschule. Für manchen ist es geradezu versetzungsnotwendig, Aufmerksamkeit zu heucheln, die ganz und gar nicht vorhanden ist. Das geistige Ein- und Ausblenden während eines Gesprächs ist nicht die Ausnahme, sondern die Regel.

Alfred und Bettina Murks unterhalten sich an einem Adventssonntag:

Alfred Murks: „Wir sollten über die Feiertage etwas mit den Kindern unternehmen. Wenn ich mir noch drei Tage freinehme, könnten wir vom 28. bis Sylvester Deine Eltern besuchen."

Bettina Murks: „Gute Idee. Da werden sich die Kinder mächtig freuen. Wann schlägst Du vor? Ich halte gleich den 26. für geschickt. Vielleicht können wir dann noch bei Deiner Schwester vorbeischauen."

A: „Wenn wir vier Tage bei Deinen Eltern sind und noch zu Inge fahren, können wir unmöglich Silvesterabend zurück sein. Ich glaube, Du wirst die Kinder fürchterlich vor den Kopf stoßen, wenn sie auch noch zu Inge müssen."

B „Lass das mal meine Sorge sein. Wenn ich das den Kindern schmackhaft mache, dann klappt das auch."

A „Also, das passt mir ja nun gar nicht. Jetzt spielst Du die Kinder gegen mich aus. Wenn das so ist, dann habe ich überhaupt keine Lust, ein paar Tage wegzufahren."

B: „Was ist denn jetzt schon wieder los? In Wirklichkeit willst Du gar nicht meine Eltern besuchen, sondern suchst nur einen Grund, wie Du wieder zu Hause bleiben kannst."

Wir können Vermutungen anstellen, wie es zu diesem Aneinandervorbeireden zwischen Herrn und Frau Murks kommt. Zunächst einmal spricht Alfred Murks von den Feiertagen, an denen er etwas unternehmen möchte. Vermutlich entsteht bei seiner Frau sogleich ein Bild, bei dem die Familie während der Weihnachtsfeiertage etwas unternimmt. Die folgende Information, dass Herr Murks sich noch drei Tage freinehmen möchte, passt reibungslos in dieses Bild hinein, und es entsteht eine Vorstellung von einer dreitägigen Unternehmung. Die konkrete Zeitangabe wird „überhört". Die Erwiderung von Bettina Murks beginnt mit: „Gute Idee." Es entsteht der Eindruck, beide hätten das gleiche Bild. Mitnichten! Der Vorschlag, bereits am 26. loszufahren, wird von ihrem Mann glatt „überhört", denn er hat ja bereits ein Bild, vom 28. bis 31. Dezember zu verreisen. Die Idee, bei der Schwester noch vorbeizuschauen, wird von ihm als längerer Besuch interpretiert, mit anderen Worten: Alfred Murks malt sich bereits aus, nach dem Besuch bei den Schwiegereltern noch mindestens einen Tag bei seiner Schwester einzukehren, was seinen Zeitplan völlig durcheinander bringt. Darum seine vehemente Ablehnung, die er aber hinter dem möglichen Unmut der Kinder versteckt. Mit der nächsten Äußerung von Frau Murks wird deutlich, dass diese noch nichts an ihrem Bild zu ändern bereit ist. Sie sieht sich weiterhin am 26. abreisen und am 30. besagte Schwester besuchen, um rechtzeitig bis zum Silvesterabend zurück zu sein. Dabei hat Frau Murks ausgeblendet, wo ihr Mann Schwierigkeiten sieht. Sie hört den Vorwurf einer unqualifizierten Idee, weil die Kinder dagegen sein würden, und weist diesen zunächst herunterspielend zurück. Ihr Mann erlebt den Satz: „Wenn ich das schmackhaft mache, dann klappt das“ als Vorwurf und reagiert entsprechend. Die Reaktion wird umso verständlicher, wenn wir uns klar machen, dass Herr Murks glaubt, sein „liebgewonnenes“ Silvesterbild ändern zu müssen, weil er verstanden hat, seine Kinder und seine Frau wollen Silvester entweder bei den Schwiegereltern oder der Tante zubringen. Mit der Reaktion von Bettina Murks ist der Streit endgültig vom Zaun gebrochen. Sie benötigt für die Reaktion ihres Mannes eine Erklärung. Das einzige, was ihr dabei in den Sinn kommt, ist die Unterstellung, dass er in Wirklichkeit zu Hause bleiben möchte.

Nun, eine mühsame Analyse, die Ihnen vielleicht stellenweise wie Wortklauberei vorgekommen sein mag. Doch Alltagskommunikation ist voll von derartigen Missverständnissen. Zumal es die Ausnahme ist, dass wir 100% unserer Aufmerksamkeit auf unser Gegenüber richten. Die Redewendung von der „geteilten Aufmerksamkeit“ beschreibt den Glauben, einen anderen auch dann zu verstehen, wenn man in Gedanken noch mit etwas anderem beschäftigt ist. Eine besondere Schwierigkeit sehe ich in der latenten Mehrdeutigkeit, mit der wir uns ausdrücken.

Gerade wenn wir etwas vollkommen klar sehen, ist die Gefahr besonders groß, in unseren Formulierungen nachlässig zu werden. Wir vergessen, dass unsere Worte vom Gesprächspartner womöglich ganz anders gedeutet werden.

Je klarer Ihnen etwas ist, umso mehr Konzentration benötigen Sie zur Vermeidung unpräziser Formulierungen.

Was meinte Bettina Murks in dem obigen Beispiel mit der Formulierung: „Vielleicht können wir noch bei Deiner Schwester vorbeischauen"? Ich weiß nicht, welchen Zeitbegriff Sie mit „vorbeischauen" verbinden; ich stelle mir eine Besuchsdauer von ein bis zwei Stunden vor. Erscheint mir nun der Fahrtaufwand zu groß für eine so kurze Besuchszeit, liegt die Ablehnung nahe. Mir könnte dann folgender Satz herausrutschen: „Das lohnt doch nicht." Oder: „Das wird doch zu viel." Und schon habe ich den nächsten Konflikt vorprogrammiert. In meinem Bild war die Besuchszeit zu kurz für die lange Anreise. Und diese mir klare Vorstellung mündet in dem vieldeutigen Wörtchen „Das". Mein Gegenüber deutet mein „Das wird doch zuviel" vor dem Hintergrund seines Bildes und hört heraus, mir seien zwei Besuche hintereinander nicht recht.

Was assoziieren Sie, wenn ich einen anderen Menschen als aktiv bezeichne? Verbinden Sie damit, dass er sportlich ist oder flexibel oder im Vereinsleben engagiert? Oder denken Sie dann an etwas ganz anderes?

Welche verschiedenen Vorstellungen und Bilder ein und dasselbe Wort hervorrufen und welche unterschiedliche Bedeutung ein Wort für verschiedene Personen haben kann, können Sie bei folgender, kleiner Übung entdecken. Vielleicht haben Sie Spaß, den kurzen Text jemandem vorzulesen. Legen Sie bei „ …" jeweils eine Pause ein, damit sich Ihr Gegenüber sein Bild jeweils verdeutlichen kann.

Es ist ein Wetter … Ich gehe in einem Wald spazieren … Ich laufe auf einem Weg …, auf dem ich eine Tasse finde … Ich komme an einem Gewässer vorbei … Ich gehe weiter und komme zu einem Haus … Ich betrachte das Haus … und gehe um das Haus herum … Hinter dem Haus sehe ich einen Bären … Ich eile zurück auf den Weg, gehe weiter und komme an eine Mauer … Ich betrachte die Mauer und finde ein Loch … und schaue durch dieses Loch hindurch …

Wie unterschiedlich die Vorstellungen bei diesem Text sein können, verdeutlichen folgende Beispiele, die mir freundlicherweise von zwei Seminarteilnehmerinnen überlassen wurden:

Bei strahlend blauem Himmel lief ich einen breiten Waldweg entlang, der rechts und links von hohen alten Tannen gesäumt war. Es drang kaum Licht durch die Äste. Der Boden, auf dem ich lief, war weich und federnd. Der Weg lief eben, so dass es keine Anstrengung war, dort zu laufen. Plötzlich lag eine zierliche Sammeltasse vor mir. Sie war strahlend weiß mit einem Goldrand und einem zierlichen Henkel. Sie lag dort, als ob sie jemand absichtlich dort abgestellt hätte; sie stand aufrecht, bereit, gefüllt zu werden. Sie mutete mich etwas geheimnisvoll an. Ich ging weiter, lief an einem kleinen, aber lebhaft plätschernden Bächlein entlang. Das Ufer war steil und bis zum Rand mit Gras und Butterblumen bewachsen. Das Bächlein war nicht sehr tief und sehr klar. Ich lief eine Zeit lang an diesem Bach entlang und kam zu einem Haus, einer Blockhütte. Sehr solide gebaut, sehr stabil stand es zwischen den Tannen. Die Fensterläden waren geschlossen, so dass ich vermutete, niemand sei zu Hause. Ich hatte kein Interesse hineinzusehen, sondern lief um das Haus, und dort fand ich einen kleinen Teddybären am Boden liegen, den wohl ein Kind hier verloren hatte. Ich ließ ihn liegen und ging weiter auf dem Weg, bis eine kniehohe Mauer aus Naturstein meinen Weg kreuzte; ich konnte leicht hinübersehen. Die Landschaft dahinter schien unendlich. Hügelige Wiesen, nochmals Wiesen und blauer Himmel, eine verlockende Ruhe verbreitete sich hinter dieser Mauer.

Dagegen folgendes Beispiel:

Es war leichter Nieselregen, ein windiger Herbsttag. Ich lief in einem Laubwald, dessen Bäume die Blätter schon abgeschüttelt hatten. Die Bäume wirkten kahl und staksig. Mein Weg ging bergauf; es war ein schmaler Weg mit Steinen und Baumwurzeln, so dass ich ständig aufpassen musste, nicht zu stolpern. Da sah ich etwas Weißes blitzen, ich lief darauf zu und fand eine alte, dicke Tasse halb vergraben im Waldboden, der Henkel war abgebrochen. Eine Untertasse lag zersprungen daneben. Diese Tasse interessierte mich nicht sonderlich, deshalb ging ich weiter und kam an einen kleinen, tiefen, schwarzen Tümpel. Das Wasser war modrig und am Ufer mit Schilf bewachsen. Ich schritt weiter aus und erreichte ein altes verfallenes Haus, dessen Dach von Wind und Wetter fast abgedeckt und zerfallen war. Durch die zerbrochenen Fensterscheiben pfiff der Wind. Mir war leicht gespenstisch zumute. Mich schauderte; es war unheimlich. Trotzdem ging ich um das Haus. Dort sah ich einen großen, aufrecht stehenden Bären. Ich erschrak, er sah so wild und zottelig aus. Ich beruhigt mich erst, als ich sah, dass er an einer dicken Kette befestigt war. Ich verließ diesen unwirtlichen Ort und lief weg. Nach einiger Zeit gelangte ich an eine hohe Betonmauer, an deren oberem Ende Stacheldraht befestigt war. Ich fand ein Loch, das gerade groß genug war, um meinen Kopf hindurchzustecken. Ich sah ein militärisches Lager mit allen möglichen Arten von Waffen und einer Menge Soldaten. Ich bekam Angst, vielleicht etwas Verbotenes zu tun und von ihnen erwischt und bestraft zu werden. Ich ging zurück und entschied, nach Hause in meine gemütliche Stube zu gehen.

Die Formulierung: „Das entspricht nicht meiner Vorstellung" belegt, wie wir zwischen der vorhandenen Wirklichkeit und unserem Bild, sprich dem, wie wir es gerne hätten, hin- und herspringen. Wir machen uns in der Regel keine Gedanken darüber, dass unser Geist unablässig vergleicht. Selbst bei einem so banalen Wahrnehmungsprozess wie der Größeneinschätzung von entfernt liegenden Objekten vergleichen wir das, was wir sehen, mit unseren Erfahrungen. Anthropologen fanden bei Pygmäen heraus, die ja ausschließlich im Urwald leben, dass diese nicht in der Lage waren, eine am Horizont grasende Büffelherde als solche zu identifizieren. Sie waren sich sicher, dass es sich um einen Schwarm von Insekten handeln müsse. Da sie noch nie zuvor die weite Steppe gesehen hatten und große Distanzen in ihrem Erfahrungsschatz fehlten, verglichen sie das Gesehene mit dem ihnen bis dahin Bekannten, was prompt zu dem Trugschluss des Insektenschwarms führte.

Der Kunde sagt: „Das ist zu teuer." Obgleich diese Äußerung absolut, im Sinne von losgelöst, klingt, enthält sie doch einen Vergleich: „Der Nutzen steht für mich in keinem günstigen Vergleich zu den Kosten." Ganz ausführlich wird der Satz wohl so lauten: „Ich habe eine Vorstellung, was ich für das Geld bekommen müsste. Was mir da tatsächlich geboten wird, ist weit von dem entfernt, was ich mir ausgemalt habe. Darum ist es mir zu teuer." Vielleicht wendet jetzt der ein oder andere ein, dass doch so kein Mensch denkt, geschweige denn spricht. Aber nichts anderes passiert, wenn Sie sich an der nächsten Frittenbude einen Hamburger bestellen. Wenn dafür nämlich 15 € verlangt werden, dann unterstelle ich einmal, dass Ihnen das „zu teuer" wäre. Aber zu teuer doch nur im Verhältnis zu dem, was Ihnen dafür geboten wird. Wenn Sie mit einem Geschäftspartner essen gehen und eine „übersichtliche" Portion erhalten, die Sie auch nicht mehr sättigt als der Hamburger, sind 15 € plötzlich keineswegs „zu teuer".

Selbst unsere Werturteile enthalten unausgesprochen einen Vergleich. Der Satz: „Das gefällt mir" hat seine Gültigkeit nur vor dem Hintergrund dessen, womit verglichen wurde. „Das ist ein tolles Auto" meint, dass dieses Auto in seiner Ausstattung, Motorleistung, seinem Fahrkomfort, verglichen mit anderen Fahrzeugen zum gleichen Preis oder verglichen mit den bisherigen Autos oder dem Wagen des Nachbarn „toll" ist.

Aus der Erkenntnis, dass Wahrnehmung stets vergleichend vor sich geht, folgt für die Gesprächsführung die Möglichkeit des Beeinflussens, die im besten Fall geeignet erscheint, Einwände von vornherein auszuschließen, die Gesprächsführung also einwand-frei zu gestalten.

Üblicherweise ergeben sich Einwände aus der Diskrepanz zwischen Wahrnehmung und persönlicher Vorstellung (= Bild). Da jedoch pausenlos Bilder im Kopf entstehen, ist es möglich, eine Tatsache allein dadurch zu relativieren, dass sie mit etwas Krasserem verglichen wird.

Die erwähnte „übersichtliche Portion" erscheint uns teuer, wenn die Speisekarte in diesem Restaurant bei 20 €" aufhört. Die gleiche Portion wird von uns anders eingeschätzt, wenn die Speisekarte ihren Rahmen zwischen 10 und 60 € hat.

Ein heruntergesetztes Kleidungsstück wird weniger durch den Endpreis, als vielmehr durch die Spanne zwischen vormaligem Preis und jetziger Auszeichnung attraktiv. So sieht der Kunde bei der Lederjacke, die von 500 € auf 290 € heruntergesetzt ist, in erster Linie die „Ersparnis" von 210 €; dass er immer noch knapp 300 € zahlen muss, erscheint nachrangig.

Nicht nur bei Preisen sind wir manipulierbar, auch Termine lassen sich so darstellen, dass das ursprüngliche Bild gegen ein neues ersetzt wird:

Statt: „Sie legen Wert darauf, dass ich zu Ihnen komme. Dann schlage ich vor, dass wir gleich einen Termin ausmachen. Ich kann allerdings frühestens nächsten Montagmorgen."

Besser: „Ich bin gern bereit, zu Ihnen zu kommen. Wenn Sie möchten, vereinbaren wir Ende nächster Woche. Es sei denn Sie legen großen Wert darauf, dass ich früher komme, dann ließe sich bereits der kommende Montag einrichten."

Ein weiteres Beispiel:

Statt: „Wir haben eine derzeitige Bearbeitungszeit von 7 Tagen für Auszahlungsanträge. Sie werden sich so lange gedulden müssen."

Eine ganz andere Wirkung erzielt folgende Formulierung: „Wenn Sie erfahren, dass manche Vorgänge eine Bearbeitungszeit von über 14 Tagen haben, dann sind Sie womöglich entsetzt. Zum Glück lässt sich Ihr Auszahlungsantrag schneller bearbeiten, so dass Sie schon in 7 Tagen eine Antwort erhalten."

Ein Seminarteilnehmer berichtete mir von einer gelungenen Gehaltsforderung, die er in etwa so vorgetragen hatte:

„Wenn ich von Kollegen höre, dass sie gern 200 € im Monat mehr bekommen möchten, dann erscheint mir das in der jetzigen Situation überhöht. Mir selbst schweben darum nur 100 € vor. Wobei mir klar ist, dass eine derartige Erhöhung keineswegs sofort, geschweige denn rückwirkend möglich ist. Selbst wenn es erst zum dritten Quartal möglich wird, würde mir eine entsprechende Zusage weiterhelfen."

Weil wir stets vergleichend wahrnehmen, sind wir leicht durch Bilder zu beeinflussen, die geeignet sind, eine einzelne Tatsache oder auch Meinung zu relativieren. Im Vergleich zum Schrecklichen erscheint das Unangenehme eher harmlos. Und umgekehrt relativiert sich das Gute durch die Vorstellung vom Besseren.

Wenn Sie professionell relativieren, benötigen Sie zu Ihrer eigentlichen Aussage noch eine fundierte Ergänzung, die im besten Fall Ihren Gesprächspartner mit Erleichterung erfüllt, „so gut davongekommen" zu sein.

Wenn Ihr Gesprächspartner also sagt: „Das entspricht nicht meiner Vorstellung", tut er Ihnen einen Gefallen, denn er äußert bereits, dass er ein Bild hat. Wenn es Ihnen gelingt, seine Vorstellung kennen zu lernen, sind Sie ihm ein ganzes Stück näher und womöglich sogar in der Lage, seiner Vorstellung haargenau zu entsprechen, denn das ist wirklicher „Verkaufserfolg". Der einfachste Weg ist die Frage, beispielsweise:

„Sie sagen, dass es nicht Ihrer Vorstellung entspricht. Können Sie mir gerade etwas näher beschreiben, was Sie sich vorgestellt haben. Vielleicht kann ich Ihren Wünschen ganz genau entsprechen."

Wir nehmen nur zu oft unhinterfragt an, dass unser Gesprächspartner dieselben Vorstellungen hat wie wir, zumal, wenn er die gleichen Wörter benutzt. Nahe liegender Weise erwarten wir dann vom anderen, dass er sich entsprechend verhält, eben so, wie wir es für die betreffende Situation als angemessen empfinden. Doch aus der Annahme, dass der andere etwas ganz genauso sehen, beurteilen, schätzen und empfinden muss wie wir, entstehen die alltäglichen Konflikte.

Wenn uns unsere Argumente vernünftig erscheinen, neigen wir sowohl zu der Mutmaßung, dass wir sie vernünftig und klar ausdrücken, als auch zu der Annahme, dass unsere Überlegungen unseren Gesprächspartner überzeugen werden. Andernfalls nehmen wir an, der andere sei verbohrt und deswegen für unsere „wirklich gute Sache" nicht zu gewinnen. Oft richten wir in der Auseinandersetzung unsere Aufmerksamkeit nur auf unsere eigenen Argumente und verlieren den Gesprächspartner sprichwörtlich aus den Augen.

Wenn sich dann der andere ins Gespräch bringt und Zweifel oder Einwände äußert, dann versuchen wir zumeist, den Sinn dieser Ablehnung zu verstehen. Doch anstatt durch Nachfragen herauszufinden, was unser Gesprächspartner genau meint, ob seine Einwände Ausdruck mangelnder Information oder gar fehlenden Vertrauens in unsere Glaubwürdigkeit sind, stellen die meisten Menschen lieber Vermutungen über die möglichen Gründe auf. Solange wir jedoch die Äußerung des anderen aus unserer Sicht interpretieren, beschäftigen wir uns mehr mit unseren Annahmen über den anderen als mit dem anderen selbst. Wir entwickeln Vorstellungen über die möglichen Gründe für Einwände unseres Gesprächspartners, und dann bringen wir im Grunde genommen Gegenargumente gegen unsere eigenen Vorstellungen vor. Natürlich ist das jetzt überspitzt formuliert, aber viele Auseinandersetzungen sind nichts anderes als zwei versetzt ablaufende Selbstgespräche. (Abb. 16–4)

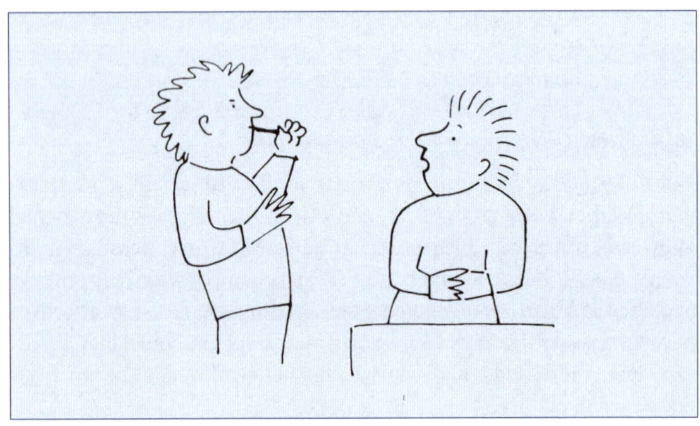

Abb. 16-4

Am Ende einer Verkaufsdemonstration äußert der Kunde: „Ich glaube nicht, dass diese neue Maschine so geeignet für uns ist wie das, was wir jetzt haben."

Der Vertriebsbeauftragte liest in den Gedanken seines Kunden und glaubt, die Gründe für die Ablehnung zu kennen. Prompt antwortet er: „Unsere Neuentwicklung ist für Sie genau das Richtige. Sie steigert die Produktivität um zwanzig Prozent, hat mehr Einsatzmöglichkeiten, ist wesentlich schneller und erschließt Ihnen ganz neue Anwendungsbereiche."

Kunde: „Eben! Das ist es ja gerade, das ist viel zu kompliziert. Das verwirrt unsere Leute nur, und wir müssen mehr Zeit in die Ausbildung investieren. Das ist nichts für uns."

In diesem Beispiel wird sich der Kunde kaum bewusst sein, dass seine Ablehnung aufgrund eines Bildes entstanden ist. Dieses Bild entwickelte sich wahrscheinlich schon während der Demonstration und ist stark beeinflusst durch reale Vorerfahrungen, Vermutungen, Empfindungen und Einstellungen. Wie sich die ablehnende Vorstellung gebildet hat, muss uns nicht weiter beschäftigen. Wir können jedoch dem Kunden unterstellen, dass er sich sicher ist, alle zur Verfügung stehenden Informationen sorgfältig geprüft zu haben und dass seine Ablehnung auf rationalen Argumenten basiert. Solange jemand überzeugt ist, alle für eine Entscheidung notwendigen Informationen zu besitzen, haben Sie keine Chance, ihn zu beeinflussen. Daraus ergibt sich folgende nützliche Regel:

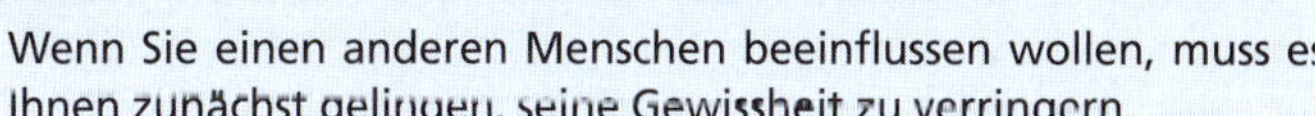

Wenn Sie einen anderen Menschen beeinflussen wollen, muss es Ihnen zunächst gelingen, seine Gewissheit zu verringern.

Mit anderen Worten: Ihr Gesprächspartner muss erkennen, dass er keineswegs im Besitz aller erforderlichen Informationen ist. Denn sobald Sie ihn wissen lassen, dass er nicht genug über eine Angelegenheit weiß, um ihren Nutzen bewerten zu können, vergrößern Sie seine Ungewissheit. Das macht ihn neugierig, und er wird Sie fragen. Wenn Sie ihn jetzt informieren, geben Sie ihm lediglich, worum er gebeten hat. Die gleiche Information kann das Gegenteil bewirken, wenn Sie diese bereits geben, bevor Ihr Gesprächspartner danach verlangt hat.

In meiner Stammkneipe trug sich folgende Begebenheit zu: Am Nachbartisch ließ ein ca. 50-jähriger Mann verlauten: „Ich weiß nicht, was diese blöde Gedenktafel soll. Es hat doch gar keine Judenverfolgung gegeben." Zwei junge Männer an seinem Tisch waren sogleich bereit, sich auf ein Streitgespräch einzulassen, um zu beweisen, dass es sehr wohl eine Judenverfolgung gegeben hätte. Doch jedes Argument prallte ab. So sagte einer der jungen Männer: „Das können Sie doch nun in jedem Geschichtsbuch nachlesen, was mit den Juden gemacht wurde."

„Schreiben kann man viel. Ich für meinen Teil glaube nichts von dem, was da geschrieben steht. Das sind alles alliierte Gräuelmärchen, die uns aufdiktiert wurden."

„Ich bin mal in Dachau gewesen. Also wer das gesehen hat, dem kommen nie wieder Zweifel."

„Ich hör ja wohl nicht richtig, Dachau! Wissen Sie nicht, dass die Amis im Frühjahr 45 Dachau gebaut haben. Alles Propaganda der Alliierten."

„Nun hört's aber auf. Da gibt es doch sogar Filmdokumente, wie das KZ befreit wurde."

„Dass ich nicht lache. Diese so genannten Dokumente sind in Hollywood gedreht. Und wissen Sie mit welchen Schauspielern? Mit deutschen Kriegsgefangenen. Das muss man sich mal vorstellen."

„Aber es gibt doch Überlebende. Bei dem Schwammberger-Prozess sind die doch sogar angereist und haben erzählt, wie es damals zugegangen ist."

„Ja genau, die haben erzählt. Erzählen tut man Märchen, junger Mann. Nein, nein, die sind doch alle gekauft."

Das Gespräch ging noch eine Weile so weiter, ohne dass sich etwas bewegte.

Ich konnte mir beim Gehen nicht verkneifen, die Gewissheit des Tischnachbarn zu reduzieren. Dabei entstand folgender Dialog:

„Mich fasziniert Ihre Sicherheit."

„Wieso?"

„Nun, ich weiß nicht, woher Sie Ihr Wissen haben, aber auf jeden Fall macht es Sie über jeden Zweifel erhaben."

„Stimmt. Ich glaub' nämlich nicht den Blödsinn, der uns seit über vierzig Jahren eingeredet wird. Ich habe mir meine Unabhängigkeit bewahrt. Wenn noch mehr so denken würden wie ich, dann wäre es um Deutschland besser bestellt."

„Sie sind sich auf ungewöhnliche Weise Ihrer Sache gewiss."

„Wie meinen Sie das?"

„Sie sagten ja, dass leider nicht genügend Menschen so denken wie Sie. Das heißt, Ihre Informationen, warum es keine Judenverfolgung gegeben haben kann, hat die Mehrzahl noch nicht erreicht."

„Dabei kann das jeder nachlesen, wenn er nur will." „Sie sagten vorhin, dass man viel schreiben könne. Wahrscheinlich ist es gar nicht so leicht, das Wahre vom Falschen zu trennen."

„Da haben Sie Recht."

„Aber Ihnen scheint das ja grundsätzlich keine Schwierigkeiten zu machen."

„Na ja, so will ich das mal nicht sagen, ich habe mich auch schon mal getäuscht. Aber das hat mich gelehrt, noch vorsichtiger zu sein."

„Jetzt erstaunen Sie mich. Unter einem vorsichtigen Menschen hatte ich mir bislang jemanden vorgestellt, der unentwegt auf der Suche nach neuen Informationen ist. Gerade bei diesem Thema gibt es ja brisante Erkenntnisse."

„Wieso? Was gibt es da Neues? Erzählen Sie mal!"

„Von Ihnen hab' ich vorhin gelernt, dass man nur Märchen erzählt. Nein, Märchen habe ich nicht zu erzählen. Ich habe schon bezahlt und wollte längst gehen. Ich bin sicher, Sie finden die für Sie neuen Informationen."

Ich war froh, das Gespräch hier abbrechen zu können, hatte ich doch inhaltlich nichts aufzutischen und im wahrsten Sinne des Wortes geblufft.

Wie sehr dieses kurze Gespräch den Gast verunsichert haben muss, berichtete mir die Wirtin bei meinem nächsten Besuch. Er wollte unbedingt von ihr erfahren, was ich mache, ob ich vom Fach sei, ob sie wisse, welche Informationen ich gemeint haben könnte usw. Zur Überraschung der Wirtin und der beiden jungen Männer am Tisch äußerte mein Gesprächspartner im weiteren Verlauf des Abends nichts mehr zum Thema Judenverfolgung.

Abb. 16-5

Es ist weit verbreitet, einen anderen dadurch zu verunsichern, dass man ihn bzw. seine Aussagen in Zweifel zieht. Der umgekehrte Weg ist erfolgversprechender: Man benennt das, was dem anderen selbstverständlich ist, nämlich seine Sicherheit. Dadurch erfährt ein spontanes, also unwillkürliches Verhalten Beachtung. Die Natürlichkeit geht verloren. Eine kleine Tierfabel möge das einprägsam illustrieren:

> Ein Tausendfüßler begegnete einer Kröte und äußerte abfällig: „Was bist Du doch für ein unförmiges, plumpes Wesen, unfähig dich anmutig fortzubewegen." Die Kröte betrachtete den Tausendfüßler und erwiderte: „Ich bewundere Deine vielen Beine und Deine Geschicklichkeit. Du weißt in jedem Moment, welches Deiner vielen Beine Du jeweils bewegen musst." Da überlegte der Tausendfüßler, welches Bein gerade dran sei, und stolperte. Die Kröte hingegen hüpfte anmutig von dannen.

Statt also den anderen durch Zweifel anzugreifen, z. B.:

„Seien Sie sich mal nicht so sicher."
„Wie kommen Sie denn darauf?"
„Das glaubt Ihnen doch keiner."

wird seine Aufmerksamkeit auf seine Gewissheit gelenkt:

„Ich merke gerade, dass Sie sich Ihrer Sache absolut sicher zu sein."
„Mich beeindruckt, mit welcher Sicherheit Sie das vortragen."
„Sie sind sich auf ungewöhnliche Weise Ihrer Sache gewiss."
„So wie Sie das darstellen, scheinen Sie über jeden Zweifel erhaben zu sein."

Der andere beginnt augenblicklich nachzudenken und wird unsicher, was sich in der typischen Frage ausdrückt: „Ja, wieso?"

Manchmal reicht es, die Gewissheit Ihres Gegenübers allein dadurch zu reduzieren, dass Sie Ihrem Erstaunen Ausdruck verleihen, beispielsweise:

„Das überrascht mich."
„Sie erstaunen mich."
„Das macht mich stutzig."

Schließlich können Sie die mit so viel Sicherheit vorgetragene Äußerung auch zum Anlass nehmen, Ihre Reaktion darauf mitzuteilen:

„Ihre Sicherheit macht mich nachdenklich."
„Sie sagen das mit solcher Gewissheit, dass ich sprachlos werde."
„Ich überlege gerade, ob ich Sie beneiden sollte, so frei von Zweifeln zu sein."

So bestätigend diese Äußerungen auf den ersten Eindruck wirken, so sehr tragen sie letztlich zur Verunsicherung bei. Aufgrund von Erfahrung rechnet Ihr Gegenüber mit Einwänden und Widerspruch. Stattdessen wird ihm seine Sicherheit zweifelsfrei bestätigt, und das führt paradoxerweise gerade zu **Zweifeln**.

Sie können das selbst ganz leicht testen: Denken Sie an irgendetwas, an das Sie glauben, was für Sie eine hohe Sicherheit hat, vielleicht sogar zweifelsfrei gilt. Sobald Sie sich fragen, was Sie eigentlich so sicher macht, und darüber nachdenken, woher Sie diese Sicherheit nehmen, kommen Sie ins Grübeln und flugs stellen sich Zweifel ein.

Die bisherigen Ausführungen ergeben eine für die professionelle Gesprächsführung wichtige Schlussfolgerung:

Menschen bilden sich zu allen möglichen Themen Vorstellungen und haben ein großes Bedürfnis, sich diese Bilder zu bestätigen. Wenn Sie dieses latente Bedürfnis nach Bestätigung befriedigen, zeigen Sie dem anderen nicht nur, dass Sie bemüht sind, ihn zu verstehen, sondern Sie veranlassen Ihren Gesprächspartner auch zwangsläufig dazu, „Ja" zu sagen, Sie bringen ihn auf die „Ja-Schiene".

Durch „umschreibendes Zuhören" befriedigen Sie das Bedürfnis Ihres Gesprächspartners nach Bestätigung.

Beim „umschreibenden Zuhören" im 3. Kapitel hatten Sie schon Formulierungen kennen gelernt, die den Gesprächspartner unweigerlich dazu bringen, „ja" zu sagen und sich verstanden zu fühlen. Ich will die Auflistung um folgende Wendungen ergänzen.

- „Ihnen ist wichtig, dass ..."
- „Sie legen Wert auf ..."
- „Für Sie kommt es sehr darauf an, dass ..."
- „Sie wünschen sich ..."
- „Du möchtest gern ..."
- „Dir ist daran gelegen, dass ..."
- „Nach Deiner Meinung sollten ..."
- „Dir liegt am Herzen, dass ..."

Seminarteilnehmer haben mir in Aufbau-Seminaren berichtet, wie hilfreich es sei, diese Formulierungen stets im Blickfeld zu haben und wie einfach gerade beim Telefonieren auf einen derartigen „Spickzettel" zurückgegriffen werden kann.

Um den Gesprächspartner zu der Erkenntnis zu führen, dass er noch nicht genug weiß, werden ihm so lange Fragen gestellt, bis er entdeckt, dass er keine Antwort parat hat, sich also seiner Sache nicht mehr so sicher ist. Damit die Fragen aber nicht verunsichern, folgt auf jede Frage sofort eine Begründung. Denn andernfalls besteht die Gefahr, dass die Frage Angst oder Unsicherheit auslöst, weil er nicht weiß, wie er reagieren soll. Im 8. Kapitel „Gesprächsstörer" hatte ich das Ausfragen ja ausführlich erörtert.

Überzeugende Gesprächsführung bedient sich eines Dreischritts aus Bestätigung, Frage und Begründung:

(1) Die Bestätigung holt den Gesprächspartner dort ab, wo er gerade steht.

(2) Die Frage führt ihn in die gewünschte Richtung.

(3) Die Begründung gibt ihm die nötige Sicherheit.

Im Beispiel am Beginn dieses Kapitels versuchte eine Mitarbeiterin, ihren Chef für die Anschaffung eines Scanners zu gewinnen. Wie sich zeigte, ohne Erfolg. Ich hatte Gelegenheit, mit der ihr den Dreischritt aus Bestätigung, Frage und Begründung zu üben. Was ein Vierteljahr später dabei herauskam, hörte sich dann so an:

Mitarbeiterin: „Ihnen ist es doch wichtig, dass ich die Ablage so erledige, dass meine anderen Aufgaben nicht darunter leiden."
Chef: „Ganz genau."
Mitarbeiterin: „Wie viel Zeit soll ich für die Verwaltung von Unterlagen reservieren? Ich frage das deswegen, weil in den letzten Wochen durch das Sortieren der Dokumente zu verschiedenen Vorgängen einiges liegen geblieben ist."
Chef: „Also das darf eigentlich nicht vorkommen."
Mitarbeiterin: „Wie soll ich dann mit den Dokumenten verfahren, die mir hereingereicht werden? Mir ist nämlich nicht klar, wann etwas so wichtig ist, dass ich andere Dinge liegen lassen darf."
Chef: „Wenn Sie so fragen, es darf eigentlich gar nichts liegen bleiben. Wobei es natürlich immer wieder Ausnahmen geben wird. Zum Beispiel habe ich noch einen Stapel Projektunterlagen, die ich Ihnen nachher noch hinlege. Ich möchte gern, dass die Akten nach dem Wochenende im System stehen. Das ist nicht so viel, ca. 30 Dokumente. Das muss auch nicht sofort sein, es reicht bis morgen Mittag."

Mitarbeiterin: „Ihnen wäre es am liebsten, das würde so unauffällig erledigt, dass die übliche Arbeit reibungslos weiterläuft."
Chef: „Na ja, das muss doch irgendwie zu schaffen sein."
Mitarbeiterin: „Ich weiß nicht, ob Sie eine Vermutung haben, wie viele Stunden ich in der vergangenen Woche mit Ablage beschäftigt war. Ich frage das, weil ich mal für vierzehn Tage darüber Buch geführt habe und selbst ganz überrascht war."
Chef: „Soweit ich weiß, hatte ich lediglich ein paar Ordner."
Mitarbeiterin: „Stimmt. Doch da waren noch die Dokumentation zu zwei Aufsätzen der Kollegen sowie ein Projektbericht und eine Abschlussdokumentation. Ich wollte es selbst nicht glauben, aber das ergab zusammen knapp 16 Stunden. In der Woche zuvor waren es weniger, da habe ich 12 Stunden gezählt."
Chef (räuspert sich): „Das ist allerdings 'ne ganze Menge. Aber daran werden wir im Moment nichts ändern können."
Mitarbeiterin: „Eine personalaufwendige Lösung kommt für Sie überhaupt nicht in Frage – (Beifälliges Kopfnicken) – Wie teuer dürfte denn eine Lösung sein, mit der sich das Problem lösen ließe? Ich frage, weil man die Ablage bei einem Einsatz von tausendachthundert Euro erheblich vereinfachen könnte."
Chef: „Kommen Sie mir nicht mit Aushilfskräften."
Mitarbeiterin: „Nein. Ihnen ist doch wichtig, dass wir eine personalneutrale Lösung finden, bei der keine Folgekosten entstehen. – („Ganz genau!") – Was halten Sie davon, wenn ich mich voll und ganz auf die Verwaltung konzentriere und gleichzeitig dafür sorge, dass die Unterlagen auf dem Server immer aktuell sind? Es gibt ja mittlerweile Geräte, gegen die nicht einmal eine gute Schreibkraft ankommt."
Chef: „Was für Geräte?"
Mitarbeiterin: „Ein großer Teil der hier anfallenden Dokumente wird mir in Papierform vorgelegt. Ein Hochleistungsscanner kann ganze Ordner innerhalb von Minuten einlesen und direkt auf die Festplatte oder einen USB-Stick speichern, damit die Dokumente anschließend weiterverarbeitet werden können. Angebote oder Rechnungen zu Projekten können zum Beispiel sogar direkt im SAP hinterlegt werden."
Chef: „Das ist ja interessant. Wo kann man so etwas mal sehen? Und was soll der Spaß kosten?"
Mitarbeiterin: „Ein Gerät für unsere Ansprüche kostet knapp tausendachthundert Euro. Und Ihnen ist es wichtig, dass wir uns so etwas vorher mal zur Ansicht kommen lassen."

Chef: „Ja, das wäre wohl das beste. Sehen Sie mal zu, dass uns irgendeine Firma so etwas hier aufstellt. Dann können wir das mal vierzehn Tage auf Herz und Nieren prüfen. So können wir am ehesten sehen, ob so ein Gerät wirklich hält, was es verspricht."

Sie können sich denken, dass der Scanner angeschafft wurde.

Ich will einräumen, dass eine derartige Gesprächsführung zunächst einmal sehr, sehr umständlich wirkt. Welche Haken müssen da geschlagen werden, um endlich auf den Punkt zu kommen. Machen wir uns jedoch klar, welches Ziel die Mitarbeiterin verfolgt hatte, dann war sie mit diesem zweiten Gespräch wirklich erfolgreich. Im Unterschied zum ersten Anlauf hat sie ihren Vorgesetzten dort abgeholt, wo er stand. Sie hat sich seine Wunschvorstellung von reibungslosen Abläufen zu Eigen gemacht und mit ihrer Argumentation dort angesetzt. Er brauchte sein Wunschbild nicht aufzugeben, es wurde lediglich um einige konkrete Daten ergänzt. Dabei entstand jedoch sogleich das Bild einer möglichen Lösung, die sofort entschieden abgelehnt wurde. Zusätzliches Personal und Aushilfskräfte kamen nicht in Frage. Erst bei der Erwähnung von den Geräten, gegen die nicht einmal eine tüchtige Schreibkraft ankommen kann, fehlte ihm die klare Vorstellung, und prompt kam die Frage, was das denn sei. Erst hier beginnt die Information, gewissermaßen als erbetene Dienstleistung. Erst auf der Basis dieser erwünschten Information wird sich der Vorgesetzte ein neues Bild machen. Ein Bild, in dem er sich als Prüfenden, als „Gerätetester" sieht. Die Gesprächsführung der Mitarbeiterinwar so erfolgreich, weil sich der Vorgesetzte für diese Lösung erwärmen konnte und sie gewissermaßen in Form einer Anweisung geben konnte.

Dies ist sicherlich nicht der einzige Lösungsweg. Ich kann mir vorstellen, dass die Mitarbeiterinviel schneller auf den Punkt gekommen wäre, wenn sie ihren ersten Drei-Schritt direkter formuliert hätte, beispielsweise: (Abb. 16–6)

Abb. 16-6

„Sie legen Wert auf eine rasche und korrekte Abwicklung aller anfallenden Arbeiten. (**Bestätigung**)

Wieweit wäre es für Sie hilfreich, wenn ich Ihnen mit mehr Zeit zur Verfügung stehe? (**Frage**)

Ich frage das, weil sich ein großer Teil der anfallenden Manuskripte automatisiert verarbeiten ließe." (**Begründung**)

Vermutlich hätte dieser Einstieg die Neugierde des Vorgesetzten geweckt und ihn zu der Frage veranlasst, woran sie dabei denke.

Mir wurde von einem Seminarteilnehmer entgegengehalten, dass diese Beispiele ja alle schön und gut seien, aber wenn es wirklich darauf ankäme, dann müsste man doch mit Druck arbeiten. Als Beispiel nannte er wiederholte Verstöße gegen die Unfallverhütungsvorschrift, insbesondere das Tragen des Schutzhelms. Ein Teilnehmer war sogleich bereit, im Rollenspiel den Dreischritt des Überzeugens auszuprobieren. So entstand folgender Dialog:

Vorgesetzter: „Ich sehe, dass Sie Ihren Helm nicht aufgesetzt haben. Ich nehme an, dass er Sie irgendwie bei der Arbeit stört."
Mitarbeiter: „Das kann man wohl sagen."
Vorgesetzter: „Unter welchen Bedingungen würden Sie den Helm eigentlich tragen? Ich frage das, weil ich sicher bin, dass Sie sich nicht leichtfertig in Gefahr bringen."
Mitarbeiter: „Chef, machen Sie sich mal keine Sorgen. Wenn es wirklich gefährlich wird, dann setz' ich mir das Ding schon auf. Ich bin ja nicht lebensmüde. Aber so, bei der normalen Arbeit, behindert einen das irgendwie."
Vorgesetzter: „Mit dem Helm auf dem Kopf sind Sie nicht so frei. Inwieweit können Sie stets voraussehen, ob's gefährlich werden könnte? Ich denke da einfach an Unfälle, die sich von hinten ereignen."
Mitarbeiter: „Da pass' ich schon auf. Ich kenn' schließlich die Abläufe hier aus dem Effeff."
Vorgesetzter: „Sie sagen, mit dem Helm auf dem Kopf fühlen Sie sich eingeschränkt. Mir ist noch nicht klar, worin Sie genau behindert werden. Denn wenn's gefährlich wird, dann setzen sie ihn ja auf. Und ich hoffe nicht, dass Sie sich in Gefahrensituationen irgendwie beengt fühlen."
Mitarbeiter: „Das ist auch was anderes. Außerdem, wie sieht denn das aus. Ich bin hier der Älteste und mache den Job fürwahr schon 'ne Weile. Also da brauche ich nun wirklich keinen Schutz mehr."
Vorgesetzter: „Diese Schutzvorschrift erleben Sie eher wie eine Bevormundung. Mit dem Helm auf dem Kopf könnte man Sie glatt für einen Anfänger halten."
Mitarbeiter: „So will ich das nun nicht sagen. Aber es muss doch noch 'nen Unterschied geben zwischen den Neuen, die wirklich noch gefährliche Fehler machen, und uns alten Hasen, die ihr Handwerk verstehen."
Vorgesetzter: „Das heißt, dass Sie bei den Jüngeren drauf achten, dass hier keiner ohne Helm rumspringt."
Mitarbeiter: „Da achte ich sogar drauf, dass mir keiner ohne Sicherheitsschuhe rumläuft. Ne, ne, da fühle ich mich schon verantwortlich."
Vorgesetzter: „Sie sorgen gewissenhaft dafür, dass hier alle die Schutzbestimmungen einhalten. Inwieweit bringen Sie gerade die jüngeren Kollegen in Versuchung? Ich kann mir vorstellen, dass es der eine oder andere Ihnen gern gleichtun möchte und darum schon mal den Helm absetzt, wenn er glaubt, dass keine Gefahr besteht."
Mitarbeiter: „Das können die noch gar nicht beurteilen. Bis man mit den Maschinen wirklich vertraut ist, vergehen Jahre. Also da versteh' ich keinen Spaß."

Vorgesetzter: „Einerseits sind Sie sehr auf die Sicherheit jedes Einzelnen bedacht, andererseits fällt es Ihnen schwer, in diesem einen Punkt mit gutem Beispiel voranzugehen. Wie würden die Kollegen reagieren, wenn Sie als Vorbild auch dann die Schutzkleidung tragen, wenn's mal nicht so gefährlich zu sein scheint? Ich weiß nicht, wieweit sich gerade die jüngeren Kollegen an Ihnen orientieren."
Mitarbeiter: „Na ja, wahrscheinlich würde dann keiner mehr ohne Helm rumlaufen. Egal, was gerade ansteht. Und wenn doch, dann würde ich ihm aber eins pfeifen!"
Vorgesetzter: „Mit anderen Worten: Sie hätten deutlich mehr Durchsetzungskraft und könnten sich wesentlich glaubhafter Gehör verschaffen. Das ist allemal besser, als wenn Sie mit den Vorschriften der Berufsgenossenschaft daherkommen."
Mitarbeiter: „Also wenn wir all das machen, was da drin steht, dann kommen wir überhaupt nicht mehr zum Arbeiten."
Vorgesetzter: „Darum gebe ich Ihrem Vorbildverhalten auch allemal den Vorzug. Wenn Sie als erfahrener Kollege den umsichtigen Umgang mit den alltäglichen Gefahren vorleben können, haben wir die besten Voraussetzungen für einen reibungslosen und hoffentlich unfallfreien Arbeitsablauf."
Mitarbeiter: „Das sehe ich eigentlich auch so."

Nach diesem Gespräch ging ein Aufstöhnen durch die Runde der Zuhörer. Es fielen Äußerungen wie folgende:

„Wenn ich das mit jedem Mitarbeiter machen wollte."
„Also, mir wäre das zu umständlich. Wenn der Mann nicht spurt, dann muss er gehen."
„Wo kommen wir denn da hin, wenn man nicht mal mehr bei eindeutigen Vorschriften Druck machen darf."
„Wenn ich solche Gespräche führen würde, dann käme ich zu gar nichts mehr."
„Es fehlt ja noch, dass der Vorgesetzte in Zukunft selbst mit 'nem Helm herumläuft."

Große Nachdenklichkeit trat jedoch ein, als der Teilnehmer, der den Mitarbeiter gespielt hatte, zu Wort kam:

„Vor diesem Rollenspiel hätte ich dasselbe gesagt wie Sie. Aber ich muss Ihnen gestehen, dass ich mich schon lange nicht mehr auf die Seite meiner Mitarbeiter gestellt habe. Es stimmt, das Gespräch war lang. Ich selbst hätte wahrscheinlich schon viel früher mit der Faust auf den Tisch gehauen und gesagt, entweder halten Sie jetzt die Bestimmung ein, oder Sie kriegen eine

Abmahnung. Aber nach diesem Gespräch sehe ich das anders. Denn jetzt würde ich den Helm fortan aufsetzen, und zwar freiwillig, weil ich Vorbild sein will. Ich war mit der festen Absicht in das Rollenspiel gegangen, in klarer Opposition zu verharren. Doch so, wie das Gespräch dann verlief, hatte ich gar keine Möglichkeit mehr für irgendwelche Trotzreaktion. Vielleicht glauben Sie mir das jetzt nicht, aber mich hat das Gespräch überzeugt."

Mit dem Bild im Kopf, keinen Helm zu tragen, wird jedes Gespräch für den Mitarbeiter ein Akt des Überredens bleiben und sei es das „Überreden" durch Drohen. Um das Bild zu ergänzen und dem vorhandenen Bild noch ein weiteres Bild hinzuzufügen, nämlich das, in dem er sich helmtragend sieht, muss der Vorgesetzte zunächst das alte Bild erfassen und akzeptieren.

Bei der Videoanalyse des Rollenspiels konnte der Teilnehmer, der den Vorgesetzten gespielt hatte, entdecken, wie er mit seinen Gedanken schon vorauseilte und sich durch ungenaues Zuhören um eine Chance gebracht hatte:

Mitarbeiter: „Es muss doch noch 'nen Unterschied geben zwischen den Neuen, die wirklich noch gefährliche Fehler machen, und uns alten Hasen, die ihr Handwerk verstehen."

Nachträglich fiel ihm ein, wie er noch besser auf den Mitarbeiter hätte eingehen können, wenn er bestätigt oder gar zugestimmt hätte, dass durch die gleiche Arbeitskleidung tatsächliche Unterschiede nivelliert werden. Er konstruierte schließlich folgende Wendung:

„Für Sie ist wichtig, dass der Unterschied zwischen denen, die ihr Handwerk verstehen, und denen, die noch einiges zu lernen haben, auch nach außen sichtbar ist.

Wie könnte denn eine für Sie akzeptable Lösung aussehen?

Ich frage das so direkt, weil ich sicher bin, dass Sie etwas finden, dass den Unterschied deutlich macht und es Ihnen dann erleichtert, den Helm zu tragen."

In der Seminarsituation wurde prompt ein Helm mit Streifen und Rangabzeichen erfunden.

Auch wenn die Vorgehensweise des Drei-Schritts umständlich und zeitraubend wirken mag, so ist sie im hier besprochenen Sinne **effektiv**. Effektiv im Sinne von Zielorientierung meint ja, den Mitarbeiter so zu motivieren, dass er sich ohne weitere Maßnahmen für die gemeinsamen Ziele engagiert. Wenn dazu ein ungewöhnlich langes Gespräch notwendig ist, sich der Mitarbeiter jedoch anschließend den Zielen verpflichtet fühlt, so ist die einmal aufgewendete Gesprächszeit gering im Vergleich zu fortlaufenden Kontroll- und „Motivations"-Maßnahmen üblicher Art.

> „Wenn es ein Geheimnis des Erfolgs gibt, so ist es das, den Standpunkt des anderen zu verstehen und die Dinge mit seinen Augen zu sehen."

Verstehen heißt nicht gutheißen. Wir können durchaus etwas verstehen und gleichzeitig ablehnen, so wie wir ja auch manche Dinge gutheißen oder ablehnen, die wir ganz und gar nicht verstehen. Akzeptieren meint hier, einen Standpunkt, eine Vorstellung des Gesprächspartners zunächst einmal als gegeben hinzunehmen. Spürt der andere, dass wir die Dinge mit seinen Augen sehen, wird seine Neigung, das einmal gefasste Bild zu verteidigen, merklich nachlassen. Wenn wir seinen Standpunkt bestätigen, hat dies nichts mit Einverständnis und Bewertung zu tun. Wir bestätigen ihm lediglich, dass wir uns bemühen, nachzuvollziehen, wo er steht. Alles Weitere ist dem sich daraus ergebenden Gespräch vorbehalten.

Wer jedoch schon vorab weiß, wie die Lösung auszusehen hat, der ist gut beraten, weiterhin sein Glück im Überreden und Druckmachen zu suchen. Die Folgen eines derartig autoritären Gesprächsführungsstils gegenüber einer partnerschaftlichen Gesprächsführung sollen im folgenden Kapitel erörtert werden.

17. Kapitel

Der Umgang mit negativen Emotionen

In den vorangegangenen Kapiteln ging es in erster Linie um den angemessenen Umgang, das bessere Verständnis unserer Gesprächspartner und wie wir ihre und unsere Zielvorstellungen in Einklang bringen. Dazu ist es wichtig zu verstehen, dass vieles von dem, was wir im Verlauf eines Gespräches sagen, für uns positiv oder zumindest neutral klingt – dient es doch der Erreichung eines für uns sinnvollen Ziels, während es beim Gesprächspartner durchaus negative Emotionen auslösen kann. Im professionellen Umgang damit kann man sich folgende Besonderheit menschlichen Verhaltens zu Nutze machen:

Unser natürliches Verhalten verliert schlagartig seine Spontaneität, sobald es in unser Bewusstsein dringt oder anders formuliert: **Es gibt keine bewusste Spontaneität.**

Sie können das jederzeit überprüfen, indem Sie jemand bitten, ganz spontan aufzustehen und sich entspannt hinzustellen. Wer dieser Aufforderung nachkommt, erhebt sich meist steif und bemüht sich stehend um eine lockere Haltung, die alles andere als entspannt oder natürlich wirkt. (Abb. 17–1)

Gleiches widerfährt Ihnen, wenn Sie während einer Handlung, die Sie beherrschen, sich bewusst werden, wie gut Sie das gerade machen. Prompt unterlaufen dem Klavierspieler Fehler, dem Tennisass geht ein Ball durch und beim Abtippen geraten plötzlich Buchstaben durcheinander. Der natürliche Handlungsfluss wird unterbro-

Abb. 17-1

chen, sobald wir ihn in unser Bewusstsein heben. Ja selbst das Einschlafen will sich nicht einstellen, wenn wir bewusst darauf achten, wie der Schlaf kommt.

Dieses Phänomen können wir nun gezielt einsetzen, um unerwünschtes Spontanverhalten zu steuern. Nehmen Sie beispielsweise Schluckauf. Solange das Hicksen eine unwillkürliche Verhaltensweise bleibt, lässt sich der Schluckauf kaum oder nur schwer regulieren. Ganz anders bei folgender Aufforderung: „Wenn Du es schaffst, in den nächsten zwei Minuten zehn Mal zu hicksen, bekommst Du fünf Euro." Soll das Hicksen willentlich vollzogen werden, entsteht eine völlig neue Situation. Die Konzentration auf die Belohnung führt zu bestimmten Muskelanspannungen im Zwerchfell, die einem „natürlichen Schluckauf" entgegenlaufen. Nach dem gleichen Muster lassen sich auch andere Spontanreaktionen beeinflussen. Das Lachen erstirbt einem förmlich, wenn die Aufforderung erfolgt: „Lach bitte noch ein bisschen mehr!" Vielleicht ist Ihnen schon einmal aufgefallen, dass manche Menschen beim Erzählen von Witzen den möglichen Lacherfolg dadurch verhindern, dass sie ihren Witz mit den Worten einleiten: „Bei dem Witz werdet Ihr euch totlachen …“ (Abb. 17–2)

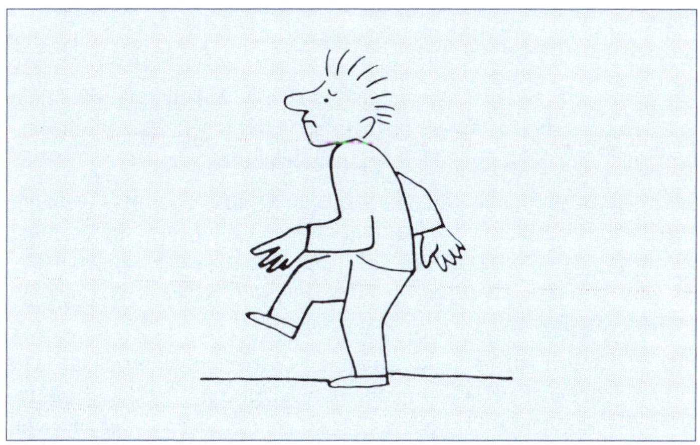

Abb. 17-2

Es gehört zu den gemeinen Tricks, jemanden durch Bewunderung aus dem Konzept zu bringen, indem die Aufmerksamkeit auf den natürlichen Handlungsfluss gelegt wird, der dann plötzlich so bewusst ausgeführt wird, dass sich eine Verkrampfung einstellt. Man mag beispielsweise beim Kegeln gegen die typischen Zurufe „Das geht daneben!“ immun sein, doch der beste Kegler kommt im wahrsten Sinne des Wortes aus dem Tritt, wenn ihm gesagt wird: „Das ist sagenhaft, zu sehen, mit welchem Fuß Du startest, wie Du Anlauf nimmst, und an welchem Punkt Du die Kugel aufsetzt.“ Die Anmut einer gekonnten Bewegung verträgt sich nicht mit deren Beobachtung und Bewusstheit.

Im 3. Kapitel hatte ich beim **aktiven Zuhören** gezeigt, wie wichtig es im Gespräch ist, auf die Empfindungen des Gegenübers einzugehen, damit dieser sich verstanden fühlt. Jetzt zeigt sich noch ein weiterer Vorteil des direkten Ansprechens von Gefühlen:

Wenn Sie auf die Empfindungen Ihres Gesprächspartners aktiv zuhörend eingehen, indem sie diese benennen, stoppen Sie zugleich das spontane Ausagieren ebendieser Empfindung.

Benennen Sie Handlungsweisen, die Sie verhindern wollen. Heben Sie spontanes Verhalten ins Bewusstsein.

Ich räume ein, dass es dem ungeübten Leser anfangs schwer fallen mag, einem erbosten Gegenüber direkt mitzuteilen, dass man seine Wut verstehen kann oder sich vorzustellen bereit ist.

Da reklamiert ein Kunde mit lauter empörter Stimme: „Das ist ja wohl das Allerletzte. Wir hatten Ihnen klar und deutlich erklärt, dass die Lieferung unbedingt diese Woche noch da sein muss. Jetzt ist Freitag, und wir haben für die Wochenendschicht kein Material. Das wird teuer für Sie, das kann ich Ihnen gleich sagen."

Wer jetzt sofort zur Sache kommen will, nach dem Motto „Nur kein Öl ins Feuer gießen", nimmt nur den sachlichen Teil dieses aufgebrachten Kunden ernst, doch der ist gerade viel zu tief in seine Gefühle verstrickt, um sogleich umschalten zu können, darum eskalieren solche Dialoge nur allzu schnell:

Wird dem Kunden die Schuld gegeben oder hat er sie tatsächlich, bahnt sich eine Explosion an:

„Ich will gerade einmal den Auftrag herausziehen. Ja, Sie haben tatsächlich 2000 Stück von den 4711 bestellt, allerdings fehlt hier das Lieferdatum."
„Ich hör' ja wohl nicht richtig. Wozu habe ich Ihnen denn telefonisch klar gemacht, wie wichtig dieser Posten ist. Sie haben wohl Petersilie in den Ohren."

Selbst wenn ein Eigenverschulden vorliegt und eine sachliche Erklärung folgt, hilft diese kaum weiter:

„Ja das tut uns schrecklich Leid. Wir hatten Probleme mit unserem Lieferanten, so dass uns das Material ausgegangen ist. Wir können da auch nichts dafür."
„Wollen Sie, dass mir die Tränen kommen? Wo Sie Ihr Material herbekommen, interessiert mich überhaupt nicht. Bei uns stehen am Wochenende die Bänder still, weil Sie nicht geliefert haben. Das hat Konsequenzen, das ist ja wohl klar!"

Sogar die sofortige Lösung des Problems nimmt von der Empörung keine Notiz und provoziert weitere Ausfälle:

„Selbstverständlich werden wir rechtzeitig liefern. Ich werde sofort veranlassen, dass Ihnen die Sendung noch heute mit Express zugestellt wird."
„Das darf ja wohl nicht wahr sein. Nur weil ich mich selbst um die Lieferung kümmere, stoßen Sie jetzt die Zustellung an. Ich halt's im Kopf nicht aus!"

Manch einer versucht den erregten Anrufer erst einmal zu beruhigen, was leider fast immer schief geht:

„Nun beruhigen Sie sich doch erst mal ..."
„Ich bin die Ruhe in Person, aber Sie werden gleich keine Ruhe mehr haben, passen Sie nämlich mal auf ..."

Wenn wir uns jedoch vergegenwärtigen, dass wir durch **Anteilnahme** und **Ernstnehmen** am schnellsten dem anderen zeigen können, dass wir bemüht sind, ihn zu verstehen und wertzuschätzen, bietet sich folgende Formulierung an:

„Sie sind empört, weil wir Sie mit der Lieferung haben sitzen lassen. Ich kann nachvollziehen, welche Sorgen Sie sich wegen der bevorstehenden Wochenendschicht machen. Wenn wir da nicht sofort eine Lösung erzielen, bringe ich Sie in eine unmögliche Lage."

Mit aktivem Zuhören stillen Sie das Primärbedürfnis: „Ich will ernst genommen und verstanden werden."

Darüber hinaus steuern Sie die Selbstwahrnehmung Ihres Gegenübers, indem Sie ihm seine Empfindungen bewusst machen.

Es ist ein Unterschied, ob Sie beispielweise spüren, dass Sie wütend sind, oder ob Sie wahrnehmen: „Das macht mich wütend." Oder mit etwas mehr Abstand: „Meine Reaktion auf xy ist Wut." Können wir uns unsere momentanen Gefühle bewusst machen, sind wir ihnen nicht mehr auf Gedeih und Verderb ausgeliefert.

Die Bewusstheit versetzt uns in die Lage, zu unseren Gefühlen eine gewisse Distanz einzunehmen.

Diese Erkenntnis nutzen wir nicht nur bei der Selbstkontrolle, sondern können sie bei unserer Gesprächsführung zur **gezielten Verhaltensänderung** einsetzen. Wann immer Sie beschreiben, was Ihr Gegenüber tut, machen Sie die **spontane** Fortsetzung dieses Verhaltens unmöglich. Die weitere Fortsetzung kann allenfalls willentlich, also bewusst erfolgen.

Manche Aussage dieses Kapitels mag für Sie leichter nachvollziehbar werden, wenn Sie Ihre ganz persönlichen Erfahrungen damit in Verbindung bringen können. Da ich Ihnen unterstelle, sich schon wiederholt beschwert zu haben, sei es im Restaurant oder auf Reisen, oder dass Sie etwas, das Sie erworben hatten, reklamieren mussten, oder dass Sie die Ausführung einer Arbeit, sei es in der Werkstatt oder im Umgang mit Handwerkern, zu beanstanden hatten, fordere ich Sie auf, zunächst für einen Moment das Buch zu schließen und sich an ein Beispiel zu erinnern, in dem Sie etwas beanstandet haben.

Sie haben jetzt ein Beispiel vor Augen.

Gehen Sie mit der spontanen Erinnerung an diese Situation folgenden Fragen nach:

Was genau war vorgefallen und welche Empfindungen wurden dadurch bei Ihnen ausgelöst?

In welchem emotionalen Zustand befanden Sie sich zu Beginn des Gesprächs und mit welchen Worten fing die Beschwerde an?

Wie wurden Sie behandelt und mit welchem Gefühl sind Sie aus dem Gespräch gegangen?

Wer seine Erwartungen in einer bestimmten Sache nicht erfüllt sieht, reagiert spontan mit einem negativen Gefühl, ist unzufrieden und verstimmt. Je nach Intensität der persönlichen Vorstellungen stellt sich Unwillen oder gar das Gefühl ein, betrogen zu werden. Diese negative, uns beeinträchtigende emotionale Reaktion steht am Beginn jeder Enttäuschung, ganz gleich, ob wir nun die Absicht haben, Kritik zu üben, oder es vorziehen, die Sache auf sich beruhen zu lassen.

Unsere Befindlichkeit kann aber noch zusätzlich negativ beeinflusst werden,

- wenn wir uns in einer misslichen Lage befinden, zum Beispiel dem Vorgesetzten gegenüber **Rede und Antwort stehen** müssen, warum „unser“ Lieferant plötzlich Qualitätsprobleme hat, oder wenn wir wegen einer verspäteten Lieferung von der Produktion **mit Vorwürfen überhäuft** werden;
- wenn die nagelneue Spülmaschine die Küche unter Wasser gesetzt hat oder wir einfach den spannenden Film nicht aufzeichnen können, weil der frisch gelieferte Videorecorder streikt;
- wenn sich eine gewisse **Hilflosigkeit** einstellt, sobald wir feststellen, dass wir das Problem nicht aus eigener Kraft zufriedenstellend lösen können;
- wenn wir uns **über uns selbst ärgern**, beispielsweise beim Einkauf nicht genau hingesehen zu haben oder nicht daran gedacht haben, uns das Gerät vorführen bzw. anschließen zu lassen;
- wenn wir spontan **an den Aufwand denken**, der jetzt unternommen werden muss, den erwarteten Zustand herzustellen, sei es, dass wir extra noch einmal in den Laden zurückgehen müssen, sei es, dass wir telefonisch oder brieflich unsere Beanstandung vortragen oder uns nach einem anderen Lieferanten umschauen müssen;
- und wenn wir uns womöglich ausmalen, **wie wir** mit unserer Reklamation **behandelt werden**. Für manche Menschen kann diese Vorstellung so erdrückend sein, dass sie lieber auf eine Kritik oder Beschwerde verzichten, um sich bei all dem bereits vorhandenen Unmut wenigstens eine erwartete **Demütigung** zu ersparen.

- Zu allem Überfluss stellt sich manchmal auch noch eine gewisse **Kaufreue** ein. Unsere Entscheidung, die uns bislang richtig erschien, wird plötzlich in Frage gestellt: War es wirklich vernünftig hier zu kaufen? War der Preis gerechtfertigt? Hätte man mit der Bezahlung nicht warten sollen? Wäre es nicht angebracht gewesen, zuvor einige Alternativangebote einzuholen?

Diese Ansammlung ausgesprochen unangenehmer Empfindungen lässt sich sicherlich noch fortsetzen. Festzuhalten ist:

Wenn Sie mit Beschwerden konfrontiert werden, vergegenwärtigen Sie sich, in welcher negativen Verfassung sich Ihr Gesprächspartner befinden könnte.

Umgekehrt mag diese ausführliche Betrachtung unseres Zustandes verdeutlichen, welche außerordentliche Energie notwendig ist, um trotz dieser negativen Ausgangslage erfolgreich zu sein.

Wer reklamiert, fühlt sich üblicherweise im Recht. Nur zu leicht erwächst aus diesem Gefühl eine Haltung, die den anderen von vornherein ins Unrecht setzt. Die zuvor erörterte negative Einstimmung zieht vielfach eine auf Standpunkten beharrende Sturheit nach sich.

Das **Denken erweist sich im emotional aufgewühlten Zustand als beeinträchtigt**, Kreativität und Findigkeit im Umgang mit Problemen bleiben auf der Strecke. Meist ist der Beginn eines Reklamationsgesprächs davon überschattet. Aus Sorge, unter Umständen mit seinem Anliegen nicht ernst genommen zu werden, verfallen viele Menschen zu Gesprächsbeginn in den falschen Ton; sie treten fordernd, zuweilen barsch oder rechthaberisch auf. Darüber hinaus fallen Kunden vielfach mit der Tür ins Haus, wenn sie sich beschweren, und erwarten ein sofortiges Eingehen auf ihr Anliegen, eine bevorzugte Behandlung sowie schnelle Erledigung. Gleichzeitig können Kunden aufgrund schlechter Erfahrungen eine gehörige Portion Misstrauen ausstrahlen und damit die Gesprächsatmosphäre von Beginn an beeinträchtigen.

Wer etwas reklamiert, neigt dazu, seine Erwartungen in Form von Forderungen zu formulieren, mit dem Ziel, den Gesprächspartner in die Pflicht zu nehmen. Nur zu leicht bleibt so im Eifer des Gefechts die notwendige Wertschätzung dem anderen gegenüber auf der Strecke. Der die Reklamation behandelnde Gesprächspartner fühlt sich plötzlich angegriffen, wird ihm doch gewissermaßen unterstellt, für den Fehler nicht nur verantwortlich zu sein, sondern diesen auch absichtlich gemacht zu haben. Nur zu oft erweist sich dies als ideale Ausgangsbasis für ein Streitgespräch, bei dem langfristig keiner gewinnt. Sie mögen einwenden, dass der Reklamierer ja auch ein berechtigtes Anliegen hat, für seine Leistung (in der Regel Geld) eine adäquate Gegenleistung zu erhalten. Darüber hinaus ist eine Reklamation immer mit Zeitverlust, manchmal auch noch mit Geldverlust gekoppelt.

Dieses Kapitel wendet sich aber nicht nur denen zu, die Beschwerden zu bearbeiten haben, sondern auch jenen, die im Reklamationsfall ihre Möglichkeiten nicht verspielen wollen. Dies ist dann der Fall, wenn wir versuchen, aus der Position der vermeintlichen Stärke zu unserem Recht zu kommen.

Der Wunsch, ernst genommen zu werden, ist auf beiden Seiten gleich groß.

Wer hat schon Lust, Vorwürfe hinzunehmen, auf harte Forderungen freundlich einzugehen oder sich gar „fertigmachen“ zu lassen? Während die Bearbeitung des objektiven Mangels auf der „Lieferseite“ liegt, tragen wir zu 50% die Verantwortung für die Gesprächsatmosphäre. Im Kapitel „Verhalten ist zielgerichtet“ habe ich ausgeführt, wie sehr unsere Kooperationsbereitschaft, unser Entgegenkommen und Einlenken oder auch unsere Großzügigkeit davon abhängt, wie wohl wir uns in der jeweiligen Gesprächssituation fühlen, wie sehr wir uns ernst genommen und respektiert fühlen. Wer sein berechtigtes Anliegen wertschätzend darlegt, hat nicht nur die Chance, im aktuellen Fall zum Ziel zu kommen, sondern auch für zukünftige Begegnungen eine partnerschaftliche Basis zu bilden.

Nach Abschluss eines Reklamationsgesprächs stellt sich entweder ein gutes oder ein schlechtes Gefühl ein. Und dies ist unabhängig davon, ob wir unser angestrebtes Ziel erreicht haben oder nicht. Im Folgenden sollen die sich daraus ergebenden vier Möglichkeiten erörtert werden:

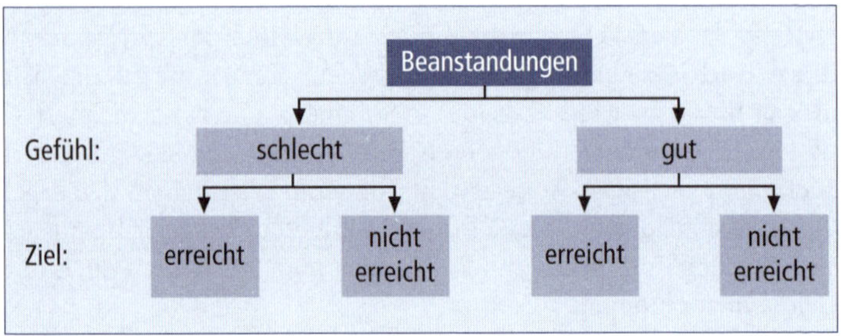

Abb. 17-3

Fehlende Wertschätzung lässt sich nicht durch sachliche Zugeständnisse ersetzen. Darauf folgt: Wer erhält, was er möchte, muss sich deswegen noch lange nicht wohl fühlen.

Am Nachbartisch in einer Pizzeria spielt sich folgende Szene ab: Zwei Paare haben verschiedene Pizzen bestellt, die alle gleichzeitig serviert werden. Beim Anschneiden fällt einem der vier auf, dass seine Pizza allenfalls noch lauwarm ist, der Käse schon zähe Fäden zieht. Der gerade vorbeieilende Kellner wird angesprochen: „He Sie! Ich habe 'ne warme Pizza bestellt. Die hier ist ja völlig kalt." Dabei reicht er dem Kellner seinen Teller, den dieser wortlos nimmt. Als die drei anderen am Tisch schon weitgehend mit ihrem Essen fertig sind, wird die frisch gebackene Pizza serviert. Mit folgender Bemerkung macht der Kellner jedoch den „Erfolg" des Gastes zunichte: „Bitte schön. Für Leute, die glauben, dass nur heiße Pizza schmeckt." Der Gast schnappt nach Luft, verzichtet aber auf eine Erwiderung. Vermutlich ahnt er, dass er den Kürzeren ziehen könnte.

Wenn nun die Reklamation von erheblichem Ärger und großen Umständen begleitet wird, mag die rasche Bearbeitung zwar erfreulich sein, trägt aber den Gefühlen (Ärger, Peinlichkeit, Bloßstellung,

Hilflosigkeit) und der zeitlichen Belastung (Umwege, Warten, Verpacken, Tragen) keine Rechnung. Selbst wenn im „Pizzabeispiel“ der Kellner auf seine freche Äußerung verzichtet hätte, wäre das wortlose Ersetzen einer lauwarmen gegen eine heiße Pizza kaum zufrieden stellend gewesen.

Ganz ähnlich erging es einem meiner Kollegen, der ein Buch zurückgab, weil er erst beim Lesen entdeckte, dass die Seiten 81 bis 96 fehlten. Die Buchhändlerin nahm das beanstandete Exemplar, schaute ins Regal, zog ein anderes Exemplar heraus, kontrollierte die Seiten und übergab das Buch dem Kollegen mit den Worten: „Nehmen Sie halt dieses.“ Die Empörung, mit der mir diese Begebenheit berichtet wurde („Saftladen, die haben ja alle überhaupt keine Ahnung, eine echte Zumutung …“), stand in überhaupt keinem Verhältnis zum rein sachlichen Vorgang, zumal der Kollege ja anstandslos und umgehend einen gültigen Ersatz bekam. Reklamationen fußen aber in der Regel nicht auf einer objektiven Einschätzung der Sachlage, sondern auf einem **Gefühl, schlecht behandelt worden zu sein**. Und wer sich ungerecht behandelt fühlt, neigt zu ungerechtem Verhalten und dazu, entstandene Schwierigkeiten zu dramatisieren.

Es lässt sich festhalten: Je stärker die emotionale Betroffenheit, umso weniger erfolgreich ist eine rein sachliche, auf Fakten bezogene Lösung.

Stellen Sie sich vor, Sie holen Ihr Auto aus der Werkstatt, der Wagen bleibt aber nach zwei Kilometern plötzlich stehen. Es gießt in Strömen. Von einer Telefonzelle ist weit und breit keine Spur zu sehen. Wohl oder übel machen Sie sich auf den Weg zurück. Unabhängig davon wie liebenswürdig oder wie aufgebracht Sie jetzt Ihr Missgeschick darstellen, antwortet Ihnen der zuständige Meister: „Alles kein Problem. Sie bekommen ein Ersatzfahrzeug. Hier sind die Schlüssel, da draußen steht das Fahrzeug und um Ihren Wagen kümmern wir uns.“ Gesagt, getan. Unvermittelt befinden Sie sich im Besitz fremder Wagenschlüssel und sollen zufrieden sein. Nur wahrhaft großzügige Menschen sehen darüber hinweg, dass sie durchnässt sind, verdreckte Schuhe haben, den dringenden Geschäftstermin verpasst haben und unmöglich in diesem Aufzug weiter herumlaufen können. (Abb. 17–4)

Abb. 17-4

Bei vielen Reklamationen kommt der Kunde aber erst im zweiten oder dritten Anlauf zu seinem Recht. Wenn der Kunde mit Zwangsmaßnahmen droht, wenn er davon spricht, einen Anwalt einzuschalten, den Vorgang im Kollegenkreis oder durch die Presse publik zu machen, oder wenn er einfach nach dem Vorgesetzten verlangt; erst dann wird nachgegeben. Doch sind mittlerweile zu den besprochenen negativen Gefühlen noch weitere hinzugekommen: Der Kunde wurde im ersten Anlauf nicht ernst genommen, ihm wurde widersprochen oder er wurde gar verantwortlich gemacht für das aufgetretene Problem. Im Kapitel „Verhalten ist zielgerichtet“

habe ich ausgeführt, welche Eskalation bei fehlender Wertschätzung eintreten kann. Und vielfach versteckt sich hinter den **Drohungen** des Kunden ein gnadenloser **Machtkampf**, der in überhaupt keinem Verhältnis zu seinem eigentlichen Ziel steht. Typischerweise fällt dann auch der Satz: „Es geht mir ja gar nicht um die paar Euro, sondern ums Prinzip." Und gerade weil es beim wiederholten Anlauf nur noch ums **Prinzip** geht, ist eine jetzt vorgenommene Regulierung, die dem sachlichen Anliegen des Kunden Rechnung trägt, zum Scheitern verurteilt. Anders lässt sich kaum erklären, warum Kunden, die schließlich erhalten haben, was sie von Anfang an wollten, dennoch das Erlebnis als ungut abspeichern und dazu neigen, den Lieferanten zu wechseln oder andere Geschäfte, Werkstätten oder Restaurants aufzusuchen.

Wer nun trotz aller Bemühungen nicht in der Lage ist, seinem Anliegen Geltung zu verschaffen, verlässt die Kampfstatt als Verlierer und bewahrt sich entsprechend negative Gefühle. Diese Empfindungen können so gut konserviert werden, dass noch nach Jahren der ganze Zorn wieder hochkommt, wenn man an das besagte Erlebnis erinnert wird.

Sie können das überprüfen, indem Sie im Freundes- oder Kollegenkreis darum bitten, eine Reklamation, eine Beanstandung oder Beschwerde zu schildern. Noch während des Berichtens geraten die meisten in den gleichen Zustand wie ehedem. Die Stimme verändert sich, man hört förmlich die Enttäuschung und Empörung über das erlittene Ungemach. Mimik und Gestik nehmen straffe Züge an, und die Begebenheit wird so lebhaft dargestellt, dass Außenstehende meinen, das Ganze habe sich nicht vor Jahren, sondern kurz zuvor zugetragen.

Wenn Sie sich mehrere Erlebnisse dieser Art angehört haben, werden Sie feststellen können, dass der materielle Schaden in der Regel nachrangig ist. Was den Erzähler emotional so aufrührt, ist die Erinnerung an seine Hilflosigkeit. Während Ärger, Empörung und Zorn schon heftige negative Gefühle sind, findet eine Steigerung im Negativen statt, wenn wir erfahren müssen, dass all unser Bemühen wirkungslos bleibt; wir erleben uns als **ratlos**, **hilflos** und **ohnmächtig**. Im wahrsten Sinne des Wortes sind wir gezwungen wahrzunehmen, dass wir ohne Macht sind. Dies umschreiben wir auch mit: Sich-ausgeliefert-Fühlen. Ein Gefühl, das nicht gerade dazu angetan ist, uns in eine gehobene Stimmung zu versetzen.

Ist der materielle Schaden einer erfolglosen Reklamation schon ärgerlich, so ist die damit einhergehende **Demütigung** nur schwer zu ertragen. Jetzt auf Rache zu sinnen, liegt auf der Hand. Im einfachsten Falle erfolgt Selbstschutz durch Wechsel des Geschäfts, des Lieferanten, des Betriebes. Darüber hinaus konnte in Untersuchungen nachgewiesen werden, dass elf weitere Kunden davon erfahren, wenn eine Reklamation von der Abwicklung her negative Gefühle zurückließ. In einem Verkaufsbüro entdeckte ich an der Wand den Spruch: „Es hat noch kein Verkäufer einen Machtkampf gegen einen Kunden gewonnen."

Nachdem ich nun ausführlich behandelt habe, wie wenig ein sachliches Zugeständnis fehlende Wertschätzung ersetzen kann, soll uns im Folgenden die Umkehrung beschäftigen:

Durch gezielte Wertschätzung können Sie ein sachliches Zugeständnis gering halten oder gar ersetzen.
Daraus folgt: Wer nicht erhält, was er möchte, muss sich deswegen noch lange nicht unwohl fühlen.

Dazu schilderte mir eine Seminarteilnehmerin folgende Begebenheit: Sie hatte sich eine Eigentumswohnung gekauft. An einem Freitag nach Dienstschluss war der Termin der Wohnungsübergabe durch den Bauleiter. Beim Abschreiten der Räume wurde kontrolliert, ob alles wunschgemäß ausgeführt war. Im Bad stellte sich heraus, dass statt der gewünschten Wandkacheln in Hellbeige Kacheln in Hellrosa verlegt worden waren. Die Beanstandung wurde sofort zu Protokoll genommen mit dem Hinweis, den Fliesenleger umgehend zu benachrichtigen. Bis zu diesem Moment ging es der frisch gebackenen Wohnungsbesitzerin gut. Zu ihrem Erstaunen rief der Handwerker noch am selben Abend bei ihr an. Sie hat mir den Wortlaut des Telefonats nachträglich aufgeschrieben, so dass er sich für unseren Zusammenhang verwenden lässt:

„Herr Groll hat mich angerufen, dass wir in Ihrem Bad falsche Kacheln verlegt haben. Sie hatten beige bestellt und wir haben versehentlich rosa Platten verlegt. Wenn Sie darauf Wert legen, müssen wir das selbstverständlich ändern. Wir können gleich am Montag kommen und die rosa Kacheln rausreißen, am Dienstag wird dann der Wandvorbau und Untergrund neu verputzt, am Mittwoch trocknet der Putz, am Donnerstag können wir dann die gewünschten Kacheln verlegen und am Freitag die Fugen verputzen. – (Pause) – Sollten Sie sich allerdings entscheiden, die jetzt verlegten rosa Kacheln zu behalten, dann muss ich Ihnen im Preis deutlich entgegenkommen. Ich biete Ihnen an, von der Rechnung 500 Euro abzuziehen. Das brauchen Sie nicht sofort zu entscheiden. Sie können sich das in aller Ruhe überlegen. Lassen Sie mich nur wissen, ob wir am Montag zum Rausreißen kommen sollen."

Ich weiß nicht, wie Sie in dieser Situation entschieden hätten, die Teilnehmerin hat heute noch hellrosa Wandfliesen in ihrem Bad. Sie berichtete, dass sie für diese Entscheidung überhaupt keine Denkpause benötigt hatte, sondern noch am Telefon antwortete: „Dann lassen wir alles so, wie es ist." Darüber hinaus ergänzte sie, dass sie hocherfreut war, so schnell 500 Euro „verdient" zu haben und ihr der Farbton im Bad mittlerweile ganz passabel erschien.

Bei der nachträglichen Analyse wurde herausgearbeitet, dass sich die Frau von Anfang bis Ende ernst genommen fühlte, dass der Handwerker keinerlei Anstalten unternahm, sie zu beschwatzen, die rosa Kacheln zu behalten, oder sich anschickte, die Verantwortung für den Fehler abzuwälzen. Im Gegenteil, durch die anschauliche Beschreibung der Schadensbehebung entstand noch während des Telefonats ein Szenario aus Dreck und Lärm in ihrer nagelneuen Wohnung, die sie am Wochenende zu beziehen gedachte. Sie betonte, dass ihr die überraschend schnelle Entscheidung so leicht fiel, weil ihr ausdrücklich eingeräumt wurde, sich das Ganze in aller Ruhe zu überlegen.

Dieses Beispiel soll nun nicht den Eindruck erwecken, dass sich bei der Reklamationsbearbeitung durch gezielte Wertschätzung eine Schadensregulierung erübrigt. Sicherlich hat der Fliesenleger auf geniale Weise viel Kosten und Mühe gespart. Aber auch wenn die Kundin auf ihrer ausgewählten Farbe bestanden hätte, wäre diese Form der Gesprächs**führung** eine gute Basis für die anstehende Reparatur gewesen. Weil es mich neugierig gemacht hatte, fragte ich die Seminarteilnehmerin, wie es weitergangen wäre, wenn Rosa in jedem Fall durch Beige hätte ersetzt werden müssen. Sie konnte sich spontan vorstellen, den Handwerkern einen Kaffee zu machen, über den notwendigen Staub und Krach großzügig hinwegzusehen und bei der Bezahlung der Rechnung ihrerseits auf pünktliche Begleichung zu achten.

Wie sehr die Berücksichtigung der emotionalen Befindlichkeit dazu beitragen kann, sich Maximalforderungen zu ersparen, belegt auch das Beispiel des Autofahrers, dessen Fahrzeug nach zwei Kilometern stehen blieb und der deswegen im strömenden Regen zur Werkstatt zurücklaufen musste. Tatsächlich lief er seinem Verkaufsberater über den Weg, bei dem er sich schimpfend Luft machte:
„Das ist ja wohl das letzte Mal, dass ich meinen Wagen hierher gebracht habe. Alles Pfusch, nichts als Pfusch. Da wünscht mir Herr Leidig noch,Gute Fahrt', von wegen! Gerade bis zum Baumarkt bin ich gekommen, und plötzlich bleibt die Karre stehen, macht keinen Mucks mehr. Sie glauben doch nicht im Ernst, dass ich bei Ihnen noch einmal ein Auto kaufe."
Dem Verkaufsberater, der mir diesen Fall geschildert hat, war sofort klar, dass dem Kunden sachlich nicht zu helfen war, zumal er dafür Hintergrundinformationen über den Werkstattbesuch hätte haben müssen, die zu erfragen in der konkreten Situation völlig unpassend gewesen wäre. Es war unüberhörbar, dass der Kunde wütend war, darum richtete sich seine ganze Aufmerksamkeit darauf, den Kunden aus seiner negativen Verfassung abzuholen, um ihn von dort in eine bessere Stimmung zu versetzen:
„O je, Herr Jansen, kommen Sie erst mal in mein Büro, Sie sind ja völlig durchnässt. Wenn Ihr Wagen jetzt am Baumarkt steht, dann sind Sie ja mindestens zwei Kilometer durch dieses Sauwetter gelaufen, an Ihrer Stelle wäre ich jetzt auch geladen. Womöglich hatten Sie einen Termin und sind mit Ihrem Zeitplan völlig durcheinander."
„Das kann man wohl sagen. Um 16 Uhr hatte ich einen Ortstermin bei Jäger und Bauer. Den kann ich ja wohl vergessen. Sie können sich gar nicht vorstellen, was da alles dranhängt."
„Gerade weil das für Sie so wichtig ist, überlege ich, wie wir Ihnen jetzt weiterhelfen können. Klar, dass wir uns um Ihr Auto kümmern, aber im Moment müssen Sie so schnell wie möglich zu Jäger und Bauer kommen. Würde es Ihnen nützen, wenn ich Sie sofort dort hinbringe?"
„Das ist nett, allerdings mache ich in dem Aufzug keine gute Figur, schauen Sie sich doch nur mal meine Schuhe an."
„Sie haben Recht, Schuhe und Kleider gehören gewechselt. Außerdem würde jetzt eine heiße Tasse Tee oder Kaffee kaum schaden."

„Sagen Sie, kann ich von hier mal ungestört ein paar Telefonate führen? Ich habe zum Glück meine Unterlagen aus dem Auto genommen (Kunde sucht in seiner Aktentasche). Wenn ich diese vier Seiten zu Bauer und Jäger faxen kann, wäre vielleicht noch etwas zu retten."
„Selbstverständlich steht Ihnen mein Büro zu Verfügung. Tee oder Kaffee? Wenn Sie mir Ihre Wagenschlüssel geben, kann ich veranlassen, dass man sich sofort um Ihr Fahrzeug kümmert."
Als der Kunde nach etwa zwanzig Minuten aus dem Verkäuferbüro kam, war er in wesentlich aufgeräumterer Verfassung und spontan bereit, noch weitere zwanzig Minuten zu warten, weil bis dahin sein Wagen fertiggestellt sein würde.

Wenn Sie Beschwerden bearbeiten, werden Sie oftmals als „Blitzableiter" benutzt, und in dieser Funktion gilt es, nicht nur die konkrete Beanstandung zu bearbeiten, sondern sich auch den verletzten Gefühlen des Gesprächspartners zuzuwenden.

Aus Kundensicht gestaltet sich der Idealfall als **sachlicher und emotionaler Erfolg**; er will sein Ziel erreichen **und** sich dabei noch wohl fühlen.

Nun kann es keineswegs die Aufgabe einer Beschwerdebearbeitung sein, Kunden in jeder Situation nach dem Mund zu reden und unbesehen Recht zu geben. Umso wichtiger ist es, den Kunden gerade in den Punkten ernst zu nehmen und zu bestätigen, die mit einem möglichen Zugeständnis gar nichts zu tun haben.

Sie können die **Gesprächsatmosphäre förderlich beeinflussen**, wenn Sie den Kunden von Beginn an spüren lassen, dass Sie seinen Unmut nachvollziehen können, dass er Umstände und Mühen hatte, dass er enttäuscht ist und sein Vertrauen in Sie womöglich einen Knacks bekommen hat.

Es schafft ganz grundsätzlich eine positive Stimmung, wenn Sie dem Kunden Recht geben,

- weil er Widrigkeiten hatte:

„Ich stelle mir gerade vor, wie peinlich das gewesen sein muss, als Ihnen wegen unserer Lieferprobleme Vorhaltungen gemacht wurden."

- weil er sofort seine Beanstandung vorträgt:

„Zunächst möchte ich mich ausdrücklich bedanken, dass Sie sich in so einer Situation sofort an mich gewendet haben."

- weil er von Ihnen eine Lösung erwartet:

„Sie können zu Recht erwarten, dass ich mir jetzt den Kopf zerbreche."

- weil er für sein Problem eine schnelle Bearbeitung wünscht:

„Es ist völlig berechtigt, dass Sie so schnell wie möglich eine funktionsfähige Anlage benötigen."

- weil er auf eine Dauerlösung dringt:

„Selbstredend ist Ihnen mit einer provisorischen Lösung nicht gedient."

- weil er zukünftigen Schaden abwenden will:

„Natürlich darf unsere Lieferung zu keinem Imageverlust für Ihr Unternehmen führen."

Wie oft wird aus fehlender Zeit oder mangelnder Geduld darauf verzichtet, auf den negativ gestimmten Gesprächspartner einzugehen. Oftmals wird nach dem Motto verfahren: „Problem erkannt – Lösung genannt". Doch bei diesem **voreiligen Reagieren** entsteht leicht der Eindruck, man wolle den Beschwerdeführer so schnell wie möglich wieder loswerden. Geduld ist schon deswegen angesagt weil der Beanstandung in der Regel eine gewisse Zeitspanne vorausging, die für den Kunden alles andere als angenehm war. (Abb. 17–5)

Durch geduldiges Eingehen auf die Gemütslage Ihres Gesprächspartners schaffen Sie gewissermaßen einen Ausgleich für die erduldete Enttäuschung.

Erst wenn der Reklamierer spürt, dass Sie ihn wirklich ernst nehmen, kann ein positives Gesprächsklima entstehen, bei dem das zerstörte Vertrauen wiederaufgebaut wird.

Erst danach entsteht Kompromissbereitschaft und der Wille zur Kooperation.

Abb. 17-5

Wenn Sie eine Beschwerde zunächst auf der Gefühlsebene bearbeiten, können Sie die Regulierung schon dadurch verkürzen, dass Sie bei Ihrem Gesprächspartner das bis dahin durch negative Stimmung reduzierte Denken wieder voll zum Einsatz kommen lassen und er bei der möglichen Problemlösung selbst aktiv mitarbeiten kann.

Wird auf diese Weise Kooperation erreicht, ist ein Imageverlust in Form negativer Mundpropaganda nahezu ausgeschlossen.

Auch andere Gespräche haben einen eher unerfreulichen Anlass. Der Inhalt ist zunächst einmal für den anderen eine negative Mitteilung. Oft fällt es schwer, Kritik zu üben, oder Absagen und enttäuschende Entscheidungen mitzuteilen. In der professionellen Gesprächsführung erleben Sie diese Situationen keineswegs misslich und fühlen sich auch nicht genötigt, auf Ausreden zu verfallen.

Wenn Sie sich einmal folgende Situation vorstellen: Sie sind voll konzentriert auf Ihre Arbeit, da kommt ein Kollege zu Ihnen und bittet Sie kurz um Ihre Hilfe. Was sich anfangs wie eine knappe Frage anhörte, entwickelt sich nun aber zu einem längeren Gespräch, bei dem der Kollege vom Hundertsten zum Tausendsten kommt. Wie kann dem Kollegen verdeutlicht werden, dass er stört, dass Sie im Moment kein Interesse verspüren, mit ihm zu klönen, und dass er Sie, bitteschön, weiterarbeiten lassen soll? (Abb. 17–6)

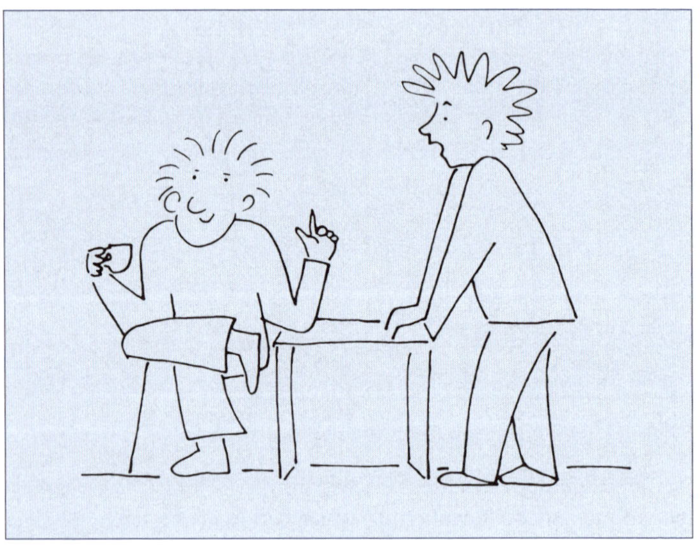

Abb. 17-6

Folgende Reaktionen werden Ihnen bekannt vorkommen:

Unauffällig auffälliger Blick zur Uhr.
Betonte Einsilbigkeit bis hin zum Wegschauen.
Weiterarbeiten bzw. Aufräumen der Unterlagen.
„Es tut mir echt Leid, aber ich hab' gleich noch einen Termin …"
„Entschuldigung, aber wenn ich das hier nicht fertig kriege, dann ist ein Donnerwetter los, Sie wissen ja …"
„O je, es geht ja schon auf drei Uhr zu, Mensch, wo bleibt bloß die Zeit?"
„Also, ich würde jetzt wirklich gern mit Dir weiterreden, aber ich kann das jetzt unmöglich mit diesem wahnsinnigen Pensum."

„Können wir ein andermal weiterreden. Ich bekomme gleich Besuch."
Aufstehen und zur Tür gehen: „Ich muss gerade zum …"

Diese Liste lässt sich wahrscheinlich noch eine Weile fortsetzen. Was macht es so schwer, dem Kollegen in dieser Situation offen die Wahrheit zu sagen und ihm zu erklären, dass er im Moment wahrlich stört? Die typische Antwort lautet: Ich will ihn doch nicht kränken, ihm wehtun oder ihn vor den Kopf stoßen.

Diese Antwort enthüllt eine faustdicke Unterstellung. Wissen wir denn so genau, wie der andere reagieren wird? Ja, woraus schöpfen wir denn den Verdacht, dass er die Wahrheit nicht ertragen könnte und wir sie darum nett verpacken müssen? Wenn wir Zweifel haben, ob unser Gesprächspartner mit einer Abfuhr umgehen kann, dann haben wir wahrlich kein besonders positives Bild vom anderen.

Und schon bin ich wieder beim Stichwort: Bilder.

Wie ich in den vorangegangenen Kapiteln immer wieder ausgeführt habe, machen wir uns fortlaufend Bilder über zukünftige Ereignisse und stellen uns mögliche Reaktionen unserer Mitmenschen im Geiste vor. Es sei in diesem Zusammenhang noch einmal das Zitat des Stoikers *Epiktet* wiederholt:

> „Nicht die Dinge, sondern die Meinungen, die wir über die Dinge haben, beunruhigen uns."

Die Klassifizierung einer Mitteilung in angenehm oder unangenehm stellt bereits eine subjektive Einschätzung dar, die nicht ohne Folgen bleibt. Man muss schon ziemlich kaltblütig sein, um gänzlich unbefangen zu bleiben, während man einem anderen Menschen etwas mitteilt, von dem man selber annimmt, dass es den anderen unangenehm berühren wird. Nein, wer Unangenehmes mitteilt, neigt bereits im Vorfeld dazu, sich gegen mögliche Reaktionen zu wappnen; sei es, dass man besonders vorsichtig oder leise spricht, sei es, dass man dem anderen gegenüber ganz besonders forsch auftritt. Dabei wird allerdings außer Acht gelassen, dass gerade dieses Verhalten bewirken kann, die befürchtete Reaktion zu provozieren, wie folgendes Beispiel belegt:

Nach langem Warten erhält der Gast endlich sein Mittagessen. Leider ist es nur noch mäßig warm, ja auf der Sauce befindet sich bereits eine Haut. Der Gast möchte reklamieren, aber er befürchtet, mit seinem Anliegen nicht durchzudringen und im schlimmsten Fall verbalen Angriffen ausgesetzt zu sein. Dennoch spricht er die vorbeieilende Bedienung zaghaft an:

„Entschuldigung, dass ich Sie gerade aufhalte, aber eigentlich hatte ich ein warmes Essen bestellt."

Ohne anzuhalten erwidert der Ober:

„Oh, das tut mir leid. Aber Sie sehen ja, was heute los ist. Seien Sie froh, dass Sie überhaupt was gekriegt haben."

Der Gast denkt: „Hätte ich bloß nichts gesagt."

Solange wir uns nicht klar machen, dass unser Verhalten durch den Sog unserer Bilder beeinflusst wird, übersehen wir auch, dass womöglich unangenehme Mitteilungen und die damit einhergehenden Ausreden im Grunde genommen eine Reaktion auf unsere „Horrorphantasien" darstellen.

Nehmen wir an, der Gast, der das lauwarme Essen bekam, wäre in der Lage, sich auf sein **Ziel** zu konzentrieren und sich vorzustellen, wie der Ober den Teller wieder mitnimmt, um ihm kurze Zeit später mit höflicher Entschuldigung ein warmes Essen zu servieren. Mit freundlichen Worten würde er die Bedienung anhalten und vielleicht Folgendes sagen:

„Es ist unübersehbar, dass Sie heute besonders viel zu tun und für Sonderwünsche nicht gerade ein offenes Ohr haben. Sie machen mir eine Freude, wenn Sie trotzdem dieses abgekühlte Essen gegen ein warmes Gericht eintauschen."

Ich komme noch einmal auf das obige Beispiel mit dem Kollegen zurück, der mittels Ausreden zum Aufstehen bewegt werden soll. Mit unseren Ausflüchten setzen wir uns dem Verdacht aus, selbst nicht stark genug zu sein, um eine mögliche Abfuhr zu verarbeiten. Mit unseren gut gemeinten Ausreden werfen wir fürwahr kein besonders günstiges Licht auf uns selbst.

Manch einer mag einwenden, dass ihm selbst ein ehrliches Gesprächsende am liebsten wäre, doch andere Menschen da sehr empfindlich und nachtragend reagieren. Mit anderen Worten: Diese Ausreden sollen vor unliebsamen Reaktionen des Gesprächspartners schützen, frei nach dem Motto: Man kennt schließlich seine Pappenheimer. Hier sei gleich nachgehakt: Woher eigentlich? Worauf gründet die Vermutung, der andere könnte beleidigt, eingeschnappt oder gekränkt reagieren? Natürlich werden wir uns bemühen, negative Erfahrungen tunlichst zu vermeiden. Sie werden diese Ausreden jedoch auch dort beobachten können, wo noch gar keine Erfahrungen vorliegen, wo also aufgrund von Vermutungen reagiert wird. Unsere Fähigkeit, vom Einzelerlebnis auf die Gesamtheit zu schließen, also zu verallgemeinern, birgt die Gefahr, die Mehrzahl unserer Mitmenschen über einen Kamm zu scheren.

Um nicht in den Verdacht zu geraten, hier eine Moralpredigt zu halten, will ich mich der positiven Seite dieser Vermutungen zuwenden. Wenn Sie, statt zu verallgemeinern, sich konkret vorstellen, was Ihr Gesprächspartner aufgrund Ihrer Äußerung empfinden und wie er reagieren wird, fühlen Sie sich tatsächlich in die Lage des anderen ein. Dieses Einfühlungsvermögen, auch Empathie genannt, wirkt wie ein Schlüssel zum anderen. Welche besondere Bedeutung dieser Einfühlung zukommt, hatte ich im 3. Kapitel im Abschnitt über das „aktive Zuhören“ ausgeführt.

Wenn Sie das, was Sie im Begriffe stehen, beim anderen auszulösen, bereits sprachlich vorwegnehmen, bringen Sie Ihrem Gesprächspartner Verständnis entgegen.

Wir stellen uns also vor, dass sich der Kollege im obigen Beispiel vor den Kopf gestoßen fühlt oder enttäuscht sein könnte. Wenn wir ihm diese Vermutung mitteilen, zeigen wir unsere Einfühlung:

„Vielleicht stoße ich Sie jetzt vor den Kopf, wenn ich mich jetzt wieder meiner Arbeit zuwende. Ich möchte gern hiermit fertig werden." Oder:

„Ich weiß nicht, wieweit ich Sie jetzt enttäusche: Ich möchte hier gern abbrechen und mit meiner Arbeit fortfahren."

Manch einer wird jetzt sagen: „So unverblümt und direkt kann man das doch niemandem sagen.“ Ja, warum denn nicht? Sind die obigen Ausreden denn so viel weniger kränkend und enttäuschend? Glauben wir denn wirklich, dass der andere auch nur eine dieser

Ausreden wirklich glaubt? Ganz im Gegenteil. Jeder von uns ist selbst schon das ein oder andere Mal Opfer derartiger Ausflüchte geworden. Waren Sie dann stets dankbar, dass man Ihnen die Wahrheit erspart hat? Oder blieb womöglich das schale Gefühl zurück, das sich einstellt, wenn man Unaufrichtigkeit spürt?

Wenn Sie sich in Ihren Gesprächspartner einfühlen und das ansprechen, was Sie sowieso auslösen, werden Sie über die Reaktion womöglich überrascht sein. Denn der andere wird mit großer Wahrscheinlichkeit sagen:

„Nein, Sie stoßen mich damit doch nicht vor den Kopf, ich wollte Sie auch nicht länger aufhalten ..."

„Ach was, Sie enttäuschen mich doch nicht. Ich wollte sowieso nicht solange bleiben ..."

Aber manch einer befürchtet Schlimmeres, wähnt schon den Gesprächspartner eingeschnappt oder beleidigt. Ja, was spricht denn dann dagegen, dass wir diese Befürchtung genau so aussprechen, wie wir sie nun einmal im Kopf haben. Denn wenn wir uns so weit in den anderen hineingefühlt haben, dass wir mit einer beleidigten Reaktion rechnen, dann tun wir gut daran, ihn an unserer Sorge teilnehmen zu lassen.

„Ich befürchte, dass Sie womöglich beleidigt reagieren, wenn ich unser Gespräch hier abbreche. Ich möchte gern mit meiner Arbeit fortfahren." Oder:

„Ich bin mir unsicher, ob Sie eingeschnappt sind, wenn ich Sie bitte, mich mit meiner Arbeit wieder allein zu lassen. Im Moment wird mir das zu viel, und ich komme mit dem, was ich hier gerade mache, nicht voran."

Gerade bei diesen Beispielsätzen habe ich bislang noch keinen Gesprächspartner erlebt, der je geantwortet hätte:

„Also, das beleidigt mich schon." Oder:

„Doch, da schnappe ich ein. Sie wollen mich wohl vor den Kopf stoßen."

Auch hier wird der Partner eher abwimmeln und erklären, dass das nicht so schlimm sei. Sollten Sie jedoch mit diesem Kollegen bereits einschlägige Vorerfahrungen haben und dennoch das Gespräch beenden wollen, wäre es allemal ehrlicher, ihm zu erklären, dass Sie sich bewusst sind, welches Risiko Sie da gerade eingehen.

„Auch auf die Gefahr hin, dass Sie eingeschnappt sind …"
„Auch auf das Risiko hin, dass Sie mit mir jetzt eine Woche nicht mehr sprechen …"
„Womöglich trete ich Ihnen jetzt zu nahe, so dass Sie mich für absolut unkollegial halten und mit mir am liebsten nichts mehr zu tun haben wollen. Mir ist es im Moment wichtig, hier abzubrechen und mich wieder meiner Arbeit zuwenden."

Die Offenheit und Bereitschaft zur Einfuhlung macht diese Gesprächsstrategie so unschlagbar. Ehrlichkeit hat nun einmal etwas Entwaffnendes. Gerade dadurch, dass Sie Ihrem Gesprächspartner ausdrücklich einräumen, eingeschnappt, beleidigt oder gekränkt zu reagieren, geben Sie ihm die Möglichkeit, auch ein anderes Verhalten an den Tag zu legen. Ja, um sich nicht so zu verhalten, wie Sie ihm gewissermaßen unterstellen, wird er Ihre Befürchtung eher zerstreuen, als Ihnen zustimmen.

Wenn jemand aus dem Satz „Die Zahlen scheinen mir aber sehr hoch" die Botschaft heraushört: „Ich traue Dir nicht", dann verpflichtet ihn das nicht zur pampigen „Glauben Sie, ich kann nicht rechnen?"-Reaktion. Er kann auch ganz ruhig auf die mitschwingenden Zweifel reagieren und die Beziehung direkt ansprechen, beispielsweise:

„Sie sind skeptisch, was die Zahlen anbelangt." Oder:
„Sie trauen mir im Moment nicht." Oder:
„Sie halten meine Ausführungen nicht für vertrauenswürdig."

Die in einer Mitteilung unterschwellig mitschwingende Beziehungsaussage direkt auszusprechen, trägt nicht nur zur Klärung bei, sondern verschafft eine emotionale Distanz, die davor bewahrt, gefühlsgeladen zu reagieren. Im Beispiel könnte auf den Satz: „Sie trauen mir im Moment nicht" die Reaktion lauten:

„Oh Entschuldigung, so war das nicht gemeint, mir würde es helfen, wenn Sie mir kurz Ihre Quelle nennen."

Und damit wäre dieser Vorgang erledigt. Allerdings könnte auch die Reaktion kommen:

„Wenn Sie es genau wissen wollen: Ja. In meinen Augen sind Ihre Ausführungen einseitig und geschönt."

Vielleicht stößt uns eine derartige Antwort vor den Kopf. Aber nun wissen wir, woran wir sind. Statt beleidigt zu reagieren, steht es uns frei, unser Erstaunen zum Ausdruck zu bringen:
„Dann überrascht mich, dass Sie die Verhandlung noch fortsetzen."

Mit Absicht habe ich für das Beispiel auf das Gefühl des Zweifels zurückgegriffen. Die meisten Menschen sind im Äußern ihrer Zweifel meist sehr unbeholfen. Dennoch geht es bei jeder Kommunikation um die grundlegende Frage, wie weit man seinem Gegenüber vertrauen kann, oder wie sehr man dazu neigt, die gehörten Argumente mit Vorsicht zur Kenntnis zu nehmen. Diese Unsicherheit wird hinter einer Fassade „objektiver Sachlichkeit" versteckt, streng nach dem Motto: „Man schlägt den Sack und meint den Esel." Da Gefühle nur schwer kognitiv zu beeinflussen sind, folgt als Regel: Das Gefühl des Zweifels verschwindet nicht dadurch, dass einem gesagt wird, man bräuchte diesen Zweifel nicht zu haben. Im Gegenteil!

Erinnern Sie sich Ihrer diesbezüglichen Erfahrungen: Wie glaubwürdig ist jemand für Sie, der schwört, die Wahrheit zu sagen? Wo bleibt Ihre Skepsis, wenn Ihnen gesagt wird, dass etwas „schwarz auf weiß" nachzulesen sei?

Beziehungsklärung meint auch hier: den Gesprächspartner mit seinem Gefühl ernst zu nehmen und ihm ein Recht auf seine Zweifel bzw. Vorbehalte zuzugestehen. Paradoxerweise können sich Gefühle am schnellsten auflösen, wenn sie zugelassen werden.

Wir können aber noch einen Schritt weiter gehen: In vielen Situationen ahnen Sie bereits, welche Ihrer Argumente für die Zuhörer nur schwer akzeptabel sind und vermutlich Zweifel auslösen werden. Doch ehe Ihre Gesprächspartner diese anmelden können, erteilen Sie vorab auf der Beziehungsebene gewissermaßen eine Erlaubnis zum Zweifeln:

„Vielleicht klingt das in Ihren Ohren unglaublich." Oder:
„Ich kann mir gut vorstellen, dass Ihnen diese Zahlen völlig überhöht erscheinen und Sie Zweifel an der Seriosität der Untersuchung haben." Oder:
„Womöglich sind Sie jetzt sehr skeptisch und Sie beschäftigt die Frage, wie vertrauenswürdig ich in Ihren Augen bin."

Diese Technik kann man als „Stier-bei-den-Hörnern-packen" bezeichnen. Der andere wird wirklich ernst genommen und hat es nicht länger nötig, pseudosachlich zu widersprechen.

Wenn Sie das, was Sie im Begriffe stehen, beim anderen auszulösen, bereits sprachlich vorwegnehmen, bringen Sie Ihrem Gesprächspartner nicht nur Verständnis entgegen, Sie produzieren eine Spontan-Paradoxie. Was heißt das?

Sie rauben einem sich unwillkürlich einstellenden Gefühl seine Spontaneität, wenn Sie ausdrücklich zubilligen, dass es gleich entstehen kann.

Mich erreichte folgender Brief eines Seminarteilnehmers:
Ich habe Ihre Methode, „Unangenehmes mitzuteilen", bei unserer Abteilungsmimose mit großem Erfolg angewendet. Seit mehreren Jahren lassen wir uns von dieser Kollegin tyrannisieren. Alles, was ihr nicht ins Konzept passt, schiebt sie den anderen Kollegen zu, und wer nicht hurtig springt, wird so eisig behandelt, dass der Rest der Abteilung froh ist, wenn der Friede wieder halbwegs hergestellt ist. Kürzlich wollte sie sich davor drücken, ihre Folien und Unterlagen für eine Präsentation selbst zu erstellen, und so bat sie mich, ihr die Arbeit abzunehmen, da ihr wieder einmal alles zu viel wurde. Zum Glück hatte ich im Geiste bereits geübt, so dass ich nicht groß nachzudenken brauchte, um ihr zu erwidern:
„Auch auf die Gefahr hin, dass Sie mich für fürchterlich unkollegial halten, gehe ich auf Ihren Wunsch nicht ein. Ich habe im Moment so viel zu tun, was dann liegen bliebe, da riskiere ich es lieber, dass Sie mich eine Woche schneiden."
Zu meinem großen Erstaunen erwiderte sie ganz und gar nicht eingeschnappt:
„Wie kommen Sie denn darauf, dass ich Sie schneiden könnte?"
Diese Frage hatte ich nicht erwartet, dennoch bemühte ich mich, ehrlich zu antworten:
„Das war auch mehr als Befürchtung gemeint. Im Gegenteil, mir ist es am allerliebsten, wenn wir reibungslos, ja harmonisch miteinander auskommen."
Ich hätte es zuvor nicht für möglich gehalten, dass unsere oberempfindliche Kollegin ruhig und freundlich erwidern könnte:

„Da bin ich ganz Ihrer Meinung. Das mit den Folien kriege ich schon hin. Ich wusste nicht, dass Sie selbst so viel um die Ohren haben, sonst hätte ich Sie selbstverständlich gar nicht erst gefragt. Aber da Sie mir das so klar gesagt haben, bin ich Ihnen ganz und gar nicht böse."

Mittlerweile komme ich mit unserer „beleidigten Leberwurst", wie wir sie auch schon genannt haben, bestens zurecht. Mir gegenüber ist sie ausgesprochen freundlich. Sie zeigt sich von einer für mich völlig ungewohnten, kooperativen Seite und hat bereits Anflüge von Hilfsbereitschaft, die mich geradezu verpflichten, ihr auch entgegenzukommen.

Zu meinem großen Staunen verhält sie sich jedoch gegenüber den übrigen Kollegen wie eh und je. Ich bin gespannt, wann die anderen mein Verhalten übernehmen werden.

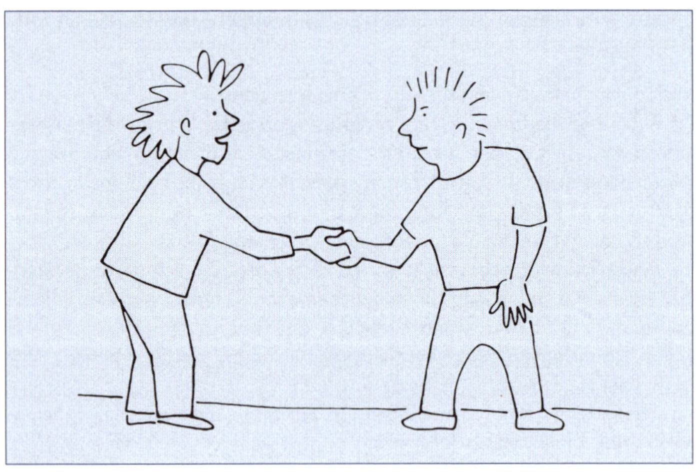

Abb. 17-7

Wohlgemerkt, diese Form, Unangenehmes mitzuteilen, ist keine Masche und stellt auch keinen Trick dar. Sie ist Ausdruck ganz persönlicher, ehrlicher Einfühlung. Wer lieber die hier aufgeführten Formulierungen auswendig lernt, anstatt sich in die momentane Befindlichkeit des Gegenübers einzufühlen, wird schneller durchschaut, als ihm lieb sein könnte.

Ich kann mich gut erinnern, wie unwillig ich auf einen Kollegen reagierte, der Verspätungen und kurzfristige Terminabsagen für gewöhnlich mit den Worten einleitete:

„Wahrscheinlich bist Du jetzt sauer, ich kann unmöglich den 14-Uhr-Termin einhalten." Oder:
„Du bist vermutlich stocksauer, dass ich erst jetzt komme. Tut mir echt leid, aber es ging nicht früher."
Mit diesen stereotypen, dahingeworfenen Wendungen fühlte ich mich ganz und gar nicht verstanden. Nach längerem Nachdenken wurde mir deutlich, mit welchen Wendungen er tatsächlich Einfühlung hätte ausdrücken können und womit es mir zugleich schwer geworden wäre, meinen Ärger auszuleben. Mit folgenden Sätzen hätte er echte Empathie ausgedrückt:
„Ich kann den 14-Uhr-Termin unmöglich einhalten. Wahrscheinlich vermittele ich Dir den Eindruck, Verabredungen mit Dir nicht ernst zu nehmen, ja, ich riskiere sogar, dich damit zu kränken." Oder:
„Wenn dich mein Zuspätkommen verletzt, dann kann ich das gut nachvollziehen. Ich scheine Dir damit ganz offensichtlich zu zeigen, dass mir im Moment alles andere wichtiger ist als die Verabredung mit dir."

An diesem Beispiel wird deutlich, dass Echtheit und Glaubwürdigkeit ganz stark mit einem offenen Verhalten zusammenhängen. Denn nach diesem Gesprächseinstieg wird nicht mehr über Termine und verstrichene Minuten geredet, sondern über die erlebten Empfindungen und die damit einhergehenden tatsächlichen Vermutungen. Ein konstruktiver Dialog könnte beispielsweise so fortgesetzt werden:

„Da ist schon etwas dran. Mir war der Termin mit Dir wirklich wichtig, und deswegen habe ich andere Sachen extra umorganisiert, und bei Dir gewinne ich den Eindruck, ich laufe unter ferner liefen. Zumal ich das ja schon wiederholt so erlebt habe."

Was von da an stattfindet, stellt eine Beziehungsklärung dar. Der Kollege hätte die Chance zu erläutern, wie er seine Prioritäten setzt, wie wichtig oder unwichtig ich ihm bin und wie er meine Ansprüche an ihn wahrnimmt und ihnen begegnet. Und umgekehrt hätte ich Gelegenheit zu klären, was denn meine Ziele sind, für die ich diesen Kollegen benötige.

In diesem Zusammenhang sei noch einmal darauf hingewiesen, dass unsere rechte Gehirnhälfte sich negative Aufforderungen nicht vorstellen kann. In Seminarübungen fällt mir immer wieder auf, dass den Teilnehmern einleuchtet, dass Einfühlung einen guten Zugang zum Gesprächspartner ermöglicht, dennoch wollten Sie mögliche negative Reaktionen vermeiden, was zu folgenden typischen Wendungen führt:

„Bitte seien Sie jetzt nicht enttäuscht, aber …"
„Ich hoffe, Sie sind jetzt nicht sauer, wenn …"
„Bitte regen Sie sich nicht auf, aber …"

Derartige Formulierungen verursachen ein emotionales Bild (z. B. Enttäuschung), das man sich bitte nicht vorstellen soll. Wen wundert es, wenn die Reaktion entsprechend ausfällt:

„Ich rege mich überhaupt nicht auf, nur dass das mal klar ist, ja?!!!"

Gar nicht so selten gehen negative Emotionen des Gesprächspartners übrigens auf das kleine Wörtchen „aber“ zurück. Mit dem „aber“ werden Einschränkungen und Gegensätze gekennzeichnet. Andere Wörter mit gleicher Bedeutung sind die Konjunktionen „doch“ und „jedoch“, „nur“, „allein“ sowie „sondern“. Auf einen kurzen Nenner gebracht können wir uns für die professionelle Gesprächsführung merken:

Die Wörter „aber“, „doch“ und „jedoch“, „nur“, „allein“ sowie „sondern“ drücken stets aus, dass etwas eingeschränkt wird, dass etwas im Gegensatz zu dem zuvor Geäußerten steht.

Der Aber-Satz verneint den vorangegangenen Satz.

Sie werden häufig feststellen können, dass dem Aber-Satz eine Äußerung vorangeht, die mehr oder weniger „Verpackungs-Charakter“ hat. Die allbekannte „Ja-aber“-Technik bedient sich bei der Einwand-Behandlung dieses Tricks. Der Gesprächspartner soll durch den zustimmenden Vordersatz gewissermaßen eingelullt werden, damit er die Verneinung oder Einschränkung nicht mehr so direkt wahrnimmt.

„Ja, da haben Sie vollkommen Recht, aber in diesem Fall verhält es sich doch ganz anders …"
„Ich stimme Ihnen zu, nur müssen Sie Folgendes bedenken …"
„Ja natürlich, das sehe ich ganz genauso, doch haben Sie dabei übersehen, dass …"

Sie können beobachten, dass Aber-Sätze nach einem Schema ablaufen:

Im Vordersatz wird der Gesprächspartner „nett“ angesprochen und im Aber-Satz wird die eigene Position dargelegt. In unserer Sprache drücken wir das Wesentliche üblicherweise im Hauptsatz aus, während die Nebensätze der Ergänzung dienen. Bei den Aber-Sätzen kehrt sich diese Regel um. Das, worauf es letztlich ankommt, wird mit dem nachgeschobenen „aber“ eingeleitet.

Der Effekt des Wortes „aber“ besteht darin, zwei Gesichtspunkte einer Sache gegenüberzustellen und dabei einen zu entwerten.

Um dies zu überprüfen, können Sie einen Aber-Satz einfach umdrehen, d. h., Sie formulieren Ihr Anliegen im Vordersatz und drücken das Anliegen Ihres Gesprächspartners mit dem Aber-Satz aus. Am leichtesten lässt sich dies an den unverfälschten Reaktionen von Kindern beobachten:

„Ich möchte jetzt in Ruhe lesen, aber Du willst jetzt mit mir spielen.“
„Ich finde Inline-Skater viel zu teuer, aber Du wünschst sie Dir sehnlichst.“
„Ich bin dagegen, dass Du erst um Mitternacht heimkommen willst, aber Dir liegt viel daran.“

Im 5. Kapitel über „Wertschätzung und Lenkung“ und auch im 13. Kapitel „Verhalten ist zielgerichtet“ hatte ich bereits ausgeführt, wie wir ein mögliches Zugeständnis oder Einlenken davon abhängig machen, ob wir uns ernst genommen fühlen. In den drei Beispielsätzen kommt die eigene Position ohne jeden Abstrich zur Geltung, wird allerdings durch den jeweiligen Aber-Satz abgeschwächt. Der Gesprächspartner bekommt gewissermaßen eine Chance, sein Anliegen noch besser zu „verkaufen“. Gleichzeitig findet eine Auseinandersetzung mit unserer Gegenposition statt, die in der Regel emotionsloser verläuft, als wenn die Sätze nach herkömmlicher Art formuliert worden wären. Wenn wir uns vergegenwärtigen, dass **Wertschätzung des anderen** eine Voraussetzung erfolgreicher Gesprächs**führung** ist, werden wir das klassische, den anderen gering schätzende Muster

ja, Du willst x, aber ich will y

in ein wertschätzendes Muster eintauschen:

Ich will x, aber Du willst y.

An dieser Stelle sei noch einmal betont, dass wir durch Wertschätzung und Ernstnehmen unseres Gesprächspartners keineswegs unsere eigene Position aufgeben. Es zeigt sich, dass in der Folge des wertschätzenden Musters das Gespräch einen Fortgang nimmt, der die Gegensätzlichkeit der Standpunkte insoweit aufhebt, als plötzlich über das **Ziel hinter dem Ziel** gesprochen werden kann. Bezogen auf die Beispiele: Wofür stehen die Inline-Skater? Welche Bedeutung hat das späte Heimkommen? Was macht das gemeinsame Spielen in diesem Moment so reizvoll?

Mancher Leser wird bereits auf das „Aber" verzichten, weil er längst entdeckt hat, dass ein schlichtes „und" noch besser geeignet ist, mögliche Kontroversen zu vermeiden.

Mit dem Austausch des Wortes „aber" durch das Wort „und" können Sie Konflikte reduzieren. Sie zeigen damit, dass zwei gegensätzliche Vorstellungen gleichzeitig nebeneinander existieren können.

Viele Menschen sind bei der Verwendung von Aber-Sätzen bemüht, die mögliche Konfrontation aus einer gewissen Konfliktscheu heraus zu verpacken. Es ist immer wieder erstaunlich, wie wir ein „aber" bereits ahnen, selbst wenn der Vordersatz sich wortgewaltig in die Länge zieht. Dazu wird mir die Seminarkritik eines Teilnehmers unvergesslich bleiben:

„Dieses Seminar war ausgesprochen unterhaltsam, also nicht nur von unserer abendlichen Freizeitgestaltung, sondern auch durch die verschiedenen Inhalte und Präsentationen. Ich habe in diesen drei Tagen eine ganze Menge Neues gehört und war erstaunt, was Sie aus einer einzelnen Videoanalyse alles herausholen. Vieles wird sich wahrscheinlich in einem veränderten Verhalten ausdrücken, wobei ich jetzt noch gar nicht sagen kann, was das im Einzelnen alles sein wird. **Aber** wenn ich mich frage, was ich wirklich gelernt habe, dann muss ich antworten: Nichts, also so gut wie nichts."

Nach diesem vernichtenden Urteil lehnte sich der Teilnehmer zufrieden, wenn nicht gar selbstgefällig zurück und überließ das Wort dem Nachbarn.

Sie mögen unter Umständen einwenden, dass solche gekünstelten Worthülsen in der Alltagskommunikation eher selten sind. Ich sehe das anders. Die in vielen Büchern zu lesende Empfehlung, zu Beginn eines Gesprächs für eine positive Atmosphäre zu sorgen, wird vielfach missverstanden. Da fragen Vorgesetzte nach dem letzten Urlaub, erkundigen sich nach Angehörigen oder wollen ganz allgemein wissen, wie es dem Mitarbeiter geht, ehe sie – manchmal recht unvermittelt – zur Sache kommen: „ …, aber worüber ich eigentlich mit Ihnen sprechen wollte …“

Gerade beim Mitteilen von Nachrichten, die man für unangenehm hält, ist es gängige Praxis, zunächst dem Gegenüber ein paar Nettigkeiten zu sagen, ehe man zum „Eigentlichen“ kommt.

Ein Geschäftsführer hat einen Außendienstmitarbeiter zu sich gebeten: „Sie wissen ja, dass ich bislang mit Ihren Leistungen immer zufrieden war. Also, da hat es eigentlich nie einen Grund zur Klage gegeben. Gerade Ihr Engagement hebt Sie in der Abteilung positiv hervor. Wenn es mal einen Engpass gibt und wir nur durch einen besonderen Einsatz die uns gestellten Aufgaben bewältigen können, dann weiß ich, dass ich mich auf Sie stets verlassen kann. Außerdem schätzen wir alle Ihren Humor und die wirklich kollegiale Art, mit der Sie unser ganzes Team Tag für Tag bereichern, **aber** was Sie sich bei der Firma Kunze geleistet haben, das ist mehr als ein noch nachsehbarer Fehler, das grenzt ja geradezu an Vorsatz. Ich habe hier ein dreiseitiges Schreiben. Was Ihnen da vorgeworfen wird, das müsste mich eigentlich veranlassen, mich von Ihnen zu trennen, Sie zumindest abzumahnen. **Aber** ich will mal nicht so sein. Sie fahren jetzt zur Firma Kunze und sorgen dafür, dass alles wieder ins Lot kommt, und dann Schwamm drüber. **Aber** sollte ich noch einmal Klagen hören, dann ist der Ofen aus. Ich hoffe wir verstehen uns.“

Sie können sich vorstellen, dass dem Mitarbeiter nach dieser Standpauke nichts mehr von den anerkennenden Worten seines Vorgesetzten in Erinnerung bleibt, die er zu Beginn hören konnte.

Der umgekehrte Fall tritt übrigens auch hin und wieder auf. Gerade bei Kritikgesprächen neigen manche Vorgesetzte dazu, gleich zur Sache zu kommen. Reagiert der Mitarbeiter jedoch stark betroffen, wird durch ein „Aber“ alles zuvor Geäußerte eingeschränkt.

Abb. 17-8

Ein Abteilungsleiter kritisiert eine Sachbearbeiterin mit folgenden Worten:

„Sagen Sie mal, was haben Sie sich eigentlich dabei gedacht, diesen Vorgang selbst zu unterschreiben und in den Postausgang zu legen. Sie wissen doch ganz genau, dass wir eine Regel haben, die klipp und klar vorschreibt, dass solche Angelegenheiten über meinen Schreibtisch gehen. Sie können von Glück sagen, dass ich gestern Abend zufällig noch den Postausgang durchgesehen habe. Was Sie sich da geleistet haben, das grenzt geradezu an Anmaßung, und ich hätte nicht übel Lust, hier einmal ein Exempel zu statuieren."

(Die völlig verschreckte und versteinert dasitzende Mitarbeiterin greift nach ihrem Taschentuch und beginnt lautlos zu weinen. Mit tränenerstickter Stimme beginnt sie: „Ich wollte nur ..." Ihr Chef lässt sie jedoch nicht zu Wort kommen, sondern fährt mit deutlich milderer Stimme fort:)

„Sie brauchen keine Angst zu haben, ich werde Sie deswegen nicht gleich rauswerfen. Außerdem wissen Sie ja, dass ich Ihre Arbeit stets schätze. Im Gegenteil, Sie sind in unserer Abteilung dank Ihrer enormen Erfahrung durch niemanden zu ersetzen. Außerdem bin ich immer wieder über Ihre Hilfsbereitschaft und Loyalität erfreut. Da könnte sich manch anderer Kollege an Ihnen ein Beispiel nehmen. Na ja, Sie wissen ja jetzt, worauf ich hinaus wollte. Ich denke, ich kann mich auch in Zukunft voll und ganz auf Sie verlassen."

Hier wird die Mitarbeiterin mit ziemlicher Sicherheit die harschen Worte zu Beginn des Gesprächs verdrängen und sich an dem hochziehen, was ihr Vorgesetzter ihr an Wohlwollen und Anerkennung zum Schluss zuteil werden ließ.

Die Empfehlung, zu Beginn eines Gesprächs für eine positive Atmosphäre zu sorgen, meint gerade im Mitarbeitergespräch, aber auch bei Verkaufs- und Kundenkontakten, dem Gegenüber die nötige emotionale Sicherheit zu geben, die dieser braucht, um sich entspannt auf das Gespräch einzustellen. Was mag einen Mitarbeiter bewegen, der zu seinem Vorgesetzten gerufen wurde. Was mag ihm durch den Kopf gehen?

„Was will er von mir?"
„Habe ich was verbockt?"
„Für was sucht er nun schon wieder einen Schuldigen?"
„Wozu will er mich jetzt wohl 'rumkriegen?"
„Wie lange werde ich vermutlich hier sitzen müssen?"
„Wann werde ich meine begonnene Arbeit wieder fortsetzen können?"

Usw.

Wir können uns für die professionelle Gesprächs**führung** merken, dass wir mit **drei** Punkten zur emotionalen Sicherheit unserer Gesprächspartner optimal beitragen können.

Klären Sie zu Beginn eines Gesprächs Ihr Gegenüber über den Gesprächsumfang, Ihre Ziele und Ihre konkreten Erwartungen auf.

- Wie viele Punkte oder wie lange wird das Gespräch voraussichtlich dauern?
- Worauf zielt dieses Gespräch ab?
- Was wird vom Gesprächspartner konkret erwartet?

Falls Sie vermuten, dass Ihr Gesprächspartner irgendwelche Befürchtungen hegt, beginnen Sie mit einer entsprechend einfühlenden Formulierung. Dadurch können Sie den anderen dort abholen, wo er gerade steht, und Sie werden ihn mit weniger Aufwand dazu bewegen können, sich mit Ihren Zielen und Erwartungen auseinanderzusetzen.

Für die obigen Beispiele ergibt sich dann folgende Formulierung:

Der Geschäftsführer bittet seinen Außendienstmitarbeiter zum Gespräch und eröffnet ihm sogleich:
„Ehe Sie sich irgendwelche Sorgen wegen dieses Gesprächs machen, will ich Ihnen vorab erklären, worum es mir geht: Ich möchte gern in den nächsten 10 Minuten mit Ihnen über ein Schreiben der Firma Kunze sprechen, in welchem Ihnen fünf gravierende Vorwürfe gemacht werden. Mit diesem Gespräch möchte ich erreichen, dass unser wirklich gutes Vertrauensverhältnis für unsere zukünftige Zusammenarbeit ungetrübt bleibt. Konkret möchte ich, dass Sie zu den einzelnen Vorwürfen Stellung nehmen und wir anschließend gemeinsam überlegen, was Sie und ich tun können, um in Zukunft derartige Kundenreaktionen zu vermeiden."

Abb. 17-9

Der Abteilungsleiter bittet die Sachbearbeiterin zum Gespräch und beginnt gleich nach dem „Bitte setzen Sie sich" mit den Worten:
„Vielleicht sind Sie überrascht, ja womöglich verunsichert, dass ich Sie auf so ungewöhnliche Weise zu diesem Gespräch gebeten habe. Ich möchte mit Ihnen in den nächsten fünf Minuten über einen Punkt unserer Dienstvorschrift sprechen, den Sie offensichtlich anders interpretieren als ich. Dieses Gespräch zielt darauf ab, Ihre Kompetenzen so klar festzulegen, dass weder ich mich über Sie ärgern muss, noch Sie den Eindruck gewinnen, ich mische mich in Ihr Arbeits- und Aufgabengebiet ein. Konkret geht es um den von Ihnen unterschriebenen Vertrag mit der Firma Schubart, dessen Abschlusssumme ja weit über den Umfang dessen hinausgeht, was Sie sonst unterschreiben."

Diese Gesprächsanfänge geben dem Mitarbeiter eine klare Orientierung und ermöglichen ihm, sich auf das anstehende Gespräch einzurichten. Diese Orientierung wird insbesondere durch die Nennung des **Ziels** gegeben, da ja das jeweilige Ziel weit über das Gespräch selbst hinausgeht. Gerade bei Kritikgesprächen fehlt häufig die entsprechende Erklärung, worauf denn das Gespräch letztlich abzielt. Dies ist umso wichtiger, da unsichere Mitarbeiter leicht zu Katastrophen-Vorstellungen neigen und nur allzu schnell befürchten, wegen eines Fehlverhaltens abgemahnt oder gar gekündigt zu werden. In diesem Zusammenhang muss allerdings darauf hingewiesen werden, dass sich viele Vorgesetzte, Lehrer und auch Eltern am Ausgeliefertsein ihrer Gesprächspartner ergötzen. Beispiele wie das Folgende werden Sie vielleicht selbst schon erlebt haben. (Abb. 17–10)

Abb. 17-10

„Ich nehme an, Sie wissen, warum ich Sie zu mir gerufen habe." (Pause)
„Ehrlich gesagt: Nein."
„Na, dann denken Sie mal nach." (Pause)
„Also, offen gestanden, mir fällt im Moment nichts ein."
„Sie möchten wohl gern, dass ich Ihnen auf die Sprünge helfe. Na, nun schießen Sie mal los, was Ihnen spontan durch den Kopf gegangen ist, als Sie in mein Büro traten."

„Na ja, ich hab' irgendwie gedacht, dass Sie mit mir vielleicht nicht ganz zufrieden sind, dass ich irgendetwas falsch gemacht habe."

„So so. Nicht ganz zufrieden ..., irgendetwas falsch gemacht ... So so."

Mancher Leser wird hier ablehnend reagieren und sagen, dass er sich nicht vorstellen kann, dass jemand seine Mitarbeiter so behandelt. Wahrscheinlich wird dieser Leser sogleich hinzufügen, dass es ihm selbst mit Sicherheit nicht einmal im Traum einfallen würde, so mit anderen Menschen umzugehen. Wenn ich jedoch in Seminarsituationen darum bitte, sich an die eigene Kindheit, Schul- und Ausbildungszeit zu erinnern, werden erschreckende Erinnerungen wach. Plötzlich hat jemand seinen längst gestorbenen Vater wieder vor Augen, der genau so die gefürchteten Standpauken begann. Einem anderen fallen Lehrer und so mancher Ausbilder ein, die ihre grässlichen Verhöre in diesem Stil abhielten. Und wenn ich in dieser aktuellen Betroffenheit schließlich frage, womit diese Teilnehmer bei ihren momentanen Vorgesetzten am schwersten umgehen können, dann kommen Antworten wie folgende:

„Ich weiß bei ihm nie, woran ich bin."

„Wenn er mir mal sagen würde, was er wirklich von meiner Arbeit hält, dann wäre mir wirklich wohler."

„Wenn ich mal etwas gemacht habe, was nicht seinen Vorstellungen entspricht, dann wird mir das so lange vorgehalten, bis ich ganz kleinlaut werde. Aber wie ich es besser oder richtig machen soll, das muss ich selbst herausfinden."

Mir berichtete ein Abteilungsleiter: „Ich habe mal zu unserem Werksleiter gesagt:,Schön und gut, dass Ihnen das nicht gefällt, habe ich vernommen, aber sagen Sie mir mal, wie ich es in Zukunft anders machen soll.' Da kam doch glatt die Antwort:,Na, dann fangen Sie mal an nachzudenken. Wofür werden Sie hier eigentlich bezahlt?'"

„Wenn mein jetziger Chef nicht gut drauf ist, dann kann er einen echt zur Sau machen. Da wird auf Details so lange rumgeritten, bis man nicht mehr weiß, wo vorn und hinten ist. Und wenn man glaubt, jetzt sei es endlich vorbei, dann holt er noch einmal aus und sagt: ‚Stopp. Das war noch nicht alles ...' Und dann fängt er wieder von vorn an."

Kritikgespräche unterliegen der ständigen Gefahr, nach den Ursachen zu forschen und den Blick auf die Vergangenheit zu richten. Damit einher gehen latente Vorwürfe, sich eben nicht wunschgemäß verhalten zu haben. Wer sich auf das Niveau der Faktenanalyse begibt, gerät leicht in den Strudel gegenseitiger Schuldzuweisungen und Rechthaberei.

Ein konstruktives Kritikgespräch darf nur ein Ziel verfolgen: Wie kommt der Gesprächspartner dort (wieder) hin, so zu sein, wie wir uns das vorstellen? Wie können bestimmte Vorfälle in Zukunft vermieden werden? Ein Lamento über abgeschlossene Vorgänge, die ja in der Vergangenheit liegen und ohnehin nicht mehr zu beeinflussen sind, ist vom Ergebnis her unbefriedigend, wenn man einmal von der sadistischen Lust absieht, es dem anderen mal wieder so richtig gegeben zu haben. Nörgelei wirkt leicht wie die Suche nach einem Anlass für eine „bedeutende Rede“. (Abb. 17–11)

Abb. 17-11

Wer konstruktiv kritisiert, überlegt sich das wünschenswerte Zielverhalten.

Wenden Sie sich zunächst Ihren eigenen Bildern zu und prüfen Sie, ob die Kritik geeignet ist, auch wirklich dorthin zu führen, wohin Sie wollen. Wo das nicht der Fall ist, lohnt die Kritik nicht die aufgewendete Energie. In diesem Fall wäre es sinnvoll zu prüfen, ob womöglich die jeweiligen Formulierungen geeignet sind, das kritisierte Verhalten aufrechtzuerhalten anstatt es abzustellen. Im 6. Kapitel „Widerstand beim Gesprächspartner" hatte ich ausgeführt, wie wir mit ganz unscheinbaren Wendungen bei unseren Gesprächspartnern Reaktanz erzeugen, ohne dass wir uns dessen bewusst sind.

Nun habe ich über die Kritikgespräche ausführlich geschrieben, und es mag der Eindruck entstanden sein, als ob nur Vorgesetzte ihren Mitarbeitern Mitteilungen machen, die unangenehm sind. Die folgenden Beispiele sollen die breite Palette der Anwendungsmöglichkeiten der hier besprochenen Gesprächsregeln für andere Bereiche zeigen.

Von Anwälten, Steuerberatern und Wirtschaftsprüfern höre ich immer wieder, wie schwer es ihnen fällt, den zeitlichen Rahmen für ein Gespräch vorzustrukturieren. Wie der Teufel das Weihwasser scheut, so wird hier die offene Auseinandersetzung umgangen, aus der Sorge heraus, der Mandant könnte sich womöglich einem Konkurrenten zuwenden. Die Betroffenen nehmen lieber den daraus resultierenden Zeitverlust und Stress in Kauf, als sich auf das befürchtete Glatteis einer Konfrontation zu begeben. Nun gibt es Menschen (Mandanten, Kunden, Patienten usw.), die in der fehlenden Gesprächsstruktur eine willkommene Aufforderung sehen, ihre Erlebnisse und Gedanken ausführlich, ja weitschweifig darzulegen und vom Hundertsten zum Tausendsten zu kommen.

Ich rufe Ihnen noch einmal ins Gedächtnis zurück, was Ihren Gesprächspartner zunächst einmal interessiert:

- Wie viele Punkte oder wie lange wird das Gespräch voraussichtlich dauern?
- Worauf zielt dieses Gespräch ab?
- Was wird vom Gesprächspartner konkret erwartet?

So könnte der Gesprächspartner auf dem Weg ins Besprechungszimmer oder während man ihn von der Tür zum Stuhl begleitet, etwa mit folgenden Worten begrüßt werden:

„Ich habe mir gerade noch einmal den Schriftwechsel angesehen. Ich nehme an, dass Ihnen sehr daran gelegen ist, dass wir in den nächsten zwanzig Minuten folgende vier Punkte so gründlich erörtern, dass Sie hernach eine Entscheidung treffen können, mit der Sie dann auch wirklich zufrieden sind …"

Ein Steuerberater berichtete mir auf einem Folgeseminar, dass er sich bei neuen Mandanten folgender Formulierung bedient:

„Sie sind neu in unserer Kanzlei. Ich gehe darum davon aus, dass es für Sie zunächst einmal von größter Wichtigkeit ist, für sich zu klären, ob Sie mir überhaupt das Mandat übertragen wollen. Darum möchte ich mich in der nächsten Viertelstunde sehr sorgfältig Ihren Erwartungen zuwenden, damit Sie vor einem Einstieg in mögliche Details prüfen können, wieweit hier Ihre Vorstellungen erfüllt werden. Ich denke, dass Ihnen folgende drei Fragen auf dem Weg dorthin behilflich sein können …"

Gelegentlich wird mir vorgehalten, dass derartige Zeitangaben eine gefährliche Einschränkung darstellen und dem Gesprächspartner gegenüber einen Affront darstellen, weil ihm doch mehr oder weniger der Rauswurf bereits anfangs angekündigt wird. Mitnichten! Zunächst einmal handelt es sich um eine durch und durch suggestive Formulierung, wie sie im 7. Kapitel „Widerstand beim Gesprächspartner" erörtert wurde. Die Wendung „In den nächsten zwanzig Minuten" ist nicht nur Ausdruck einer klaren Zielvorstellung, sondern hilft auch dem Gegenüber, sich ein Bild von den **nächsten** zwanzig Minuten zu machen. Wie es anschließend weitergeht, darüber ist nichts gesagt. Es gibt Gespräche mit Kunden, die im Anschluss an die sachliche Besprechung mehr oder weniger herzlich und privat weitergehen.

Wer mit den geschätzten zwanzig Minuten auskommt, hat jetzt eine gute Möglichkeit, sich beim Gesprächspartner für die aktive Mitarbeit zu bedanken:

„Respekt! Ich sehe gerade, dass wir mit Ihrer Zeit genau hingekommen sind. Damit Sie sich jetzt vorstellen können, wie es nun weitergeht, will ich …
- Ihnen die nächsten Schritte erläutern, oder

- mit Ihnen sogleich einen weiteren Termin vereinbaren, oder
- die Erwiderung der Gegenseite zukommen lassen, sobald diese hier eingeht, werde ich Sie benachrichtigen, oder
- Ihnen einen meiner Mitarbeiter vorstellen, der die Sachbearbeitung Ihrer Angelegenheit übernimmt."

Wer wider Erwarten schneller fertig wird, braucht nicht die vorgesehene Zeitspanne abzusitzen, sondern kann sich nach einem unbefangenen Blick zur Uhr etwa so äußern:

„Ich sehe gerade, dass wir deutlich schneller diese Punkte einer gründlichen Klärung unterziehen konnten, als ich geahnt hatte. Ich denke, das liegt auch ganz wesentlich an Ihnen, herzlichen Dank."

Ob man sich anschließend erhebt und das Gespräch auch körpersprachlich zum Schluss bringt oder mit dem Gegenüber noch über andere Ereignisse redet, ist nicht nur eine Geschmacksfrage, sondern hängt auch von den weiteren Absichten ab, die mit diesem Gesprächspartner verbunden werden.

Und wer entgegen seiner Annahme mit der angesetzten Zeit doch nicht auskommt, hat nach einem ebenso klaren Blick zur Uhr die Gelegenheit, den Partner in die weitere Zeitplanung einzubinden und beispielsweise Folgendes zu formulieren:

„Ich sehe gerade, dass wir mit der Zeit nicht auskommen. Macht es Ihnen etwas aus, wenn wir noch zehn Minuten dranhängen, um diesen Punkt wirklich sorgfältig zum Abschluss zu bringen?"

Diese formelle Bitte bringt den anderen dazu, freiwillig seine weitere Zeit zur Verfügung zu stellen. Sein höchstwahrscheinliches „Ja, natürlich" ist zugleich auch ein „Ja" für zehn Minuten und nicht mehr.

In diesem Kapitel möchte ich noch einmal auf *Epiktets* „Handbüchlein der Moral" eingehen und vollständig den fünften Abschnitt zitieren, in dem es um die Verwechslung der Dinge mit den eigenen Vorstellungen geht:

> „Nicht die Dinge selbst beunruhigen die Menschen, sondern die Vorstellungen von den Dingen. So ist zum Beispiel der Tod nichts Furchtbares – sonst hätte er auch dem Sokrates furchtbar erscheinen müssen –, sondern die Vorstellung, er sei etwas Furchtbares, das ist das Furchtbare. Wenn wir also bedrängt, unruhig oder betrübt sind, wollen wir die Ursache nicht in etwas anderem suchen, son-

dern in uns, das heißt in unseren Vorstellungen. Der Ungebildete macht anderen Vorwürfe, wenn es ihm übel ergeht. Der philosophische Anfänger macht sich selber Vorwürfe. Der wahrhaft Gebildete tut weder das eine noch das andere."

Die Kapitelüberschrift „Unangenehmes mitteilen" muss nun umformuliert werden in „Etwas mitteilen, von dem man die Vorstellung hat, dass es auf andere unangenehm wirkt". Sie werden zustimmen, dass eine derartige Formulierung recht barock klingt und zugunsten des kurzen Titels weichen musste. *Epiktet* lehrt uns, zu bedenken, dass nichts aus sich heraus in der Lage ist, uns zu reizen. Es sind allein unsere Vorstellungen, die uns reagieren lassen und uns mitreißen.

Mancher wird lächelnd abwiegeln und aufgrund seiner täglichen Erfahrung einwenden: „Ja, wenn das alles einfach so wäre, dann dürfte es doch überhaupt keine Probleme auf der Welt geben." Diesem Kritiker will ich das Wortspiel entgegenhalten:

Was einfach so ist, ist noch lange nicht so einfach.

18. Kapitel

Konflikte im Online-Meeting

Zu dem Zeitpunkt, da wir dieses Kapitel schreiben, sind Online-Meetings, Web-Konferenzen und ähnliche Formate längst keine Seltenheit mehr. Die Anbieter der ersten Stunde haben ihr silbernes Firmenjubiläum hinter sich, und in Unternehmen, die international und an globalen Standorten tätig sind, ist diese Form der Zusammenarbeit aus dem Firmenalltag nicht mehr wegzudenken.

Mit der Corona-Pandemie – sprich: mit Social Distancing, Home-Office-Pflicht und Quarantäne – kam dann der ubiquitäre Gebrauch der neuen Online-Formate auch an vielen Stellen, an denen sie bislang nicht oder selten im Einsatz waren.

Vielleicht fühlen Sie Sich von dem Titelthema angesprochen, es beschäftigt Sie in Ihrer täglichen Arbeit oder hat sogar negative Auswirkungen auf Sie.

Vermutlich können Sie dem folgenden Gedanken zustimmen: Meetings online durchzuführen, hat unbestreitbare Vorteile. Es spart Reisekosten und Reisezeit und ermöglicht so Zusammenarbeit über weite Entfernungen, es spart Platz für Besprechungsräume, und in Corona-Zeiten macht es die Weiterführung von Projekten und wichtigen Aufgaben in größerer gesundheitlicher Sicherheit möglich.

Aber Online-Meetings haben daneben unbestreitbare Nachteile, die sich vor allem auf die Qualität der Zusammenarbeit beziehen.

Wenn sich die Mitglieder eines Teams gut kennen und die Zusammenarbeit zu den anstehenden Themen gewohnt sind, kann alles reibungslos funktionieren. Schwierig wird es mit einem neuen Team, neuen Aufgaben, hohem Zeitdruck und ganz besonders bei der Bearbeitung von Themen, bei denen nicht alle einer Meinung sind oder nicht alle an einem Strang ziehen.

Unterschiede zu Präsenz-Meeting und Telefonkonferenz

Aus der Sicht der Gesprächsführung könnte man natürlich sagen: Eigentlich ist ein Online-Meeting nur die Umsetzung einer Telefonkonferenz mit anderen Mitteln. Und eigentlich hat man ja sogar mehr Möglichkeiten, seine Emotionen auszudrücken und eine echte Verbindung zum Gesprächspartner zu schaffen.

Möglicherweise haben auch Sie schon erlebt, dass viele Menschen sehr positiv gestimmt sind, wenn die Büros wieder geöffnet sind. Daher stellt sich die Frage: Woher kommen die Freude und die Erleichterung darüber, endlich wieder „richtig“ zusammenarbeiten zu dürfen? Und das wiederum beantwortet sich auch über die Frage, wo die Unterschiede liegen.

Dabei fallen zuerst offensichtliche Unterschiede zum Telefonat ins Auge, die positiv wirken:

- Man kann den oder die Gesprächspartner sehen einschließlich ihrer Mimik und Gestik
- Man hat zahlreiche Tools zur Steuerung, beispielsweise die „Melde-Funktion“ über das virtuelle Handheben und die sichtbare Reihenfolge der Wortmeldungen
- Neben dem Gespräch kann man die Chatfunktion nutzen, für den schnellen Austausch von Informationen oder Links

An diese Stelle gehört auch einer der wesentlichen Vorteile des Online-Meetings gegenüber dem Präsenz-Meeting *und* dem Telefonat, nämlich die Möglichkeit, gemeinsam an einem Dokument oder Konzept zu arbeiten.

Auf der negativen Seite lässt sich beispielsweise Folgendes verbuchen:

- Man kann den Anderen sehen, aber eben nicht richtig. Das menschliche Auge bietet im Präsenz-Meeting einen viel weiteren Blickwinkel als die einzelnen Kameraperspektiven. Dadurch gehen subtile Signale verloren.
- Die Tatsache, dass man „gefilmt“ wird, lenkt ab und verbraucht einen Teil der Aufmerksamkeit. Das ist insbesondere dann der Fall, wenn das eigene Kamerabild ebenfalls angezeigt wird. Die meisten Menschen neigen dann unbewusst dazu, beim Sprechen sich selbst anstelle des Gesprächspartners zu beobachten.
- Je nach Einstellung des Videokonferenzsystems kommen weitere Störfaktoren auf der technischen Ebene dazu. Oft ist etwa nur die gerade sprechende Person im Bild zu sehen, während die Reaktionen der Zuhörer verborgen bleiben. Auch die Unterschiede in der technischen Ausstattung der Teilnehmenden wirken sich aus.

Gänzlich verloren gehen bei jeder Form der virtuellen Zusammenarbeit die Möglichkeit zu Seitengesprächen, zu Smalltalk und Gesprächen im kleineren Kreis. So ist es insbesondere der Verlust des „Flurfunks“ und der „Buschtrommeln“, den Mitarbeiter im Homeoffice besonders oft beklagen.

Diese Aufzählung erhebt keinerlei Anspruch auf Vollständigkeit, und Ihnen fallen bestimmt, wenn Sie in den nächsten Meetings darauf achten, weitere Unterschiede ein.

Das war nun bislang im Wesentlichen die technische Seite, und bereits daran sieht man, dass man hier den Gewinn an Praktischem mit einer zusätzlichen Erschwernis bezahlen kann. Daneben gibt es auch Schwierigkeiten, die in typischen Verhaltensweisen von Teilnehmern in online-Meetings liegen. Darauf werden wir weiter unten noch anhand von Beispielen eingehen.

Nun soll es ja in diesem Kapitel um *Konflikte* in Online-Meetings gehen und um die Frage, wie man sie entschärft oder sogar gar nicht erst entstehen lässt. Konflikte haben ihren Ursprung natürlich nicht in den eben aufgeführten Unterschieden. Aber diese Unterschiede

Abb. 18-1

werden dann zu einer Behinderung, wenn man versucht, mit Konfliktsituationen umzugehen.

Misslingt das, kann es viele Folgen habe, z.B. Streit, schlaflos verbrachte Nächte, weil man sich keinen Rat mehr weiß, oder das unbewusste Aufschieben anstehender Aufgaben.

In den nächsten Abschnitten werden Sie daher fünf Möglichkeiten kennenlernen, wie man Konflikte im Online-Meeting entschärfen kann. Für bessere Stimmung – und für bessere Ergebnisse.

Wege zur Steuerung von Online-Meetings – Konflikte vermeiden und entschärfen

Ein gutes Meeting besteht nicht nur aus der Gesprächsführung, sondern wird auch von einer Reihe anderer Aspekte bestimmt. Jeder einzelne davon kann die Quelle eines Konflikts sein. Unter den folgenden Punkten finden Sie daher nicht nur Gesprächsansätze, sondern auch organisatorische Wege, die geeignet sind, die reibungslose Zusammenarbeit zu fördern.

Dabei gilt: Gute Vorbereitung ist alles. Grundsätzlich empfiehlt es sich, sich vorab sowohl mit der technischen Ausstattung als auch mit der verwendeten Meeting-Software und ihren Funktionalitäten vertraut zu machen. Gerade in Online-Meetings, von denen man von vornherein vermutet, dass es zu schwierigen Situationen kommen kann, kann man in der entscheidenden Phase keine Ablenkung auf der technischen Ebene gebrauchen.

Wichtig dabei ist aber auch, sich wieder vor Augen zu führen, dass es einen Unterschied gibt zwischen unterschiedlichen Meinungen und dem, was man auch Meinungsverschiedenheiten oder eben Konflikte nennt. Dass zu Beginn eines Gesprächs, eines Workshops oder einer Verhandlung nicht alle einer Meinung sind, ist schlicht Normalität. Diskussionen und der Austausch von Argumenten sind keineswegs einem Streit gleichzusetzen, sondern sind ein Beitrag zur Lösungsfindung. Ziel professioneller Gesprächsführung ist es, zu erreichen, dass eine echte Lösung gefunden wird, mit der alle Beteiligten einverstanden sind und die sie am Ende innerlich akzeptieren.

Welche Möglichkeiten bieten sich nun, wenn es darum geht, unterschiedliche Meinungen nicht zu Konflikten werden zu lassen?

Tipp 1 – Vorbereitung und Leitung des Meetings

Zuerst ist es wichtig sich klarzumachen, dass ein Meeting ein Prozess ist. Je besser die Vorbereitung und je klarer die Bedingungen, desto weniger haben die Teilnehmenden zum Beispiel das Gefühl, sich gegen die anderen mit allen Mitteln durchsetzen zu müssen, um ihre Ziele zu erreichen. Am besten gibt es immer klare, sich wiederholende Regeln und Abläufe. Dann sind sie schon eingeübt, und jeder kann auf das Miteinander vertrauen.

In dieser Abbildung sind die einzelnen Schritte vor, während und nach Meetings in einem Ablaufschema dargestellt.

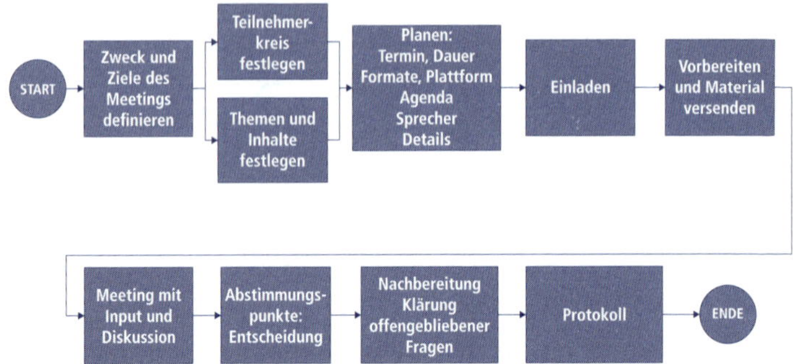

Zweck und Ziele des Meetings definieren

Zuerst werden Sie hier vielleicht stutzen. Was hat das denn mit Streit in einem Meeting zu tun? Dazu können Sie sich beispielsweise Folgendes überlegen: Es wird unter anderem festgelegt, um welche Themen es im Meeting gehen wird und um welche *nicht*. Vielleicht fällt Ihnen spontan ein Kollege oder eine Kollegin ein, der oder die immer wieder ein spezielles kontroverses Lieblingsthema erwähnt. Vielleicht, weil es seit Langem oder nur für diese Person ungeklärt ist, manchmal aber sogar als eine Art Ablenkungsmanöver, nach dem Motto: Wenn wir schön lange über A diskutieren, kommen wir nicht zu B (zu dem ich meine Aufgaben nicht erledigt habe…). Ist das Ziel des Meetings klar, kann man sofort einschreiten und darum bitten, zum aktuellen Thema zurückzukehren.

Teilnehmerkreis festlegen/Themen und Inhalte festlegen

Beim Teilnehmerkreis kann man manchmal ebenfalls Einfluss auf die Stimmung nehmen. Was natürlich nicht geht: Eine Person, von der man weiß oder ahnt, dass sie eine bestimmte Meinung vertritt oder leicht aggressiv wird, einfach nicht einzuladen, obwohl sie eigentlich von ihrer Arbeitsaufgabe her dazugehört. Aber manchmal kann man zum Beispiel überlegen, bestimmte Themen erst im kleinen Kreis vorab zu besprechen. Oder man kann jemand ebenfalls einladen, der auf die Person mäßigend wirkt (das kann auch mal der oder die Vorgesetzte sein).

Bei den Themen ist wichtig, dass sie in dieses Meeting gehören, sie jetzt schon anstehen und alle relevanten Informationen zur Verfügung stehen. Ausufernde Diskussionen über Meinungen treten besonders dann auf, wenn die Kontrahenten noch von keiner Sachinformation belastet sind oder es noch gar keinen Punkt gibt, „auf den man kommen kann".

Planen

Gegensätzlicher Meinung zu sein, ist an sich nicht negativ. Es kann sich aber für die Teilnehmer so anfühlen, als sollte ihre Meinung unterdrückt werden, vor allem, wenn nicht genug Zeit für eine Klärung aller Fragen und den Austausch aller Argumente zur Verfügung steht.

Zu einer guten Vorbereitung gehört also auch, die organisatorische, inhaltliche und die emotionale Seite eines Themas zu berücksichtigen und ausreichend Zeit zur Verfügung zu stellen.

Einladen/Vorbereiten und Material versenden

Auch hier gilt, Ziele und Inhalte klar zu kommunizieren. Eine Agenda hilft da weiter. Auch Unterlagen können sehr gut rechtzeitig vorab verteilt werden. Je eher jeder das Gefühl hat, sich gut vorbereiten zu können, desto weniger Widerstand um des Widerstands willen wird man erleben.

Meeting mit Input und Diskussion

Nehmen wir einmal folgenden Fall an: Es steht eine Entscheidung an, bei der abgestimmt werden soll. Vorher wird diskutiert. Aus der Vorgeschichte und Kenntnis der Teilnehmer kann man schon ahnen, von welcher Seite es Widerstand geben wird.

Wichtig ist dann, den Tagesordnungspunkt besonders gut anzumoderieren. Das kann sich zum Beispiel so anhören:

„Jetzt kommen wir zum nächsten Punkt, der Themenauswahl für unsere Jahrestagung. Ich gehe davon aus, dass dazu sehr unterschiedliche Meinungen existieren. Wie wird das ablaufen? Ich stelle Euch zuerst vor, was wir im Kernteam an Ideen erarbeitet haben. Dann haben wir dreißig Minuten Zeit, darüber zu diskutieren und alternative Vorschläge aufzunehmen oder Themen zu streichen. Anschließend stimmen wir ab. Jeder hat fünf Stimmen, die er auf die Vorschläge verteilen kann. Die fünf Vorschläge mit den meisten Stimmen sind dann unsere Themenauswahl."

Hier wird auch bereits Offenheit für andere, neue Ideen signalisiert. Es ist also sehr unwahrscheinlich, dass jemand noch aggressiv gegen die Themenvorschläge angeht.

Eine wichtige Ausnahme gibt es allerdings, und deshalb würden Sie auf bestimmte Äußerungen achten. Nehmen wir einmal an, das Kernteam hatte nie die Aufgabe, bereits Vorschläge zu erarbeiten, und Teilnehmer der Runde fühlen sich überrumpelt. Dann geht es nicht um Inhalte und Ergebnis, sondern um Verfahrensfragen. Auch dabei kann man Vertrauen aufbauen, indem man dann zum Beispiel das Thema noch einmal verschiebt und diesmal lediglich bespricht, wie es denn weitergehen soll.

Entscheiden

Hören wir doch mal rein, wie das manchmal läuft:

Emma: So Leute. Damit ist die Zeit rum. Wir kommen zur Abstimmung. Wer...?

Paul: Hey, halt mal. Ich melde mich schon seit einer Weile, und ich würde auch gern noch was dazu sagen. Ich finde nämlich...

Emma: Nein, Paul. Schau mal in die Tagesordnung. Wir müssen da jetzt mal weiterkommen.

Paul: Ja, aber ich finde, das ganze Konzept ist noch überhaupt nicht rund. Das passt doch alles gar nicht zusammen.

Emma: Was soll das denn jetzt heißen! Wir...

Und schon ist der Streit da.

Der gleiche Einstieg könnte aber auch anders verlaufen. Zum Beispiel so:

Emma: So Leute. Damit ist die Zeit rum. Wir kommen zur Abstimmung. Wer...?

Paul: Hey, halt mal. Ich melde mich schon seit einer Weile, und ich würde auch gern noch was dazu sagen. Ich finde nämlich...

Emma: Oje, das habe ich wohl übersehen und war zu schnell. Du hast noch Einwände.

Paul: Naja, Einwände würde ich das nicht nennen. Für mich ist das Konzept schon ganz gut, aber noch nicht richtig rund. Man könnte nämlich alle Einzelthemen miteinander verbinden, wenn wir...

Ein Meeting verlangt nach konsequenter Leitung, das ist richtig. Aber solange noch wichtige Aspekte ungesagt bleiben, sollte man möglichst keine Entscheidung forcieren. Das wirkt nämlich negativ nach und – auch das ist wichtig – bedeutet ja auch, dass das Ergebnis nicht verbessert wird.

Ganz wichtig ist vor allem, dass sich die Teilnehmer mit ihren Meinungen gehört wissen. Das führt direkt zum zweiten Tipp, nämlich:

Tipp 2 – Für alle sichtbar mitschreiben

Menschen wiederholen bestimmte Äußerungen so oft, bis sie das Gefühl haben, wahrgenommen worden zu sein. In vielen Meetings wird nicht sichtbar mitgeschrieben, auch wenn gerade Argumente gesammelt werden. Gerade diejenigen, die als Einziger oder mit wenigen anderen eine abweichende Meinung vertreten, kehren dann immer wieder und zunehmend laut oder aggressiv zu Punkten zurück.

Daher empfiehlt es sich, alles Wesentliche mitzuschreiben. Im Präsenz-Meeting nutzt man dazu meist ein Flipchart, Online kann eines der vielen Kollaborationstools oder eine App ein Dokument öffnen oder eines der vielen Kollaborationstools oder eine App nutzen. Diese Dokumente wandern dann auch ins **Protokoll**.

Sie werden erleben, dass eine Person, die vorher auf einem Punkt „herumgeritten" ist, zufrieden weiter mitarbeitet und oft nicht wieder darauf zurückkommt, wenn ihr Punkt sichtbar festgehalten wurde.

Tipp 3 – Den Teilnehmern die Kommunikationsprobleme im Online-Meeting bewusst machen

Wie in einem früheren Kapitel bereits berichtet, werden, wenn wir etwas sagen, etwa 7 % durch den Inhalt, etwa 38 % durch unseren Tonfall und etwa 55 % durch Körpersprache transportiert. Dazu kommt in vielen Fällen noch der Kontext, in dem wir etwas sagen. Das mag folgende Geschichte illustrieren:

Während eines Kommunikationstrainings mit internationalen Teilnehmern klingelte das Handy einer Dame aus Finnland. Sie nahm das Gespräch an und sagte hastig: „En voi puhua juuri nyt. Soitan sinulle myöhemmin. Hei hei!" Dann legte sie das Telefon beiseite und blickte wieder gespannt nach vorn.

Der Trainer fragte, ob einer der anderen Teilnehmer Finnisch sprechen würde. Alle verneinten. „Gut," sagte er, „dann vermuten Sie doch mal, was Frau K. wohl gesagt hat." Alle lachten und nickten. „Ist doch ganz klar," sagte ein Teilnehmer. „Ich kann grad nicht reden. Ich melde mich nachher! Oder so etwas in der Art."

Frau K. war sehr amüsiert. Ganz genau das habe sie gesagt, bestätigte sie.

Die Geschichte zeigt aber noch etwas: Wir ergänzen die ganze Zeit das, was andere Personen zu uns sagen, durch unsere Interpretation ihrer Stimme, ihres Gesichtsausdrucks, ihrer Gesten und so weiter. Und wir beziehen es bei unserer Antwort durchaus mit ein.

Wir sehen, wenn jemand anderer Meinung ist, auch wenn er oder sie noch gar nichts gesagt hat. Wir sehen, wenn jemand über unsere Frage nachdenkt und nur noch einen Augenblick braucht, bis er oder sie antworten wird. Und wir können darauf reagieren.

Viele dieser Informationen fehlen uns aber, wenn das Meeting online stattfindet. Sogar wenn wir eine Videokonferenz durchführen, haben wir zwar ein Bild vom Gegenüber. Aber die angestrengte Gesprächssituation und das „Kamera-Auge" anstelle eines echten Gesprächspartners verhindern viel von der Spontaneität einer Live-Begegnung. Außerdem fällt es nicht leicht, alles im Blick zu behalten, zumal viele Systeme nur die jeweils sprechende Person zeigen oder sogar gar keine, wie etwa im Präsentationsmodus. Was also tun?

Es ist schon viel geholfen, wenn alle im Meeting um die beschriebenen Schwierigkeiten wissen. Man kann das beispielsweise direkt zu Beginn des Meetings oder des fraglichen Tagesordnungspunktes ansprechen, am besten mit einer Aufforderung. Das kann sich zum Beispiel so anhören:

„Jetzt kommen wir zum nächsten Punkt, der Büroverteilung im neuen Gebäude. Ich gehe davon aus, dass dazu sehr unterschiedliche Meinungen existieren. Ich stelle Euch zuerst das Modell vor, das wir im Projekt erarbeitet haben. Bitte denkt daran: Man kann in der Telefonkonferenz nicht hören, wenn Ihr die Stirn runzelt oder den Kopf schüttelt. Daher möchte ich jeden bitten, sich zu Wort zu melden und Bedenken oder andere Meinungen zu äußern."

Eine weitere Unterstützung ist die Chat-Funktion. Sie bietet sich zum Beispiel an, wenn sich in der Runde recht stille Teilnehmer befinden oder wenn Bedenken etwas Zeit zum Überlegen erfordern. Man kann dann allen anbieten, ihre Gedanken auch darüber mitzuteilen.

Als Moderator bezieht man dann in der Diskussion diese Punkte selbst hörbar mit ein. Meist ist es sogar so, dass sich der- oder diejenige dann doch noch zu Wort meldet, wenn der Anfang erst einmal gemacht ist.

Emma: „Ich sehe gerade, dass im Chat noch ein weiterer Aspekt genannt wird, nämlich die hohen Kosten."

Karl: „Also, ja, ähm, der Punkt ist von mir. Ich finde alle Ideen bis jetzt ganz toll. Aber bei einigen wird mir ganz anders, wenn ich daran denke, wie wir das bezahlen sollen."

Paul: Naja, da hat Karl ja nicht ganz unrecht. Wie hoch wäre denn überhaupt das Budget für den neuen Aufenthaltsraum?

Die Frage der Finanzierung sorgt bei Teilnehmern oft nicht gerade für gute Laune, weil sie eine Lösung schwieriger machen kann. Aber andererseits möchte man ja nicht ein Meeting leiten, in dem gefühlt alles super läuft, aber wichtige Argumente und Meinungen ausgeklammert werden.

Bedenken und unangenehme Aspekte nicht zu vermeiden, kann man auch bewusst angehen, nämlich so:

Tipp 4 – Explizit nach Meinungen fragen, auch nach gegenteiligen. Auf Schweigen achten

Je wichtiger die Fragestellung und die aktive Mitwirkung aller Beteiligten sind, desto wichtiger wird es, allen Meinungen und Emotionen ausreichend Raum zu geben. Man kann natürlich warten, wer sich äußert, aber man kann die Meinung der anderen auch aktiv abholen:

„Ich frag mal in die Runde: Was geht euch durch den Kopf, wenn Ihr das jetzt so hört?"

Oder:

„Ich frag Euch jetzt in der Reihenfolge, in der ich Euch hier in der Liste sehe. Also, Ingo, wie geht es Dir jetzt mit dem, was wir bis jetzt besprochen haben?"

Online noch viel mehr als in Präsenz kann es im Meeting etwas dauern, bis sich jemand entscheidet. Dann muss derjenige oft auch noch Mikro oder Kamera aktivieren. Man sollte also ausreichend lange warten, um diesem Zögern Raum zu geben.

Noch wichtiger kann es sein, darauf zu achten, wer noch gar nichts gesagt hat. Das wird insbesondere auffällig bei Teilnehmern, die sich sonst gern beteiligen. Da bietet sich bei Gelegenheit eine Nachfrage an:

„Lisa, du hast zu dem Thema noch gar nichts gesagt. Ich wollte mal hören, ob du mit allem bisher zufrieden bist oder ob du eine andere Meinung dazu hast".

Die Antwort kann dann reichen von:

„Ach, alles gut, ich hab heute nur schreckliche Kopfschmerzen"

bis zu

„Also, ja, wenn ich ganz ehrlich sein soll, dann sitze ich hier mit geballten Fäusten. Mir geht das total gegen den Strich, aber ich denke, ihr seid alle dafür, also, was soll's. Machen wir's halt so!"

Und damit ist es Zeit für den wichtigsten Tipp:

Tipp 5 – Aktives Zuhören

Mit aktivem Zuhören sind Sie ja aus den entsprechenden Kapiteln bereits vertraut. Der Kern des aktiven Zuhörens besteht darin, nicht nur auf das zu achten, was der andere sagt, sondern wie der andere spricht und sich verhält. Gefühle, Hoffnungen und Wünsche werden meist nicht direkt formuliert, doch schwingen sie in fast jeder Äußerung mit.

Dann versuchen Sie, knapp in Worte zu fassen, was darin mitschwingt. Am besten wirken kurze Aussagesätze, keine Fragen. Der andere fühlt sich so verstanden und akzeptiert und erzählt mehr von seiner Lage. Das bildet die Basis für das weitere Gespräch und für eine mögliche Einigung.

Gleichzeitig machen Sie sich auch hier wieder das Spontanparadox zunutze. Es beruht, wie bereits dargelegt, darauf, dass sich Emotionen abschwächen, wenn man sich ihrer bewusst wird. Wenn man eine negative Emotion benennt, schwächt sie sich allein dadurch ab. Wichtig ist dabei eine zugewandte, respektvolle innere Haltung.

Wie kann sich das nun in der Praxis anhören? Beispielsweise so:

Emma: (zornig) Ach Leute, das kann doch gar nicht sein, dass ihr immer noch nicht überzeugt seid. Ich fasse es nicht!

Paul: Dass wir uns deiner Meinung nicht anschließen, macht dich wütend.

Emma (schon ruhiger) Ja, genau. Ich hätte jetzt gedacht, dass es uns allen am allerwichtigsten wäre, dass das Material für das große Zelt umweltfreundlich ist.

Paul: Aus deiner Sicht haben wir den Vorteil Deines Vorschlags noch nicht erkannt.

Emma: (sachlich) Ach, das kann schon sein. Aber offenbar spielt das Geld wieder einmal die Hauptrolle.

Paul: Wenn Deine Lösung nicht geht, weil wir nicht genug Geld haben, möchtest du auf das Zelt lieber verzichten.

Emma: Nein, das ja nun auch nicht. Aber es ist schon Mist, dass immer alles am Geld hängt.

Paul: Du würdest dir das anders wünschen. Wir übrigens auch.

Emma: Ja, sehe ich ja ein. Und es ist ja auch gar nicht eure Schuld. Ich glaube, ich wollte nur mal meinen Frust darüber loswerden.

Anschließend kann man entspannt weiter zusammenarbeiten.

Wie wir ja immer wieder betonen: Übung macht den Meister und die Meisterin. Formulieren Sie für die fünf folgenden „Störungen" Reaktionen, die den anderen respektvoll abholen, ohne jedoch in der Sache nachzugeben.

Situation	Ihr Vorschlag für eine Reaktion
1. Ein Teilnehmer der „Gegenseite" kommt eine Viertelstunde zu spät zu einer wichtigen Verhandlung. Das Gespräch läuft schon, und seine beiden Kollegen sind merklich aus dem Konzept gebracht.	
2. Es geht um ein Tagungskonzept. Eine Teilnehmerin bringt einen Vorschlag, der auf allgemeine Ablehnung stößt. Sie möchte die ganze Veranstaltung unter das Thema Fußball stellen. Alle anderen finden das für den Teilnehmerkreis unpassend. Sie hält an ihrer Idee fest und versucht immer wieder, auch wenn längst über anderes gesprochen wird, darauf zurückzukommen und alle zu überzeugen, warum es doch passend sei.	
3. Jemand ist zu einem Projektteam eingeteilt worden, das online neue Tools zur Zusammenarbeit ausprobieren soll. Er ist vom neuen Chef explizit als einer der Vertreter der „alten Generation, die damit eigentlich nichts am Hut hat und überzeugt werden soll", ausgewählt. Im ersten Meeting äußert er: „Sagt Ihr einfach, welches Tool wir nehmen. Ich habe hier ja (betont) ganz offiziell keine Ahnung, wie man hört".	

Situation	Ihr Vorschlag für eine Reaktion
4. Ein von Ihnen direkt eingeladener Teilnehmer hat kurz vor dem Beginn ungefragt den Meeting-Link weitergeleitet. Nun schalten sich zwei Kollegen zu, die Sie bewusst nicht eingeladen hatten. Ehe Sie das Meeting eröffnen, äußert einer der beiden: „Es wäre schön, wenn wir gleich zur Sache kommen, ich habe nur eine halbe Stunde Zeit. Am besten starten wir gleich mit Punkt 3."	
5. Während eines längeren Meetings können Sie im Bildausschnitt sehen, dass mehrere Teilnehmer mit anderen Aktivitäten beschäftigt sind. Einer diese „Unaufmerksamen" platzt plötzlich mit einem halbgaren Vorschlag dazwischen und bringt die ernsthafte Diskussion durcheinander.	

Und hier finden Sie unsere Vorschläge, wie wir auf derartige „Störungen" reagieren. Allen unseren Reaktionen ist gemeinsam, dem anderen wohlwollend zu unterstellen, dass dieser für sein Verhalten Gründe haben mag, wir diese allerdings nicht kennen. So lenken wir die Verantwortung zum Gegenüber, ohne in der Sache selbst nachgeben zu müssen.

Situation	Ihr Vorschlag für eine Reaktion
1. Ein Teilnehmer der „Gegenseite" kommt eine Viertelstunde zu spät zu einer wichtigen Verhandlung. Das Gespräch läuft schon, und seine beiden Kollegensind merklich aus dem Konzept gebracht.	Als Vertreter der Gegenseite: Sie hatten sicherlich Gründe jetzt erst zu kommen. Wir haben bereits begonnen und wenn Sie einverstanden sind, fahren wir einfach fort. (Unbedingt die Reaktion abwarten, denn wenn statt eines „Okay" doch eine Frage kommt, muss – um Störungen zu vermeiden – diese ernst genommen werden.) Als Kollege: Wir sind gerade bei Punkt XY, ich informiere dich im Anschluss, was wir bereits besprochen haben.
2. Es geht um ein Tagungskonzept. Eine Teilnehmerin bringt einen Vorschlag, der auf allgemeine Ablehnung stößt. Sie möchte die ganze Veranstaltung unter das Thema Fußball stellen. Alle anderen finden	Du möchtest uns unbedingt für deinen Vorschlag gewinnen und kannst es gerade ganz schlecht aushalten, dass wir es bei diesem Teilnehmerkreis für unpassend halten.

Situation	Ihr Vorschlag für eine Reaktion
das für den Teilnehmerkreis unpassend. Sie hält an ihrer Idee fest und versucht immer wieder, auch wenn längst über anderes gesprochen wird, darauf zurückzukommen und alle zu überzeugen, warum es doch passend sei.	Oder deutlicher: Du bist aus irgendwelchen Gründen nicht bereit, unsere Ablehnung deines Vorschlags zu akzeptieren.
3. Jemand ist zu einem Projektteam eingeteilt worden, das online neue Tools zur Zusammenarbeit ausprobieren soll. Er ist vom neuen Chef explizit als einer der Vertreter der „alten Generation, die damit eigentlich nichts am Hut hat und überzeugt werden soll", ausgewählt. Im ersten Meeting äußert er: „Sagt Ihr einfach, welches Tool wir nehmen. Ich habe hier ja (betont) ganz offiziell keine Ahnung, wie man hört".	Wenn man den Satz des Chefs nicht kennt: Oh je, du klingst ziemlich sauer und genervt, als ob dir jemand deine Kompetenz abspricht. Wenn man den Satz des Chefs kennt: Ich kann nachvollziehen, wie sehr du dich vom Chef vor den Kopf gestoßen fühlst und dich am liebsten zurückziehen möchtest.
4. Ein von Ihnen direkt eingeladener Teilnehmer hat kurz vor dem Beginn ungefragt den Meeting-Link weitergeleitet. Nun schalten sich zwei Kollegen zu, die Sie bewusst nicht eingeladen hatten. Ehe Sie das Meeting eröffnen, äußert einer der beiden: „Es wäre schön, wenn wir gleich zur Sache kommen, ich habe nur eine halbe Stunde Zeit. Am besten starten wir gleich mit Punkt 3."	Zunächst einmal bin ich überrascht, dass du teilnimmst. Aus bestimmten Gründen ist es dir wichtig, dich zu diesem Thema einzubringen, und mir ist es wichtig, die das Meeting so durchzuführen, wie ich das geplant hatte. Oder offensiv: Womöglich habe ich dich vor den Kopf gestoßen, weil ich dich für dieses Meeting nicht eingeladen hatte. Im Moment möchte ich nur mit einem kleinen Kreis diese Themen vorbereiten.
5. Während eines längeren Meetings können Sie im Bildausschnitt sehen, dass mehrere Teilnehmer mit anderen Aktivitäten beschäftigt sind. Einer diese „Unaufmerksamen" platzt plötzlich mit einem halbgaren Vorschlag dazwischen und bringt die ernsthafte Diskussion durcheinander.	Dir ist gerade eine Idee gekommen und du bist womöglich enttäuscht, wenn ich darauf nicht eingehe. Wir sind gerade an einer ganz anderen Stelle. Ich kann mir vorstellen, wie nervig es ist, durchgängig zuzuhören, wenn man gleichzeitig Wichtiges erledigen kann.

Wenn man sich mit Menschen unterhält, die häufig in Online-Meetings zusammenarbeiten, stützt das unsere eigenen Erfahrungen: Die meisten Teilnehmer verhalten sich höflich und vorsichtig, und die Arbeitsatmosphäre ist nicht schlechter als in Präsenz. Aber das ist leider nicht immer der Fall. Es lässt sich aus soziologischer Sicht eine wachsende Tendenz feststellen, auf abweichende Meinungen online mit Herabsetzung und Verachtung zu reagieren, wie sie in der direkten Auseinandersetzung bislang noch nicht üblich ist. Sozialpsychologisch lässt sich das so erklären: Menschen haben ein großes Bedürfnis, alles, was sie betrifft, verstehen zu wollen. In unübersichtlichen Situationen geraten viele Menschen unter extremen Stress. Der naheliegende Versuch, derartige Situationen zu vereindeutigen, trägt allerdings nicht dazu bei, Mehrdeutigkeit auszuhalten (man nennt das „Ambiguitätstoleranz"), sondern führt im Gegenteil dazu, alles auszublenden, was die eigene Sichtweise infrage stellt.

Sie können dabei eine interessante Beobachtung machen: Wer verbal angreift, vertraut darauf, diese Äußerung nicht erklären zu müssen. Im Gegenteil: Wer angreift, geht davon aus, dass der andere sich rechtfertigt, also sich inhaltlich in irgendeiner Form mit dem Angriff auseinandersetzt. Die Atmosphäre ändert sich jedoch schlagartig, wenn der Angegriffene sich zunächst darum bemüht, zu verstehen, worum es dem Angreifer eigentlich geht. Mit Ihrem Wissen der Transaktionsanalyse erfolgt die um Verständnis bemühte Reaktion aus dem Erwachsenen-Ich und hört sich entspannt und souverän an, während die Rechtfertigung stets aus dem Kind-Ich erfolgt und den anderen geradezu einlädt, noch eins draufzusetzen.

Die gefühlte Distanz im Online-Meeting erhöht das Risiko, dass jemand versucht, der eigenen Position in aggressiver Weise Geltung zu verschaffen. Wenn Sie sich unvermittelt aus dem Eltern-Ich eines anderen angegriffen fühlen, liegt es in Ihrer Entscheidung, aus dem angepassten Kind-Ich zu reagieren oder zunächst einmal aus dem Erwachsenen-Ich heraus, verstehen zu wollen, worum es dem anderen im tieferen Sinn wirklich geht. Dabei stellen Sie eine Transparenz her, die es dem anderen schwer macht, in seinem bisherigen Muster fortzufahren.

Wir haben Ihnen eine Reihe von Situationen zusammengestellt, die Sie vermutlich so oder so ähnlich alle schon erlebt haben. Hier können Sie direkt notieren, wie Sie alternativ aus dem Erwachsenen-Ich reagieren.

Angriffsverhalten aus dem Eltern-Ich	Reaktion aus dem Erwachsenen-Ich
1. Reaktion auf einen ungewöhnlichen Vergleich bei der Fehleranalyse: Ich gehe mal davon aus, dein Beitrag sollte als Lachnummer verstanden werden. Okay hahaha, dann können wir jetzt ja wieder zur Sache kommen.	
2. Sie hatten gerade erklärt, dass Sie sich personell nicht in der Lage sehen, im Nachbarprojekt unterstützend einzuspringen und bekommen folgende Reaktion: Das ist ja wieder mal typisch, wenn man einmal was von Euch will, dann seid Ihr prompt am Limit Eurer Möglichkeiten. Ich fasse es nicht!	
3. Während eines größeren Meetings bietet ein Kollege aus einem anderen Arbeitsbereich seine Unterstützung an, weil er mit diesem Problem vor mehreren Monaten ebenfalls konfrontiert war und bekommt prompt zu hören: Schuster bleib bei deinen Leisten! Bloß weil sich das für dich ähnlich anhört, bildest du dir ein, uns sagen zu können, was wir machen sollen; dabei hast du null Ahnung von unserem Gebiet.	
4. Sie hatten gerade Ihre Gedanken zur Reorganisation zweier Projekte vorgestellt, um Überschneidungen zu vermeiden und erhalten folgende Reaktion: Das war ja abzusehen, dass du dich von uns abgrenzen willst. Nur weil wir uns ein paar Rosinen rausgepickt haben, sind wir für dich jetzt Outlaws.	

Vielleicht möchten Sie Ihre Antworten mit unseren Vorschlägen abgleichen.

Angriffsverhalten aus dem Eltern-Ich	Unser Vorschlag
1. Reaktion auf einen ungewöhnlichen Vergleich bei der Fehleranalyse: Ich gehe mal davon aus, dein Beitrag sollte als Lachnummer verstanden werden. Okay hahaha, dann können wir jetzt ja wieder zu Sache kommen.	Womöglich hat dich mein Vergleich irritiert, gleichzeitig hält dich irgendetwas ab, meinen Beitrag ernst zu nehmen. Oder: Auch auf die Gefahr hin, dich aus dem Konzept zu bringen: Das war durchaus ernst gemeint.

Angriffsverhalten aus dem Eltern-Ich	Unser Vorschlag
2. Sie hatten gerade erklärt, dass Sie sich personell nicht in der Lage sehen, im Nachbarprojekt unterstützend einzuspringen und bekommen folgende Reaktion: Das ist ja wieder mal typisch, wenn man einmal was von Euch will, dann seid Ihr prompt am Limit Eurer Möglichkeiten. Ich fasse es nicht!	Meine Antwort hat dich irgendwie vor den Kopf gestoßen. Aus irgendwelchen Gründen hältst du meine Erklärung für völlig inakzeptabel.
3. Während eines größeren Meetings bietet ein Kollege aus einem anderen Arbeitsbereich seine Unterstützung an, weil er mit diesem Problem vor mehreren Monaten ebenfalls konfrontiert war und bekommt prompt zu hören: Schuster bleib bei deinen Leisten! Bloß weil sich das für dich ähnlich anhört, bildest du dir ein, uns sagen zu können, was wir machen sollen; dabei hast du null Ahnung von unserem Gebiet.	Mir wird gerade klar, dass sich meine ungebetene Hilfestellung bevormundend anfühlen mag. Das war gewiss nicht meine Absicht. Wenn du mich bei diesem Problem für inkompetent hältst, muss ich das akzeptieren.
4. Sie hatten gerade Ihre Gedanken zur Reorganisation zweier Projekte vorgestellt, um Überschneidungen zu vermeiden und erhalten folgende Reaktion: Das war ja abzusehen, dass du dich von uns abgrenzen willst. Nur weil wir uns ein paar Rosinen rausgepickt haben, sind wir für dich jetzt Outlaws.	Oh je, du hältst meine Ideen für Rachegedanken und kannst mit meinen Gedanken, Überschneidungen zu vermeiden, gerade gar nichts anfangen.

Im laufenden Gespräch alle Ansatzpunkte zu berücksichtigen und überhaupt zu erkennen, erfordert einiges an Übung. Das gilt besonders dann, wenn man viele Akteure gleichzeitig beachten, in ihren spezifischen Aktionen und Reaktionen erfassen und entsprechend reagieren möchte. Zum Abschluss können Sie daher, wenn Sie mögen, das folgende Gesprächsbeispiel analysieren und überlegen, welche Reaktion konstruktiv wirken und warum.

Evelyn: Also, ich sag das jetzt noch *ein* Mal. Es sind ja verschiedene Mails hin und her gelaufen. Und ich sehe das ganz klar so: Das ist die Aufgabe von *Compliance*! Nicht unsere. *Ihr* seid der Wissens-Hub. *Ihr* müsst uns sagen, wie das geht.

Annika: Ne, Du. Das habe ich ja auch schon mehrfach geschrieben. Die Umsetzung der Sanktionen liegt bei den Fachbereichen. Wir hätten gar nicht das Personal, um die vielen Fälle zu prüfen.

Evelyn: Aber im Vergaberecht gelten halt andere Regeln. Die Aufträge sind viel zu wichtig für uns und…

Dieter: Genau. Wir laufen jetzt auf die Umsetzungsfrist auf, und die Zeit reicht gar nicht mehr, um alles neu auszuschreiben.

Annika: Ja, habt Ihr denn noch gar nicht angefangen??!

Tamara: Stop mal! Ich würde gern darauf zurückkommen, weswegen wir hier eigentlich sprechen. Konkret hattet Ihr vom Einkauf uns ja die Eigenerklärung geschickt, damit wir prüfen, ob der Text aus Compliance-Sicht ok ist. Richtig? Und den Text hast Du, Evelyn, als die für Vergaberecht zuständige Rechtsanwältin entworfen. Richtig.

Evelyn: Ja.

Annika: Ja, aber das können wir doch gar nicht! Mit Vergaberecht kennen wir uns doch gar nicht aus.

Julia: Also, das wird mir jetzt echt zu dumm. Ihr lasst uns hier echt im Regen stehen. Compliance macht wieder mal gar nichts.

Annika: Also, Julia, Du bist doch der Dezentrale Compliance-Beauftrage für das Thema und Du bist in dem Compliance-Forum, wo wir das seit Wochen besprechen und besprechen. Alle Unterlagen stehen im Intranet, die Kollegen und Kolleginnen sind schon unheimlich weit. Und Ihr habt hier die rote Laterne.

Julia: Mir hat keiner gesagt, dass ich was machen muss.

Evelyn: Die Sanktionen für die EU-Vergabe sind ja auch gerade erst bekannt gegeben worden. Das müsstet Ihr doch wissen.

Dieter: Genau. Die gelten ja erst seit Mai.

Tamara: Also. Wir waren ja bei der Überprüfung des Dokuments angelangt.

Evelyn: Ja. Da müsst Ihr uns jetzt mal sagen, ob das so in Ordnung ist. Aber Compliance blockt ja alles ab. Du nicht, aber du bist heute ja das erste Mal dabei. Und die Bestimmungen des 5k sagen ganz deutlich, dass für uns Handlungsbedarf besteht.

Annika: (*müde*) Also, nur um das noch mal ganz klar zu machen: Wir blockieren hier gar nichts, sondern das ist ganz und gar nicht unsere Aufgabe. Das ist nicht unser Fachgebiet. Und deswegen wüsste ich auch gar nicht, worauf ich da jetzt prüfen soll.

Evelyn: Also das gibt's doch nicht!

Dieter: Jetzt bleib doch mal ganz ruhig.

Evelyn: Nein, da bleibe ich jetzt nicht ruhig. Ich habe mir hier die halbe Nacht um die Ohren geschlagen, um zu recherchieren, wie jetzt genau die Gesetzeslage ist. Und von der anderen Seite kommt nicht einmal das kleinste bisschen Hilfsbereitschaft. Ich rede jetzt mit Miroslav. Soll er sich mit Andreas zusammensetzen, müssen halt die Chefs entscheiden.

Sie werden zugeben, das ist nicht gerade ein zufriedenstellendes Ergebnis. Die Folge wird einerseits möglicherweise sein, dass sich zwei „Lager" bilden, die jeweils glauben, im Recht zu sein und ärgerlich auf „die anderen" sind. Andererseits – und das ist ja die Seite eines Gesprächs, die im professionellen Umfeld ebenfalls interessiert – ist auch das anstehende Problem dadurch nicht gelöst. Ob dann in der Folge das Schreiben ungeprüft und vielleicht sogar mit fachlichen Fehlern versandt wird oder dem Unternehmen gar ein wichtiger Auftrag verloren geht, bleibt Ihrer Fantasie überlassen.

Vielleicht haben Sie die Gelegenheit genutzt, Ihr in den bisherigen Kapiteln erworbenes Wissen zu professioneller Gesprächsführung anzuwenden. In der folgenden Tabelle haben wir unsere Analyse und Vorschläge für eine Reaktion auf genau diese Aussage zusammengestellt:

Gesprächsbeitrag	Analyse und mögliche Reaktion
Evelyn: Also, ich sag das jetzt noch ein Mal. Es sind ja verschiedene Mails hin und her gelaufen. Und ich sehe das ganz klar so: Das ist die Aufgabe von Compliance! Nicht unsere. Ihr seid der Wissens-Hub. Ihr müsst uns sagen, wie das geht.	Auch wenn Evelyn meint, das ganz klar zu sehen, wird nicht deutlich, was sie konkret erwartet, wenn sie sagt: „Ihr müsst uns sagen, wie das geht."

Gesprächsbeitrag	Analyse und mögliche Reaktion
Annika: Ne, Du. Das habe ich ja auch schon mehrfach geschrieben. Die Umsetzung der Sanktionen liegt bei den Fachbereichen. Wir hätten gar nicht das Personal, um die vielen Fälle zu prüfen.	Annika reagiert sofort mit ihrer Sicht, ohne zuvor geprüft zu haben, wieweit sie Evelyn überhaupt verstanden hat. Es bietet sich an: „Wenn ich dich richtig verstanden habe, möchtest du von uns konkrete Vorgaben, was du im Einzelnen machen sollst."
Evelyn: Aber im Vergaberecht gelten halt andere Regeln. Die Aufträge sind viel zu wichtig für uns und...	Statt Annika verstehen zu wollen erklärt Evelyn nochmals ihre Position. Alternativ: „Du bist gedanklich schon bei der Umsetzung und befürchtest eine personelle Überlastung."
Dieter: Genau. Wir laufen jetzt auf die Umsetzungsfrist auf, und die Zeit reicht gar nicht mehr, um alles neu auszuschreiben.	Dieter mischt sich – gut gemeint – ein und versucht Evelyn zu unterstützen, erhöht damit aber die Spannungen. Zugleich kann diese ungebetene Hilfe als übergriffig verstanden werden.
Annika: Ja, habt Ihr denn noch gar nicht angefangen??!	Annika hebt mit ihrem Vorwurf die Eskalation auf die nächste Stufe.
Tamara: Stopp mal! Ich würde gern darauf zurückkommen, weswegen wir hier eigentlich sprechen. Konkret hattet Ihr vom Einkauf uns ja die Eigenerklärung geschickt, damit wir prüfen, ob der Text aus Compliance-Sicht ok ist. Richtig? Und den Text hast Du, Evelyn, als die für Vergaberecht zuständige Rechtsanwältin entworfen. Richtig.	Tamara stoppt die Eskalation, indem sie eine Zusammenfassung des bisherigen Verlaufs gibt und prüft, wieweit überhaupt ein gemeinsames Verständnis vorliegt. Derartige Klärungen dienen nicht nur der Versachlichung und stoppen die gerade beginnende Eskalation, sie können auch komplett unterschiedliches Verständnis zutage fördern, was manchmal ein „Zurück auf null" erfordert.
Evelyn: Ja.	Das ist die Bestätigung der Zusammenfassung.
Annika: Ja, aber das können wir doch gar nicht! Mit Vergaberecht kennen wir uns doch gar nicht aus.	Annika ist noch so gefangen von ihrer Sichtweise, dass sie die Chancen einer Klärung nicht sieht. Alternativ: „Da du Fachfrau für Vergaberecht bist, kannst Du mir sagen, womit wir dich unterstützen können."
Julia: Also, das wird mir jetzt echt zu dumm. Ihr lasst uns hier echt im Regen stehen. Compliance macht wieder mal gar nichts.	Julia entscheidet sich für Konfrontation und startet sowohl mit moralischem als auch generalisierten Vorwürfen. Alternativ: „Du befürchtest, dass dir das Juristische mit dem Vergaberecht auf die Füße fällt. Wir können jetzt klären, womit Ihr von Compliance uns zuarbeiten könnt."

Gesprächsbeitrag	Analyse und mögliche Reaktion
Annika: Also, Julia, Du bist doch der Dezentrale Compliance-Beauftrage für das Thema und Du bist in dem Compliance-Forum, wo wir das seit Wochen besprechen und besprechen. Alle Unterlagen stehen im Intranet, die Kollegen und Kolleginnen sind schon unheimlich weit. Und Ihr habt hier die rote Laterne.	Annika hat sich in ihrer Vorwurfshaltung eingerichtet und kommt aus diesem Modus „die anderen sind schuld" nicht mehr raus. Alternativ: „Du fühlst dich von uns irgendwie in Stich gelassen und hast den Eindruck, dass wir dir den schwarzen Peter zuschieben. Vielleicht können wir jetzt Eure juristische Kompetenz und unsere Compliance-Kompetenz so abgleichen, dass wir uns gegenseitig optimal ergänzen."
Julia: Mir hat keiner gesagt, dass ich was machen muss.	Klassische Reaktion aus dem schmollenden Kind-Ich. Interessant wäre eine Reaktion aus dem Erwachsenen-Ich: „Annika, du teilst gerade ganz schön aus und machst mir Vorwürfe. Ich möchte gern herausfinden, wie wir uns gegenseitig unterstützen können."
Evelyn: Die Sanktionen für die EU-Vergabe sind ja auch gerade erst bekannt gegeben worden. Das müsstet Ihr doch wissen.	Evelyn sucht erneut Verständnis für ihre Position, bleibt aber im Tonfall vorwurfsvoll, was die Stimmung nur unnötig belastet und anheizt. Alternativ: „Womöglich nerven wir Euch, weil wir uns mit der neuen EU-Vergabe noch vertraut machen müssen."
Dieter: Genau. Die gelten ja erst seit Mai.	Dieter unterstützt wieder ungebeten Evelyn. Manchmal ist Schweigen Gold.
Tamara: Also. Wir waren ja bei der Überprüfung des Dokuments angelangt.	Tamara macht erneut einen Anlauf und bemüht sich um die Klärung des bisherigen Prozesses.
Evelyn: Ja. Da müsst Ihr uns jetzt mal sagen, ob das so in Ordnung ist. Aber Compliance blockt ja alles ab. Du nicht, aber du bist heute ja das erste Mal dabei. Und die Bestimmungen des 5k sagen ganz deutlich, dass für uns Handlungsbedarf besteht.	Zum ersten Mal wird deutlich, dass Evelyn unsicher ist, wieweit ihre bisherige Vorarbeit überhaupt für Compliance in Ordnung ist. Nach diesem Satz den Mund zu halten, hätte entschärfend gewirkt, stattdessen kommen generalisierte Vorwürfe („blockt ja alles ab.").
Annika: (*müde*) Also, nur um das noch mal ganz klarzumachen: Wir blockieren hier gar nichts, sondern das ist ganz und gar nicht unsere Aufgabe. Das ist nicht unser Fachgebiet. Und deswegen wüsste ich auch gar nicht, worauf ich da jetzt prüfen soll.	Annika rutscht ins trotzige Kind-Ich und erklärt zum wiederholten Mal, warum sie etwas nicht als ihre Aufgabe sieht. Mit folgender Äußerung wäre Annika weitergekommen: „Du, Evelyn, möchtest wissen, ob das, was du bislang geschrieben hast, aus unserer Sicht in Ordnung ist. Was genau sollen wir da prüfen? Ich frage das so direkt, weil ich vom Vergaberecht keine Ahnung habe, das ist deine Kompetenz."

Gesprächsbeitrag	Analyse und mögliche Reaktion
Evelyn: Also das gibt's doch nicht!	Die Emotionen kochen hoch und Evelyn verliert ihr Contenance.
Dieter: Jetzt bleib doch mal ganz ruhig.	Dieter mischt sich wieder ungebeten ein und kassiert auch prompt eine Absage.
Evelyn: Nein, da bleibe ich jetzt nicht ruhig. Ich habe mir hier die halbe Nacht um die Ohren geschlagen, um zu recherchieren, wie jetzt genau die Gesetzeslage ist. Und von der anderen Seite kommt nicht einmal das kleinste bisschen Hilfsbereitschaft. Ich rede jetzt mit Miroslav. Soll er sich mit Andreas zusammensetzen, müssen halt die Chefs entscheiden.	Zum ersten Mal wieder deutlich, was Evelyn eigentlich kränkt: Ihre bisherigen Bemühungen wurden nicht ansatzweise gewürdigt. Prompt rutscht sie in weitere Vorwürfe und will das Problem auf die nächsthöhere Ebene verschieben. Eine Reaktion aus dem Erwachsenen-Ich: „Ich bin einigermaßen enttäuscht, dass meine ganzen Bemühungen nicht gesehen werden. Statt uns weiterhin Vorwürfe zu machen, wünsche ich mir, dass ihr meinen Entwurf jetzt mit mir durchgeht."

Zum Glück für alle Beteiligten war das Gespräch aber damit nicht zu Ende. Vielleicht möchten Sie, bevor Sie weiterlesen, einmal überlegen, wie Sie selbst an dieser Stelle wertschätzend reagieren würden und wie das Gespräch vermutlich weitergehen würde.

So ging das Meeting dann tatsächlich weiter:

Gesprächsbeitrag	Unsere Analyse
[…]	
Tamara: Evelyn, vielleicht könntest du ja einmal ganz genau sagen, was du jetzt eigentlich möchtest, das wir tun.	Tamara bleibt auf der Stufe der Klärung und lässt den unausgegorenen Vorschlag von Evelyn unkommentiert stehen.
Evelyn: Na, das Dokument prüfen.	Endlich wird Evelyn ansatzweise konkret.
Tamara: Und in Bezug worauf?	Tamara muss nachfragen, was Evelyn mit „prüfen" genau meint.
Evelyn: Ob wir das so benutzen können.	Jetzt erteilt Evelyn endlich den Arbeitsauftrag, ob ihre bisherige Vorarbeit von Compliance bereits benutzt werden kann.
Tamara: Wir können uns das gern aus Compliance-Sicht ansehen. Aber dir scheint noch nicht klar zu sein, dass wir in Bezug auf das Vergaberecht auf deine Expertise angewiesen sind.	
Evelyn: Okay, dann lass uns doch einmal gemeinsam durch den Text gehen, und ich erläutere Euch, was ich warum geschrieben habe.	
…	

Mit dieser letzten klärenden Äußerung gelingt es Tamara, Evelyn die Wertschätzung zuteilwerden zu lassen, nach der diese sich die ganze Zeit sehnt.

19. Kapitel

Die Kunst, Veränderungen zu bewirken

Im 7. Kapitel habe ich mich ausführlich mit dem Widerstand befasst, mit dem Menschen auf die Einschränkung ihrer Freiheit reagieren. In diesem Zusammenhang habe ich geschrieben, dass wir auf kaum etwas so empfindlich reagieren, wie auf die Einschränkung unseres Verhaltensspielraums.

Dies erklärt, warum unser Wunsch, bei anderen dauerhaft etwas zu verändern, leider nur selten vom Erfolg gekrönt ist: Unser Gegenüber reagiert mit Reaktanz. Gleichwohl ist das Bemühen, auf andere Menschen Einfluss zu nehmen, um etwas langfristig zu bewirken, ungebrochen. Untersuchungen belegen, dass 90% aller betrieblichen Veränderungsprozesse scheitern. Wenn wir beobachten, dass Unternehmen nicht mit dem gewünschten Erfolg ihre Ziele am Markt verwirklichen, liegt das keineswegs an mangelnden Ideen. Ganz im Gegenteil: Die unternehmerische Kreativität hat ein hohes Niveau. Doch die beste Strategie ist zum Scheitern verurteilt, wenn es bei der Umsetzung hapert. Doch wie oft eilt der Geist schon voraus und entwickelt neue Konzepte, während den laufenden Projekten die Akzeptanz fehlt oder diese sogar unterlaufen werden.

Da erklärt beispielsweise ein Unternehmer seinen Mitarbeitern, welcher Wettbewerbsvorteil ihnen erwächst, wenn die Kunden die notwendigen Wartungsarbeiten grundsätzlich auch am Wochenende durchführen lassen können. Die Folge: Aus einer Notbereitschaft wird eine regelmäßige Wochenendarbeit. Während unser Unternehmer seine Zukunftsstrategie darlegt, vergisst er typischerweise seinen eigenen Entwicklungsprozess. Als ihm nämlich vor vielen Wochen dieser Vorschlag unterbreitet wurde, war er voller Zweifel und hatte Sorgen im Hinblick auf die Kostenentwicklung, ja es ging ihm eigentlich gegen den Strich, dass seine Kundenorientierung mit so viel Einsatz bzw. Opfer verbunden sein sollte. Doch sein Auf und Ab, sein Für und Wider gehört mittlerweile der Vergangenheit an, jetzt hat er ein Ziel und das soll umgesetzt werden. Was ihn jedoch irritiert: Er schaut in abweisende, ja geradezu entsetzte Gesichter. Seine Mitarbeiter scheinen den Nutzen seiner zukunfts- und arbeitsplatzsichernden Strategie noch nicht begriffen zu haben. So erklärt er sein Vorhaben noch einmal mit Nachdruck …

Sie fragen sich, wie die Geschichte ausging. Nun, die Mitarbeiter waren in der Lage, „nachzuweisen", dass es seitens der Kunden keinen Bedarf für diesen Service gibt und dass diese Strategie betriebswirtschaftlich nur Nachteile bringt.

Was sich bei bedeutenden Veränderungsprozessen wie beispielsweise Tod, unheilbarer Krankheit oder Trennung vollzieht, haben *Elisabeth Kübler-Ross* und *Verena Kast* untersucht. Die dort immer wieder zu beobachtende Abfolge von vier Phasen lässt sich ohne weiteres auf jeden Prozess übertragen, bei dem von uns Veränderungen erwartet werden, die wir so nicht gewollt haben. Allgemeiner formuliert: Wir werden mit Informationen konfrontiert, die nicht in unser bisheriges Bild passen. Dabei durchlaufen wir die Phasen:

- Schreck
- Festhalten
- Loslassen
- Anpassen

Wer Veränderungsprozesse durchsetzen oder dauerhaft etwas bewirken möchte und in der Lage ist zu berücksichtigen, durch welche Phase sein Gegenüber gerade geht, kann situativ angemessen kommunizieren.

Phase 1: Schreck

Menschen unterscheiden bei jeder Information, die sie hören (wie überhaupt bei jeder Wahrnehmung) zwischen **angenehm** und **unangenehm**. Ungewohnte oder mit Gefahr bzw. unangenehmen Erinnerungen verknüpfte Wahrnehmungen lösen über das Zwischenhirn und das sympathische Nervensystem eine direkte Stimulation der Nebenniere aus. Im Bruchteil einer Sekunde werden die Hormone Adrenalin und Noradrenalin in den Blutkreislauf geschickt. Diese als Stresshormone bekannten Stoffe sorgen für die schlagartige Umschaltung auf Flucht bzw. Verteidigung. Um sich beispielsweise durch Laufen in Sicherheit bringen zu können, wird die Herztätigkeit angeregt und die Muskulatur intensiv durchblutet. Gleichzeitig werden alle Prozesse, die nicht für Flucht oder Verteidigung nötig sind, gewissermaßen auf Sparflamme gesetzt. Dazu gehört neben Verdauung und Sexualität auch das Denken, also die Aktivität des Großhirns. Um nicht durch „Nachdenken" den rettenden Sprung vor dem Feind zu verzögern, hat die Natur dafür gesorgt, dass die **Stressreaktion** im Gehirn zu einer **Denkblockade** führt. Solange diese Denkblockade besteht, ist der Mensch für neue Informationen gewissermaßen „immun", er hört nicht zu.

In der Phase des Schrecks richtet sich die gesamte Energie auf die Wiederherstellung der verloren gegangenen Sicherheit

Die daraus resultierenden Fluchttendenzen reichen von innerer Abschottung (mit versteinerter Miene) über Übersprungshandlungen (Themenwechsel) bis zum tatsächlichen Verlassen des Schauplatzes.

Wer auf die **Körpersprache** seines Gegenübers achtet, wird ein Zurückweichen beobachten. Beim Gespräch im Stehen führt das Ausweichen zu einem deutlichen Zurücktreten von mindestens einem Schritt; beim Sitzen kann man sehen, wie der Gesprächspartner nach hinten weicht und sich förmlich in die Rückenlehne drückt.

Oft verschränken sich im Zuge dieser Bewegung die Oberarme vor der Brust. Typisch für die Schreckreaktion ist auch das kurze, heftige, stoßartige Einatmen, das in ein Anhalten des Atems mündet. Die Mimik zeigt alle Zeichen des Erstaunens: Die weit geöffneten, manchmal auch aufgerissenen Augen in Verbindung mit der hochgezogenen Stirn. Gleichzeitig ist der Mund eher leicht geöffnet als fest geschlossen.

Testen Sie Ihre Wirkkraft, wenn Sie genau das Gegenteil machen, beispielsweise den Oberkörper vorbeugen aber gleichzeitig stoßweise einatmen oder zurückweichen und den Mund fest schließen oder die Augen weit aufreißen und eine Ärgerfalte auf der Stirn produzieren usw.

- Überprüfen Sie zur Übung diese Aussagen, indem Sie ausprobieren, wie Ihre persönliche Reaktion ausfällt, wenn Sie einen Schreck bekommen. Lenken Sie Ihre Aufmerksamkeit gezielt auf Ihren Atem, Ihre Haltung, Ihre Mimik und Gestik. Achten Sie auch darauf, wie sich Ihre Stimme verändert.
- Untersuchen Sie in den nächsten Tagen, woran Sie bei anderen Menschen erkennen können, wann diese erstaunt, überrascht, bestürzt, verblüfft, verwirrt, erschreckt oder gar schockiert sind. Je genauer Sie hinschauen, umso mehr Details werden Ihnen auffallen. Es wird Ihnen helfen, sich Notizen zu machen, um in der Unterscheidung dieser Gefühlsreaktionen völlig sicher zu werden.
- Prüfen Sie in einem weiteren Übungsschritt, wie gering die Zuhörbereitschaft von Menschen ist, die gerade mit einer für sie unerfreulichen Mitteilung konfrontiert werden. Testen Sie ganz bewusst, wie viel Ihrer Äußerung verstanden wird, nachdem Sie Ihr Gegenüber „geschockt“ hatten.

In diesem Zusammenhang wird Ihnen erklärlich, warum manche Menschen auf ein versöhnliches Angebot oder Geschenk abwehrend reagieren. Wer noch mit seinem Schreck beschäftigt ist, kann sich nicht über ein nachgeschobenes Entgegenkommen freuen.

Wer weiß, dass Schreck zu Denkblockaden führt, verzichtet in dieser Phase aufs Argumentieren. Ihm wird sowieso nicht zugehört. Stattdessen wendet er sich dem Schreck bewusst zu und gibt seinem Gegenüber die emotionale Sicherheit, dass Schreck eine durchaus angemessene Reaktion auf die gehörte Information darstellt.

Ein Kunde bringt seinen Wagen zur Inspektion. In der Direktannahme erklärt ihm der Meister: „Der Auspuff ist kaputt."
Der Kunde erschrickt und schaut mit Entsetzen auf seinen Auspuff.
„Sie hören ja selbst, wie es da drin klappert. Da kann man nichts mehr machen."
Der Kunde weicht einen Schritt zurück.
„Da ist nur noch eine Frage der Zeit, dann fällt Ihnen der ab. Das muss also gemacht werden."
Der Kunde bringt sich in Sicherheit: „Ne, lassen Sie mal. Das mach ich ein anderes Mal."

Um sich in seiner Verwirrung aus dem „Gefahrenbereich" zu bringen, schaltet der Kunde auf Flucht, er äußert: „Nein." Dieses Nein ist jedoch alles andere als eine durchdachte Verneinung, es stellt vielmehr eine unreflektierte Vermeidungsreaktion dar. Wenn der Kunde in Ruhe über sein „Auspuffproblem" nachdenkt, wird er wahrscheinlich entscheiden, die Reparatur durchführen zu lassen, ehe er irgendwo liegen bleibt. Ob er allerdings nach seinem Nein den neuen Auspuff in dieser Werkstatt in Auftrag geben wird, ist äußerst zweifelhaft. So werden tagtäglich viele Geschäfte verhindert.

Der geübte Meister sieht die Bestürzung im Gesicht seines Kunden und geht direkt darauf ein: „Ich merke gerade, dass ich Sie erschreckt habe."
„Ja, also ich habe da noch nichts gemerkt, bislang konnte man am Auspuff nichts hören."
„Ja, das stimmt. Noch hält er. Sie sind jetzt ganz verwirrt, weil ich gesagt habe, der Auspuff ist kaputt."
„Stimmt, das kommt ziemlich überraschend ..."
Um sprachlich angemessen reagieren zu können, lege ich Ihnen die folgende Vokabelliste ans Herz:

erstaunt	Sie sind jetzt ganz erstaunt.
verwundert	Du wirkst verwundert.
perplex	Das macht dich ganz perplex.
platt	Da bist Du platt.
sprachlos	Sie sind ganz sprachlos.
verblüfft	Womöglich habe ich Sie verblüfft.
fassungslos	Das macht Sie vielleicht fassungslos.
entsetzt	Ich habe Sie entsetzt.
schockiert	Du bist geradezu schockiert.
bestürzt	Das bestürzt Sie förmlich.
vor den Kopf gestoßen	Vielleicht stoße ich Sie vor den Kopf.
ganz durcheinander	Das macht Sie ganz durcheinander.
vom Donner gerührt	Du wirkst wie vom Donner gerührt.

Wenn Sie den Schreck Ihres Gegenübers ernst nehmen, zeigen Sie nicht nur Wertschätzung, Sie kürzen diese Phase gleichzeitig ab.

Im 17. Kapitel „Der Umgang mit negativen Emotionen“ hatte ich ausgeführt, dass unser natürliches Verhalten schlagartig seine **Spontaneität** verliert, sobald es in unser Bewusstsein dringt. Es gibt ja keine bewusste Spontaneität.

Um sich die Schreckphase noch besser zu vergegenwärtigen, biete ich Ihnen wieder eine Übung an:

	Ihre Antwort
(1) Aufgrund betrieblicher Belange müssen Sie Ihrer Familie erklären, dass Sie statt der geplanten Fahrradtour am Wochenende arbeiten müssen. Wie bereiten Sie Ihre Angehörigen auf diese „Veränderung" vor?	
(2) Wegen einer unerwarteten Kündigung müssen Sie einen Ihrer Mitarbeiter gewinnen, das Team zu wechseln. Wie wollen Sie den Mitarbeiter mit dieser „Veränderung" konfrontieren?	

	Ihre Antwort
(3) Wie erklären Sie einem Ihrer Kunden, dass Sie aufgrund von personellen Engpässen zurzeit nicht liefern können?	

Meine Vorschläge:

(1) „Ich kann mir vorstellen, dass ich ganz schön Verwirrung stifte, wenn ich die Wochenendpläne durchkreuze …"

(2) „Sie werden jetzt vielleicht völlig fassungslos reagieren, wenn ich Sie unvermittelt aus Ihrer vertrauten Abteilung reiße …"

(3) „Ich mute Ihnen womöglich einen Schock zu, wenn ich Ihre Erwartungen bezüglich Ihrer Bestellung enttäusche …"

Sie werden die Erfahrung machen, dass sich das Erstaunen, der Schreck oder die Beunruhigung ihres Gesprächspartners am schnellsten auflöst, wenn sie angesprochen und als notwendiger Zwischenschritt auf dem Weg zur Veränderung betrachtet wird.

Phase 2: Festhalten

Klingt der Schreck allmählich ab (je nach Intensität kann die Schockphase zwischen Minuten und vielen Tagen liegen), wechselt der Mensch in die Phase des Festhaltens. War die vorangegangene Phase durch Verwirrung geprägt, setzt jetzt eine **Orientierung am Bestehenden** ein. Löste der Schreck eine Stressreaktion aus, die zu einer Denkblockade führte, finden wir in dieser Phase gewissermaßen die Nachwehen der Stressreaktion. Zwar setzt das Denken wieder ein, aber ausgesprochen einseitig. Das Denken in dieser Phase lässt sich begreifen als ein Beharren auf dem Bekanntem, ja Vertrautem. Die Orientierung am status quo ist rückwärts gewandt und lässt noch keine kreativen Gedanken zu. Wer fest hält, interessiert sich nicht für zukünftige Möglichkeiten, sondern richtet sein Augenmerk ausschließlich auf die Frage, wie das Hier und Jetzt bewahrt werden kann. Dieses Festhalten wird leider auch dort noch stur fortgesetzt, wo nichts mehr zu gewinnen ist. Denken Sie beispielsweise an zerstrittene Paare, die geradezu hartnäckig ihre Beziehung fortsetzen, ohne dass sich irgendetwas ändert.

In dieser Phase lassen sich drei Schritte beobachten:

- **Leugnen:** Zunächst wird die Realität mit allen zur Verfügung stehenden Mitteln geleugnet. Typische Reaktionen sind: „Das muss ein Irrtum sein." – „Das kann nicht sein." – „Ich kann das nicht glauben." – „Das gibt es doch gar nicht." – Ein beeindruckendes Beispiel mag der Untergang der Titanic gewesen sein, bei dem nicht nur der Kapitän sondern auch viele Passagiere lange die Gefahr so perfekt geleugnet haben, dass man sich unbeeindruckt seinen bisherigen Tätigkeiten widmete. Man muss sich klar machen, dass es einen **Selbstschutz** darstellt, die Wirklichkeit nicht wahr haben zu wollen.

Wer die Bedrohlichkeit einer Situation als für sich nicht gültig ummünzt, bewahrt sein emotionales Gleichgewicht.

So gelingt es auch, den Anteil der eigenen Person perfekt auszuklammern, so dass eine persönliche Betroffenheit ausgeschlossen bleibt.

Beispielsweise wird ein Mitarbeiter, der sich unvermittelt mit seiner Kündigung konfrontiert sieht, in dieser Phase seine Mitverantwortung leugnen. Und dies nicht etwa, weil er unkritisch ist, sondern weil sein Organismus in dieser Phase ausschließlich nach Sicherheit strebt. (Abb. 19–1)

- **Aggression:** Dem Leugnen der Realität folgen die typischen Formen von Zorn und Wut. Das Gegenüber wird als Aggressor betrachtet; schließlich hat er die eigene Sicherheit, den status quo angegriffen. Diese Phase wird häufig sehr intensiv ausgelebt, dient aber immer noch dem übergeordneten Ziel des Festhaltens. Man mag sich in diesem Zusammenhang vergegenwärtigen, wie oft es gelingt, durch gezielt eingesetzten Ärger sein Gegenüber zum **Rückzug** zu bewegen.

Auch wenn man dem zu kündigenden Mitarbeiter nicht die Kündigung erspart, nur weil er emotional erregt reagiert, so zeigt sich doch häufig, wie offen ausgetragene Aggression zu Zugeständnissen füh-

Abb. 19-1

ren kann. Wie oft erleben Mitarbeiter, dass ein vehementes Ablehnen von Veränderungen am Arbeitsplatz den Status quo stärkt – und sei es nur, dass die geplante Veränderung hinausgeschoben wird.

- **Verhandeln:** Wenn die Phase der Aggression allmählich abnimmt und einem Überdenken der Situation Platz macht, greift eine **Festhaltetaktik**, bei der versucht wird, so viel wie möglich zu retten. Wer in dieser Phase verhandelt, verspürt noch keine Bereitschaft, sich mit der Veränderung, ihren Zielen und Möglichkeiten zu befassen, hier dient das Verhandeln dem Festhalten am Bisherigen. Nach dem Motto: „Wenn ich schon nicht alles so behalten kann, wie ich es gewohnt bin, so will ich doch durch zähes Verhandeln bewahren, was irgendwie zu bewahren ist."

Bei Kündigungsgesprächen kann man regelmäßig beobachten, wie Mitarbeiter nach dem ersten Schreck und einem ärgerlichen Leugnen vergleichsweise rasch in die Verhandlungsphase rutschen, um auszuloten unter welchen Bedingungen sie bleiben bzw. wie sie die Höhe ihrer Abfindung beeinflussen können.

Das Auspuffbeispiel aus der vorangegangenen Phase lässt sich hier fortspinnen:

Obgleich der Kunde die Fakten (= klappernder Auspuff) hört, **leugnet** er die Realität: „Das kann doch gar nicht sein. Der Wagen ist doch erst drei Jahre alt."
„Sie hören doch selbst wie es klappert, wenn ich nur leicht mit dem Handballen dagegen klopfe."
Jetzt schaltet der Kunde von **Leugnen** auf **Aggression** um: „Bei meinem letzten Wagen hielt ein Auspuff mindestens fünf Jahre. Wäre ich doch bei meiner alten Marke geblieben. Was versteht man bei Ihnen eigentlich unter Qualität? Das ist doch alles nur Billigware und Schrott."
„Ein Auspuff unterliegt nun mal Verschleißerscheinungen und hält nicht ewig."
Der Kunde versucht sein Glück im **Verhandeln**: „Das erwartet ja auch keiner, aber drei Jahre, das muss doch noch auf Kulanz gehen …"

Noch am Alten festzuhalten bedeutet nicht automatisch, gegen das Neue zu sein. Es entspricht lediglich dem natürlichen Veränderungsprozess. **Opposition** aus verloren gegangener Sicherheit ist keine wirkliche Ablehnung.

Wer gelernt hat, zwischen echter Ablehnung und Festhalten am bisherigen zu unterscheiden, erspart sich unnötige Spannungen, Unverständnis und Ärger.

Wer das Festhalten als eine **Durchgangsphase** begreift, kann diesen Durchgang schon dadurch beschleunigen, dass – quasi paradox – dem Festhalten ausdrücklich Raum gewährt und Verständnis aufgebracht wird für ein auf Unsicherheit beruhendes Beharrungsvermögen.

Unser geübter Meister geht darum auch wertschätzend auf den Kunden ein, als dieser sagt: „Das kann doch gar nicht sein. Der Wagen ist doch erst drei Jahre alt."
„Dass ein Auspuff bereits nach drei Jahren hinüber sein soll, passt Ihnen gar nicht."
„Naja, das ist ja schließlich 'ne teure Angelegenheit."
„Ich kann Ihren Ärger nachvollziehen. Es würde mir auch stinken, wenn ich unvermittelt mehr ausgeben soll."

„Ganz richtig, das haut jetzt richtig rein. Können Sie denn da mit Kulanz noch etwas machen?"

„Die Garantie ist bei Ihrem Auspuff seit zwei Jahren abgelaufen, aber Sie möchten gern, dass die Reparatur nicht so teuer wird, weil Sie das jetzt unerwartet trifft."

„Ja, also ich würde es ja machen lassen, wenn ich die Rechnung für den Auspuff erst im nächsten Monat zahlen müsste ..."

Ich nutze die Beispiele aus dem vorangegangenen Abschnitt, um den Umgang mit Menschen in der Festhaltephase zu üben. Bemühen Sie sich, den anderen mit seiner Reaktion des Leugnens, der Aggression und des Versuchs, zu verhandeln, ernst zu nehmen und verzichten Sie auf eine Rechtfertigung.

	Ihre Antwort
(1) „Das darf doch nicht wahr sein. – Du hast uns das doch versprochen. – Nie hast Du Zeit. Immer geht Dein blöder Beruf vor. Kannst Du nicht wenigstens nachkommen?"	
(2) „Ich kann das fast nicht glauben, dass Sie wirklich mich aus dem Team nehmen wollen. Dabei sind wir doch jetzt gerade mitten im Projekt. Kann ich das denn nicht wenigstens vorher zum Abschluss bringen?"	
(3) „Das ist doch ein schlechter Scherz. Das können Sie doch nicht machen. – Sagen Sie mal, sind Sie eigentlich wahnsinnig? Wissen Sie was das bedeutet?"	

Meine Antwortvorschläge:

(1) „Deine Enttäuschung kann ich nachvollziehen. Dass Du dich nicht auf meine Zusage verlassen kannst, muss dich ja vor den Kopf stoßen. Ich würde wahrscheinlich auch vor Wut platzen ..."

(2) „Verflixt, ich verpasse Ihnen da eine eiskalte Dusche und merke gerade, welche Verbitterung es bei Ihnen auslöst, Sie mitten aus dem laufenden Projekt abzuziehen."

(3) „Wahrscheinlich würden Sie mir am liebsten den Hals umdrehen, weil ich Sie in eine völlig unhaltbare Lage bringe ..."

Wir neigen dazu, dass Nein in dieser Phase als Ausdruck von **Ablehnung** zu betrachten, die durch geschickte Argumentation aufgebrochen werden soll. Doch die besten Argumente verpuffen im Nichts, solange unser Gegenüber nicht richtig zuhört. Und er hört nicht richtig zu, weil sein Denken – wie eingangs ausgeführt – noch zu sehr rückwärts gewandt auf die Rettung seiner Vorstellung gerichtet ist.

Phase 3: Loslassen

Nach dem Festhalten kommt das **Abschiednehmen**. In dieser Phase wird der Vergangenheit nachgetrauert. Zwar besteht die intellektuelle Einsicht, dass der Zug längst abgefahren ist und es keinen Sinn macht, der Veränderung weiteren Widerstand entgegenzusetzen. Dennoch ist der Blick in dieser Phase noch keineswegs auf die Zukunft gerichtet. Nach der aktiven Festhaltephase kommt nun das mehr **passive Loslassen**. Die Stimmung ist eher wehmütig und rückwärts gewandt, dem Vergangenen wird nachgetrauert.

Aus der Einsicht in die Notwendigkeit **kann** am Ende dieser Phase eine Orientierung auf die Zukunft, auf die anstehenden Veränderungen folgen. Es lässt sich jedoch immer wieder beobachten, wie das Fehlen von hinhaltendem Widerstand bereits für Zustimmung gehalten wird. Nach dem Motto: Wer nicht mehr nein sagt, stimmt zu. Dies kann fatale Folgen haben: Da in dieser Phase noch keine Zustimmung stattgefunden hat, kann deren Unterstellung zu einer Regression auf die vorangegangene Festhaltephase führen. (Abb. 19–2)

Auch hier gilt, dass das **Zögern** seine Spontaneität verliert, wenn es bewusst wird. Man kann Entscheidungsnöte nicht dadurch abkürzen, dass Druck gemacht wird oder noch weitere Argumente nachgereicht werden.

Die **Zweifel** eines anderen ruhig auszuhalten und sich klar zu machen, dass dies ein normaler Prozess ist, hilft dem Gesprächspartner bei der Klärung seiner nächsten Schritte.

Hier mag das Bild helfen: Solange der Affe die leere Kokosnuss fest hält, kann er nicht nach der Banane greifen.

Abb. 19-2

Körpersprachlich wird diese Phase von einem **Schwanken** begleitet. Konnten wir beim Schreck ein Zurückweichen und in der Aggressionsphase ein Vorbeugen beobachten, sehen wir nun ein unschlüssiges auf der Stelle treten. Hin und hergerissen zwischen einerseits und andererseits pendelt unser Gegenüber. Wenn Sie genau hinblicken, werden Sie entdecken, dass er bei seiner Argumentation immer wieder die gleiche Position einnimmt. So ruht das Gewicht bei den Pro-Argumenten beispielsweise auf dem linken Bein, während er sein Gewicht auf das rechte Bein verlagert, sobald er sich den Contra-Argumenten zuwendet und retour. Gleiches können Sie auch beim sitzenden Gegenüber beobachten. Die eine Sitzecke ist gewissermaßen für die Zustimmung reserviert, während die gegenüberliegende Ecke mit der entsprechenden Blickrichtung der Ablehnung vorbehalten scheint.

Nutzen wir in diesem Zusammenhang noch einmal die drei Beispiele:

	Ihre Antwort
(1) „Wenn wir die Fahrradtour ohne dich machen, dann wächst mir plötzlich eine völlig neue Aufgabe zu. Also, ich weiß nicht, ob ich das so gut finde."	
(2) „Einerseits reizt mich die neue Aufgabe schon, andererseits fällt es mir schwer, so plötzlich aus dem Projekt auszuscheiden."	
(3) „Wenn Sie die andere Lieferung vorziehen, dann könnten wir wenigstens weiterarbeiten, obgleich es mir einfach nicht in den Sinn will, dass Sie nicht liefern können oder wollen, wer weiß."	

Meine Antwortvorschläge:

(1) „Du bist noch ganz unentschieden, wie weit Du dich auf dieses Abenteuer einlassen willst."

(2) „Das Ganze geht Ihnen zu schnell. Sie fühlen sich förmlich überrumpelt und haben gar keine Zeit die Vor- und Nachteile abzuwägen."

(3) „Sie könnten sich vorstellen, mir entgegenzukommen. Aber Sie haben da noch grundsätzliche Zweifel."

Wer das Alte nicht sang- und klanglos abschiebt, sondern einem würdigen Abschluss zuführt, gewinnt Energien für das Neue. Hier zeigt sich der besondere Effekt von **Abschieds-Ritualen**, die für viele Menschen hilfreich sind, um sich danach dem Neuen zuzuwenden. So selbstverständlich uns das bei so bedeutenden Ereignissen wie Schulabgang, Ausbildungsschluss, Ruhestand und Tod ist, so wichtig ist dieses Abschiednehmen auch bei wesentlich kleineren Veränderungen. Viele Kinder legen großen Wert darauf, ihre Milchzähne aufzubewahren, aber auch Erwachsene trennen sich leichter, wenn Sie noch ein letztes Foto von ihrem Urlaubsdomizil oder ihrem bisherigen Auto gemacht haben. Menschen benötigen unterschiedliche Zeit, um noch einmal innezuhalten und zurückzuschauen. Ihnen diese Zeit zu gewähren, kürzt diese Phase insofern ab, weil der Druck, schneller zu machen, nur zu leicht mit Festhalten, eben mit Reaktanz quittiert wird. (Abb. 19–3)

Es mag sich technisch anhören, wenn ich nahe lege, Veränderungen zu zelebrieren. Es zeigt sich, dass Menschen Neues leichter akzeptieren, wenn das Alte einen Abschluss bekommen hat. Obgleich unser

Leben voller Rituale ist, mag man sich in Deutschland – sicherlich aufgrund der politischen Vergangenheit – nicht dazu bekennen. Das ändert jedoch nichts an ihrer Wirksamkeit.

Phase 4: Anpassung

Erst nach dem Loslassen folgt der **Neubeginn**. Im Bild gesprochen: Wer sich mit beiden Händen noch an einen Strohhalm klammert, kann nicht nach dem Rettungsring greifen. Der Neubeginn setzt Abschied vom bisherigen voraus. Je gelungener das vollzogen wird, umso größer die Wahrscheinlichkeit für das Gelingen des Neuen und umso größer die Wahrscheinlichkeit, dass aus einer rein verbalen Zustimmung zur anstehenden Veränderung eine aktive Mitarbeit bei der Umsetzung und dem Aufbau neuer Strukturen wird.

Aber auch auf dieser Stufe kann unser Gegenüber gewissermaßen **rückfällig** werden. Kommt er trotz guter Vorsätze mit den Auswirkungen der Veränderung nicht zurecht, und fühlt er sich zudem noch alleingelassen, macht er plötzlich wieder das, was ihm seit Jahr und Tag vertraut ist.

Da ist die Mitarbeiterin der Lohnbuchhaltung, die schweren Herzens eingewilligt hat, ihre Arbeit künftig mit der neuen EDV zu bewältigen. Doch schon nach kurzer Zeit stellt sich heraus, dass das neue Programm nicht einwandfrei funktioniert und der Vertreter der Softwarefirma keine klaren Aussagen macht, wann es fehlerfrei funktionieren soll. Eines schönes Tages sieht man unsere Buchhalterin mit der guten alten Rechenmaschine und gespitztem Bleistift die Löhne so ins Formular eintragen, wie sie es in den vergangenen zwanzig Jahren auch gemacht hat …

Die Anpassungsphase ist die wohl am häufigsten vernachlässigte Phase bei Veränderungen. Die Verantwortlichen sind schon mit neuen Projekten beschäftigt und gehen wie selbstverständlich davon aus, dass nun alles läuft. Ganz ähnlich geht es uns auch als Kunden, wenn wir uns nach langem Hin und Her für eine größere Anschaffung entschieden haben. Nun steht das Gerät daheim und wir versuchen damit zurechtzukommen. Leider funktioniert es nicht so, wie im Geschäft. Wenn uns jetzt der Verkäufer mit hohlen Worten abspeist („Da müssen Sie sich an den Service wenden, ich bin nur für den Verkauf zuständig."), dann tritt nicht nur Kaufreue ein, dann fallen wir womöglich um Stufen zurück und machen von unserem Verbraucherrecht der Wandlung Gebrauch.

Wer sich klar gemacht hat, dass bei Entscheidungsprozessen diese Phasen ganz genau so ablaufen, nutzt dies in jedem Gespräch mit seinem Gegenüber.

Schauen wir zum Schluss das Eingangsbeispiel noch einmal an und stellen uns vor, der Unternehmer hätte sich für die Durchsetzung seines Vorhabens mit den vier Stufen des Wandels vorab vertraut gemacht.
Dann wäre ihm sogleich der Gedanke gekommen, dass sein Ansinnen von regelmäßiger Wochenendarbeit auf seine Mitarbeiter geradezu schockierend wirken mag. So hätten ihn die entsetzten Minen seiner Mitarbeiter nicht verwundert. Im Gegenteil, er wäre in der Lage gewesen, dass Bedrohliche seines Plans zu erkennen, und er hätte den Mitarbeitern ausdrücklich zugestehen können, dass sie sich vielleicht vor den Kopf gestoßen fühlen, wenn sie hören, dass ihr bisheriges Engagement mit zusätzlicher Arbeitsbelastung entgolten wird.
Im nächsten Schritt hätte er es dabei bewenden lassen, zunächst einmal seine Zukunftsvision darzustellen.
Um die Festhaltephase abzukürzen, muss unser Unternehmer die nahe liegende Ablehnung ernst nehmen. Dies geschieht vorteilhafterweise im Einzelgespräch. Seine Aktivität beschränkt sich aufs Zuhören. Sein Ziel lautet: Kennenlernen möglichst vieler Widerstände, die gegen die Einführung der Wochenendarbeit sprechen.
Je aufrichtiger er seinen Mitarbeitern zugesteht, dass er für ihre Ablehnung seiner Idee Verständnis hat, umso schwächer fällt die mögliche Aggression aus.
Am Ende dieser Gespräche werden die Bedingungen ausgelotet, unter denen sich die Mitarbeiter seinem Vorschlag öffnen könnten. Wir befinden uns am Übergang zur Loslassphase. Vom rückwärts gewandten Beharren auf die vertrauten Arbeitszeiten findet ein Perspektivenwechsel statt: Die Mitarbeiter wenden sich den Möglichkeiten zu und prüfen, wieweit sich daraus ein Nutzen ergibt, der auch ihnen Vorteile bringt.
Vielleicht nutzt unser Beispielunternehmer sein Wissen um Rituale, indem er die Einführung der neuen Arbeitszeit mit einem Abschiedsfest verbindet, bei dem am letzten Samstag ohne Wochenendarbeit förmlich und fröhlich die Betroffenen Abschied nehmen vom bisherigen Arbeitszeitmodell.
Aber damit gibt sich unser Unternehmer nicht zufrieden. Er weiß, dass die erste Zeit mit Hürden verbunden ist. Um Rückfälle und Sehnsüchte nach

den „guten alten Zeiten" zu verhindern, nimmt er regelmäßig zu den Mitarbeitern Kontakt auf, um sich zu vergewissern, wie sie mit der Wochenendarbeit zurechtkommen und um zu prüfen, wo es eventueller Nachbesserungen bedarf.

Menschen durchlaufen bei Veränderungsprozessen die vier Phasen unterschiedlich schnell und unterschiedlich intensiv. Aber jeder durchläuft diese Phasen. Vergegenwärtigen Sie sich, was in Menschen vorgeht, die unerwartet mit einer Veränderung konfrontiert werden. Wenn Sie Veränderungen bewirken wollen, können Sie Ihren Gesprächspartnern helfen, Altes loszulassen und Neues anzunehmen, indem Sie dieses Phasenmodell bei geplanten Veränderungsprozessen grundsätzlich einbeziehen.

Der Eingangsdialog aus dem 13. Kapitel könnte sich ganz anders entwickeln, wenn der Vorgesetzte Schnell diese Punkte berücksichtigt:

Schnell: (Greift zum Telefon und wählt.) „Guten Morgen, Herr Schwarz, hier Schnell. Können Sie gerade mal in mein Büro kommen? Sie werden wahrscheinlich überrascht sein: Es geht um eine berufliche Veränderung, die ich Ihnen anbieten kann. Darüber möchte ich gern mit Ihnen reden. – Ja, Sie haben völlig Recht. Das kommt ziemlich unvermittelt. – Da steht jetzt keine sofortige Entscheidung an. Mir wäre es lieb, wenn ich Ihre Meinung dazu kennen lernen könnte. Passt es Ihnen gleich? Um 10 Uhr habe ich noch einen Termin. – Also, bis gleich.
(Es klopft.) Herein! – Nehmen Sie Platz, Herr Schwarz. Danke, dass Sie gleich gekommen sind. Vielleicht bringe ich Sie jetzt völlig durcheinander, wenn ich Ihnen das Angebot unterbreite, für zwei Jahre nach Chile zu gehen. Sie haben wahrscheinlich mitbekommen, dass unsere neue Niederlassung in Santiago im Januar eröffnet wird."
Schwarz: „Ich habe ja mit allem gerechnet, aber nicht damit! Also wirklich! – Das kommt jetzt völlig unerwartet."
Schnell: „Ich glaub', ich verwirr Sie gerade ziemlich."
Schwarz: „Na ja … – Es ist eigentlich mehr der Gedanke, was dann aus dem Neudorf-Projekt wird. Dafür brauchen wir bestimmt noch vier Monate. Sie wissen ja selbst, wie groß die Anfangsschwierigkeiten sind. Ich muss mich schon mächtig reinknien. Das jetzt einfach sang- und klanglos aufzugeben – also nee."
Schnell: „Ich glaube, ich kann nachvollziehen, wie sehr es Ihnen stinkt, die ganze mühsame Vorarbeit zu leisten. Und wenn es anfängt interessant zu

werden, dann dürfen andere die Ernte einfahren. Womöglich haben Sie den Eindruck, man schickt Sie fort."

Schwarz: „So will ich das nicht sagen – aber im Neudorf-Projekt steckt Herzblut. Kann ich das denn nicht erst abschließen?"

Schnell: „Ihnen wäre wohler, wenn Sie Ihr Projekt zu Ende führen."

Schwarz: „Klar – wobei das eigentlich nicht unbedingt nötig ist. Wenn es erst mal richtig läuft, dann können die anderen das genau so gut zum Abschluss bringen."

Schnell: „Sie könnten dieses Angebot, nach Chile zu gehen, mit leichterem Herzen prüfen, wenn Sie eine Zusage hätten, erst das Neudorf-Projekt zum Laufen zu bringen."

Schwarz: „Ja – Nein – Ach was! Ich mache mir da gerade etwas vor. Wenn ich morgen einen Unfall habe, muss es ja auch weitergehen. Außerdem bin ich ja nicht aus der Welt. Ich kann per E-Mail mit den Kollegen im Kontakt bleiben und meine Ideen weiterhin einbringen. – Also eigentlich klingt das ganz verlockend, was Sie da sagen."

Schnell: „Sie hören sich dennoch etwas unschlüssig an."

Schwarz: „Stimmt. Zwei Jahre Chile – das ist nicht nur eine Frage meines Arbeitseinsatzes – das ist auch eine Frage, wie meine Frau darauf reagiert. Unsere Kinder sind zum Glück noch so klein, dass ich da am wenigsten Bedenken habe."

Schnell: „Ich kann Ihre Zweifel verstehen. Im Gegenteil, ich glaube ich wäre überrascht gewesen, wenn Sie nicht gezögert hätten. So eine Entscheidung will reiflich überlegt sein."

Schwarz: „Danke. – Das Thema hatten meine Frau und ich schon vor Jahr und Tag am Wickel gehabt, schließlich haben wir beide Spanisch gelernt, weil wir uns schon einen längeren Aufenthalt im Süden vorstellen können. Dass es jetzt gleich so weit südlich wird, muss ich allerdings meiner Frau erst noch beibringen. Wenn Sie mir aber vorher noch ein wenig mehr über die Stelle und meine Aufgaben dort erklären, dann wird es möglicherweise leichter."

20. Kapitel

E = Z · O

Der eine oder andere Leser wird vielleicht erstaunt auf den Titel dieses letzten Kapitels blicken. Die Formel E = Z · O entstand vor einigen Jahren im Rahmen eines firmeninternen Seminars. Dabei steht E für Erfolg eines Gespräches. Hinter Z verbirgt sich die Klarheit der eigenen Ziele. Und O meint die Orientierung am Gegenüber.

Wie ist diese Formel nun zu verstehen?

Stellt man sich die eigene Zielklarheit und die Orientierung am Gegenüber als Prozentwerte vor, dann erhält man bei vollständig klaren Zielen und der Erfassung von Stimmungslage, Beweggründen und Zielen des Gegenübers den Wert 1.

$E = 1{,}0 \cdot 1{,}0 = 1$

Damit ist also der gewünschte Ausgang eines Gespräches sichergestellt.

Lässt man es jedoch an Wertschätzung für den Gesprächspartner fehlen, hört ihm nicht richtig zu oder versucht, ihn zu vereinnahmen, sinkt nicht nur der Wert für die Orientierung am Gegenüber, sondern auch das Gesamtergebnis. Im ungünstigsten Fall erhält man dafür den Wert null. Da aber null mal etwas immer noch nichts ist, wird sich auch der gewünschte Erfolg nicht einstellen. Wohl niemand, der in eine Verhandlung hineingeht, wird es gleichgültig sein, wenn der Verhandlungspartner verärgert den Tisch verläßt mit den Worten: „Unter diesen Bedingungen kommen wir nicht zusammen!" Dann ist man vielleicht von den eigenen Zielen kein Jota abgewichen, und erreicht hat man dabei nichts.

E = 1,0 · 0,0 = 0

Nun mag man einwenden, dass es sehr wohl Situationen gibt, in denen man dem Gesprächspartner gleichsam die eigenen Ziele aufzwingen kann.

Vorgesetzter: Frau Nolte, Frau Jakob hat eben angerufen. Ich bin also gleich oben beim Vorstand. Unser Termin findet dann erst ab 19:00 statt.

Frau Nolte: Das ist mir eigentlich zu spät. Ich habe heute Abend noch einen Elternabend von der Klasse meines Sohnes.

Vorgesetzter: Ach was, da kann doch auch Ihr Mann hingehen. Und überhaupt ist ihr Sohn doch gut in der Schule, da wird das auch mal so gehen. Die Vorbereitung für den Aufsichtsrat ist zu wichtig. Die müssen wir heute noch fertig machen.

Die wenigsten Mitarbeiter werden sich nun noch gegen eine solche Anordnung zur Wehr setzen. Der vordergründige Erfolg ist dem Vorgesetzten also sicher. Sieht man jedoch als „Erfolg" das Gesamtergebnis des Gespräches, dürften Zweifel angebracht sein, ob – im Sinne der Formel gesprochen – die volle Punktzahl tatsächlich erreicht wird. Bleibt diese Art des Umgangs ein Einzelfall, hat der Vorgesetzte zumindest eine frustrierte Mitarbeiterin, die sicher nicht ihre ganze Energie in die Aufsichtsratspräsentation legen wird („Ich weiß auch nicht, Herr Kaspar, mit fällt dazu auch nichts Passendes ein"). Kommt das häufiger vor, sind innere oder tatsächliche Kündigung denkbare Folgen. Nicht zu vergessen die bereits erwähnten „Rabattmarken", also die Retourkutsche bei passender Gelegenheit.

Wenden wir uns nun dem zweiten Faktor der Formel zu. Zunächst würde man ja annehmen, dass sich die meisten Menschen über ihre eigenen Ziele im Klaren sind. Bei den Vorbereitungen für wichtige Verhandlungen kann man allerdings immer wieder erleben, dass sich diese vordergründige Klarheit bei näherer Betrachtung als Schnellschuss herausstellt. Eingehend hinterfragt, lässt sich das zuerst genannte Ziel meist noch deutlich präzisieren. Für den Alltagsgebrauch mag das ausreichen, genauso wie eine vage Ahnung von der Lage, in der sich der Gesprächspartner befindet. Sehen wir uns dazu einmal das Ergebnis an:

$E = 0{,}5 \cdot 0{,}5 = 0{,}25$

Dabei erkennt man, wie schnell sich der Erfolg eines Gespräches reduziert, wenn man nicht genug Zeit und Aufmerksamkeit investiert. Gerade im Geschäftsleben, aber auch bei wichtigen privaten Gesprächen kann es daher durchaus von Vorteil sein, einen Großteil der Gesprächszeit für die Klärung dieser Punkte zu verwenden und sich im Idealfall auf das Gespräch entsprechend vorzubereiten. Im folgenden Abschnitt möchte ich dazu anhand eines Beispiels darstellen, wie das in der Praxis aussehen kann.

Herr Konrad ist freiberuflicher Graphiker und Texter. Zur Zeit schreibt er an einer Festschrift für die Pseudo AG, von der er in der Vergangenheit schon mehrfach lukrative Aufträge erhalten hat. Am Morgen, als er seine E-Mail öffnet, findet er folgende Nachricht:
„Herr Konrad,
bitte um Rückruf zu folgendem Thema: Wir müssen unsere Broschüre nochmal umgestalten. Wir haben ab dem nächsten Quartal überraschend ein neues Logo. Wenn Sie mich nicht erreichen, gibt Ihnen Frau Weber schon mal die neuen Gestaltungsvorgaben.
VG
Michalski"
Herr Konrad greift sofort zum Hörer und hat auch Glück. Herr Michalski ist gerade wieder ins Büro zurückgekommen.
Konrad: Guten Tag, Herr Michalski, sagen Sie, ich lese wohl nicht richtig. Was soll das denn bedeuten! Die Broschüre ist doch quasi fertig.
Michalski: Hallo, Herr Konrad, jetzt regen Sie sich mal nicht auf. Ich kann schließlich auch nichts dafür, wenn die oben das einfach entscheiden. Was meinen Sie, was hier los ist. Wir müssen quasi alle Unterlagen neu in Druck geben, das SAP umstellen, die Kunden informieren …
Konrad: Mein Problem ist nur, dass das jetzt natürlich völlig den Kostenrahmen sprengt. Die Stundenzeit, die ich kalkuliert hatte, ist ja schon überschritten durch die vielen Anpassungen, die Sie gehabt haben.
Michalski: Also, Herr Konrad, jetzt machen Sie mal einen Punkt. Sie haben uns schließlich einen Werkvertrag angeboten. Wie lange Sie da für die Erstellung brauchen, müssen Sie schon selbst sehen.

Konrad: Ja, schon, aber die Änderungen müssen natürlich auch im Rahmen bleiben.

Michalski: Na, so viele Änderungen hatten wir ja schließlich auch nicht.

Konrad: Naja, ich glaube, wir sind inzwischen bei der sechsten Korrektur.

Michalski: Das habe ich Ihnen ja schon erklärt. Die Kommunikationsabteilung und meine Vorgesetzten haben da eben Mitspracherecht.

Konrad: Aber Sie könnten sich ja zumindest vorher einigen. Wie auch immer: diese Änderung ist bei dem aktuellen Preis nicht mehr drin. Die Extrakosten muss ich Ihnen in Rechnung stellen.

Michalski: Das ist in meinem Budgetrahmen nicht machbar. In dem Fall müssten wir das ganze Projekt einstampfen.

Konrad: Ist mir auch recht. Dann schicke ich Ihnen eine Schlussrechnung, und damit ist die Sache erledigt.

Michalski: Wieso Schlussrechnung. Sie haben ja wie gesagt einen Werkvertrag. Und haben ja gar nichts Fertiges geliefert. Dafür zahle ich natürlich auch nichts!

Machen wir an dieser Stelle einmal einen Schnitt. Herr Konrad hat in dem Gespräch durchgängig seine Interessen vertreten. Trotzdem (oder gerade deswegen) hat er sich jetzt in eine echte Zwickmühle manövriert. Reagiert er aus der momentanen Stresssituation heraus weiter mit Angriffen, kann er sich womöglich demnächst mit der Rechtsabteilung der Pseudo AG auseinandersetzen und weitere Aufträge in den Wind schreiben. Ob er sein Geld bekommt und wann, steht dann erstmal in den Sternen. Oder er besinnt sich auf die guten Einnahmen der Vergangenheit und rudert zurück. Dann verliert er nicht nur sein Gesicht, sondern auch noch das Geld für die vielen Extrastunden, die ihm jetzt ins Haus stehen. Und so ein schwelender Ärger fördert auch nicht gerade die Kreativität.

Beginnen wir mit einer systematischen Analyse. Zunächst stellt sich die Frage, wie Herrn Konrad im Augenblick zumute ist. Natürlich geht es hier nicht darum, das Vorgehen von Herrn Michalski zu analysieren, das auch nicht gerade professionell ist. Wir haben in Gesprächen nur unsere eigene Seite in der Hand. Wie der andere agiert und reagiert, liegt nur mittelbar in unserem Einflussbereich. Um so wichtiger ist es, sich über die eigenen Emotionen im Klaren zu sein. Das schafft die nötige Distanz für eine professionelle Reaktion. (Abb. 20–1)

Abb. 20-1

Legt sich Herr Konrad also Rechenschaft über seine momentane Gefühlslage ab, wird er vermutlich feststellen, wie sehr er verärgert ist. Möglicherweise hat ihn der kurz angebundene Ton der E-Mail getroffen, die dem Leser durchaus das Gefühl vermitteln kann, als Dienstbote statt als Dienstleister behandelt zu werden. Dazu kommen vielleicht die Enttäuschung darüber, dass das mit viel Engagement entworfene Design überflüssig geworden ist, ebenso wie die Sorge um den drohenden finanziellen Verlust. Aus dem Gespräch erfahren wir auch, dass es bereits vorher mehr Änderungen gegeben hat, als er erwartet und einkalkuliert hat. Diese Änderungen hat er stillschweigend hingenommen, und es ist gut möglich, dass er sich jetzt über sich selbst ärgert, weil er nicht eher etwas gesagt hat, oder sogar, weil er im Vertrauen auf die gute Zusammenarbeit den Vertrag nicht genau genug formuliert hat.

Alles in allem nicht die besten Voraussetzungen für ein klärendes Gespräch. Das kann jeder bedenken, der in seiner Erregung wegen eines unerwarteten Ereignisses gleich zum Telefon greifen will. Wann immer möglich wartet man besser, bis der eigene Frust oder

Ärger nicht mehr Regie führen. Der alte Ratschlag, eine Nacht darüber zu schlafen, hat an dieser Stelle durchaus seine Berechtigung.

Doch wenden wir uns nun den Zielen zu, die Herr Konrad in seinem Anruf verfolgt.

Vielleicht möchten Sie selbst einmal notieren, welche verschiedenen Ziele Sie identifizieren:

Im Seminar nennen die Teilnehmer meist die folgenden Ziele:

- Die Pseudo AG bezahlt für die bereits durchgeführten Arbeiten
- Die neuen Änderungen werden vom Auftraggeber in voller Höhe bezahlt
- Die Broschüre wird fertiggestellt und gedruckt
- Er erhält auch weiterhin Aufträge von der Pseudo AG
- Herr Konrad möchte als Geschäftspartner ernst genommen werden
- Er will seinem Ärger Ausdruck verleihen
- Er möchte in Zukunft weniger Korrekturläufe

Der letzte Punkt wird eventuell in diesem Gespräch nicht umsetzbar sein, sondern bedarf einer generellen Klärung. Dennoch geben die sieben Punkte wieder, was Herr Konrad mit seinem Anruf erreichen möchte. Wenn Sie sich die Liste vor Augen führen, wird auch deutlich, dass Herr Konrad diese Ziele sicher nicht alle im Kopf, sondern maximal im Bauch gehabt hat. Sie waren ihm also nicht bewusst.

Bei einer Vielzahl von Zielen wird es auch nicht immer möglich sein, alle in vollem Umfang zu erreichen. Auch dazu kann man sich vor einem Gespräch Gedanken machen. Herr Konrad wird sich im Verlauf der Verhandlungen unter Umständen entscheiden müssen zwischen dem kurzfristigen Ziel, Geld für die anstehenden Anpassungen zu bekommen, oder dem langfristigen, in Zukunft weitere Aufträge zu erhalten. Das hängt beispielsweise von seiner momentanen finanziellen Situation ab, aber auch davon, wie lukrativ die Aufträge der Pseudo AG für ihn sind oder welche Reputation mit der Arbeit für das Unternehmen verbunden ist.

Wie sieht nun die Lage aus der Sicht von Herrn Michalski aus? In den vorangegangenen Kapiteln haben Sie gelernt, situativ auf die Äußerungen Ihres Gesprächspartners zu reagieren. Nun gehe ich noch einen Schritt darüber hinaus. Immer wenn Sie Verhandlungen beginnen, von denen einiges abhängt, können Sie versuchen, im Vorwege zu beschreiben, in welcher Situation Ihr Gesprächspartner sich befindet. Das klingt vielleicht ein wenig nach Kaffeesatzlesen, und es ist wichtig, sich vor Augen zu führen, dass es sich bestenfalls um eine generelle Einschätzung und die Interpretation früherer Äußerungen handeln kann. Diese können Sie dann im Gespräch verifizieren. Dennoch gibt Ihnen dieses Vorgehen die Möglichkeit, beispielsweise die Einleitung des Gesprächs entsprechend zu wählen und sich auf mögliche Reaktionen Ihres Gegenübers einzustimmen.

Vielleicht möchten Sie sich ein paar Augenblicke Zeit nehmen, um Ihre Überlegungen zu der Situation von Herrn Michalski zu notieren.

Für eine solche vorbereitende Analyse kann man auf das zurückgreifen, was man in der Vergangenheit von seinem Gesprächspartner gesehen und erfahren hat. Beginnen wir daher mit einer Betrachtung der Nachricht, die Herr Konrad in der Eingangssituation erhalten hat.

„Herr Konrad,
bitte um Rückruf zu folgendem Thema: Wir müssen unsere Broschüre nochmal umgestalten. Wir haben ab dem nächsten Quartal überraschend ein neues Logo. Wenn Sie mich nicht erreichen, gibt Ihnen Frau Weber schon mal die neuen Gestaltungsvorgaben.
VG
Michalski"

Aus diesem kurzen Text kann man bereits die folgenden Schlüsse ziehen:

- Herr Michalski ist von der Änderung selbst überrascht.
- Er steht unter (erheblichem) Zeitdruck.
- Die Broschüre ist ihm weiterhin sehr wichtig.
- Vielleicht sind Ihnen sogar noch weitere Punkte aufgefallen.

Bereitet man sich selbst auf ein solches Gespräch vor, kann man zusätzlich auf das Wissen zurückgreifen, das man in der bisherigen Zusammenarbeit über den Gesprächspartner erhalten hat. Im vorliegenden Fall geben uns einige Äußerungen Aufschluss darüber, welche Informationen aus der Vergangenheit Herr Konrad zusätzlich nutzen kann.

So sagt Herr Michalski an einer Stelle:

„Das habe ich Ihnen ja schon erklärt. Die Kommunikationsabteilung und meine Vorgesetzten haben da eben Mitspracherecht."

Dieser Satz gibt uns Aufschluss über die Stellung von Herrn Michalski in seinem Unternehmen. Er kann über das Projekt und über die Broschüre nicht allein entscheiden. Legt man die Worte, die er wählt, auf die Goldwaage, kann man aus dem kleinen Wort „eben" noch herauslesen, dass das für ihn persönlich durchaus eine nicht immer erfreuliche Situation ist und er selbst sich mehr Freiheiten wünschen würde. Je nachdem, was in der Vergangenheit über dieses Thema noch gesprochen wurde, kann man sogar von einem gewissen Frustrationslevel ausgehen. Wichtig ist auch, dass Herr Konrad nicht erwarten kann, von Herrn Michalski in dem Gespräch überhaupt eine verbindliche Zusage zu erhalten, ganz gleich, welchen Druck er auf ihn ausübt. Herr Michalski wird immer zunächst intern Rücksprache halten wollen und müssen. Außerdem braucht er Argumente, mit denen er das Ansinnen von Herrn Konrad, sollte er selbst denn von der Angemessenheit der Forderungen überzeugt sein, nach innen und vor allem nach oben vertreten kann. Das wird noch zusätzlich erschwert durch:

„Das ist in meinem Budgetrahmen nicht machbar. …"

Das bedeutet, dass Herr Michalski nicht nur die Entscheidung rechtfertigen, sondern auch noch eine Aufstockung seines Budgets erreichen muss. Kein Wunder also, dass er sich gegen die von Herrn Konrad an ihn herangetragene Forderung zur Wehr setzt.

Vielleicht mag Ihnen diese Analyse bei weitem zu ausgefeilt sein. In Seminaren beschweren sich gelegentlich Teilnehmer mit den Worten, man würde da ja gleichsam „in den Krümeln suchen". Wie weit Sie selbst bei der Vorbereitung einer eigenen Gesprächssituation gehen möchten, bleibt Ihnen allein überlassen. Sie werden ohnehin nur das verwenden, was Ihnen persönlich plausibel erscheint.

Auf die oben beschriebene Ausgangslage für ein klärendes Telefonat kann sich Herr Konrad jedenfalls einstellen. Lassen wir ihn jetzt noch einmal neu zum Hörer greifen:

Konrad: Guten Tag, Herr Michalski. Ich habe Ihre E-Mail gelesen. Ich vermute mal, dass da eine Menge Arbeit auf Sie zukommt. Vielleicht werde ich Sie jetzt also verärgern. Ich möchte gern mit Ihnen über die neuen Projektkosten sprechen.
Michalski: Hallo, Herr Konrad, Eine Menge Arbeit, das können Sie laut sagen. Was meinen Sie, was hier los ist. Wir müssen quasi alle Unterlagen neu in Druck geben, das SAP umstellen, die Kunden informieren …
Konrad: Hmhm *schweigt*
Michalski: Sie sagten, neue Projektkosten. Was meinen Sie damit?
Konrad: Sie haben mir geschrieben, dass wir die Broschüre nochmal umgestalten werden. Jetzt ist die bisherige Fassung ja quasi fertig. Wenn wir nun weiter vorn noch einmal ansetzen, ist das mehr, als ich kalkuliert hatte.
Michalski: Naja, ich dachte, wir haben doch einen Werkvertrag. Da müsste das doch eigentlich drin sein.
Konrad: *freundlich, neutral* Aus Ihrer Sicht ist das Teil meiner normalen Leistung. *wartet*
Michalski: … Ehm, nun, so richtig hatte ich darüber noch gar nicht nachgedacht. … Naja, wohl eher nicht. Wir hatten ja auch vorher schon eine Menge Änderungen.
Konrad: Meine Anfrage kommt für Sie unerwartet.
Michalski: Ja, ein wenig. Hätte ich mir natürlich denken können. … Ach, Mist, jetzt muss ich mich darum auch noch kümmern.
Konrad: Das kommt Ihnen wirklich sehr ungelegen.
Michalski: Ja, klar. Aber Sie haben ja recht. Sie müssen ja schließlich auch zu Ihrem Geld kommen. Das Blöde ist nur: Das ist eigentlich in meinem

Budgetrahmen nicht machbar. In dem Fall müssten wir das ganze Projekt einstampfen.
Konrad: Ja?
Michalski: Ich hatte Ihnen das ja schon mal erzählt. Die Kommunikationsabteilung und meine Vorgesetzten haben da eben Mitspracherecht.
Konrad: Das heißt, die müssten Sie von einer Budgeterhöhung überzeugen.
Michalski: Meinen Chef, ja. Was gar nicht so einfach wird. Aber ok, die haben uns das ja schließlich auch eingebrockt. Hätten ja ruhig vorher mal was verlauten lassen können. Wir sind da bestimmt nicht die einzigen, denen das Probleme macht. Ich werd mal mit ihm reden. Und sonst, naja, sonst müssen wir das Projekt eben stoppen und Ihnen Ihre bisherige Arbeit bezahlen.
Konrad: Das wäre für Sie aber eigentlich keine Lösung.
Michalski: Nein, natürlich nicht. Und für meine Vorgesetzten auch nicht. Ein Jubiläum ohne Festschrift geht zwar auch, aber der Vorstand wird sich schön wundern. Ach, das ist gut, so werd ich's machen. Damit bekomme ich seine Zustimmung garantiert. ... Wissen Sie was, ich geh gleich mal hin und rufe Sie dann zurück. Dann können Sie gleich weiterarbeiten.
Konrad: Gut, Herr Michalski. Dann danke ich Ihnen, dass Sie sich die Zeit genommen haben.
Michalski: Also dann, bis später.

Wie Sie sehen, verläuft das Gespräch nun ganz anders. Herr Konrad kann dank der Vorbereitung klar und vor allem ruhig sagen, wo sein Problem ist, und gelassen seine eigenen Ziele ansteuern. Das Projekt „sprengt" nicht mehr den „Kostenrahmen", es ist schlicht „teurer, als er kalkuliert hat". Gleichzeitig ist er ganz Ohr für die Äußerungen seines Gesprächspartners.

Diese Art, Gespräche zu führen, ist vielleicht zunächst ungewohnt. Und ich will gern einräumen, dass das konsequente Vorbereiten wichtiger Gespräche zeitaufwändig ist und einem ein gewisses Maß an Disziplin abverlangt.

Häufig höre ich den Einwand: „Ja, aber eigentlich hat der Konrad ja in dem Gespräch quasi gar nichts gesagt!" Dem halte ich entgegen: eben. Das ist einer der angenehmsten Effekte der konsequenten Anwendung von E = Z · O. Wenn Sie diese Art der Gesprächsvorbereitung und Gesprächsführung selbst ausprobieren, werden Sie möglicherweise bemerken, was ein Geschäftsführer einmal in folgende

Worte fasste: „Irgendwie stelle ich fest, dass ich für mein Geld seitdem viel weniger arbeite. Ich denke vor dem Gespräch nach, dann sage ich meist nur wenige Sätze, und der andere entwickelt die Lösung ganz allein. Sehr angenehm.“

Sie können mit der Orientierung am anderen übrigens noch weitergehen, wenn Sie am Ende eines Gesprächs einer Verhandlung offensiv fragen:

- „Welche Punkte sind noch offen?“
- „Was stört Sie noch?“
- „Was befürchten Sie noch?“

Natürlich setzen diese letzten Fragen eine gehörige Portion Souveränität voraus. Mancher Leser wird vielleicht kopfschüttelnd beschließen, unter gar keinen Umständen das bisher Erreichte durch derart kritisches Nachfragen in Zweifel ziehen zu lassen. Ob jedoch ein Gespräch oder eine Verhandlung wirklich erfolgreich war, zeigt sich stets erst im Nachhinein, wenn beide Seiten mit dem Ergebnis zufrieden sind.

Am Ende des Buches möchte ich noch einmal auf Herrn Schnell zurückkommen. Auch wenn der Dialog im 19. Kapitel ganz in Sinne von Herrn Schnell verlief, gebe ich einen Wermutstropfen in seinen kommunikativen Erfolg. So sehr sich der Vorgesetzte an seinem Mitarbeiter orientiert hat, eine Orientierung an seinem Geschäftsführer hat nicht stattgefunden. Auch das kann zu einem überflüssigen Arbeitseinsatz führen. Lassen wir ihn einmal anwenden, was er inzwischen gelernt hat:

Anruf des Geschäftsführers: „Herr Schnell, Sie haben doch den Herrn Schwarz, der so gut Spanisch spricht. Unsere neue Niederlassung in Santiago de Chile braucht jemand von diesem Kaliber. Klären Sie bitte, ob Herr Schwarz ab Januar für circa zwei Jahre für diesen Auftrag zur Verfügung steht. Geben Sie mir bis Mittwoch Bescheid, die Sache eilt.“

Schnell: „Ihnen ist wichtig, dass ich möglichst schnell eine Zusage von Herrn Schwarz bekomme.“

Chef: „Ja, wir haben kommenden Freitag Sitzung. Da werden wir wahrscheinlich auch über Namen sprechen. Es wäre gut, wenn man da eine kleine Auswahl hätte.“

Schnell: „Das heißt, Sie brauchen noch weitere Kandidaten."
Chef: „Eigentlich nicht. Herr Kurz aus Forschung und Entwicklung hat mir schon seine Bereitschaft signalisiert. Der liegt ganz auf der Linie des Vorstands und wird es wohl werden. Aber, wie gesagt, bei so einer Entscheidung legt man nicht nur einem Namen vor, wenn Sie verstehen, was ich meine."
Schnell: „Ja, okay. Sie legen Wert darauf, dass bei der Sitzung eine echte Auswahl vorliegt. Wenn Sie möchten, könnte ich zusätzlich noch mit dem Kollegen Braun reden, in dessen Abteilung ist doch Herr Lamberto, der ist Spanier."
Chef: „Ausgezeichnet. Dann könnte ich drei Namen präsentieren. Das macht Sinn. Also, ich höre wieder von Ihnen."

Unter diesen Vorzeichen dürfte sich das Gespräch mit seinem Mitarbeiter Schwarz noch einmal gänzlich anders gestalten …

Zum Abschluss dieses Buches möchten wir als Autoren Sie ermutigen – natürlich nur, falls Sie dieser Ermutigung bedürfen. In der Kommunikation wie in den meisten anderen Lebensbereichen gilt: Übung macht den Meister. Die Führung eines Gespräches, wie in den beiden letzten Beispielen dargestellt, bedarf eines erheblichen Maßes davon. Zu Beginn werden Sie vielleicht feststellen, dass einem vor allem nach dem Gespräch einfällt, was man anderes, Passenderes hätte sagen können. Das wird in gewisser Weise immer so bleiben. Je häufiger Sie sich jedoch darin üben, Ihre Ziele zu klären und auf den anderen einzugehen, desto öfter werden Sie in der Lage sein, im laufenden Gespräch zu entscheiden, auf welchen Aspekt des Gehörten und Wahrgenommenen Sie eingehen möchten. Oder ob Sie vielleicht auch einmal gar nicht sagen und aktiv schweigen.

21. Kapitel

Zum schnellen Nachschlagen

Gesprächspausen

Bei zwei Dritteln aller Pausen im Gespräch sind Sie nicht dran. Sie können entspannt schweigen.

„Sie sind dran" – Nur wenn Ihr Gesprächspartner Sie direkt anschaut und gleichzeitig schweigt, sind Sie aufgefordert zu sprechen. Nur dann!

„Ich denke nach" – Solange Ihr Gesprächspartner schweigt und schräg nach oben blickt, deutet dies darauf hin, dass er nachdenkt. Warten Sie in Ruhe ab, bis er zu Ende gedacht hat, er wird es Ihnen danken!

„Ich sinne nach" – Blickt Ihr Gesprächspartner schweigend nach unten, deutet dies darauf hin, dass er im Moment nach innen hört, sich beispielsweise fragt, was ihm im Moment wichtig ist, ob etwas für ihn stimmig ist oder wie er das bewerten soll, was er gerade gehört hat. Gönnen Sie auch hier ihrem Gegenüber sein Nachsinnen.

Abb. 21-1

Gehen Sie auf die Signale Ihres Gesprächspartners ein. Ein Blick nach schräg oben oder unten fordert eine Denk-Pause. Während Sie sprechen, blickt Ihr Gesprächspartner Sie zuhörend an. Seine Augenbewegungen sind Signale, auf die Sie eingehen können.

Halten Sie im Sprechen inne, wenn die Augen Ihres Gesprächspartners Nachdenken oder Nachsinnen signalisieren.

Die drei typischen Reaktionen Ihres Gesprächspartners sind:

- Wiederherstellung des unterbrochenen Blickkontakts im Sinne einer Aufforderung, doch bitte weiterzureden;
- die entstehende Pause zu nutzen und den Dialog seinerseits fortzuführen (wobei Sie davon ausgehen können, dass Ihnen in aller Regel eine Frage zu dem gestellt wird, was Sie gerade ausgeführt haben). Ihr Gesprächspartner hat also über etwas nachgedacht und ist mit seinen Gedanken hängen geblieben;
- die entstehende Pause gar nicht wahrzunehmen. Mit anderen Worten, Ihr Gesprächspartner ist so mit sich beschäftigt, dass es einige Sekunden dauert, bis er den Blickkontakt zu Ihnen wieder aufnimmt.

Wer unsicher ist, ob sein Gesprächspartner wirklich nachdenkt oder -sinnt, ist gut beraten das direkt anzusprechen, z. B.:

„Sie denken gerade noch nach."

„Ihnen scheint etwas durch den Kopf zu gehen."

„Du möchtest noch in Ruhe überlegen."

„Dich beschäftigt noch etwas."

Ausgewählte Gesprächsförderer

Umschreibendes Zuhören

Wollen Sie **Missverständnisse vermeiden**, so ist das Wiederholen mit eigenen Worten (Paraphrasieren) die einfachste und sicherste Möglichkeit.

Wenn Sie umschreiben, geben Sie zu verstehen, dass Sie nicht nur zugehört, sondern auch das Wesentliche der Aussage erfasst haben und bereit sind, weiterhin über das begonnene Thema zu sprechen.

Ihr Gegenüber fühlt sich bestätigt und hat das angenehme Gefühl, dass ihm genau zugehört wurde. Dieses Gefühl ermutigt häufig zu weiterem Sprechen, so dass der Gesprächspartner noch mehr von seinen Gedanken und Gefühlen offenbart.

Falls Sie nicht sicher sind, ob Sie Ihren Gesprächspartner richtig verstanden haben, stellen Sie am ehesten **Übereinstimmung** her, wenn Sie sagen, **was** bei Ihnen angekommen ist, ohne bereits mitzuteilen, **wie** Sie das beurteilen.

Ihr Gesprächspartner kommt sehr viel schneller auf sein eigentliches Anliegen zu sprechen, wenn er sich nicht während der Klärung seiner eigenen Gedanken bereits mit Ihrer Bewertung auseinandersetzen muss.

Folgende Einstiegsformulierungen eignen sich für das umschreibende Zuhören:

- „Mit anderen Worten ..."
- „Wenn ich Sie richtig verstehe, geht es Ihnen um ..."
- „Ihnen ist wichtig, dass ..."
- „Sie legen Wert auf ..."
- „Für Sie kommt es sehr darauf an, dass ..."
- „Ich habe jetzt verstanden, dass Sie ..."
- „Wenn ich das richtig erfasse, dann geht es Ihnen um ..."
- „Verstehe ich richtig, dass ..."
- „Du meinst, wenn ..."
- „Was Du sagst, fasse ich so auf ..."
- „Dir liegt am Herzen, dass ..."

Eingehen auf Emotionen

Beim Aktiven Zuhören achten Sie nicht nur auf das, **was** der andere sagt, sondern **wie** der andere spricht und sich verhält. Gefühle, Hoffnungen und Wünsche werden meist nicht direkt formuliert, doch schwingen sie in fast jeder Äußerung mit.

Beim aktiven Zuhören fragen Sie sich im Stillen:

- „Was empfindet mein Gesprächspartner?"
- „Was ist ihm an dem, was er gerade äußert, so wichtig?"
- „Was beschäftigt ihn daran so sehr?"
- „Welches Interesse hat er daran?
- „Was will er damit verfolgen?"
- „Wie ist ihm zumute?"

Um Antwort auf diese Fragen zu erhalten, werden Sie sich bemühen, sich in den anderen hineinzudenken, ja hineinzufühlen. Die Konzentration liegt auf: „Wie klingt und wirkt mein Gegenüber?"

Versuchen Sie knapp, das in Worte zu fassen, was gefühlsmäßig mitschwingt.

Durch aktives Zuhören signalisieren Sie, dass Sie die Empfindungen des Gesprächspartners mitbekommen haben.

So beginnen typische **Satzanfänge**, mit denen Sie auf die Emotionen Ihres Gesprächspartners eingehen können.

- „Sie befürchten jetzt, dass … "
- „Sie sind misstrauisch, ob …"
- „Sie ärgern sich über … "
- „Sie sind sich noch nicht sicher, wieweit … "
- „Sie sind erschrocken über … "
- „Sie sind schockiert, weil …"
- „Sie sind über … entsetzt."
- „Dich nervt es, wenn …"
- „Du könntest platzen, weil … "
- „Du bist noch unentschieden, ob Du … "
- „Dir stinkt es, wenn … "

Einschränkende Wiederholung

Manche Äußerungen wollen Sie unter gar keinen Umständen einfach nur wiederholen, weil Sie die berechtigte Sorge haben, den Gesprächspartner zu ermuntern, seinen eingenommenen Standpunkt noch weiter zu verfestigen.

Statt der Versuchung zu erliegen, mit Gegenargumenten den anderen „zur Einsicht zu bringen“, werden Sie gut daran tun, auch in solch einer Situation verständnisvolles Zuhören an den Tag zu legen. Der Kniff besteht darin, der umschreibenden Wiederholung eine zeitliche Begrenzung hinzuzufügen. Wird diese **Einschränkung unbetont hinzugefügt**, wird sie in der Regel nicht bewusst wahrgenommen und doch **wirkt sie unbewusst** einer Fixierung des Standpunktes entgegen.

Aus dem Bedürfnis, sich verstanden zu fühlen, wird Ihr Gegenüber vorzugsweise darauf achten, ob seine Position, sein Einwand oder seine komplette Ablehnung akzeptiert wird. Mit seinem spontanen „Ja“ gibt er dies auch prompt zu erkennen.

Gleichzeitig bejaht Ihr Gesprächspartner auch, dass dies „im Moment“ für ihn so ist. Sein „Ja“ beinhaltet auch ein sich Öffnen für andere Ansichten.

Mit dem Gesprächsförderer „Einschränkende Wiederholung" gehen Sie auf den Wunsch, verstanden zu werden, gezielt ein. Gleichzeitig eröffnen Sie Ihrem Gegenüber die Chance, seinen Standpunkt unter anderen Gesichtspunkten zu überdenken.

Die folgende Auflistung eignet sich für die **„einschränkende Wiederholung“:**

- noch, noch nicht
- zunächst, erst einmal, zuerst
- im Moment, momentan
- jetzt, jetzig
- gerade, gerade eben
- zurzeit, derzeit, derzeitig
- augenblicklich, im Augenblick
- heute
- gegenwärtig
- akut
- vorübergehend
- vorerst, vorab, anfangs

- eben, just
- in dieser Situation

Wenn Sie mit Ablehnung oder Einwänden rechnen, können Sie sich insoweit auf das Gespräch vorbereiten, dass Sie einige Wendungen vorformuliert parat halten, beispielsweise:

„Sie sind da im Moment (noch) anderer Meinung."
„Das überzeugt Sie zunächst (noch) gar nicht."
„Sie sind von meinem Vorschlag im Augenblick wenig angetan."
„Sie sehen da gegenwärtig wenig Spielraum."

Übertreibende Bestätigung

Wenn Ihr Gesprächspartner seine Aussage absolut bzw. endgültig formuliert und dem Gespräch gewissermaßen einen Endpunkt aufdrückt, könnten Sie versucht sein, dagegen zu sprechen. Gerade wenn Sie mit seiner abschließenden Wendung nicht einverstanden sind, reizt das zum Widerspruch, was häufig zur Eskalation führt.

Stattdessen hilft es, die Äußerung zu wiederholen, zu klären bzw. zusammenzufassen.

Sobald Sie jedoch (stimmlich unbetont) eine Verallgemeinerung **hinzufügen**, die keine Ausnahme zulässt, provozieren Sie seinen Widerspruch.

Diese Provokation ist insoweit gesprächsförderlich, da sie fast immer zu einer weiteren Erklärung führt.

Einerseits fühlt sich Ihr Gesprächspartner verstanden, das ist der Effekt der Bestätigung, der umschreibenden Wiederholung, andererseits möchte er Ihre Aussage so nicht stehen lassen und fühlt sich genötigt, eine weiterführende Erklärung abzugeben, die oftmals Gedanken enthält, mit denen Sie das Gespräch spielend vertiefen können.

Sie können mit dem Gesprächsförderer „übertreibende Bestätigung" eine abgeschlossene Aussage fortführen, indem Sie der Bestätigung eine übertreibende Verallgemeinerung hinzufügen, die Ihren Gesprächspartner zu einer Konkretisierung seines Standpunktes bringt.

Die folgende Auflistung eignet sich für die „übertreibende Bestätigung":

- nie, niemals
- undenkbar
- unausführbar
- unmöglich
- völlig ausgeschlossen
- weder jetzt noch später
- überhaupt nicht
- unter keinen Umständen bzw. unter allen Umständen
- in jedem Fall
- immer
- stets, ständig
- dauernd, ununterbrochen, unablässig
- jederzeit
- täglich

Bei der Gesprächsvorbereitung können Sie sich bereits fertige Formulierungen zurechtlegen, im Stile von:

„Das kommt für Sie unter keinen Umständen in Frage."
Oder: „Sie möchten das weder jetzt noch später ausprobieren."
Oder: „Du wirst in jedem Fall dagegen (dafür) sein."

Vier Seiten einer Botschaft

Jede Aussage unseres Gesprächspartners enthält vier verschiedene Teilaussagen, die es uns ermöglichen, entsprechend zu reagieren.

Damit Sie die Breite Ihrer Möglichkeiten nutzen können, mag es Ihnen helfen, typische Satzanfänge überblickartig zusammengestellt zu bekommen:

Sachinhalt	Aufforderung	Beziehung	Selbstaussage
Eingehen auf die Tatsachen, die sich nur aus dem Wortlaut ergeben.	Klären des unausgesprochenen Wunsches, der stets mitschwingt.	Aufdecken, wie der Umgang gerade erlebt wird, wie man sich behandelt fühlt.	Sich Einfühlen in die Situation und Ansprechen der Gefühlslage des anderen.
Betonung liegt auf **„Es ist".**	Betonung liegt auf **„Du willst".**	Betonung liegt auf **„Du zu mir".**	Betonung liegt auf **„Du über dich".**
„Es ist …" „Stimmt." „Ja." „Nein." „Richtig."	„Du möchtest, dass …" „Sie wollen gern …" (Vgl. Umschreibendes Zuhören)	„Du hältst mich für …" „In Ihren Augen bin ich …" „Sie behandeln mich wie …"	„Du bist …" „Dich macht das …" „Sie fühlen sich …" „Ihnen geht das …" (Vgl. Aktives Zuhören)

Mögliche Wahrnehmungsmuster des Gesprächspartners

Innengeleitet	Außengeleitet
Sie für sich … Sie können (über)prüfen, testen, erkunden, ausprobieren In Übereinstimmung mit Ihrem Gefühl Selbst entscheiden Sie beurteilen, bewerten, schätzen ein …	Andere und anderes Hervorheben, wer noch … Vergleichen mit Autoritäten Zuspruch durch andere In Übereinstimmung mit … Andere entscheiden auch so Wer beurteilt, bewertet ebenso?
Hin zu	**Weg von**
was noch, außerdem wählen Neugier, Lust Annehmlichkeit Chance, Möglichkeit Gelegenheit Nutzen	nicht, ohne, kein vermeiden unterlassen belasten unangenehm, unbequem Risiko, Gefahr, Unglück Veränderung
Möglichkeit	**Notwendigkeit**
Chance ergreifen Möglichkeit nutzen Gelegenheit bieten erweitern Entwicklung Abwechslung können, wollen, dürfen	Einsicht nötig, erforderlich, zwingend Sicherheit Kontinuität, Dauer, Stabilität bleiben, bewahren, erhalten müssen, sollen, nicht dürfen

Ähnlichkeit	Unterschied
ähnlich wie ..., genauso wie vergleichbar mit ... stimmt überein mit ... passt zu ... gehört zusammen lässt sich verbinden mit ...	nicht, nie, niemals, keinesfalls anders als ..., ganz anders nicht so wie ... im Unterschied zu ... unterscheidet sich von ... ist getrennt durch ... trennen von ... Differenz

Die vier Phasen der Veränderung

Phase 1: Umgang mit Schreck

Wenn Sie Ihr Gegenüber mit einer für ihn unerwarteten und unangenehmen Mitteilung konfrontieren, bringen Sie seine bisherigen Vorstellungen durcheinander, er verliert seine Sicherheit und bekommt einen Schreck. Physiologisch betrachtet gerät er in Stress.

Spontan reagiert Ihr Gegenüber mit Rückzug. Seine ganze Energie ist auf die Wiederherstellung der verloren gegangenen Sicherheit gerichtet.

Wenn Sie sehen, wie Ihr Gegenüber zurückweicht oder sich im Stuhl weit zurücklehnt, haben Sie ihn vermutlich unvermittelt erschreckt. Weniger dramatisch formuliert: Ihr Gesprächspartner legt alle Anzeichen der Überraschung an den Tag. Zumeist können Sie beobachten, wie sich Falten auf seiner Stirn bilden, sich die Augen weiten und der Atem angehalten wird.

Durch das Stresshormon Adrenalin ist sein Denken teilweise oder sogar ganz blockiert. Zwar mag er ein „Nein!“ oder „Glaube ich nicht!“ äußern, dennoch können Sie darauf verzichten, irgendetwas zu erklären, er ist viel zu sehr mit sich beschäftigt, um sich aufmerksam mit Ihnen und Ihren Äußerungen auseinanderzusetzen.

Mit folgenden **Satzanfängen** zeigen Sie nicht nur, dass Sie die Betroffenheit Ihres Gesprächspartners wahrnehmen, Sie vermitteln ihm auch, dass Sie seine Verwirrung nachvollziehen können:

- „Sie sind jetzt ganz erstaunt."
- „Vielleicht stoße ich Sie vor den Kopf."
- „Das bringt Sie ganz durcheinander."
- „Sie sind ganz sprachlos."
- „Womöglich habe ich Sie verblüfft."
- „Das macht Sie vielleicht fassungslos."
- „Ich habe Sie entsetzt."
- „Das bestürzt Sie förmlich."
- „Du bist geradezu schockiert."
- „Du wirkst wie vom Donner gerührt."
- „Das macht dich ganz perplex."
- „Da bist Du platt."

Phase 2: Umgang mit Festhalten

Klingen Schreck und die Verwirrung ab, wechselt der Mensch in die Phase des Festhaltens. Sein Denken fixiert sich auf das Bestehende. Sprachlich äußert sich dies im Beharren auf dem Bekannten und Vertrauten. Die Orientierung ist rückwärts gewandt, es wird hervorgehoben, was früher war.

Dabei durchlaufen Menschen zumeist drei Schritte: Zunächst wird die Bedeutung **geleugnet**, die Bedrohlichkeit einer Information wird als nicht gültig umgemünzt.

Dem Leugnen folgen die typischen Formen von **Ärger, Zorn und Wut**. Sie werden als Aggressor betrachtet, schließlich haben Sie die vertraute Sicherheit angegriffen.

Schließlich folgt die Festhaltetaktik des **Verhandelns**, bei der versucht wird, so viel wie möglich zu retten.

Weil Sie gelernt haben, zwischen echter Ablehnung und Festhalten am bisherigen zu unterscheiden, verzichten Sie in dieser Phase aufs Argumentieren. Sie ersparen sich langatmige Spannungen, Unverständnis und Ärger, wenn Sie diesen Gefühlen Raum geben und dafür Verständnis aufbringen.

Sobald Sie wahrnehmen, dass Ihr Gegenüber seine Verwirrung und seinen Schreck überwindet, indem er sich nach vorn beugt, aufbaut und stimmlich auch lauter wird, befinden Sie sich in der Phase des **Festhaltens**.

Mit folgenden **Satzanfängen** zeigen Sie nicht nur, dass Sie die Erregung Ihres Gesprächspartners wahrnehmen, Sie vermitteln ihm auch, dass Sie seinen Unmut nachvollziehen können:

- „Sie ärgern sich über …"
- „Es nervt Sie, wenn …"
- „Das bringt Sie auf die Palme, wenn …"
- „Sie sind empört über soviel …"
- „Das verbittert Sie."
- „Das macht Sie regelrecht wütend."
- „Du hasst es, wenn Du …"
- „Du bist geladen, weil …"
- „Du könntest platzen, weil …"
- „Dir stinkt es, wenn …"
- „Du könntest glatt ausflippen."
- „Du könntest Gift und Galle spucken."

Phase 3: Umgang mit Zweifel

Sobald Sie wahrnehmen, dass Ihr Gegenüber anfängt, sich mit der veränderten Situation auseinander zu setzen, beginnt die Phase des **Loslassens**. Es entsteht eine zögerliche Pro und Contra-Betrachtung.

Sie können in dieser Phase beobachten, wie Ihr Gegenüber unschlüssig auf der Stelle tritt und hin- und hergerissen zwischen einerseits und andererseits pendelt. Er wiegt den Kopf, verlagert das Gewicht von einem Bein auf das andere oder rutscht auf seinem Stuhl hin und her.

In dieser Phase gilt es, der Versuchung zu widerstehen, das Fehlen von hinhaltendem Widerstand bereits für ein Einverständnis zu halten. Wer jetzt – aus Ungeduld – zum Abschluss kommen möchte, sieht sich unvermittelt auf die Stufe beharrlichen Festhaltens zurückgeworfen.

Entscheidungsnöte lassen sich nicht durch Druck abkürzen. Wenn Sie den Zweifel Ihres Gesprächspartners ruhig aushalten und sich klar machen, dass dies ein normaler Prozess ist, helfen Sie ihm bei der Klärung seiner nächsten Schritte.

Mit folgenden **Satzanfängen** zeigen Sie nicht nur, dass Sie die Unentschlossenheit Ihres Gesprächspartners wahrnehmen, Sie vermitteln ihm auch, dass Sie willens sind, sich geduldig mit seinen Zweifeln auseinanderzusetzen.

- „Sie zögern noch."
- „Sie sind noch skeptisch."
- „Das bringt Sie unter Druck."
- „Sie haben noch Zweifel."
- „Sie sind sich noch unschlüssig."
- „Sie sind noch unentschieden."
- „Sie haben noch Bedenken."
- „Sie schwanken noch."
- „Du bist hin- und hergerissen."
- „Du hast da irgendwie Skrupel."
- „Das macht dich jetzt unsicher."
- „Da hast Du noch einigen Argwohn."

Diesen Satzanfängen folgt zumeist ein „Ja, weil …" Dabei werden Sie die Erfahrung machen, dass Ihr Gegenüber plötzlich ausführlich erklärt, was ihm noch fehlt, um **uneingeschränkt zustimmen** zu können.

Anmerkung: Mit dem Ereichen von Phase 4 – Anpassung ist die Veränderung zunächst vollzogen. Daher werden hier keine Formulierungsvorschläge für diese Phase aufgelistet. Es empfiehlt sich, eine angemessene Zeit nach dem ersten Gespräch zu prüfen, wie weit der Gesprächspartner die Veränderung akzeptiert hat und wirklich in die Tat umsetzt.

E = Z · O

Z = Zielklarheit

Ziele werden selten explizit formuliert. Die meisten Menschen halten es für selbstverständlich, dass sie wissen, was sie wollen. Für Gespräche und Verhandlungen kann es sehr nützlich sein, zu prüfen, ob Sie eine klare Zielvorstellung (Effektivität) oder eher eine Vorstellung vom Weg, von der Tätigkeit (Effizienz) haben.

Effektiv formulierte Ziele sind:

(1) **positiv formuliert:** Definieren Sie immer genau das, was Sie wollen

(2) **vergleichsfrei:** Wirksame Ziele enthalten keinen Vergleich

(3) **sinnesspezifisch:** Woran merken Sie, wann Sie Ihr Ziel erreicht haben

(4) **selbst initiierbar:** Sie müssen es mit Ihren Fähigkeiten erreichen können oder sich die notwendigen Fähigkeiten aneignen

(5) **„umweltgerecht“:** Welche Konsequenzen wird das Erreichen des Ziels für Sie und Ihre Umwelt haben – wollen Sie zukünftig mit diesen Folgen leben?

Fragen, die sich selbst stellen können:

- Was will ich erreichen?
- Mit welchem Ergebnis wäre ich auch zufrieden?
- Welches Interesse habe ich am Gesprächsergebnis?
- Welchen langfristigen Nutzen verspreche ich mir vom Ergebnis?
- Welche Nebenziele strebe ich zusätzlich an?
- Mit welchem Gefühl möchte ich aus dem Gespräch gehen und wie soll sich die andere Seite fühlen?
- Wo führt das hin?
- Was ergibt sich daraus?
- Welchen Nutzen verspreche ich mir davon?
- Gibt es noch weitere Vorteile?

O = Orientierung am Gegenüber

Die Fragen der folgenden Checkliste helfen, eine systematische Orientierung am Gesprächspartner aufzubauen:

- Worauf legt der Gesprächspartner großen Wert?
- Was sind seine Interessengebiete, seine Vorlieben?
- Wo liegen seine Probleme?
- In welcher Lage befindet er sich?
- Welche Lösungen wurden bislang ausprobiert?
- Wie reagiert der Gesprächspartner auf Vorschläge?
- Mit welchen Einwänden reagiert er üblicherweise?
- Wie laufen bei ihm üblicherweise Entscheidungen ab?
- Welche Entwicklung hat er hinter sich?
- Wie anständig, ehrlich und vertrauenswürdig ist er?
- Wie großzügig – wie fair?
- Wie zuverlässig?
- Wie diskret?
- Wie wird seine Zukunft aussehen?
- Wie sind seine Beziehungen zu seinem Vorgesetzten, seinen Kollegen und seinen Mitarbeitern?
- Welche Befugnisse besitzt er?
- Von welchen Personen ist er abhängig? Und welche Einstellung haben diese Personen?
- Welche Verbindungen hat er zum Wettbewerb?
- Was sind die Mindest-Ergebnisse, die er erzielen muss?
- Was muss er jetzt erreichen oder verhindern, um sich für die Zukunft abzusichern?
- Was ist aus Prestigegründen für ihn wichtig?
- Was interessiert ihn besonders?
- Was weiß er bereits – was noch nicht?
- Was glaubt er – was nicht?
- Was findet er gut – was nicht?
- Was stört ihn?
- Was fürchtet er?

Nachwort

Viele Aussagen und Beispiele dieses Buches erwecken den Eindruck, als ob es mir ausschließlich um eine Verfeinerung der Gesprächsführungs-**Technik** geht. Es zieht sich ein roter Faden durch alle Kapitel: Wertschätzung und Einfühlung. Wer versuchen will, die hier gefundenen Anregungen zu seinem Vorteil zu nutzen und es dabei an der **notwendigen Wertschätzung** seines jeweiligen Gegenübers mangeln lässt, wird genau die gleichen Erfahrungen machen wie eh und je. Bei wem diese Anregungen jedoch zu einer **Einstellung** geführt haben, Situationen so zu gestalten, dass sich das Gegenüber grundsätzlich ernst genommen fühlt, der erlebt eine neue Qualität in Beziehungen.

Dieses Buch birgt hinter dem Kompetenz versprechenden Titel „Professionelle Gesprächsführung" eine Reihe von unbequemen Aussagen. Sie wurden mit einem Verständnis von Gesprächsführung konfrontiert, das sehr ausgeprägt Ihre Eigenverantwortung für den Gesprächsprozess voraussetzt, und ich will einräumen, dass dies nicht jedermanns Sache ist.

Da der Hintergrund dieses Buches sehr stark durch die philosophische Lebensauffassung der Stoa beeinflusst wurde, erlaube ich mir hier eine lange Passage aus den „Unterredungen" des Stoikers *Epiktet* zu zitieren, und zwar das 9. Fragment:

> „Die Vorstellungen, die den Geist des Menschen beim ersten Innewerden eines äußeren Vorzugs bewegen, entspringen nicht willentlicher Entscheidung, sondern sie drängen sich dem Menschen sozusagen mit Gewalt ins Bewusstsein, während die Zustimmung, wodurch diese Vorstellungen als berechtigt anerkannt werden, auf freiem Willen und bewusster Entscheidung des Menschen beruht. Darum wird auch der Geist eines Weisen mit Notwendigkeit für einen Augenblick erschüttert und beklommen, wenn ein heftiges Geräusch, z. B. beim Gewitter oder beim Einsturz eines Gebäudes, an sein Ohr schlägt, oder wenn ihn plötzlich die Nachricht von einer drohenden Gefahr oder etwas Ähnlichem trifft. Das kommt nicht daher, weil er etwa die Meinung gefasst hat, es stehe ihm etwas Schlimmes bevor, sondern daher, dass gewisse plötzliche und unwillkürliche Bewegungen dem Dienst des Geistes und der Vernunft zuvorkommen. Aber

> sofort unterdrückt der Weise solche Vorstellungen; er findet nichts Fürchterliches an diesen Erscheinungen. Und darauf beruht der Unterschied zwischen dem Unweisen und dem Weisen: Der Unweise glaubt, dass die Dinge in Wahrheit so schlimm seien, wie sie ihm beim ersten Eindruck erscheinen, und befestigt die zuerst gefassten Vorstellungen nachträglich noch durch seine bewusste Zustimmung. Der Weise dagegen – mag er auch für einen Augenblick die Farbe gewechselt haben – versagt jenen ersten Eindrücken seine Zustimmung und bewahrt seine Fassung, die er solchen Vorstellungen gegenüber immer angenommen hat. Vorstellungen, die durchaus nicht ernst zu nehmen sind, sondern nur durch eine Maske erschrecken, hinter der nichts ist."

Diese von den Römern als temperantia bezeichnete Selbstbeherrschung hatte die Ausgeglichenheit, nicht die Unterdrückung der Gefühle zum Ziel. Die heutige Intelligenzforschung steht im Begriffe, ihre Aufmerksamkeit vom Intelligenzquotienten (IQ) auf den emotionalen Quotienten (EQ) zu richten. Mittlerweile macht sich die Erkenntnis breit, dass die „Gewinner des Lebens“ Strategien haben, mit Gefühlen (den eigenen und den fremden) umzugehen, ohne sich dabei selbst zu verlieren. Entscheidend ist dabei die Verantwortung für das eigene Empfinden, (sprachliche) Handeln und Denken. Für mich am treffendsten hat diesen Gedanken *Marc Aurel* in einer stoischen Maxime formuliert:

> „Unser Leben ist das, wozu unser Denken es macht."

Tübingen, im Januar 1992 Christian-Rainer Weisbach

Weiterführende Literatur

Immer wieder werde ich in Seminaren gefragt, ob es Literatur gebe, in der der ein oder andere Punkt vertiefend behandelt wird. Im Folgenden habe ich einige Bücher zusammengestellt. Um Ihnen die Orientierung zu erleichtern, habe ich dem jeweiligen Titel meinen ganz persönlichen Kommentar hinzugefügt.

Augustinus, A.: Der Lehrer. Verlag Ferdinand Schönigh, Paderborn 1974.

Aurelius Augustinus (354–430 n. Chr.) hat in dieser revolutionären Schrift bereits vor über eintausendfünfhundert Jahren den Beweis dafür angetreten, dass die menschliche Lautsprache unmöglich die Wahrheit vermitteln könne. Das als Gespräch zwischen Augustinus und seinem Sohn Adeodat abgefasste Lehrwerk beschäftigt sich mit dem Unterschied zwischen Wort und Wirklichkeit. Augustinus geht ausführlich auf die Wichtigkeit der eigenen Erfahrung beim Verstehen ein und macht deutlich, wie wichtig es ist, auf die Erfahrungen des Angesprochenen zurückzugreifen, um selbst verstanden zu werden.

Bambeck, Joern J.: Softpower. Gewinnen statt siegen. Wirtschaftsverlag Langen, Müller/Herbig, München 1989.

Meine Gedanken zur Gewinner-Gewinner-Strategie werden hier ausführlich behandelt. Joern Bambeck listet eine ganze Reihe von Techniken auf, mit denen das sattsam bekannte Sieger-Verlierer-Spiel durchbrochen werden kann.

Bandler, R.; Grinder, J.: Neue Wege der Kurzzeit-Therapie. Neurolinguistisches Programmieren. Junfermann-Verlag, Paderborn 1981.

Das Buch ist die Abschrift der Tonbandaufzeichnung einer Einführungsveranstaltung für junge Therapeuten und ist dadurch ausgesprochen verständlich geschrieben. An vielen Stellen wirkt es (vielleicht deswegen) oberflächlich und vermittelt den Eindruck, dass es bei Anwendung der von den Autoren vorgestellten Methode nie wieder Probleme geben wird. Das Buch behandelt Muster und Regeln therapeutischen Handelns. Sie werden dort Hintergrundwissen finden über die individuelle Wahrnehmung von Wirklichkeit und den Problemen, die entstehen, wenn versucht wird, die wahrgenommene Wirklichkeit verständlich zu vermitteln.

Bandler, R.; Grinder, J.: Metasprache und Psychotherapie. Struktur der Magie I. Junfermann-Verlag, Paderborn 1981.

Die beiden Autoren wenden sich mit ihrem Buch an Therapeuten und bieten ein kurz gefasstes Trainingsprogramm an, die Sprache des Klienten „neu" zu betrachten. Ein durch die Allgemeine Semantik von Alfred Korzybski stark beeinflusstes Buch, in dem es immer wieder darum geht, dass die Landkarte nicht das Gelände ist. Die Erläuterung ihrer Gedanken mit Hilfe der Sprachtheorie von Chomsky erschwert das Lesen allerdings sehr.

Bandler, R.; Grinder, J.: Reframing. Ein ökologischer Ansatz in der Psychotherapie (NLP). Junfermann-Verlag, Paderborn 1990.

Das Buch stellt die Abschrift von Tonbandmitschnitten verschiedener Trainingsseminare dar, wobei eben nur der sprachliche Teil dieser Seminare gedruckt vorliegt, was die Autoren jedoch tatsächlich unternommen haben und wie sie gesprochen haben, muss der Leser zwischen den Zeilen erschließen. Das Umdeuten (Reframing) ist eine zentrale Methode des Neurolinguistischen Programmierens (NLP). Ein Verhalten kann nur innerhalb eines gegebenen Kontextes als angemessen oder unangemessen eingeschätzt werden. Sobald sich der Kontext ändert, verändert sich auch die Einschätzung. Die diesem Buch zugrundeliegenden Seminare setzten bereits voraus, dass die Teilnehmer mit dem Reframing vertraut sind.

Bodenheimer, A. R.: Warum? Von der Obszönität des Fragens. Reclam Verlag, Stuttgart 1984.

Der Autor widmet sich in diesem Büchlein unserer „Fragekultur", jenem Miteinander-Sprechen, ohne etwas gesagt zu haben. Er konfrontiert den Leser mit Alltagssprachgebrauch und provoziert, weil er uns den Spiegel vorhält. Ein kurzweilig geschriebenes Büchlein, dessen tiefer Hintersinn sich vielleicht erst beim zweiten Lesen erschließt.

Bodenheimer, A. R.: Verstehen heißt Antworten. Verlag im Waldgut, Frauenfeld 1987.

Der Psychiater Bodenheimer zeigt an gewöhnlichen und ungewöhnlichen Alltagsbeispielen, wie Menschen miteinander umgehen. Ein Buch, das unbedingt dazu beiträgt, eigenes Verhalten besser zu verstehen. Der Autor begnügt sich mit wenig Theorie, es geht ihm um ein plausibles Aufzeigen von Verstehen und Missverstehen, um Begleiten und Zerstören. Der Leser wird in den dynamischen Prozess von Anrede und Antwort hineingezogen, dem er sich so schnell nicht wird entziehen können.

Buber, M.: Das dialogische Prinzip. Verlag Lambert Schneider, Heidelberg 1973.

In diesem Band befinden sich vier Schriften, die von verschiedenen Standpunkten aus der Frage des Verstehens und Verstandenwerdens nachgehen. Buber geht es um „Zwiesprache", um das „Zwischenmenschliche", um das Bild, das wir uns vom anderen machen, und immer wieder um die Frage: „Wie wird mir ein anderer zum du?"

Epiktet: Handbüchlein der Moral und Unterredungen. Alfred Kröner Verlag, Stuttgart 1984.

Epiktet, ein um 50 n. Chr. geborener ehemaliger Sklave, gilt als einer der späten Vertreter der stoischen Philosophie. Beim Lesen seiner „Unterredungen" muss man sich immer wieder vor Augen halten, dass diese Zeilen nicht von einem Gegenwartsautoren, sondern bereits vor knapp zweitausend Jahren niedergeschrieben wurden. Für Epiktet bleiben die meisten Menschen Toren, weil sie sich falsche Bilder über die Dinge machen, bzw. die Dinge nur flüchtig, ungenau und falsch auffassen und doch an ihren Vorstellungen beharrlich festhalten und nicht auf die Idee kommen, sie einer Korrektur zu unterziehen.

Goleman, Daniel: Emotionale Intelligenz. Carl Hanser Verlag, München 1996.

In kürzester Zeit hat die Übersetzung dieses Buches eine breite Diskussion zur emotionalen Intelligenz herbeigeführt. „Plötzlich" weiß man, dass nicht der Intelligenzquotient über Erfolg entscheidet, sondern der emotionale Quotient = EQ. Mich hat dieses Buch in meiner Grundhaltung bestätigt, dass Menschen sich vor allen Dingen verstanden fühlen wollen.

Grinder, J.; Bandler, R.: Kommunikation und Veränderung. Struktur der Magie II. Junfermann-Verlag, Paderborn 1982.

Ausgehend von Korzybskis Allgemeiner Semantik führen die beiden Autoren ihr Trainingsprogramm für Therapeuten in diesem zweiten Band fort. Der schwer verständliche Stil von Band I wird durchgängig fortgesetzt; immer wieder beziehen sich die beiden Autoren auf Sprachtheorien und lassen ihre Gedanken recht formal erscheinen.

Harris, T. A.: Ich bin o.k. Du bist o.k. Wie wir uns selbst besser verstehen und unsere Einstellung zu anderen verändern können – Eine

Einführung in die Transaktionsanalyse. Rowohlt Verlag, Reinbek 1975.

Eine praktische, leicht verständliche Einführung in die Transaktionsanalyse. Die Lektüre dieses Buches kann dazu verhelfen, sich selbst besser zu verstehen; das ist eine notwendige Voraussetzung, um die eigene Einstellung zu anderen ändern zu können. Der Autor erklärt an anschaulichen, alltäglichen Beispielen, wie unser Verhalten durch bestimmte Grundeinstellungen beeinflusst wird.

Kast, V.: Trauern. Phasen und Chancen des psychischen Prozesses. Kreuz-Verlag, Stuttgart 1992.

Die Psychotherapeutin Verena Kast beschreibt in diesem Buch, wie wir lernen können, mit Verlusterlebnissen angemessen umzugehen. Die Trauer ist die Emotion, durch die wir Abschied nehmen, Probleme der zerbrochenen Beziehung aufarbeiten und so viel wie möglich von der Beziehung und von den Eigenheiten des Partners integrieren können, so dass wir mit einem neuen Selbst- und Weltverständnis weiterzuleben vermögen.

Kast, V.: Sich wandeln und sich neu entdecken. Herder-Verlag, Freiburg 1996.

In Krisen und an Widerständen, in Einsamkeit und an Lebensübergängen eröffnen sich neue Weg der Wandlung. Dieses Buch lädt zur Entdeckung solcher Wege ein. Leben heißt wachsen und sich entwickeln. Dieses Buch beschreibt, wie wir Lebenskraft für uns und für andere freisetzen können.

Kopp, S. B.: Triffst Du Buddha unterwegs … Psychotherapie und Selbsterfahrung. Fischer Verlag, Frankfurt am Main 1978.

Das Erzählen von Geschichten aus der psychotherapeutischen Praxis bildet den Kern dieses Buches. Der Autor zieht dabei einen großen Bogen von den altchinesischen Weisheiten über das Gilgamesch-Epos bis hin zu Hermann Hesse und Franz Kafka. Auf den ersten Blick hat dieses Buch herzlich wenig mit Gesprächsführung zu tun, ich habe es dennoch hier aufgeführt, weil der Autor das Sich-selbst-Verstehen in den Mittelpunkt rückt und durchgängig der Frage nachgeht: Was tun wir, um verstanden zu werden? Und was tun wir, um uns selbst aus dem Weg zu gehen, um alles so lassen zu können, wie es nun einmal ist?

Kübler-Ross, E.: Befreiung aus der Angst. Berichte aus den Workshops „Leben, Tod und Übergang". Gütersloher-Verlag 1992.

Warum braucht es die Diagnose einer tödlichen Krankheit, ehe ein Mensch sein Leben überdenkt? Elisabeth Kübler-Ross zeigt in diesem Buch, wie Menschen durch die Auseinandersetzung mit Sterben und Tod Befreiung aus Angst- und Schuldgefühlen erfahren.

Lasko, Wolf W.: Stammkunden-Management. Gabler-Verlag, Wiesbaden 1993.

Wolf Lasko konfrontiert in diesem Buch den Leser mit Fragen zu seiner persönlichen Lebensgestaltung und gibt Hilfestellung auf dem Weg zu mehr Eigenverantwortung, zu bewusstem, aktivem und positivem Leben.

Ornstein, R.: Multimind. Ein neues Modell des menschlichen Geistes. Junfermann-Verlag, Paderborn 1989.

Der Autor trägt die Ergebnisse aus knapp fünfzig Jahren Hirnforschung zusammen und entwirft ein differenziertes Modell des menschlichen Geistes. In seiner einfachen Lesart bietet dieses Buch eine Fülle von Anregungen bei dem Bemühen, uns selbst und andere besser zu verstehen.

Pinker, S.: Der Sprachinstinkt. Kindler Verlag, München 1996.

In diesem spannend und unterhaltsam zu lesenden Buch weist der Sprachwissenschaftler Steven Pinker nach, dass der Spracherwerb – ähnlich dem Rüssel des Elefanten – ein entwicklungsgenetischer Anpassungsprozess ist. Pinker geht weit über die Transformationsgrammatik seines Lehrers Chomsky hinaus, wobei er seine Belege aus der Alltagskommunikation bezieht.

Rapoport, A.: Bedeutungslehre. Eine semantische Kritik. Verlag Darmstädter Blätter, Darmstadt 1972.

Mit einer Fülle von Anekdoten aus der Weltliteratur, aus Geschichte und Wissenschaft macht der Verfasser deutlich, dass die Sprache nicht nur ein Mittel der Erkenntnis ist, sondern auch Einfluss auf unser alltägliches Verhalten hat. Rapoport, der sehr stark durch Alfred Korzybski beeinflusst wurde, erweitert dessen Allgemeine Semantik um die philosophische Auffassung von Sprache und behandelt die Sprache in ihrer Beziehung zu anderen Seiten des menschlichen Lebens. An vielen Beispielen macht der Verfasser deutlich, wie Verallgemeinerungen zu einer verzerrten Wahrnehmung der Wirklichkeit führen.

Rogers, C. R.: Encounter-Gruppen. Das Erlebnis der menschlichen Begegnung. Kindler-Verlag, München 1974.

Anhand einer großen Zahl von Beispielen schildert der Autor die Möglichkeiten von Begegnungs-Gruppen: Erweiterung und Vertiefung zwischenmenschlicher Beziehungen, Selbstverwirklichung und Selbstbefreiung, Kreativität und Spontaneität. Durch die vielen Beispiele (die ab und zu sehr amerikanisch wirken) liest sich dieses Buch spannend und kann beim Lesen einige Betroffenheit auslösen.

Rogers, C. R.: Entwicklung der Persönlichkeit. Klett Verlag, Stuttgart 1976.

In dieser Sammlung von Aufsätzen und Vorträgen, die im Einzelnen teilweise sehr schwer zugänglich sind, entwickelt der Autor die Möglichkeiten seines Verfahrens, mit anderen Menschen therapeutisch zu arbeiten. In weiten Teilen dieses Buches zeigt Rogers jedoch, welche tief greifenden Implikationen sein Vorgehen für die zwischenmenschliche Kommunikation überhaupt darstellt.

Schwarz, G. (Hrsg.): Wort und Wirklichkeit. Beiträge zur Allgemeinen Semantik. Verlag Darmstädter Blätter, Darmstadt 1968.

In diesem Buch befinden sich 16 aus dem amerikanischen übersetzte Aufsätze, die im Einzelnen nur schwer zugänglich sind. Die Autoren befassen sich mit konkreten Problemen der Kommunikation und befassen sich mit der Beziehung zwischen Sprache, Denken und Verhalten. Die zwölf Autoren vermitteln durch ihre verschiedenen Standpunkte einen breit gefächerten Einblick in die Allgemeine Semantik.

Watzlawick, P.; Beavin, H. J.; Jackson, D. D.: Menschliche Kommunikation. Formen, Störungen, Paradoxien. Verlag Hans Huber, Bern 1969.

Ein in der ersten Hälfte sehr anspruchsvoll geschriebenes Buch, das von den verhaltensmäßigen Wirkungen der menschlichen Kommunikation handelt. Das Augenmerk der drei Verfasser liegt allerdings bei den Verhaltensstörungen; eine der wichtigsten Fragen, die hierbei auftauchen, lautet: Wieweit führt eine verzerrte Kommunikation zu Verhaltensstörungen? In Kapitel 5 untersuchen die Autoren das Theaterstück: „Wer hat Angst vor Virginia Woolf?" von Edward Albee, unterhaltsam und spannend zu lesen.

Watzlawick, P.; Weakland, J. H.; Fisch, R.: Lösungen. Zur Theorie und Praxis menschlichen Wandels. Verlag Hans Huber, Bern 1974.

Ein Buch über Problementstehungen und Problemlösungen. In fesselnder Weise verdeutlichen die Autoren, wie sehr wir durch die Art und Weise, wie wir unsere Sprache benutzen, die Aufrechterhaltung mancher Probleme selbst zu verantworten haben. „Die sanfte Kunst des Umdeutens" befasst sich mit Ursache-Wirkungs-Zusammenhängen und den Möglichkeiten, Umkehrungen dieses Zusammenhangs vorzunehmen.

Watzlawick, P.: Die Möglichkeit des Andersseins. Zur Technik der therapeutischen Kommunikation. Verlag Hans Huber, Bern 1978.

Der durch Milton Erickson stark beeinflusste Autor führt hier aus, wie Sprachbeherrschung zu einer Veränderung von Wirklichkeit führen kann. Der schon von Aristoteles formulierte Gedanke, dass die Schwere und Lösbarkeit eines Problems von der Wirklichkeitsauffassung dessen abhinge, der betroffen sei, wird hier zu einem ganzen Gebäude von sprachlichen Tricks und Techniken aufgebaut, die an einer Vielzahl von Alltagsbeispielen verdeutlicht werden.

Weisbach, C.: Verhandeln und Moderieren. Cornelsen-Verlag, Berlin 2000.

In diesem Buch widme ich mich einem Teilgebiet der professionellen Gesprächsführung: Der Verhandlungstechnik. Es geht um die einzelnen Elemente psychologisch einwandfreien Verhandelns wie Kontaktaufnahme, Zielanalyse, Ergebniszusammenfassung. Der zweite Teil zum Thema Moderation behandelt umfassend alle Moderationsphasen mit den dazugehörigen Fragestellungen.

Weisbach, C.; Dachs, U.: Mehr Erfolg durch emotionale Intelligenz. Gräfe und Unzer, München 1997.

Wer mit seinen Gefühlen umgehen kann, ist ihnen nicht ausgeliefert. Das Gefühlsleben lässt sich „intelligent" steuern. Dieser Ratgeber leitet dazu an, die Verbindung zwischen Denken und Fühlen zu nutzen. Übungen, Tests und praktische Hinweise tragen zur Entfaltung der emotionalen Geschicklichkeit bei.

Weisbach, C.: Gesprächsführung und Verhandlungstechnik. In: Pepels, W. (Hrsg.): Schlüsselqualifikationen im Marketing. Fortis Verlag, Köln 2000.

In diesem Aufsatz geht es um den Einfluss der emotionalen Befindlichkeit auf den Gesprächsverlauf und wie neben der logischen Richtigkeit auch das psychologische Gewicht von Argumenten auf den Gesprächspartner wirkt.

Weisbach, C.: Verhandlungsführung. In: Pepels, W. (Hrsg.): Handbuch Vertrieb. Carl Hanser Verlag, München 2002.

Dieser Aufsatz behandelt die Erfolgsformel $E = Z \cdot O$ und zeigt, wie der Überzeugungsgrad als Produkt von emotionalem und rationalem Gewicht dargestellt werden kann.

Weisbach, C.: Das Coachinggespräch. Grundlagen und Trainingsprogramm beratender Gesprächsführung. Vahlen, München 2012

Der Schwerpunkt dieses Buches liegt auf Übungen zur beratenden Gesprächsführung. Es erklärt die Grundfertigkeiten anschaulich und nachvollziehbar mit zahlreichen Beispielen aus realen Coachinggesprächen. Eine Fülle von Übungen bieten die Möglichkeit, die eigenen Antworten mit denen von Ausbildungsteilnehmern zu vergleichen. 26 Gesprächsausschnitte als downloadbare Audiodatei helfen, den „richtigen Tonfall" zu treffen.

Weisbach, C.: Andere zum Sprechen bringen: Erfolgreich führen – durch frage-freie Gespräche, quayou, Hamburg 2014

Es heißt, wer fragt, führt. Doch wer ohne zu fragen sein Gegenüber zum Sprechen bringt, kommt ans Ziel. Der Frager gibt mit seiner Frage stets den Antworthorizont mit – das engt nicht nur ein, sondern provoziert Antworten, die oft nichtssagend sind. Direkte Fragen erweisen sich als wenig zielführend, weil die meisten Menschen dazu neigen, Fragen so zu beantworten, dass ihre Antwort sie in ein gutes Licht setzt. Die in dieser Methode vermittelte fragefreie Kommunikation erzeugt ein wertschätzendes Klima und bringt den Gesprächspartner dazu, sich unaufgefordert zu erklären. Entsprechend ehrliche Antworten sind vielfach die beste Grundlage, um – z. B. in Verhandlungen – zu Übereinstimmungen zu kommen.

Weisbach, C.: Gekonnt kontern – in jeder Situation. Wie Sie verbale Angriffe souverän entschärfen. 2. vollständig überarbeitete Auflage, Beck-Wirtschaftsberater im dtv, München 2016.

Leider erfordert die Entwicklung der letzten Jahre, sich immer häufiger gegen übergriffiges, aggressives Verhalten wehren zu müssen. Wer sich angegriffen fühlt, möchte sich verständlicherweise wehren. Falls das gelingt, fühlt sich der Angreifer schlecht – falls nicht, fühlt sich der Angegriffene elend. Ich zeige Ihnen, wie Sie aus dieser Zwickmühle herauskommen und sich trotz gemeiner Herabsetzungen wohlfühlen können. Anhand hunderter von Dialogbeispielen und vielen Übungen können Sie lernen, verbale Angriffe souverän zu entschärfen.

Weisbach, C.: Stolperfallen im Gespräch. Passende Antworten auf unpassenden Fragen und andere Möglichkeiten Gespräche zu lenken. Beck-Wirtschaftsberater im dtv, München 2019.

Um die „Professionelle Gesprächsführung" nicht noch umfangreicher zu machen, habe ich meine neuesten Erkenntnisse zur Gesprächsführung in diesem Buch zusammengetragen. Unser Gesprächsverhalten ist geprägt von Automatismen, wie Frage-Antwort, Vorwurf-Rechtfertigung oder Angriff-Verteidigung. In diesem Buch zeige ich Ihnen, wie Sie auch anders reagieren können, um nicht beispielsweise auf dreiste Fragen zu antworten oder auf gespielte Hilflosigkeit hereinzufallen. Sie erfahren, wie Sie sich dem Automatismus entziehen können, immerzu erwartungsgemäß zu handeln und permanent für andere verfügbar zu sein.

Kunz

Teams und Arbeitsgruppen leiten

Wie Sie Führungsverantwortung übernehmen, ohne Vorgesetzter zu sein

Wirtschaftsberater **TOPTITEL**

2021. 169 S.

€ 15,90. dtv 50972

Auch als **ebook** erhältlich.

Wer im Unternehmen eine Führungsrolle übernimmt, trägt Verantwortung für das Erreichen der wirtschaftlichen Ziele, für ein hohes Maß an Kundenzufriedenheit, für effiziente Strukturen und Prozesse sowie für den wirkungsvollen Einsatz der Mitarbeiter. In Zeiten häufiger Wandlungsprozesse in Unternehmen, der zunehmenden Digitalisierung von Abläufen und dem wachsenden Stellenwert von flachen Hierarchien und schlanken Aufbauorganisationen werden neue Anforderungen an die Mitarbeiterführung gestellt. Ist das Führen durch Vorgesetzte überhaupt noch zeitgemäß? Dieses Buch vertritt den Standpunkt, dass »klassische« Führung durch Vorgesetzte mit disziplinarischen Befugnissen und das Führen durch Leitungsverantwortliche ohne Vorgesetztenrolle sich wirksam ergänzen können.

Hell

Das Vorstellungsgespräch

Die besten Strategien, die schlagkräftigsten Argumente: So überzeugen Sie Ihren neuen Arbeitgeber.

Wirtschaftsberater **TOPTITEL**

2. Aufl. 2021. 288 S.

€ 17,90 €. dtv 50971

Auch als **ebook** erhältlich.

Das Vorstellungsgespräch ist das Portal in den Berufseinstieg. Dieses Buch hilft, sich **optimal darauf vorzubereiten und eine individuelle Überzeugungsstrategie** zu entwickeln. Es erläutert die wichtigsten allgemeinen und branchentypischen Fragen sowie die verschiedenen **Interviewmethoden** und gibt Tipps für optimale Antworten.

Übungen und Praxisbeispiele zeigen anschaulich, worauf es bei der Selbstpräsentation ankommt und mit welchen Kommunikations- und Überzeugungstechniken Sie die größte Wirkung erzielen.

Weisbach
Stolperfallen im Gespräch
Passende Antworten auf unpassende Fragen und andere Möglichkeiten Gespräche zu lenken.
Wirtschaftsberater **TOPTITEL**
2019. 172 S.
€ 12,90. dtv 50968
Auch als **ebook** erhältlich.

Mit diesem Buch lernen Sie ein neues Gesprächsverhalten und verbessern so zwischenmenschliche Beziehungen – geschäftlich ebenso wie privat.

Drzyzga
Personalgespräche richtig führen
Ein Kommunikationsleitfaden.
Wirtschaftsberater
2. Aufl. 2011. 164 S.
€ 12,90. dtv 50840
Auch als **ebook** erhältlich.

Weisbach/Sonne-Neubacher
Professionelle Gesprächsführung
Ein praxisnahes Lese- und Übungsbuch.
Wirtschaftsberater **TOPTITEL**
10. Aufl. 2023. 512 S. **NEU**
€ 16,90. dtv 50974
Auch als **ebook** erhältlich.
Neu im November 2022

Bühring-Uhle/Eidenmüller/Nelle
Verhandlungsmanagement
Analyse · Werkzeuge · Strategien.
Beck im dtv
2. Aufl. 2017. 253 S.
€ 19,90. dtv 50763
Auch als **ebook** erhältlich.

Klotzki
So halte ich eine gute Rede
In 7 Schritten zum Publikumserfolg.
Wirtschaftsberater
2. Aufl. 2012. 131 S.
€ 9,90. dtv 50873
Auch als **ebook** erhältlich.

Weisbach
Gekonnt kontern
Wie Sie Angriffe souverän entschärfen.
Wirtschaftsberater
2. Aufl. 2017. 213 S.
€ 12,90. dtv 50955
Auch als **ebook** erhältlich.

Mentzel
Erfolgreiche Vorträge und Präsentationen
Überzeugend auftreten,
Lampenfieber beherrschen.
Wirtschaftsberater **TOPTITEL**
3. Aufl. 2020. 216 S.
€ 13,90. dtv 50965
Auch als **ebook** erhältlich

Die Fähigkeit, vor anderen zu sprechen gehört heutzutage zu den so genannten Schlüsselqualifikationen. Die Sprache ist Voraussetzung, um beruflich und gesellschaftlich voranzukommen. Die besten Argumente und originellsten Gedanken sind nutzlos, wenn Sie nicht rhetorisch überzeugend übermittelt werden. Das gilt bei beruflichen und öffentlichen Anlässen ebenso wie im privaten Bereich.

Das sichere und freie Sprechen vor Zuhörern kann man erlernen. Mit diesem Buch haben Sie eine perfekte Arbeitshilfe, um Vorträge und Präsentationen vorzubereiten und durchzuführen. Sie finden alles, was Sie wissen müssen, zur Gliederung, sprachlichen Gestaltung oder Visualisierung ihrer Gedanken, aber auch zur Wirkung Ihrer Körpersprache und zum Umgang mit Lampenfieber und Störungen.

Zahlreiche Übungen unterstützen Sie dabei, Regeln und Empfehlungen zu vertiefen und sich die notwendige Sicherheit anzueignen.

Haug
Erfolgreich im Team
Praxisnahe Anregungen für effizientes Teamcoaching und Projektarbeit.
Wirtschaftsberater
5. Aufl. 2016. 223 S.
€ 12,90. dtv 50946
Auch als **ebook** erhältlich.

Bender
Teamentwicklung
Der effektive Weg zum »Wir«.
Wirtschaftsberater
3. Aufl. 2015. 303 S.
€ 16,90. dtv 50945
Auch als **ebook** erhältlich.

Stender-Monhemius
Schlüsselqualifikationen
Zielplanung, Zeitmanagement, Kommunikation, Kreativität.
Beck im dtv
2006. 163 S.
€ 9,50. dtv 50910

Haberzettl/Birkhahn
Moderation und Training
Ein praxisorientiertes Handbuch.
Wirtschaftsberater
2. Aufl. 2012. 324 S. € 17,90. dtv 50866
Auch als **ebook** erhältlich.

Diekmann
China Knigge
Business und Interkulturelle Kommunikation.
Wirtschaftsberater
2. Aufl. 2015. 200 S.
€ 16,90. dtv 50944
Auch als **ebook** erhältlich.

Ein Überblick über die Bandbreite chinesischer Verhaltenstraditionen im Alltags- und Geschäftsleben.

Knieß
Kreativitätstechniken
Methoden und Übungen.
Beck im dtv
2006. 268 S.
€ 9,50. dtv 50906

Baumert
Professionell texten
Grundlagen, Tipps und Techniken.
Wirtschaftsberater
4. Aufl. 2017. 250 S.
€ 14,90. dtv 50956
Auch als **ebook** erhältlich.

Arbeitsrecht

ArbG · Arbeitsgesetze
Textausgabe
101. Aufl. 2022. 1074 S.
€ 12,90. dtv 5006
Neu im September 2022

Mit den wichtigsten Bestimmungen zum Arbeitsverhältnis, Kündigungsrecht, Arbeitsschutzrecht, Berufsbildungsrecht, Tarifrecht, Betriebsverfassungsrecht, Mitbestimmungsrecht und Verfahrensrecht.
Die **101. Auflage** bringt die Textsammlung auf den Stand **1. Juli 2022.** Wichtigste Änderung bleiben die Berücksichtigung der Pandemie bedingten Corona-Gesetzgebung, das Mindestlohngesetz, das Infektionsschutzgesetz, Regelungen des elektronischen Rechtsverkehrs, Richtlinienumsetzungen sowie Sozialrechtsänderungen.

Mitbestimmungsgesetze in den Unternehmen mit allen Wahlordnungen
Textausgabe
8. Aufl. 2017. 532 S.
€ 16,90. dtv 5524

EU-Arbeitsrecht
Grundlagen
Freizügigkeit
Soziale Sicherheit
Arbeitsvertrag
Gleichbehandlung
Arbeitsschutz
Betriebsverfassung
Verfahrensrecht

8. Auflage
2021

Beck-Texte im dtv

Günter Schaub • Ulrich Koch
Arbeitsrecht von A–Z
verständlich, übersichtlich, klar
26. Auflage
Beck im dtv

Jährlich neu im Februar

EU-Arbeitsrecht
Textausgabe **TOPTITEL**
8. Aufl. 2021. 780 S.
€ 17,90. dtv 5751

Mit den wichtigsten Verträgen, Verordnungen und Richtlinien der EU zu Freizügigkeit, Arbeitsvertrag, Arbeitsschutz, Betriebsverfassung, Verfahrensrecht.

Schulz/Jarvers/Gerauer
Kündigungsschutz im Arbeitsrecht von A–Z
Von Abfindung bis Zeugnis.
Rechtsberater
5. Aufl. 2016. 352 S.
€ 19,90. dtv 50766
Auch als **ebook** erhältlich.

Alle wesentlichen Fragen zum Thema »Kündigung und Kündigungsschutz« finden Sie hier beantwortet.

Schaub/Koch
Arbeitsrecht von A–Z
Verständlich, übersichtlich, klar.
Beck im dtv **TOPTITEL**
26. Aufl. 2022. 797 S.
€ 22,90. dtv 51260

Mit diesem Lexikon erfahren Sie in rund 350 Stichworten leicht verständlich, was Sie vom Arbeitsrecht wissen sollten. Die Stichworte geben mehr als eine erste Orientierung. Dargestellt ist **das gesamte Arbeitsrecht** von der Begründung bis zur Beendigung des Arbeitsverhältnisses. Zusätzlich werden viele Randgebiete behandelt, wie zum Beispiel Arbeitsvermittlung, Arbeitslosenversicherung, Ausbildungsförderung, Lohnpfändung und Lohnsteuerrecht. Einen weiteren Schwerpunkt bildet das Recht besonderer Gruppen von Arbeitnehmern, etwa von Jugendlichen, schwerbehinderten Menschen und Heimarbeitern.

Für die Neuauflage haben die Autoren neue Stichworte ergänzt und die bestehenden hinsichtlich Rechtsprechung und Gesetzgebung komplett überarbeitet. Alle arbeitsrechtlichen Änderungen anlässlich der Corona-Krise sind berücksichtigt.

Hromadka/Maschmann
Arbeitsrecht für Vorgesetzte
Rechte und Pflichten bei der Mitarbeiterführung.
Rechtsberater TOPTITEL
6. Aufl. 2019. 486 S.
€ 24,90. dtv 51239
Auch als **ebook** erhältlich.

Notter/Ruf/Schönleben
Arbeitsrecht in Frage und Antwort
Bewerbung, Vertrag, Entgeltfortzahlung, Urlaub, Krankheit, Kündigungsschutz, Abfindung, Zeugnis.
Rechtsberater
4. Aufl. 2017. 444 S.
€ 19,90. dtv 51205
Auch als **ebook** erhältlich.

Fragen und Antworten rund um das Arbeitsverhältnis.

Schulz/Jarvers/Gerauer
Alles über Arbeitszeugnisse
Form und Inhalt · Zeugnissprache.
Mit Beispielen und Zeugnismustern.
Rechtsberater
9. Aufl. 2015. 191 S.
€ 12,90. dtv 50767
Auch als **ebook** erhältlich.

BeamtR · Beamtenrecht
BundesbeamtenG, BeamtenstatusG, BundesbesoldungsG, BeamtenversorgungsG, BundesdisziplinarG, BundesbeihilfeVO und weitere Vorschriften des Bundesbeamtenrechts.
Textausgabe TOPTITEL
36. Aufl. 2022. 651 S. NEU
€ 14,90. dtv 5529

TVöD · Tarifrecht öffentlicher Dienst
Bund, Kommunen, TV-Ärzte, Entgeltordnungen
Textausgabe TOPTITEL
9. Aufl. 2021. 929 S.
€ 13,90. dtv 5787

TVAöD - Allgemeiner Teil, TVAöD -Besonderer Teil - BBiG und Pflege, TV EntgO Bund, EntO (VKA), TVöD - Allgemeiner Teil, TV-Ärzte (VKA), TVÜ-Ärzte, TVÜ-Bund, TVÜ-VKA

TV-L · Tarifrecht öffentlicher Dienst
Länder, TV-Ärzte, Entgeltordnungen
Textausgabe
8. Aufl. 2020. 916 S.
€ 12,90. dtv 5788

TVA-L BBiG und Pflege, TV-Ärzte (Länder), TV-L, TV EntgO-L, TV-Hessen, TVÜ -Hessen, TVÜ -Länder, TV EntgO-L, TVA-L Gesundheit.

Sozialleistungen

SGB II/SGB XII · Grundsicherung für Arbeitsuchende – Sozialhilfe
u. a. mit den neuen Vorschriften der Sozialhilfe (SGB XII) und der Grundsicherung für Arbeitsuchende (SGB II), einschließlich dem Angehörigen-Entlastungsgesetz.
Textausgabe TOPTITEL
18. Aufl. 2022. 876 S. NEU
€ 18,90. dtv 5767

Kreitz/Theden/Weiß
Arbeitslosengeld II · Hartz IV von A–Z
Hilfe für Betroffene in über 300 Stichworten.
Rechtsberater
2. Aufl. 2017. 351 S.
€ 16,90. dtv 50797
Auch als **ebook** erhältlich.

Schneil
Guter Rat bei Arbeitslosigkeit
Arbeitslosengeld – Kurzarbeitergeld – Insolvenzgeld – Soziale Sicherung – Rechtsschutz
Rechtsberater TOPTITEL
13. Aufl. 2020. 249 S.
23,90 €. dtv 51250
Auch als **ebook** erhältlich.

Dieser Ratgeber informiert kompetent, aktuell und zuverlässig über
- Arbeitslosen- und Insolvenzgeld, Kurzarbeitergeld, Nebeneinkommen sowie zumutbare Arbeit und Nahtlosigkeit
- Sperrzeit und Anrechnung von Abfindungen
- Sozialversicherungsschutz
- Besonderheiten des europäischen Rechts
- Rechtsschutzfragen.

Hüttenbrink/Kilz
Sozialhilfe und Arbeitslosengeld II
Hilfe zum Lebensunterhalt (Hartz IV), Grundsicherung, sonstige Ansprüche (z. B. Hilfe zur Pflege), Verfahren, Verwandtenregress.
Rechtsberater
13. Aufl. 2018. 276 S.
€ 12,90. dtv 50737
Auch als **ebook** erhältlich.